高价值专利培育 指导丛书

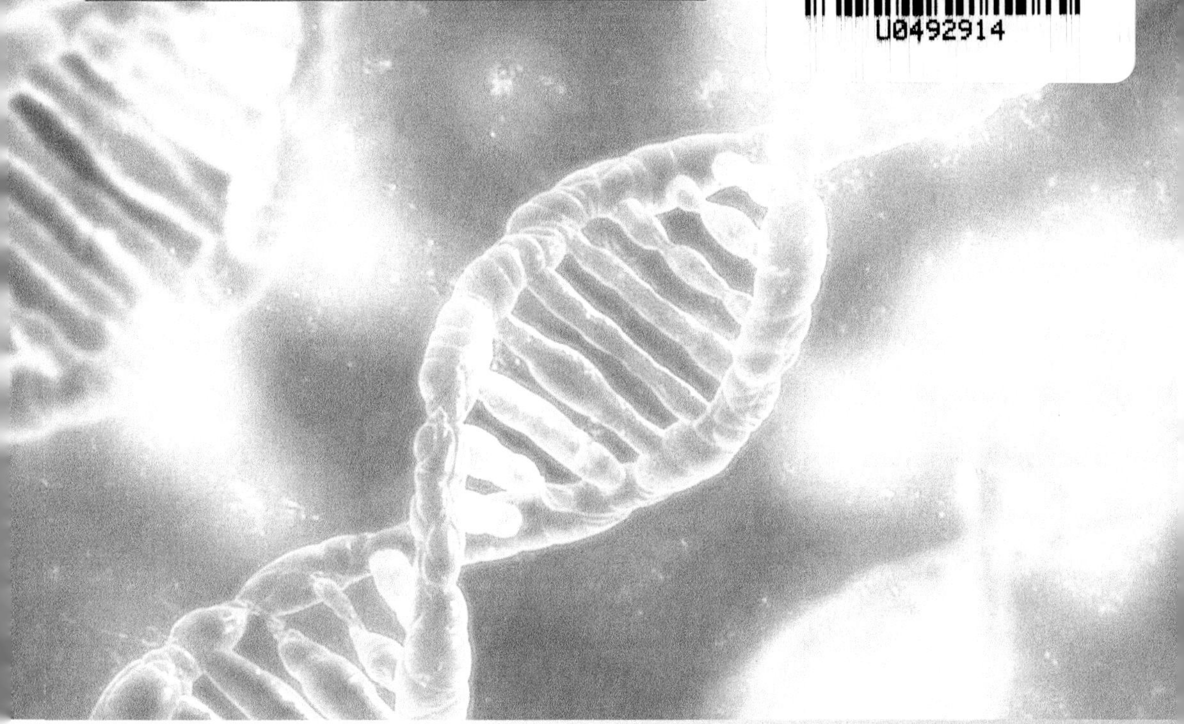

基因技术高质量专利的创造与运用

国家知识产权局专利局专利审查协作四川中心◎组织编写

杨　帆◎主编　　赵向阳　吴　涛◎副主编

知识产权出版社
全国百佳图书出版单位
—北京—

图书在版编目（CIP）数据

基因技术高质量专利的创造与运用/国家知识产权局专利局专利审查协作四川中心组织编写；杨帆主编．—北京：知识产权出版社，2022.10

ISBN 978-7-5130-8352-2

Ⅰ．①基…　Ⅱ．①国…　②杨…　Ⅲ．①基因枪—专利—研究　Ⅳ．①G306

中国版本图书馆 CIP 数据核字（2022）第 184835 号

责任编辑：程足芬　　**责任校对**：潘凤越

封面设计：杨杨工作室·张冀　　**责任印制**：刘译文

高价值专利培育指导丛书

基因技术高质量专利的创造与运用

国家知识产权局专利局专利审查协作四川中心　组织编写

杨　帆　主编

出版发行：知识产权出版社有限责任公司　　**网　　址**：http://www.ipph.cn

社　　址：北京市海淀区气象路 50 号院　　**邮　　编**：100081

责编电话：010-82000860 转 8390　　**责编邮箱**：chengzufen@qq.com

发行电话：010-82000860 转 8101/8102　　**发行传真**：010-82000893/82005070/82000270

印　　刷：北京九州迅驰传媒文化有限公司　　**经　　销**：新华书店、各大网上书店及相关专业书店

开　　本：720mm×1000mm　1/16　　**印　　张**：23.5

版　　次：2022 年 10 月第 1 版　　**印　　次**：2022 年 10 月第 1 次印刷

字　　数：430 千字　　**定　　价**：118.00 元

ISBN 978-7-5130-8352-2

丛书编委会

主　任：杨　帆

副主任：李秀琴　赵向阳

本书编写组

主　编：杨　帆

副主编：赵向阳　吴　涛

撰写人：吴　涛　滕　蕾　杨凌云　吴　颖

郝　攀　银　欢　蒲　恒　杨兴艳

於　娟　全弘扬

统　稿：吴　涛

作者简介

滕　蕾，女，副研究员，现任国家知识产权局专利局专利审查协作四川中心党委（纪委）办公室副主任。从事过发明专利实质审查、复审和无效案件审查等工作，有丰富的专利审查和复审无效诉讼经验。曾参与撰写《医药生物领域复审和无效典型案例评析》，针对胚胎干细胞专利审查、无效宣告程序和技术标准等内容发表了多篇文章。

杨凌云，男，高级知识产权师，现任国家知识产权局专利局专利审查协作四川中心医药部基因工程室主任。国家知识产权局“骨干人才”，海南知识产权局专家库专家，贵州省知识产权局专家库专家，“四川省青少年科技创新大赛”专家库专家，成都高新区生物产业专家联合会会员，IPMS认证审核员，参与多项局课题和中心自主课题，有丰富的课题研究和知识产权服务经验。

银　欢，女，助理研究员，现任国家知识产权局专利局专利审查协作四川中心医药部蛋白质工程室副主任。国家知识产权局“骨干人才”，四川省知识产权服务促进中心知识产权师资人才，贵州省知识产权局专家，成都高新区市场监督管理局知识产权智库入库专家，高新区生物产业专家联合会会员。有丰富的课题研究和对外服务经验，参与3项局课题，1项中心自主课题，1部书籍的编写，各类中心对外服务工作。

郝　攀，男，博士，高级知识产权师，现为国家知识产权局专利局专利审查协作四川中心医药生物发明审查部审查员。审协四川中心“骨干人才”，曾获局“提质增效银质奖章”，入选四川省知识产权培训师资、江苏省知识产权专家库。从事多年蛋白质工程领域发明专利实质审查工作，有丰富的课题研究经验，多次参与四川中心对外服务项目，为创新主体提供专利分析和专利撰写培训等服务。

吴　颖，女，博士，高级知识产权师，现任国家知识产权局专利局专利审查协作四川中心医药部基因工程室审查员。国家知识产权局“骨干人才”，四川中心“业务带头人”，京外中心骨干导师，江苏省知识产权专家库入库专家，成都高新区市场监督管理局知识产权智库入库专家，曾获局“提质增效金质奖章”，现从事发明专利实质审查和PCT国际阶段审查工作，有丰富的课题研究和企业服务经验，参与多项课题研究和对外服务项目。

蒲　恒，男，博士，知识产权师，现任国家知识产权局专利局专利审查协作四川中心医药部审查员，四川中心骨干人才培养对象，有丰富的专利实质审查和课题研究经验，多次参与四川中心对外服务项目，以第一作者身份发表4篇专利分析类文章。

杨兴艳，女，博士，知识产权师，现任国家知识产权局专利局专利审查协作四川中心医药部基因工程室审查员。多年从事专利实质审查工作，参与1项局级课题、1项中心自主课题，发表多篇专利分析和专利技术综述类文章。

全弘扬，女，知识产权师，现任国家知识产权局专利局专利审查协作四川中心医药部基因工程室审查员，助理室主任培养对象。四川中心第一批骨干人才培养对象，多年从事专利实质审查工作，参与3项局级课题、多项中心自主课题和对外服务项目。

於　娟，女，知识产权师，现任国家知识产权局专利局专利审查协作四川中心医药部基因工程室专利审查员。多年从事专利实质审查工作，参与1项中心自主课题。

序　言

《中华人民共和国国民经济和社会发展第十四个五年规划和2035年远景目标纲要》将“更好保护和激励高价值专利，培育专利密集型产业”作为“健全知识产权保护运用体制”的要求之一，《知识产权强国建设纲要（2021—2035年）》中将“每万人口高价值发明专利拥有量”作为发展目标之一。促进高价值专利的创造和运用既是加快建成创新型国家和知识产权强国的需要，也是经济社会高质量发展的需要。特别是与我国经济社会发展密切相关的创新领域，更应当注重高质量专利的培育和运用。

基因技术作为前沿的生物技术之一，是生物医药、生物育种、生物检测和疫苗开发等领域的关键性基础技术，事关国民生命安全和生活质量。以抗击新冠肺炎疫情为例，依托基因技术的疫苗研发是控制和战胜疫情的关键，将相关创新成果高质量、高效率地转化为专利并在产业中运用，对创新主体来说意义重大，也是助力疫情防控、确保国民生命安全和生产生活得以顺利进行的直观体现。“十四五”规划也将“基因技术”与“类脑智能、量子信息”等并列为“前沿科技和产业变革领域”，可见，研究在该领域如何培育和运用高质量专利，将对促进我国的产业经济和科技创新发展，推动知识产权强国建设起到有力的支撑作用。

为此，国家知识产权局专利局专利审查协作四川中心组织相关人员编撰本系列丛书。本书结合了审查实践和知识产权服务工作中发现的问题，立足于基因技术领域的特点，从该领域的宏观政策、专利质量现状、特殊的法律规定出发，再具体到如何写好技术交底书和申请文件、如何做好专利的运用规划等，由表及里，逐层深入，娓娓道来，向创新主体普及富有领域特色的专利基础知识、专利申请要点和运用规划策略，增强创新主体的知识产权保护意识和能力。本书内容丰富，数据翔实且更新及时，引用了大量实际案例，语言朴素生动，科普性强。

参与本书编撰的作者团队中有多名生物领域的博士，具备扎实的专业基础知识，团队成员还具备丰富的专利审查经验，参与过专利导航和知识产权服务工作，部分人员还从事过复审和无效审理工作，不仅了解基因领域技术发展态势，也对该领域专利申请质量和专利运用情况有来自一线的感知。

目前尚没有专门针对基因技术领域专利创造和运用的指导书籍，本书可作为该领域广大企业研发人员、高校科研院所的科研人员以及专利从业人员的普及性专业读物。衷心希望本书的出版能在一定程度上满足相关领域创新主体和专利代理从业者对专利技术指导的需求，促进创新成果实现高质量的专利转化，为全面建设社会主义现代化国家贡献知识产权力量。

2022年10月

前　言

基因技术革命是继工业革命、信息革命之后，对人类社会产生深远影响的又一场技术革命，它在生物制药、疾病诊断和治疗以及现代农业等领域均被广泛应用，产生了许多颠覆性的成果，极大地改变着人类生命状态和生活面貌，其商业价值无可估量。

作为新兴技术之一，基因技术在近年来取得的快速发展以及其蕴含的庞大市场价值，催生着对知识产权保护的迫切需求，尤其是与技术领先性和市场独占性息息相关的专利保护。中共中央、国务院印发的《知识产权强国建设纲要（2021—2035 年）》提出，要加快大数据、人工智能、基因技术等新领域新业态知识产权立法，建立健全新技术、新产业、新业态、新模式知识产权保护规则。

然而，在专利审查实践中，我们发现，国内基因技术领域专利申请的整体质量尚未能与技术发展的快速性和多样性相匹配，专利申请文件的撰写存在内容较为单薄的现象，甚至部分已授权的专利，其专利权的质量以及在市场中所能实现的实际保护能力，与创新主体期望达到的完善和全面程度仍然存在一定差距。

为提高基因技术领域专利申请的整体质量，助力创新主体获得与其技术贡献相匹配的高质量专利权，并在市场中得以高效运用，本书从审查实践中所遇到的申请文件实际问题出发，以案例为载体，回溯专利申请文件的产生过程，协助创新主体厘清申请文件诞生过程中可以避免的形式问题以及应当避免的实质性缺陷，提升专利申请文件的整体质量，同时也对审查过程中该领域可能出现的特有问题进行剖析，定位问题实质，并视情况提供可参考的解决方案，协助创新主体更准确、快速地确定与其技术贡献相匹配的保护范围，提升专利权的质量。

此外，本书也将结合基因技术领域专利布局及运用的部分已有案例，着墨于描绘高质量专利应当具备的技术基础、申请文件特点及市场运用表现，为基因技术领域创新主体挖掘、获得及应用高质量专利技术提供一定的参考和借鉴，助力这一技术产业的快速、高质量发展。

目 录

CONTENTS

第一部分 概述

第二部分 基因技术高质量专利的创造

第三部分　基因技术高质量专利的运用

第一部分

概　述

第一章

基因技术简介及其保护促进政策梳理

19 世纪 60 年代，遗传学（genetics）奠基人孟德尔通过豌豆试验，发现了生物的遗传规律，即生物体内的遗传因子决定了生物自身特性，但这仅是一种逻辑推理的产物。20 世纪初期，遗传学家摩尔根通过果蝇试验，证实了遗传因子是存在于染色体上的基因（gene）。1953 年，沃森和克里克发现并提出了脱氧核糖核酸（DNA）分子的双螺旋结构，揭开了基因的神秘面纱——基因是具有遗传效应的 DNA 片段，它决定着生物体的生长、衰老、死亡等一切生命现象；双螺旋结构的发现奠定了基因技术的理论基础。20 世纪 70 年代，科恩等人进行的 DNA 分子体外重组实验取得成功，奠定了基因技术的实践基础。2001 年，人类基因组计划（HGP）绘制并发表人类基因组草图，达成了人类探索生命奥秘的一个重要里程碑，赋予了现代生物技术更为丰富的内容和更为重要的意义，引发了生物信息学以及转录组学、蛋白质组学、结构基因组学、代谢组学等诸多组学技术的蓬勃发展，把生命科学推向一个崭新的阶段，基因技术应运而生。

第一节　基因技术简介

在科学、技术、法律等文献中，常常出现生命科学、生物技术和基因技术三种名词术语，它们之间既有联系又有区别：三者都跟生物学的发展紧密相关；生命科学属于基础研究，是生物技术和基因技术产生、发展的基础；生物技术和基因技术偏重于产业应用，其发展促使针对生命科学的研究更为深入，应用领域更为广泛。

经济合作与发展组织（OECD）曾于 1982 年对生物技术进行定义——生物技术是应用自然科学和工程学的原理，利用动物、植物或者微生物作为反应器，对生物原料进行加工，进而生产出生物技术相关产品，为人类社会服务的一门技术。本书认为，基因技术是现代生物技术的核心，它根据生物的遗传原理，采用类似工程设计的方法，实现基因的编辑、转移和重新组合，从而改变生物的遗传性状和功能，实现生物新的产业应用。

正如卫生部原部长陈竺所言：当今生命科学的特点是多学科交叉、多种新技术集成所形成的全方位研究体系，[1] 基因技术的范畴也远远不止最早出现的重组 DNA 分子技术。随着科学技术飞速进步，基因技术的内涵和外延已经扩展成为包含分子、细胞、组织、器官、整体乃至群体的多层次、全方位研究，逐渐与数学、物理、化学、信息科学等学科门类融合。从覆盖的学科来讲，其包括分子生物学、遗传学、细胞生物学、微生物学、免疫学、神经生物学、生殖生物学、生理学、发育生物学、植物分子育种学等；从技术种类而言，包括重组 DNA 技术、测序技术、细胞融合技术、克隆技术、干细胞技术、抗体技术、微生物培养技术等，展现出很大的发展潜力和优势。

基因技术作为全球第四次科技革命的典型代表，为生物遗传密码的破解提供了关键的技术支撑，使人们能够从分子层面，基于具有遗传效应的特定核苷酸序列，认识和改良各种自然界中的生物体，甚至创造新的生物体成为可能。现今，基因技术正逐步由基因测序、分离纯化等基础研究向基因制药、基因诊断、基因治疗、转基因作物等产业实际应用发展，极大地改变着人类生命和生活的面貌，所带来的商业价值是无可估量的。

面对高昂的资金投入、丰厚的利润回报和巨大的市场风险，用知识产权保护基因技术已成为全球的共识。基因技术领域专利申请主要围绕基因、蛋白、微生物和细胞 4 类承载并发挥遗传信息功能的载体展开。相应的专利申请主题既包括上述载体的产品，也包括产品的制造、使用、处理等方法以及将产品用于特定用途的方法。

一、基因

现代科学证明，几乎所有生物的遗传物质都是核酸（脱氧核糖核酸 DNA 或核糖核酸 RNA），也被称为遗传基因。基因是遗传的物质基础，是 DNA 或 RNA 分子上具有遗传信息的特定核苷酸序列，经过转录、翻译及修饰后形成蛋白。具有遗传信息、可以人工合成的特定核苷酸序列本身可作为一种产品。例如植物抗病基因、优良性状基因、带有单核苷酸多态性（SNP）位点的核苷酸片段、质粒、探针、基因芯片、核酸疫苗等产品。相应产品的制造、使用或处理方法包括基因克隆技术、基因重组技术、基因突变技术、基因编辑技术、RNA 沉默

[1] 陈竺. 新世纪初的生命科学和生物技术：中国面临的机遇和挑战［J］. 生物学教学，2003（2）：1-3.

技术、基因检测技术，等等。

二、蛋白

蛋白是生命的物质基础，是组成一切生命形式的重要成分，不仅参与生命体所有结构部分的组成，同时也是生命活动的主要承担者。组成蛋白质一级线性结构的单元是氨基酸。围绕蛋白的产品有酶、抗原、抗体、融合蛋白、肽类药物等。蛋白质产品的制造、使用或处理方法包括酶制备、抗体制备、蛋白表达纯化、抗体抗原检测、疫苗制造等。

三、微生物

微生物是指包括病毒、细菌、真菌以及一些小型的原生生物、微藻类等在内的一大类无细胞、单细胞或简单多细胞生物群体，它个体微小，与人类的生命生活关系密切。围绕微生物的产品有细菌、真菌、病毒、藻类等。相应产品的制造、使用或处理方法包括菌种诱变、工程菌制备、菌种培养、菌种发酵、病毒改造、藻类培养等。

四、细胞

细胞是生物体基本的结构和功能单位，已知除病毒之外的所有生物均由细胞所组成，而病毒生命活动也必须在细胞中才能体现。围绕细胞的产品有干细胞、嵌合抗原受体 T 细胞（CAR-T）、愈伤组织细胞等。相应细胞的制造、使用和处理方法包括细胞制备、细胞培养、细胞检测、细胞治疗、细胞再生繁殖生物体等。

第二节　基因技术热点应用

基因技术广泛应用于医疗健康、农业、林业、能源、环保、材料等领域，既是科技研发最为密集的高新技术产业，也是最具成长性和国际竞争力的新兴产业，能快速提高人类的健康水平、实现资源的良性循环、促进农业和工业的革命、增加社会财富，对社会经济发展具有非常强的驱动作用，同时还影响到国家安全。

下面结合领域内技术发展脉络及产业重点介绍近年来的热点基因技术。

一、疾病治疗领域

与传统的化学药物相比，基因技术治疗疾病最大的优势是针对致病机理、靶向精准。目前已经上市的基因技术产品主要用于癌症、人类免疫缺陷病毒性疾病、心血管疾病、糖尿病、自身免疫性疾病、基因缺陷病症和遗传疾病等疾病的治疗，能够解决部分较为疑难的重症大症。基因技术相关药物产品虽然尚未撼动以化学药物为主的传统药物的主导地位，但其发展极为迅速，为许多"绝症"患者带来了希望，已引起市场的高度重视。

（一）细胞基因治疗（CGT）

1. 技术特点

细胞基因治疗（Cell and Gene Therapy，CGT）包括基因治疗和细胞治疗。前者指通过基因的插入、修饰、沉默等方式改变已有基因的表达或修复异常基因，从而治愈疾病；后者指在体外通过生物学方法改变细胞内的基因表达及相应细胞性状，并进行体外扩增和特殊培养，导入体内达到治愈疾病的目的。

CGT 能够克服传统小分子化学药物和大分子抗体药物在蛋白质水平进行调控的局限性，可在分子层面通过基因表达、沉默或者体外改造的手段来实现现有疗法升级或"无药可医"疾病的治疗，具有药效长、治愈率高、有效覆盖传统不可成药或难成药的靶点的特性。携带特定基因的基因治疗载体（如病毒）、基因修饰的人类细胞、经过或未经基因修饰的具有特定功能的溶瘤病毒等，都属于 CGT 产品。

2. 市场应用

CGT 最初应用于遗传性疾病治疗，后逐步应用于恶性肿瘤、感染性疾病、心血管疾病以及自身免疫性疾病。目前，人类基因编码的功能性蛋白超 2 万个，其中现有技术可靶向成药的仅 3000 个左右，余下 80% 的蛋白靶点有望通过 CGT 进行靶向治疗，因此创新潜力及应用空间巨大。

在技术、政策和资本的驱动下，全球 CGT 行业快速升温，并自 2015 年起呈现爆发式增长。Kite、诺华等先行企业布局的 CGT 药物取得优异的临床效果，并于 2017 年起相继获批上市，展示出庞大的市场潜力和突出的示范效应，行业融资不断升温，风险投资、私募投资、IPO 在此技术领域十分活跃。截至 2021 年 12 月，全球范围内共有 19 款 CGT 产品获批在售。根据美国食品药品监督管理局（FDA）推测，2020—2025 年，CGT 药物将迎来收获期，每年将会有 10~20 种药物获批上市，至 2025 年全球范围将有 50 款以上 CGT 产品上市，预计

2025 年全球 CGT 市场规模突破 300 亿美元，中国市场达 25.9 亿美元。[1]

（二）嵌合抗原受体修饰的 T 细胞免疫疗法（CAR-T）

1. 技术特点

嵌合抗原受体修饰的 T 细胞免疫疗法（Chimeric Antigen Receptor T-Cell Immunotherapy，CAR-T），是指将单链可变区抗体（scFv）的重链可变区（VH）和轻链可变区（VL）的重组蛋白基因和 T 细胞杀伤激活信号 CD3ζ 的 DNA 链，通过基因重组技术连接在基因工程表达载体上，并将其表达于杀伤性 T 细胞膜上形成嵌合抗原受体，从而使得 T 细胞不依赖主要组织相容性复合体 class I（MHC-I）就能识别肿瘤细胞，再经纯化、体外扩增及活化，将 CAR-T 细胞回输至患者体内，使其特异性行使杀灭肿瘤细胞的功能。CAR-T 实质上是一种体外 CGT 细胞疗法。

2. 市场应用

CAR-T 疗法因为在难治复发性血液瘤中展现出了优异的疗效而进入公众视野。2012 年，在 Carl June 的一项针对儿童 B 细胞急性淋巴细胞白血病的 CAR-T 临床试验中，一个名叫 Emily 的急性白血病患儿在二次复发无药可治的情况下，通过靶向 CD19 的 CAR-T 治疗，三周后肿瘤完全消失，至今 Emily 依然健康地活着。可以说 CAR-T 创造了人类医学史上的奇迹，并给肿瘤治疗带来了新思路，让人类在与癌症的战争中找到了另一条可能获胜的途径。

2017 年美国 FDA 批准了两项靶向 CD19 的 CAR-T 细胞疗法上市，即诺华的 Kmriah（Tisagenlecleucel）和 Kite 的 Yescarta（Axicabtagene Ciloleucel），分别用于治疗儿童和青少年的急性淋巴细胞白血病和特定类型的非霍奇金淋巴瘤。2020—2021 年全球集中上市了 5 款 CAR-T 产品，我国有 2 款，分别是复星医药的益基利仑赛注射液（2021 年 6 月获批）与药明巨诺的瑞基奥仑赛注射液（2021 年 9 月获批），尽管定价高，尚未进入医疗保险，但使用人数依旧快速增长。接受 CAR-T 治疗的患者均为末线患者，截至 2021 年年底接受两款产品治疗的人数分别达到 100 余人和 90 余人，这将推动两款产品在上市一年内销售额

---

[1] 光大证券. 医药行业细胞基因治疗 CDMO 深度报告：搭乘新世纪药物发展浪潮［EB/OL］.（2022-3-3）［2022-8-8］. https://www.vzkoo.com/document/202203037a2e5ad93bad20f889d2f2bc.html?keyword=%E7%BB%86%E8%83%9E%E5%9F%BA%E5%9B%A0%E6%B2%BB%E7%96%97%20CDMO%20%E8%A1%8C%E4%B8%9A%E6%B7%B1%E5%BA%A6%E6%8A%A5%E5%91%8A.

即突破亿元大关。❶

（三）腺病毒相关病毒（AAV）

1. 技术特点

腺病毒相关病毒（adeno-associated virus，AAV））属于细小病毒家族，是一种无包膜单链 DNA 病毒。AAV 的基因组包括上下游两个开放阅读框，位于分别由 145 个核苷酸组成的 2 个反向末端重复序列（ITR）之间。基因组中有 3 个启动子（P5、P19 和 P40）和 2 个开放阅读框 REP 和 CAP。REP 编码 4 个重叠的多功能蛋白，即 REP78、REP68、REP52 和 REP40，其中 REP78 与 REP68 参与 AAV 的复制与整合，REP52 和 REP40 具有解螺旋酶和 ATP 酶活性，与 REP78、REP68 共同参与单链基因组的复制；CAP 编码的 VP1、VP2、VP3 是装配成完整病毒所需要的衣壳蛋白，它们在 AAV 病毒整合、复制和装配中起重要作用。这些结构特点决定了它是一种优良的 CGT 疗法递送载体。

2. 市场应用

AAV 作为最早通过欧洲药品管理局认证的基因治疗载体，具有宿主范围广、非致病性、低免疫原性、长期稳定表达外源基因、良好的扩散性能和物理性质稳定等优点。近年来，研究人员持续对 AAV 进行改造，以使其使用感染效率更高、安全性更好。重组 AAV（recombinant AAV，rAAV）属于人工改造的病毒，是目前基因治疗中最常用的载体，并逐步用于基因药物研发。rAAV 携带的蛋白衣壳与野生型 AAV 几乎完全相同，然而衣壳内的基因组中编码病毒蛋白的部分被删除，取而代之的是治疗性外源基因，一方面可以最大化重组 AAV 携带转基因的容量，另一方面可以减小病毒载体的免疫原性和细胞毒性。

2021 年全球共有 522 项 AAV 载体相关临床项目。根据 Nature Research 统计登记临床信息，目前在 152 项登记 AAV 载体基因疗法临床试验中，眼科适应证占比为 25%、神经系统占 19%、血液疾病占 14%、肌肉系统占 12%、代谢系统和其他罕见病占比 30%。❷

---

❶ 光大证券. 医药行业细胞基因治疗 CDMO 深度报告：搭乘新世纪药物发展浪潮［EB/OL］.（2022-3-3）［2022-8-8］. https://www.vzkoo.com/document/202203037a2e5ad93bad20f889d2f2bc.html?keyword=%E7%BB%86%E8%83%9E%E5%9F%BA%E5%9B%A0%E6%B2%BB%E7%96%97%20CDMO%20%E8%A1%8C%E4%B8%9A%E6%B7%B1%E5%BA%A6%E6%8A%A5%E5%91%8A.

❷ 太平洋证券. 细胞基因治疗 CDMO 行业报告：未来已来，关注病毒载体外包生产［EB/OL］.（2022-2-18）［2022-8-8］. https://www.doc88.com/p-37547081858800.html.

（四）溶瘤病毒（OV）

1. 技术特点

溶瘤病毒（oncolytic virus，OV）是天然的或经基因工程改造，选择性在肿瘤组织内复制进而杀伤肿瘤细胞，但对正常组织无杀伤作用的一类病毒。利用溶瘤病毒开发出的肿瘤治疗药物被称为溶瘤病毒药物，属于 CGT 疗法。除直接杀伤肿瘤细胞外，溶瘤病毒还参与抗肿瘤免疫的多个阶段，诱导强力的免疫应答，增强机体的抗肿瘤反应。溶瘤病毒的研究主要包括以下几类：腺病毒、牛痘病毒、疱疹病毒、呼肠孤病毒和柯萨奇病毒等，其中对腺病毒和单纯疱疹病毒-1 研究最广泛。

溶瘤病毒治疗凭借安全性好、不良反应少、选择性好等优势成为癌症治疗领域的研发热点。溶瘤病毒提供了肿瘤特异性细胞裂解与免疫刺激的治疗组合，可作为潜在的原位肿瘤疫苗。同时溶瘤病毒治疗可以增加肿瘤的免疫原性并重塑免疫抑制性肿瘤微环境，导致对免疫检查点抑制剂的抗肿瘤反应增强。溶瘤病毒治疗与抑制剂联合治疗有可能成为未来发展趋势。

2. 市场应用

溶瘤病毒治疗临床开发竞争非常激烈。目前已知全球正在进行的溶瘤病毒相关临床试验超过 100 个，国内约有 10 家企业涉足溶瘤病毒开发。已获批的溶瘤病毒产品有 4 个，分别是 Rigvir、安柯瑞、Imlygic 及 Delytact。最新一款药物是 2021 年日本第一三共株式会社出品的 DELYTACT® 溶瘤病毒 G47Δ。DELYTACT G47Δ 是第一个被批准用于治疗恶性胶质瘤或任何原发性脑癌的溶瘤病毒的药物，临床试验效果显著。在残留或复发性胶质母细胞瘤患者中的单臂二期临床试验结果中，13 例患者的 1 年生存率为 92.3%，明显高于基于历史数据整合分析的预设控制值 15%。G47Δ 安全性好，仅 2 名患者经历了与 G47Δ 相关的严重不良事件，均为 2 级发热。G47Δ 对胃癌有抑制作用，未来有望扩展适应证，用于多种癌症治疗。同时，已有研究证实 G47Δ 能够通过动态瘤内免疫调节与 CTLA-4 抑制协同作用，因此与免疫检查点抑制剂联用也是 G47Δ 未来的发展方向之一。[1]

---

[1] 海通证券. 溶瘤病毒技术再获突破，前景可期［EB/OL］.（2021-7-11）［2022-8-8］. http://stock.finance.sina.com.cn/stock/go.php/vReport_Show/kind/lastest/rptid/679323692759/index.phtml.

（五）单抗（mcAb）与双抗（bsAb）

1. 技术特点

抗体（antibody）是高等动物机体免疫系统在抗原物刺激下产生的具有高度特异性的效应分子，又称为免疫球蛋白（immunoglobulin，Ig）。抗体的特异性取决于抗原分子的决定簇。

单抗即单克隆抗体（monoclonal antibody，mcAb），是由识别一种抗原决定簇的细胞克隆所产生的单一性抗体。双抗即双特异性抗体（bispecific antibody，bsAb），是能识别2个不同表位/抗原的人工抗体。相比Y型结构的单抗，双抗具备更复杂的结构和功能上的改进。

2. 市场应用

有赖于蛋白靶点的发现和抗体制备技术的成熟，重组治疗性抗体作为一种具有独特优势的生物靶向药物，已成为全球药物研发的热点。目前全球销量排名前30位的药物中，针对靶点TNFα的有全人源抗体修美乐和融合蛋白抗体恩利，针对PD-1的单抗有K药（帕博利珠单抗）和O药（纳武利尤单抗），针对Her2的单抗有帕妥珠和赫赛汀，针对CD20的单抗有Ocrevus和利妥昔。此外，免疫检查点PD-L1、血管内皮细胞生长因子受体VEGFR、白介素IL12/17/23/4R/6R、GLP-1等新靶点药物的研发热度也在快速上升。

目前，全球超过120种双抗分子进入临床管线，预计超过10个双抗产品处于临床Ⅱ/Ⅲ期。从适应证来看，现阶段处于临床研究的双抗药物中，有88%的药物针对肿瘤，其中实体肿瘤占比59%，血液瘤占比29%；其次是自体免疫疾病，占比8%。[1]

（六）抗体偶联药物（ADC）

1. 技术特点

抗体偶联药物（Antibody-drug conjugates，ADC）由靶向肿瘤特异性抗原或肿瘤相关抗原的单克隆抗体与不同数目的小分子毒素（payload）通过连接子（linker）偶联组成，兼具单抗药物的高靶向性以及细胞毒素在肿瘤组织中高活性的双重优点，可高效杀伤肿瘤细胞。相比化疗药物不良反应更低，相比传统抗体类肿瘤药物具有更好的疗效。

---

[1] 财通证券. 双特异性抗体行业深度研究报告：有望成为下一个重磅炸弹的大风口［EB/OL］.（2021-5-19）［2022-8-8］. https://baijiahao.baidu.com/s?id=1699271708792993077&wfr=spider&for=pc.

2. 市场应用

近年来，ADC 药物在全球掀起研发热潮。根据 Insight 数据库统计，截至 2021 年 12 月 29 日，全球共有 408 个 ADC 药物处于不同研发阶段，大部分处于临床早期，仅 15 款产品上市。已上市 ADC 药物抗体种类以 IgG1 为主，其具有较强抗体依赖的细胞介导的细胞毒性作用（ADCC）、补体依赖的细胞毒性（CDC）及更长半衰期。目前所有在研 ADC 药物均采用免疫球蛋白 G（IgG），这种生物分子具有多个天然结合位点，并可被进一步修饰产生新的活性位点。此外，IgG 对于靶抗原具有高亲和力，在血液循环中半衰期较长，因此是 ADC 药物抗体部分的理想选择。预计 2026 年全球 ADC 药物市场规模有望超过 400 亿美元。[1]

（七）融合蛋白

1. 技术特点

融合蛋白（fusion protein）是指利用基因工程等技术将某种具有生物学活性的功能蛋白分子与其他天然蛋白（融合伴侣）融合而产生的新型蛋白。功能蛋白通常是内源性配体（或相应受体），如细胞因子、激素、生长因子、酶等活性物质，融合伴侣主要包括免疫球蛋白、白蛋白、转铁蛋白等。

2. 市场应用

融合蛋白既能提高功能蛋白的稳定性、延长在体内的代谢时间，又能融合一个或多个功能片段，形成高效靶向药物。自 1998 年全球第一个融合蛋白药物依那西普上市以来，全球已经上市了 13 个 Fc 融合蛋白药物、2 个白蛋白融合蛋白药物、1 个 CTP 融合蛋白药物，合计约 180 亿美元市场规模。其中依那西普年销售额超过 90 亿美元，阿柏西普 40 亿美元，度拉鲁肽 9 亿美元。抗体融合蛋白和单克隆抗体的结构和作用机理相似，融合蛋白可连接多个受体结构域从而结合更多类型相似配体，理论上可达到更好的效果。以融合蛋白药物阿柏西普和雷珠单抗为例，两者均是 VEGF 靶点抑制剂，但前者包含多个功能结构域，能与 VEGF-A、VEGF-B 以及 PIGF 结合，而后者只与 VEGF-A 结合；对照试验（头对头）中阿柏西普疗效优于雷珠单抗。但在依那西普与英夫利昔单抗、阿达木单抗的比较中，虽然依那西普能结合更多型 TNF 配体，但三者临床疗效无

---

[1] 中信证券. 医药行业抗体偶联药物（ADC）专题研究：ADC 药物领域快速发展［EB/OL］.（2022-1-26）［2022-8-8］. https://baijiahao.baidu.com/s?id=1722982344167624911&wfr=spider&for=pc.

显著差异。❶

(八) 肽类药物

1. 技术特点

一个氨基酸的氨基与另一个氨基酸的羧基可以缩合成肽（peptide）。通常需要 50 个以上氨基酸组成多肽（polypeptide），这样的多肽如果具有活性，又称为“活性肽”，按来源分为内源性和外源性两类。常见的活性肽有神经肽、脑啡肽、胃肠肽、胸腺肽等，涉及人体的激素、神经、细胞生长和生殖各个领域，它们可以与这些领域相关的基因或调控因子特异性结合，达到治疗疾病的目的。

2. 市场应用

肽类药物初登历史舞台，源于 1922 年从动物胰腺中提取胰岛素。1963 年固相肽合成（SPPS）的发明及纯化技术的进步加速了该类药物的研发。1982 年使用重组技术生产的人胰岛素（商品名亮丙瑞林，1985 年获批）以及合成的促性腺激素释放激素（商品名戈舍瑞林，1989 年获批）市场反响良好，证实了肽类药物市场的可行性以及药物递送系统技术的进步。2005 年获批治疗 2 型糖尿病的艾塞那肽是一种 GLP1 受体激动剂，在商业上获得巨大成功，开启了以 GLP1 受体激动剂为代表的肽类药物新时代。此后其他几种 GLP1 激动剂也获得批准用于治疗 2 型糖尿病，包括利拉鲁肽、阿比鲁肽、度拉糖肽、利西拉肽和司美格鲁肽，其中部分产品还获得了肥胖适应证的批准或者正在进行其他代谢性疾病适应证研究。目前，全球市场上约有 80 种肽类药物获批上市，生物制药行业对肽类新药的研究正在稳步进行，临床开发中有 150 多种肽类，另外 400~600 种肽类正在进行临床前研究。

由于未修饰的肽会在数分钟之内从血浆中迅速清除，因此需要修饰肽分子，例如脂化、与较大蛋白偶联和聚乙二醇（PEG）化，从而增加其在血液中的循环时间。在过去的 20 年中，通过聚乙二醇化修饰的技术研发势头迅猛，美国 FDA 批准了多种聚乙二醇化蛋白质，例如 PEG-腺苷脱氨酶和 PEG-α-干扰素。2019 年 5 月，豪森药业创新药聚乙二醇洛塞那肽注射液（商品名：孚来美）在我国获批上市，用于治疗 2 型糖尿病。❷

---

❶ 平安证券. 生物医药行业深度报告 融合蛋白：从 technique 到 science 的进阶之路 [EB/OL]. (2022-2-23) [2022-8-8]. https://wenku.baidu.com/view/89bcd5c9baf3f90f76c66137ee06eff9aef84989.html.

❷ Markus Muttenthaler, Glenn F King, David J Adams, et al. Trends in peptide drug discovery [J]. Nature Reviews, 2021, 20 (4): 209-325.

（九）干细胞

1. 技术特点

干细胞（stem cell）是一类具有自我复制能力的未分化细胞，是形成哺乳类动物的各组织器官的原始细胞。干细胞治疗是指应用人自体或异体来源的干细胞经体外操作后输入（植入）人体，并作用于疾病治疗的过程。干细胞在重症免疫缺陷、遗传性疾病、恶性肿瘤、造血干细胞保护、AIDS、组织修复和抗衰美容等领域具有极大的发展潜力和临床应用价值，近年来已成为生命科学领域的重要方向之一，受到全球范围的广泛关注。

2. 市场应用

目前，干细胞研发热点主要集中在角膜缘干细胞、神经干细胞、多能干细胞和间充质干细胞。

角膜缘干细胞研究已经进入较为成熟的阶段，利用患者自体细胞或羊膜细胞，角膜缘干细胞移植技术能够成功修复功能性角膜上皮。自体角膜缘干细胞扩增培养细胞治疗已经在欧盟获得批准使用。

神经干细胞在临床试验中主要用于修复受损的中枢神经系统，适应证范围包括神经胶质瘤、肌萎缩侧索硬化（ALS）、慢性脊髓损伤和脑卒中等中枢神经系统损伤及疾病。

多能干细胞在临床应用的潜能最为广泛，适应证范围包括眼科疾病、1 型糖尿病、心衰、帕金森病和脊髓损伤。另外，各国研究人员也在尝试利用诱导性多能干细胞技术制备角膜缘细胞、口腔黏膜上皮细胞体外培养和遗体捐献的角膜组织进行角膜上皮修复。

间充质干细胞研究项目最多。通过利用间充质干细胞的免疫抑制作用，间充质干细胞被广泛用于缓解异体移植的免疫排斥的研究。目前，利用间充质进行心脏修复研究取得了较大进展。临床试验结果表明，自体骨髓干细胞移植效果不佳、异体间充质干细胞移植对缺血性心脏病效果各异。在肺病、肝病、糖尿病、缺血性脑卒中和 ALS 等疾病领域，间充质干细胞技术也有重要应用。

干细胞的临床应用面临着一些挑战。一是如何保证稳定的细胞来源和足够的移植细胞量；二是如何获得维持细胞活性的细胞保存技术；三是如何保证干细胞移植治疗的安全性；四是如何有效提高干细胞治疗的治疗效果。目前，干细胞治疗还未获得普遍应用，但多项研究结果表明，干细胞在细胞移植、组织工程和再生医学等领域具有极高的应用价值。根据全球市场情报机构 Infiniti Research 发布的数据，全球干细胞治疗市场规模保持高速增长，2017—2022 年，

全球干细胞治疗市场将以 36.52% 的复合年增长率增长。❶

二、疾病诊断领域——体外诊断

在医学发展的早期，对于疾病的诊断，一般通过观察、问询等直观手段。现代医学临床诊断手段逐步演变为“视、触、叩、听”和手术探查。随着科学技术的发展和人们对无创诊断的需求，大量新的检测技术和产品逐步应用于疾病诊断。体外诊断产品作为疾病辅助诊断的主要组成部分，在疾病的预防、诊断、治疗监测、预后观察、健康评价以及遗传性疾病的预测方面具有重要作用。

1. 技术特点

体外诊断（In Vitro Diagnosis，IVD）是指对人体体液、细胞和组织等样本离体进行检测而获取临床诊断信息，进而判断疾病或机体功能的方法。从广义上讲，体外诊断产品包括检测试剂、组合试剂、校准物品、对照材料，以及必要的设备和辅助仪器。

按照检测原理和方法划分，体外诊断主要分为生化诊断、免疫诊断、分子诊断三大类。生化诊断是通过生物化学反应测定体内生化指标的技术，具有起步较早、技术成熟的优势；免疫诊断是通过抗原与抗体结合的特异性反应检测体内抗原、抗体含量变化，进而判断疾病信息的技术，具有灵敏度高、成本低的优势；分子诊断是应用分子生物学方法检测体内遗传物质或基因产物表达水平的变化进行诊断的技术，具有发展迅速、灵敏度高的优势。

2. 市场应用

体外诊断行业是医疗器械行业的一个分支，是一个多学科交叉、知识密集、资金密集型的高技术产业，是传统工业与生物医学工程、电子信息技术和现代医学影像技术等高新技术相结合的行业。体外诊断主要用于传染病诊断、癌症诊断、心脏病诊断、免疫系统疾病诊断、肾脏病诊断、胃肠道疾病诊断及其他疾病诊断，其中传染病诊断是我国目前体外诊断最大的应用领域。

我国体外诊断行业起步较晚，但目前行业正处于快速增长期，部分应用较广泛的项目如生化、即时检验（point-of-care testing，POCT）等或已接近国际同期水平，行业整体规模快速扩张。随着我国体外诊断市场对检测准确度、精密度等性能的要求不断提高和我国体外诊断技术水平的不断进步，我国体外诊断市场的细分市场结构及演变也与全球体外诊断市场趋势类似，主导方向逐渐从

❶ Admin. Top 10 stem cell companies on the NADAQ, Singapore news tribe [EB/OL]. (2017-9-14) [2022-8-8]. https://www.singaporenewstribe.com/top-10-stem-cell-companies-on-the-nasdaq/.

生化诊断向免疫诊断和分子诊断领域转移，免疫诊断已取代生化诊断成为我国体外诊断市场规模最大的细分市场，占据 38% 的市场份额；而生化诊断只占据 19% 的市场份额；分子诊断和 POCT 发展最快，市场份额不断上升，分别占据 15% 和 11% 的市场份额。[1]

三、疾病预防领域——核酸疫苗

接种疫苗是最为有效的疾病预防方式。回顾百年疫苗研发史，基础科学和技术的进步推动疫苗技术领域不断推陈出新，疫苗定位从预防感染走向免疫调节和疾病治疗，疾病谱从传染病向慢性病、肿瘤拓宽，生产方法从传统的单纯灭活或减毒微生物病原体到引入基因工程、免疫学、生物信息学等多门学科多项技术，接种对象从以儿童为主开拓至以成人为主的全生命周期。

围绕基因技术形成的重组基因疫苗，是现代新型疫苗的一类典型代表，常见的包括病毒载体疫苗、基因重组亚单位疫苗、核酸疫苗等。

1. 技术特点

核酸疫苗指以 DNA 或 RNA 作为特定的抗原基因编码序列从而发挥免疫功效的疫苗，通常借助肌内注射或微弹轰击等技术手段使抗原的 DNA 或者信使 RNA（mRNA）进入宿主体内，使得宿主体内表达出抗原蛋白，借此诱导宿主的免疫反应。

核酸疫苗的研究周期短、生产成本低，因此可以快速进入量产，但由于其原理是将外源核酸引入宿主体内，因而可能引发不可预知的后果，危险性较强。相对而言，mRNA 安全性高于 DNA。但由于 RNA 制作成本高，运输保存使用的稳定性较差，DNA 疫苗在很长一段时间独领风骚。全球新冠肺炎疫情的暴发，为 mRNA 疫苗的开发和产业化带来了发展机遇，行业进入全面加速期。

序列设计和递送系统是 mRNA 疫苗研发阶段的主要壁垒，序列设计通过对编码目标抗原的 mRNA 序列进行修饰、序列改构或序列优化，可以进一步优化 mRNA 疫苗的翻译效率；有效的递送系统可以协助 mRNA 疫苗穿越细胞膜发挥作用，脂质纳米颗粒是目前主流的递送系统，具有递送效率高、易于放大生产等特点。

2. 市场应用

核酸疫苗研究始于 20 世纪 80～90 年代。在 2020 年以前，仅有 7 种兽用

---

[1] 中商情报网. 深度分析：2022 年中国体外诊断及其细分领域市场数据汇总预测分析［EB/OL］.（2022-4-8）［2022-8-8］. https://www.askci.com/news/chanye/20220408/1041251804791.shtml.

DNA 疫苗获批上市，其余多项核酸疫苗研发虽然进入临床三期试验，但都以失败告终。COVID-19 疫情暴发后，对疫苗的需求显著推动了核酸疫苗的研发进程，相关疫苗方案有超过 20% 为核酸疫苗类型。截至 2021 年 6 月 30 日，核酸疫苗产品已有 707 项，一年半时间内的新增产品较之前 24 年的总量增长了 18%。自 2020 年以来，新启动开发的核酸疫苗产品，有 66 项（约占 60%）针对 COVID-19 开发，其中 44 项为 mRNA 疫苗。另外，针对流感病毒、HIV 病毒、乙肝病毒、寨卡病毒及其他病毒感染以及肿瘤等非感染性疾病开展研究的疫苗有 44 项。mRNA 疫苗从启动研发到上市应用仅耗时 1 年，大大突破了通常情况下疫苗研发 8～10 年上市的周期，这为新发突发传染病快速获取预防性疫苗带来了新希望。❶

Nature Reviews Drug Discovery 预测，短期内 mRNA 产品市场仍依赖于 COVID-19 疫苗的销售，2021 年全球主要 mRNA 疫苗公司 Pfizer 和 Moderna 销售新冠肺炎疫苗合计实现收入 545 亿美元；中长期随着其他预防性疫苗和治疗性疫苗的进入，预计 2028—2035 年 mRNA 疫苗市场将达到 230 亿美元。其中，预防性疫苗仍有望成为基石，到 2035 年收入将超过 50%。在治疗性疫苗领域，mRNA 技术也在加速新的个性化肿瘤疫苗的开发。❷

四、农业领域——转基因育种

世界农业育种经历了原始育种、传统育种和分子育种三个时代的跨越。分子育种利用现代分子生物学技术，能有效克服物种种间生殖隔离，缩短育种时间，提高育种精准性。分子育种主要分为分子标记辅助育种（基于限制性片段长度多态性 RFLP、简单重复序列 SSR、单核苷酸多态性 SNP 等生物自身的分子标记改进育种方法）和转基因育种两类。

1. 技术特点

转基因育种是指利用基因技术，将人工分离或修饰过的基因片段导入目标生物体基因组中并表达，从而引起生物体性状发生可遗传或不可遗传的变化。转基因育种可以导入外源基因，改良品种农艺性状，使之更为广泛地应用于农林畜牧行业。其中最具代表性的技术包括全基因组选择、基因编辑和合成生物技术。

---

❶ 李爱花，等. 核酸疫苗研发态势与发展建议［J］. 中国工程科学，2021（4）：153-161.

❷ 国金证券. 核酸疫苗，创新未来［EB/OL］.（2022-3-21）［2022-8-8］. https://www.vzkoo.com/document/20220321f3c325b8db87d2070fa00daa.html?keyword=%E6%A0%B8%E9%85%B8%E7%96%AB%E8%8B%97%20%E5%88%9B%E6%96%B0%E6%9C%AA%E6%9D%A5.

全基因组选择育种是指通过计算生物学模型预测和高通量基因型分析，在全基因组水平上聚合优良基因型，改良重要农艺性状。与传统分子标记辅助选择相比，全基因组选择育种技术有两大优势：一是基因组定位的双亲群体可以直接应用于育种；二是更适合于改良由效应较小的多基因控制的数量性状。

CRISPR/Cas9 介导的基因编辑系统能在不诱导双链 DNA 断裂的情况下，通过 sgRNA 招募 Cas9 蛋白，从而引导碱基修饰酶至特定位点实现碱基的替换，又被称为碱基编辑技术，包括胞嘧啶碱基编辑器、腺嘌呤碱基编辑器和 Prime 编辑器。CRISPR/Cas9 系统以其定向精确、简易高效和多样化等特点，成为农业领域最为有效的育种工具之一，但其也存在脱靶现象以及部分基因较难找到合适识别位点的问题。

合成生物技术是指采用工程学的模块化概念和系统设计理论，改造和优化现有自然生物体系，或者从头合成具有预定功能的全新人工生物体系。合成技术不断突破生命的自然遗传法则，标志着现代生命科学已从认识生命进入设计和改造生命的新阶段。

2. 市场应用

与常规育种相比，转基因育种使得可以利用的基因资源大大拓宽，超越了物种界限，通过定向变异和选择，可以使动植物在特殊性状和营养品质等方面向人类所需要的目标转变。

20 世纪 80 年代，人们开始研究转基因作物改良，转基因烟草问世。截至 2018 年，全球种植转基因作物面积为 1.917 亿公顷，排在前 4 位的依次是大豆、玉米、棉花和油菜，[1] 市场价值为 181.5 亿美元，预计到 2027 年将达到 374.6 亿美元。市面上的转基因作物的主要性状包括抗除草剂性状（HT）、抗虫性状（IR）、堆叠性状（ST）等。以抗除草剂性状为例，已在全球大规模商业化种植的转基因抗除草剂作物包括大豆、棉花、玉米、油菜、苜蓿等。全球转基因市场上的行业巨头均提供转基因抗除草剂作物品种，巴斯夫公司有抗除草剂玉米、油菜和大豆；拜耳公司有抗除草剂玉米、油菜、大豆和棉花；先锋国际良种公司和先正达公司有抗除草剂玉米、大豆；陶氏益农公司有抗除草剂大豆、玉米和棉花等。[2]

---

❶ 侯军岐，黄珊珊．全球转基因作物发展趋势与中国产业化风险管理［J］．西北农林科技大学学报（社会科学版），2020（6）：104-111．

❷ 农资导报．转基因作物进入市场快增期［EB/OL］．（2020-5-19）［2022-8-8］．http://www.nzdb.com.cn/zt/266984.jhtml.

五、其他领域

（一）酶制剂

1. 技术特点

工业酶制剂主要作为催化剂与添加剂使用，具有催化效率高、专一性好、反应条件温和、能耗低、化学污染较少等特点，被广泛应用于洗涤、纺织、饲料、食品、果汁加工、乳制品、皮革、造纸、医药、化工等行业，涉及固定化、催化、化学修饰等多项应用技术。

酶的固定化是指采用有机或无机固体材料作为载体，将酶包埋起来或束缚、限制于载体的表面和微孔中，使其仍具有催化活性，并可回收及重复使用的酶化学方法与技术。不使用固体材料作为载体，通过酶分子之间的相互交联形成聚集体，也可将酶固定化，称为无载体酶固定化。由于酶的蛋白质属性，进入人体后产生免疫反应，因稀释效应而无法集中于靶器官组织，常不能保持最适合的治疗浓度，而固定化酶则很好地克服了游离酶的这些缺点，被应用于治疗镁缺乏症、代谢异常症及制造人工内脏方面，如固定化 L-天冬酰胺酶用于治疗白血病；葡萄糖氧化酶被固定化在纳米微带金电极上可用于活体检测的微生物传感器。

传统的酶催化反应主要在水相中进行，但自 1987 年 Kilibanov 等用脂肪酶粉或固定化酶在几乎无水的有机溶剂中成功催化合成了肽以及手性的醇、脂和酰胺以来，对酶在非水相介质催化反应技术的开发及研究报道迅速增加，特别在手性药物的不对称合成及手性药物拆分的生物技术开发中得到了很多应用。应用酶催化技术可以生产许多成品药及医药中间体。它是通过以制造初级代谢产物、中间代谢产物、次级代谢产物及催化转化和拆分等形式来进行的。这已成为当今新药开发和改造传统制药工艺的重要手段，特别在手性药物及中间体的生产中有很广泛的应用前景。

酶的化学修饰是指利用化学手段将某些化学物质或基团结合到酶分子上，或将酶分子的某部分删除或置换，改变酶的理化性质，最终达到改变酶催化性质的目的。在生物医药领域中，化学修饰可以提高医用酶的稳定性，延长它在体内的半衰期，抑制免疫球蛋白的产生，降低或消除酶分子的免疫原性，确保其生物活性的发挥。

2. 市场应用

酶制剂行业较小，2018 年全球工业酶制剂的市场为 55 亿～60 亿美元，但服务对象却非常广泛。作为催化剂，涉及范围从大宗化学品到食品医药。在大宗化学品行业，如淀粉糖、氨基酸、有机酸，酶制剂的单位价值大约是产品单位价值的100倍，行业产值约3000亿元，而其在食品医药和特殊化学品行业的价值会更高。❶ 国外酶制剂公司在这一领域仍然处于绝对的领先地位，特别是一些比较出色的公司，如诺和诺德公司（Novo Nordisk）、丹尼斯克公司（Danisco）等。我国酶制剂领域也涌现出一批具有竞争力的本土酶制剂生产企业，如武汉新华扬、广州溢多利、山东隆大、青岛蔚蓝等。

（二）工程菌

1. 技术特点

工程菌又称为改造菌，是采用现代生物工程技术及基因工程方法，使外源基因得到高效表达的工程细胞株。作为新型微生物，工程菌具有种类繁多、来源广泛、功能多、高效以及适应证强等特点，凭借优异性能，工程菌在医药、食品、能源、化工、农业、污水处理等领域得到广泛应用，并为众多传统行业的升级带来了新思路。

2. 市场应用

近年来，工程菌的临床应用范围越来越广泛。目前工程菌临床应用主要分为诊断和治疗两部分。在治疗方面，工程菌可分为体内治疗和体外治疗两种方式，其中体内治疗是通过基因编辑选择性杀死细菌，体外治疗是以细菌作为载体把药物运输到特定位置以达到治疗目的。根据新思界产业研究中心发布的《2022—2027年医药工程菌行业市场深度调研及投资前景预测分析报告》显示，医药工程菌在代谢平衡调节、免疫调节、肿瘤免疫治疗等方面能实现精准治疗目的。特别是肿瘤免疫治疗领域，未来十年，在肿瘤免疫领域，全球医药工程菌市场将保持24.8%以上的增速增长。此外，全球布局工程菌市场的企业数量不断增加，包括美国Synlogic、强生、美国Osel以及中国和度生物、上海羽冠生物等企业。现阶段，全球工程菌市场仍处于发展初期阶段，未来行业存在广阔的发展空间。❷

---

❶ 段钢. 酶制剂发展应用及相关问题［J］. 生物技术产业，2019（3）：1.

❷ 新思界网. 医药工程菌市场发展空间大 全球布局企业数量不断增加［EB/OL］.（2022-2-9）［2022-8-10］. https://baijiahao.baidu.com/s?id=1724193812138750317&wfr=spider&for=pc.

第三节 基因技术保护促进相关政策法规制定

习近平总书记在党的十九大报告中指出，“创新是引领发展的第一动力，是建设现代化经济体系的战略支撑”。中央经济工作会议强调“要充分发挥国家作为重大科技创新组织者的作用，坚持战略性需求导向，确定科技创新方向和重点，着力解决制约国家发展和安全的重大难题”。基因技术是当代科技发展的一项重大创新和现代生物技术的核心，也是建设创新型国家这一重大国家战略的重要组成部分。符合实际的宏观政策是促进基因技术产业发展的重要途径，健全的法律制度是规范基因技术产业发展的重要保障，有效的激励措施是激发基因技术创新主体积极性的重要手段。

一、发展规划

早在20世纪80年代，邓小平同志亲自批示开展的国家高技术研究发展计划（简称“863”计划），就将生物技术列为我国重点发展对象。

进入21世纪，我国经济社会发展面临重要战略机遇期。2006年，国务院发布《国家中长期科学和技术发展规划纲要（2006—2020年）》，率先对基因技术的发展规划进行顶层设计：在农业重点领域中将种质资源发掘、保存、创新与新品种定向培育作为优先主题；将包括基因操作和蛋白质工程技术、基于干细胞的人体组织工程技术在内的生物技术作为八大前沿技术之一；16个重大专项中的转基因生物新品种培育、重大新药创制、艾滋病和病毒性肝炎等重大传染病防治，均与基因技术密切相关；面向国家重大战略需求的基础研究中，人类健康与疾病的生物学基础研究、农业生物遗传改良和农业可持续发展中的科学问题研究等，基因技术发挥着至关重要的作用。2015年，国务院发布《中国制造2025》，生物医药及高性能医疗器械入围突破发展的十大重点领域，具体包括针对重大疾病的生物技术药物新产品，如新机制和新靶点抗体药物、抗体偶联药物、全新结构蛋白及多肽药物、新型疫苗，以及诱导多能干细胞等新技术。2016年，中共中央、国务院印发《国家创新驱动发展战略纲要》，在战略任务中提到的现代农业技术、健康技术、颠覆性技术等都与基因技术紧密相关；转基因生物新品种、新药创制、传染病防治等重要专项，也需要基因技术作为突破口。这些顶层设计引导基因技术产业发展更加理性化和长远化。

产业的发展应该与社会、经济和环境的发展相协调，在我国国民经济和社会发展五年规划的制定中，基因技术也牢牢占据着一席之地。“十一五”规划明确提出国家重点发展生物医药，“十二五”规划将生物医药产业列为七大战略性新兴产业之一，“十三五”规划强调要掌握生物医药领域的核心技术，重点扶持和发展生物医药产业，推进产业创新发展。2021 年 3 月 12 日，“十四五”规划正式发布，明确“基因与生物技术”作为七大科技前沿领域攻关领域之一，“生物技术”作为九大战略性新兴产业之一，其中“基因技术”为未来产业。五年规划的接续推进引导着基因技术产业发展更加协调化和持续化。

以下介绍“十三五”“十四五”两个规划周期的代表性政策。

（一）“十三五”时期配套政策

“十三五”时期是全面建成小康社会、实现我们党确定的第一个百年奋斗目标的决胜阶段。我国经济进入新常态，出台了一系列旨在鼓励基因技术发展的宏观政策。

《“十三五”国家科技创新规划》鼓励开展重大疫苗、抗体研制、免疫治疗、基因治疗、细胞治疗、干细胞与再生医学、人体微生物组解析及调控等关键技术研究。

《“十三五”生物技术创新专项规划》列举了多种颠覆性技术、前沿交叉技术和共性关键技术，如新一代生物检测技术、新一代基因操作技术、合成生物技术、微生物组技术、组学技术等，并将生物医药列为重点发展领域，包括免疫治疗、基因治疗等现代生物治疗技术，干细胞、生物医学材料与再生医学，重大疾病的分子分型与精准治疗，新型疫苗、抗体等重大生物制品研制，药物设计及新药研发，生物医学工程与医疗器械。

《“十三五”国家战略性新兴产业发展规划》提到要以基因技术快速发展为契机，推动医疗向精准医疗和个性化医疗发展，加快农业育种向高效精准育种升级转化，拓展海洋生物资源新领域。

《医药工业发展规划指南》强调要提高抗体药物、肿瘤免疫治疗药物等生物技术药物的研发和制备水平，加快临床急需的生物类似药和联合疫苗的国产化。

《“十三五”生物产业发展规划》提出要建设集细胞治疗新技术开发、细胞治疗生产工艺研发、病毒载体生产工艺研发、病毒载体 GMP 生产、细胞治疗 cGMP 生产、细胞库构建等转化应用衔接平台于一体的免疫细胞治疗技术开发与制备平台。

这些代表性政策，反映了“十三五”时期基因技术广泛渗透入农业、医药等重点领域，并取得长足进展。

（二）“十四五”时期最新进展

“十四五”时期是我国全面建成小康社会、实现第一个百年奋斗目标之后，乘势而上开启全面建设社会主义现代化国家新征程、向第二个百年奋斗目标进军的第一个五年。立足新发展阶段、贯彻新发展理念、构建新发展格局、促进高质量发展的要求给基因技术加速演进、生物产业迅猛发展提供了重要机遇期。

2021 年 8 月，国家发展和改革委员会、农业农村部联合印发《“十四五”现代种业提升工程建设规划》，提出加紧推进种业关键共性技术和种源核心技术攻关。2022 年 1 月，工业和信息化部、国家发展和改革委员会等九部门联合印发《“十四五”医药工业发展规划》，重点发展基因治疗等产品，重点开发基因治疗药物等新型生物药的产业化制备技术，并以专栏形式提出了医药创新产品产业化工程、医药产业化技术攻关工程、疫苗和短缺药品供应保障工程、产品质量升级工程、医药工业绿色低碳工程 5 大工程。2022 年 5 月，国家发展和改革委员会印发《“十四五”生物经济发展规划》，明确发展生物医药、生物农业、生物质替代、生物安全 4 大重点发展领域，以及生物医药技术惠民、现代种业提升等 7 项重大建设工程。

此外，2021 年 10 月国务院印发《“十四五”国家知识产权保护和运用规划》，明确表示要健全大数据、人工智能、基因技术等新领域新业态知识产权保护制度。2021 年 12 月，国务院印发《“十四五”数字经济发展规划》，提出推进前沿学科和交叉研究平台建设，重点布局神经芯片、类脑智能、脱氧核糖核酸（DNA）等新兴技术，推动信息、生物等领域技术融合。可见，我国基因技术产业的政策支撑体系在不断完善，我国正在加快创新驱动发展的步伐。

“十四五”时期的政策规划有两个特点：一是既继续深耕医药、农业等重点领域，又及时开辟新赛道，聚焦交叉学科建设；二是既在包括知识产权保护在内的多层面进行鼓励，又围绕生物安全这一重大议题进行规范。

二、风险防控

产业的健康快速发展，最大限度地符合人类的根本利益，离不开法律法规的有效监管。基因技术的实质是针对生命遗传信息进行操作，更容易引发生物安全、人类遗传资源保护、伦理、隐私等方面的风险和问题。“生物海盗”的叫法、“基因编辑婴儿”事件，都产生了非常恶劣的负面社会影响。随着基因技术在各行业领域的融合应用以及技术门槛的不断降低，必须要通过法律法规规范相关行为。

（一）《生物安全法》

2020 年 2 月 14 日，习近平总书记在中央全面深化改革委员会第十二次会议上发表重要讲话，强调将生物安全纳入国家安全体系，加快构建国家生物安全法律法规体系、制度保障体系。2021 年 4 月 15 日，《中华人民共和国生物安全法》（以下简称《生物安全法》）正式实施，规定了维护生物安全应当遵循的原则、领导体制、生物安全风险的防控体制和措施，以及相关的法律责任，适用范围进一步明确到重大新发突发传染病、动植物疫情、生物技术研发与应用、生物安全实验室、人类遗传资源与生物资源、外来物种入侵与生物多样性、生物恐怖袭击与生物武器威胁、微生物耐药等，有助于从法律制度层面解决我国生物安全管理领域存在的问题，确保基因和生物技术健康发展。

（二）行政法规

针对基因技术带来的安全和伦理风险，国务院及相关部委陆续出台了多项行政法规。早在 1993 年，原国家科委发布了《基因工程安全管理办法》，明确了基因工程工作的安全等级、安全性评价和安全控制措施。进入 21 世纪，以国务院令的形式出台了一系列行政法规。2001 年发布的《农业转基因生物安全管理条例》，针对实验室泄漏、农业生产等风险环节建立了管理制度。2003 年的《突发公共卫生事件应急条例》加强了对公共卫生和健康风险的防控。2018 年修订的《病原微生物实验室生物安全管理条例》要求对病原微生物实行分级管理。2019 年修订的《人类遗传资源管理条例》有效保护和合理利用我国人类遗传资源，维护公众健康、国家安全和社会公共利益。相关部委还出台了《人胚胎干细胞研究伦理指导原则》《药物临床试验伦理审查工作指导原则》等行政法规，进一步加强伦理风险防控。

国家出台相关监管政策，平衡创新和安全，从而促进行业良性有序蓬勃发展。例如，近年来针对细胞与基因治疗（CGT）的研发持续推出多项规定，2020 年 7 月《突破性治疗药物审评工作程序（试行）》的发布进一步加速了具有重要临床价值的 CGT 药物上市速度。在新规发布 3 个月内，就有 5 项产品被纳入突破性治疗药物名单，大大缩短了具有临床价值的 CGT 药物的研发和上市注册程序，加速了 CGT 市场发展。又如，2014 年 2 月 9 日，原国家卫计委办公厅和原国家食药局办公厅联合发布《关于加强临床使用基因测序相关产品和技术管理的通知》，全面叫停基因检测。但紧接着一个月后，原国家卫计委发布《关于开展高通量基因测序技术临床应用试点单位申报工作的通知》，要求已经开展高通量基因测序技术且符合申报规定条件的医疗机构可以申请试点，并明确了测序项目。随着 2016 年基因检测写入“十三五”规划，到 2020 年《生物安全法》出台，我国基因检测技术得到了有效的监管，也得到了全面的发展。

三、知识产权保护

知识产权是人们对智力创造成果所享有的权利。习近平总书记曾说过，加强知识产权保护是完善产权保护制度最重要的内容，也是提高中国经济竞争力最大的激励。基因技术既是创新活跃度最高的行业之一，也是国家战略性支柱产业，加强知识产权保护是促进基因技术发展的必然要求和客观需要。

作为最为典型的工业知识产权，专利制度最接近科学技术创新前沿，在促进基因技术发展上发挥着无法替代的作用。《中华人民共和国专利法》（以下简称《专利法》）制定于 1984 年，分别在 1992 年、2000 年、2008 年和 2020 年进行了修改。最近的第四次修改主要包括三方面的重点内容：一是加强对专利权人合法权益的保护，包括加大侵权损害赔偿，完善诉前保全制度，完善专利行政执法，新增诚实信用原则，新增专利权期限补偿制度和药品专利纠纷早期解决机制等；二是促进专利实施和运用，包括完善职务发明制度，新增专利开放许可制度，加强专利公共信息服务等；三是完善专利授权制度，包括进一步完善外观设计保护相关制度，增加不丧失新颖性的情形，完善专利权评价报告制度等。❶

从以上修改可以看出，一方面，创新主体和专利权人的合法权益得到强化保护，如加大侵权损害赔偿，设立惩罚性赔偿制度——侵犯专利权的赔偿数额按照权利人因被侵权所受到的实际损失或者侵权人因侵权所获得的利益确定；权利人的损失或者侵权人获得的利益难以确定的，参照该专利许可使用费的倍数合理确定。对故意侵犯专利权，情节严重的，可以按照上述方法确定数额的一倍以上五倍以下确定赔偿数额。另一方面，对知识产权的创造和运用作出了更多明确的规

---

❶ 陈扬跃，马正平. 专利法第四次修改的主要内容与价值取向［J］. 知识产权，2020（12）：6-19.

定，如新增专利开放许可制度，促进专利技术更好传播运用——专利权人可以自愿以书面方式向国务院专利行政部门声明愿意许可任何单位或者个人实施其专利，并明确许可使用费支付方式、标准的，由国务院专利行政部门予以公告，实行开放许可。任何单位或者个人有意愿实施开放许可的专利的，以书面方式通知专利权人，并依照公告的许可使用费支付方式支付许可使用费后，即获得专利实施许可。当事人就实施开放许可发生纠纷的，由当事人协商解决；不愿协商或者协商不成的，可以请求国务院专利行政部门进行调解，也可以向人民法院起诉。开放许可实施期间，对专利权人缴纳专利年费相应给予减免。

除《专利法》之外，基因技术因广泛应用于农林畜牧等关系国计民生的领域中，也受到其他法律法规的保护。我国早在 20 世纪 90 年代制定了《植物新品种保护条例》，加强维护育种创新主体的品种权益，因基因技术而产生的植物新品种也在其保护范围之内。2021 年年底，新修改的《中华人民共和国种子法》聚焦提高植物新品种知识产权保护法治化水平，在育种者、生产经营者、使用者之间建立平衡的权利义务关系，为原始创新提供法治保障，实现种业振兴。❶“十三五”以来国家出台的基因技术相关政策如表 1-1 所示。

表 1-1 “十三五”以来国家出台的基因技术相关政策（不完全统计）

日期	政策名称	主要内容
2016 年 3 月	《关于促进医药产业健康发展的指导意见》	大力推广基因工程、生物催化等生物替代技术，积极采用生物发酵方法生产药用活性物质。对经确定为创新医疗器械的基因检测产品等，按照创新医疗器械审批程序优先审查，加快创新医疗服务项目进入医疗体系，促进新技术进入临床使用
2016 年 8 月	《“十三五”国家科技创新规划》	发展先进高效生物技术，开展重大疫苗、抗体研制、免疫治疗、基因治疗、细胞治疗、干细胞与再生医学、人体微生物组解析及调控等关键技术研究，构建具有国际竞争力的医药生物技术产业体系
2016 年 10 月	《全国农业现代化规划（2016—2020 年）》	推进联合育种和全基因组选择育种，建设珍稀濒危物种保护繁育中心、遗传基因库

❶ 刘振伟．努力提高种业知识产权保护法治化水平［J］．中国种业，2022（2）：1-4.

续表

日期	政策名称	主要内容
2016年11月	《"十三五"国家战略性新兴产业发展规划》	以基因技术快速发展为契机，推动医疗向精准医疗和个性化医疗发展，加快农业育种向高效精准育种升级转化，拓展海洋生物资源新领域。加快基因测序、细胞规模化培养、靶向和长效释药、绿色智能生产等技术研发应用，支撑产业高端发展。开发新型抗体和疫苗、基因治疗、细胞治疗等生物制品和制剂。推进网络化基因技术应用示范中心建设，开展出生缺陷基因筛查、肿瘤早期筛查及用药指导等应用示范。开展基因编辑、分子设计、细胞诱变等关键核心技术创新与育种应用。培育符合规范的液体活检、基因诊断等新型技术诊疗服务机构。推动基因检测和诊断等新兴技术在各领域应用转化，支持生物信息服务机构提升技术水平。建立具有自主知识产权的基因编辑技术体系，开发针对重大遗传性疾病、感染性疾病、恶性肿瘤等的基因治疗新技术。建立相关动物资源平台、临床研究及转化应用基地，促进基于基因编辑研究的临床转化和产业化发展
2016年11月	《医药工业发展规划指南》	提高抗体药物、肿瘤免疫治疗药物等生物技术药物的研发和制备水平，加快临床急需的生物类似药和联合疫苗的国产化
2016年12月	《"十三五"国家知识产权保护和运用规划》	针对转基因生物新品种、新药创制、传染病防治等领域的关键核心技术深入开展知识产权评议工作，及时提供或发布评议报告
2016年12月	《"十三五"卫生与健康规划》	在加强行业规范的基础上，推动基因检测、细胞治疗等新技术的发展
2017年1月	《"十三五"生物产业发展规划》	建设集细胞治疗新技术开发、细胞治疗生产工艺研发、病毒载体生产工艺研发、病毒载体GMP生产、细胞治疗cGMP生产、细胞库构建等转化应用衔接平台于一体的免疫细胞治疗技术开发与制备平台
2017年1月	《中国防治慢性病中长期规划（2017—2025年）》	重点突破精准医疗、"互联网+"健康医疗、大数据等应用的关键技术，支持基因检测等新技术、新产品在慢性病防治领域推广应用
2017年2月	《战略性新兴产业重点产品和服务指导目录（2016年版）》	生物技术药物中提到了"针对恶性肿瘤等难治性疾病的细胞治疗产品和基因药物"

续表

日期	政策名称	主要内容
2017年5月	《“十三五”生物技术创新专项规划》	颠覆性技术包括新一代生物检测技术、新一代基因操作技术、合成生物技术；前沿交叉技术包括脑科学和类脑人工程、微生物组技术、纳米生物技术、生物影像技术；共性关键技术包括生物大数据、组学技术、过程工程技术、生命科学仪器创新和制造。生物医药列为重点发展领域，包括免疫治疗、基因治疗等现代生物治疗技术，干细胞、生物医学材料与再生医学，重大疾病的分子分型与精准治疗，新型疫苗、抗体等重大生物制品研制，药物设计及新药研发，生物医学工程与医疗器械
2017年6月	《“十三五”卫生与健康科技创新专项规划》	加强干细胞和再生医学、免疫治疗、基因治疗、细胞治疗等关键技术研究，加快生物治疗前沿技术的临床应用，创新治疗技术，提高临床救治水平
2017年12月	《细胞治疗产品研究与评价技术指导原则（试行）》	提出了细胞治疗产品药学研究、非临床研究、临床研究阶段的安全、有效、质量可控的一般技术要求
2018年1月	《知识产权重点支持产业目录（2018年本）》	将干细胞与再生医学、免疫治疗、细胞治疗、基因治疗划为国家重点发展和亟须知识产权支持的重点产业之一
2018年3月	《病原微生物实验室生物安全管理条例》	病原微生物的分类管理、实验室设立和管理、感染控制，监督管理和法律责任
2019年4月	《人源性干细胞及其衍生细胞治疗产品临床试验技术指导原则（征求意见稿）》	部分人源性干细胞及其衍生细胞治疗产品兼具细胞治疗和基因治疗产品的特性。基于现有认识，对该类产品开展临床试验时若干技术问题的建议和推荐
2019年5月	《中华人民共和国人类遗传资源管理条例》	有效保护和合理利用我国人类遗传资源，维护公众健康、国家安全和社会公共利益。人类遗传资源材料是指含有人体基因组、基因等遗传物质的器官、组织、细胞等遗传材料。人类遗传资源信息是指利用人类遗传资源材料产生的数据等信息资料
2019年6月	《人用基因治疗制品总论（公示稿）》	对基因治疗制品生产和质量控制的通用性技术要求，包括制造、特性分析、标准品/参照品/对照品、制品检定、贮存等内容

续表

日期	政策名称	主要内容
2019 年 11 月	《产业结构调整指导目录（2019 年本）》	将基因治疗药物和细胞治疗药物写入指导目录
2019 年 12 月	《关于加强农业种质资源保护与利用的意见》	分区布局综合性、专业性基因库，实行农业种质资源活体原位保护与异地集中保存。启动国家畜禽基因库建设。以优势科研院所、高等院校为依托，搭建专业化、智能化资源鉴定评价与基因发掘平台，建立全国统筹、分工协作的农业种质资源鉴定评价体系。深化重要经济性状形成机制、群体协同进化规律、基因组结构和功能多样性等研究，加快高通量鉴定、等位基因规模化发掘等技术应用。开展种质资源表型与基因型精准鉴定评价，深度发掘优异种质、优异基因，构建分子指纹图谱库，强化育种创新基础
2020 年 9 月	《基因治疗产品药学研究与评价技术指导原则（征求意见稿）》	提出了基因治疗产品的一般性技术要求以及监管机构监管和评价基因治疗品的参考
2020 年 10 月	《基因转导与修饰系统药学研究与评价技术指导原则（意见征求稿）》	对基因转导与修饰系统的药学研究提出一般性技术要求
2021 年 1 月	《2021 年农业转基因生物监管工作方案》	对转基因研发和育种进行监管
2021 年 2 月	《免疫细胞治疗产品临床试验技术指导原则（试行）》	对细胞治疗产品探索性临床试验和确证性临床试验的若干技术问题提出了建议和推荐，并规范了对免疫细胞和治疗产品的安全性和有效性的评价方法
2021 年 2 月	《溶瘤病毒类药物临床试验设计指导原则（试行）》	适用于治疗恶性肿瘤的溶瘤病毒类药物的单用和联用的临床试验设计，首次提出了对于临床试验设计要点的指导原则，内容涵盖受试人群、给药方案、药代动力学、免疫原性、疗效评价、安全性评价、风险控制等
2021 年 3 月	《中华人民共和国国民经济和社会发展第十四个五年计划和 2035 年远景目标纲要》	加强基因组学研究应用、生物药等技术创新。推动生物技术和信息技术融合创新，加快发展生物医药、生物育种、生物材料、生物能源等产业，做大做强生物经济

续表

日期	政策名称	主要内容
2021年4月	《溶瘤病毒产品药学研究与评价技术指导原则（征求意见稿）》	溶瘤病毒产品的研发和申报应符合现行法规的要求并参考相关技术指南的内容，人体使用的溶瘤病毒产品的生产应符合《药品生产质量管理规范》的基本原则和相关要求
2021年5月	《关于全面加强药品监管能力建设的实施意见》	重点支持中药、生物制品（疫苗）、基因药物、细胞药物、人工智能医疗器械、医疗器械新材料、化妆品新原料等领域的监管科学研究，加快新产品研发上市
2021年6月	《基因治疗产品长期随访临床研究技术指导原则（征求意见稿）》	旨在为该类产品开展长期随访临床研究提供技术指导，确保及时收集迟发性不良反应的信号，识别并降低这类风险，同时获取各类产品长期安全性和有效性的信息
2021年7月	《基因修饰细胞治疗产品非临床研究与评价技术指导原则（试行）（征求意见稿）》	根据目前对基因修饰细胞治疗产品的科学认识制定了本指导原则，提出了对基因修饰细胞治疗产品非临床研究和评价的特殊考虑和要求
2021年8月	《人源性干细胞产品药学研究与评价技术指导原则（征求意见稿）》	对按药品进行开发的干细胞产品从研发到上市阶段药学研究技术问题提供建议
2021年8月	《“十四五”现代种业提升工程建设规划》	加紧推进种业关键共性技术和种源核心技术攻关
2021年10月	《“十四五”国家知识产权保护和运用规划》	健全高质量创造支持政策，加强生命健康、生物育种等领域自主知识产权创造和储备。健全基因技术等新领域新业态知识产权保护制度
2021年11月	《“十四五”推进农业农村现代化规划的通知》	新建、改扩建国家畜禽和水产品种质资源库、保种场（区）、基因库，推进国家级畜禽核心育种场建设。改扩建2个分子育种创新服务平台
2021年12月	《国家残疾预防行动计划（2021—2025年）》	做好产前筛查、诊断。提供生育全程基本医疗保健服务，广泛开展产前筛查，加强对常见胎儿染色体病、严重胎儿结构畸形、单基因遗传病等重大出生缺陷的产前筛查和诊断
2021年12月	《“十四五”数字经济发展规划》	推进前沿学科和交叉研究平台建设，重点布局神经芯片、类脑智能、脱氧核糖核酸（DNA）等新兴技术，推动信息、生物等领域技术融合

续表

日期	政策名称	主要内容
2022 年 1 月	《“十四五”医药工业发展规划》	以专栏形式提出了医药创新产品产业化工程、医药产业化技术攻关工程、疫苗和短缺药品供应保障工程、产品质量升级工程、医药工业绿色低碳工程五大工程。重点发展基因治疗等产品，重点开发基因治疗药物等新型生物药的产业化制备技术
2022 年 5 月	《“十四五”生物经济发展规划》	发展生物医药、生物农业、生物质替代、生物安全 4 大重点发展领域，以及生物医药技术惠民、现代种业提升等 7 项重大建设工程

基因技术是新经济的重要组成部分，是技术、人才、资金密集型行业。与发达国家相比，我国基因技术发展起步晚、底子薄。但是在技术变革的过程中，通过国家层面的前瞻性部署和大力政策扶持，我国已经奠定了较为坚实的基础，在干细胞技术、测序技术、生物合成等分支都具备一定实力。相信未来随着进一步加强国家政策的支持，大力培育基因技术人才、准确把握和深入研究技术发展态势和产业化道路，我国的基因技术产业必将从跟跑、并跑迈向领跑行列，有力支撑我国现代化经济体系建设。

第二章

基因技术领域发明专利质量现状概述

随着科技进步和政策法规推动，越来越多的人力和资金流向基因技术领域，相继出现了许多实现市场盈利或具有良好市场价值的产品。纵观整个行业的发展，基因技术产品的诞生、应用都极大地依赖基础性科研成果。我国在相关领域的基础性研究起步晚、软硬件设施相对落后，因而对于原创科研成果的知识产权保护就显得至关重要。

专利制度作为激励和保护技术创新的法律制度，反映了一个国家在特定技术领域的发展情况。针对技术竞争激烈的基因技术领域，通过分析创新主体专利申请情况、专利技术主题分布情况、专利代理机构聘请情况、专利维持情况和专利利用情况等，在一定程度上能了解和掌握该领域技术发展现状。本章以 incoPat 全球专利数据库为数据采集系统，针对在华基因技术相关专利进行检索，数据检索截止日期为 2022 年 6 月 13 日。在获得的检索结果的基础上分析了基因技术领域专利申请现状和申请质量现状，并结合审查实践分析了可能影响专利申请文件整体质量的原因。

第一节　基因技术领域专利申请现状

为了解基因技术专利申请在中国的整体发展态势，本节根据基因技术领域在华专利申请数据，对基因技术专利申请量、技术分布和申请人情况进行了统计和分析，得到基因技术领域在华专利申请的发展趋势、研究热点、研究主体类别以及重点申请人等信息。

一、申请量分析

由于基因技术领域在国内整体发展比较晚，前期仅有少量的专利在华提出申请。1985 年以前，年申请量不足 100 件，故而没有展示在图 2-1 中。2000 年以前，年专利申请量也相对较低，一方面可能是因为该技术长期处于缓慢发展中，另一方面可能是受限于当时中国的经济水平和科研能力。2003 年后，在华的相关申请量开始迅速增加，且呈现出长期增长的趋势。到 2016 年，年申请量已经超过 2 万件。2020 年后，可能由于专利公开需要一定时间等原因，相关申请量呈现出一定的回落。基因技术在华申请趋势总体上反映出了我国基因技术在不断发展且持续增长。随着 CRISPR/Cas9 介导的基因编辑、CAR-T 介导的细胞治疗、高通量测序技术、治疗性抗体、预防或治疗性疫苗、转基因育种等领域的蓬勃发展，相信基因技术领域的专利申请量日后也会呈现出不断上升的态势。基因技术专利在华申请趋势分布如图 2-1 所示。

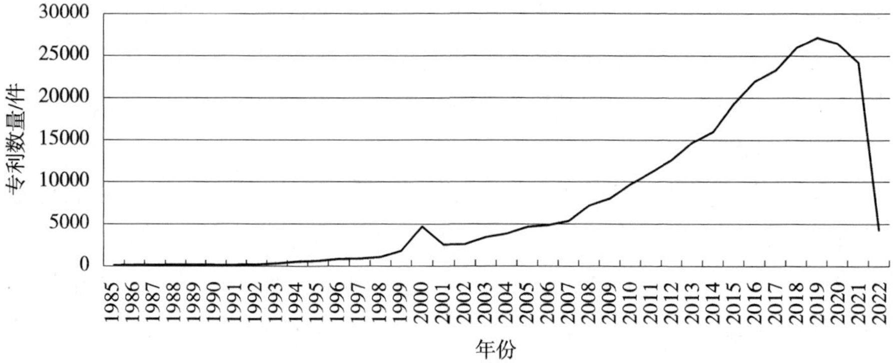

图 2-1　基因技术专利在华申请趋势分布

进一步分析在华申请的申请人国别，中国申请人遥遥领先于其他国家，其申请量远大于其他国家申请量的总和，可见我国基因技术专利申请总量的提高基本上是由国内申请人主导。这既反映了国内申请人对基因技术的关注度逐渐增加，对基因技术在国内市场前景持乐观态度，也得益于近年来我国在基因技术领域不断加大投入，还显示出我国国内创新主体在相关政策的鼓励和市场需求的刺激下，已经建立了良好的知识产权保护意识，并在一定程度上具备了拿起专利制度这一法律武器保护自主研究成果的主动性。可以预期的是，在未来的基因技术领域，中国的创新主体将贡献出更大的力量。同时，美国、日本、德国等科研实力雄厚的传统基因技术强国也在华提出了较多的专利申请，这不仅表现出了中国作为基因技术目标市场的重要性，也提示我国的申请人需要提高专利申请的整体水平以与科研强国进行竞争。基因技术专利在华申请人国别分布如图 2-2 所示。

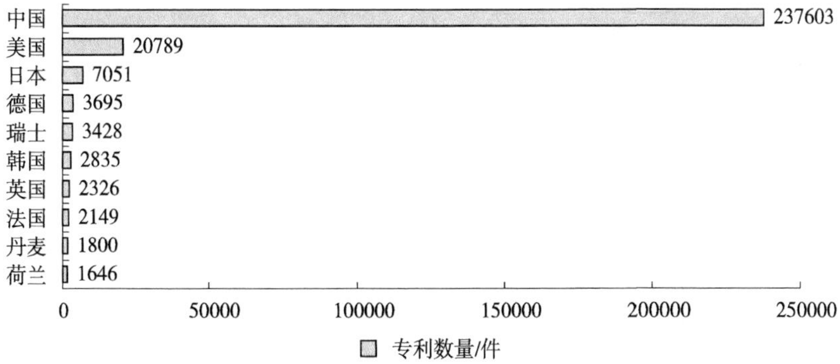

图 2-2　基因技术专利在华申请人国别分析

二、技术分布分析

基因技术领域的专利申请通常在一件发明中会涉及多项技术，为了全面了解目前专利申请涉及的技术主题，统计了在华申请的分类号占比，形成了图 2-3。图 2-3 中包含的各分类号的含义如下：C12N（微生物或酶；其组合物；繁殖、保藏或维持微生物；变异或遗传工程；培养基）；C12Q（包含酶、核酸或微生物的测定或检验方法；其所用的组合物或试纸；这种组合物的制备方法；在微生物学方法或酶学方法中的条件反应控制）；A61K（医用、牙科用或梳妆用的配制品）；C07K（肽）；C12R（与涉及微生物的 C12C 至 C12Q 小类相关的引得表）；A61P（化合物或药物制剂的特定治疗活性）；C12P（发酵或使用酶的方法合成目标化合物或组合物或从外消旋混合物中分离旋光异构体）；G01N（借助于测定材料的化学或物理性质来测试或分析材料）；A01H（新植物或获得新植物的方法；通过组织培养技术的植物再生）；A01N（人体、动植物体或其局部的保存；杀生剂，例如作为消毒剂，作为农药或作为除草剂；害虫）。不难看出，分类号 C12N 占比最多，占 29%。其次，涉及 C12Q 和 A61K 的申请占比均为 12%。进一步分析 A61K 分类号的具体内容，发现其主要涉及的是含肽、含有抗原或抗体以及含有插入到活体细胞中的遗传物质以治疗遗传病的医药配置品。该数据证明了基因技术领域的在华申请中有关微生物和基因的申请占比最多，其次是与医疗相关的包含蛋白的医疗配制品以及和诊断检测相关的方法与产品等，因此需要我们对这些技术分支相关的特殊法条进行理解和运用。

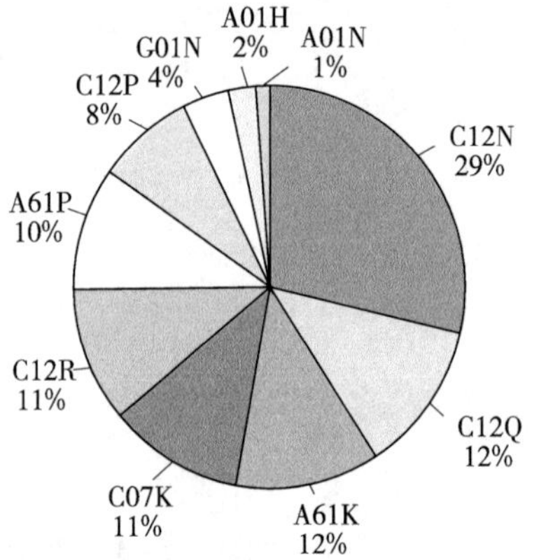

图 2-3 基因技术在华申请分类号分布

三、申请人分析

申请人类型分布最多的是企业，其占比高达 41%，然后依次为大专院校、科研单位、机关团体、个人和其他，其中个人和其他的占比仅约 6%。可见，基因技术是具有一定研发门槛的技术，除了强大的科研能力外，资金的投入和运作也非常重要。通常认为，大专院校、科研单位和机关团体作为创新主体的专利申请多半是较为基础的科研成果，不直接与市场接轨，而企业的专利申请则更接近市场需求。大专院校、科研单位和机关团体三者的申请量之和略大于企业，这一现象表明我国在基因技术研究方面主要还是由大专院校等科研机构牵头。但是企业 41% 的占比也显示出在我国基因技术领域已经从最初的基础研究开始逐步进行产业化转型，更多以营利为目的的创新主体投入创新研发中，一方面反映出市场对基因技术的需求，另一方面也体现了企业对于专利保护的迫切需求。基因技术在华申请人类型分布如图 2-4 所示。

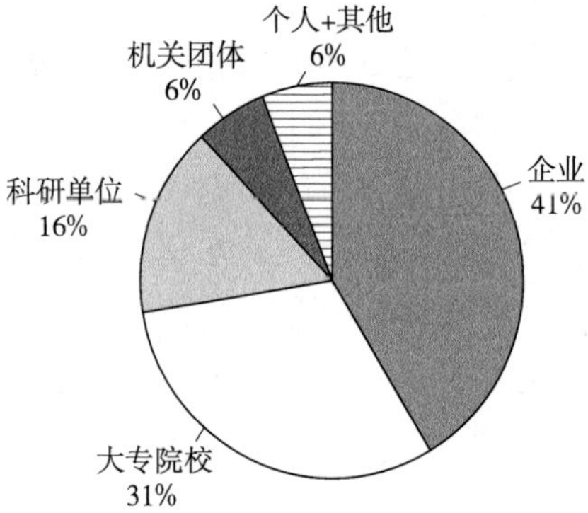

图 2-4 基因技术在华申请人类型分布

基因技术领域的申请人主要分布于北京、江苏、广东、上海等经济发达地区，这可能与这些地区的高新技术企业密集以及越来越多的企业重视专利申请有关，也可能是因为北京、上海等城市具有较多的科研实力雄厚的大专院校与科研单位。以北京为例，这里坐落着北京大学、清华大学、中国农业大学等在基因技术领域名列前茅的著名学府，有中国科学院的各个与基因技术领域相关的研究所，还有北京泱深、中石化、中粮等企业。而其中，中国农业大学和中国科学院微生物研究所分别位于申请量总排名的第 4 位和第 19 位，北京泱深生物信息技术有限公司排名企业申请量第 5 位。我国基因技术专利申请排名前 10 位的省市及申请量如图 2-5 所示。

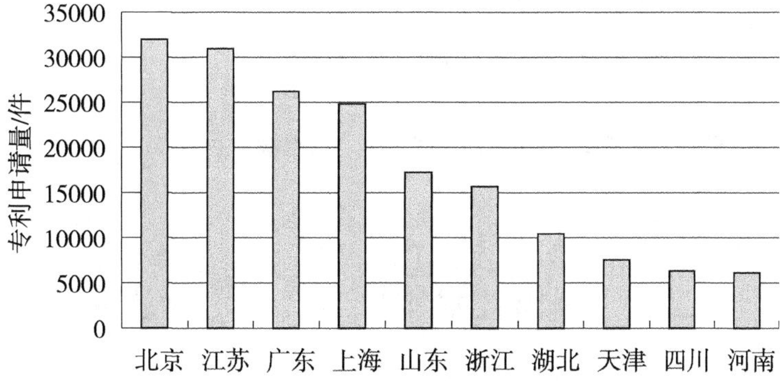

图 2-5　基因技术专利国内申请人排名地域分布

申请人作为市场主体反映了主要技术掌握在哪些参与者手中，图 2-6 显示了在华基因技术专利申请量前 20 位的申请人。其中，申请量前 20 位的在华申请人中仅有上海博德基因开发有限公司是企业，中国科学院微生物研究所是科研单位，其余的均为大专院校，这可能是因为企业和科研单位通常研发的技术领域比较集中导致申请数量较少，而大专院校因为学科设置等原因涵盖的技术领域广、参与创新研发的人员多且专业背景丰富，使得单个申请人的申请数量较高，例如排名第一的江南大学，其专利申请就涵盖了基因、蛋白、微生物和细胞等基因技术的多个领域。

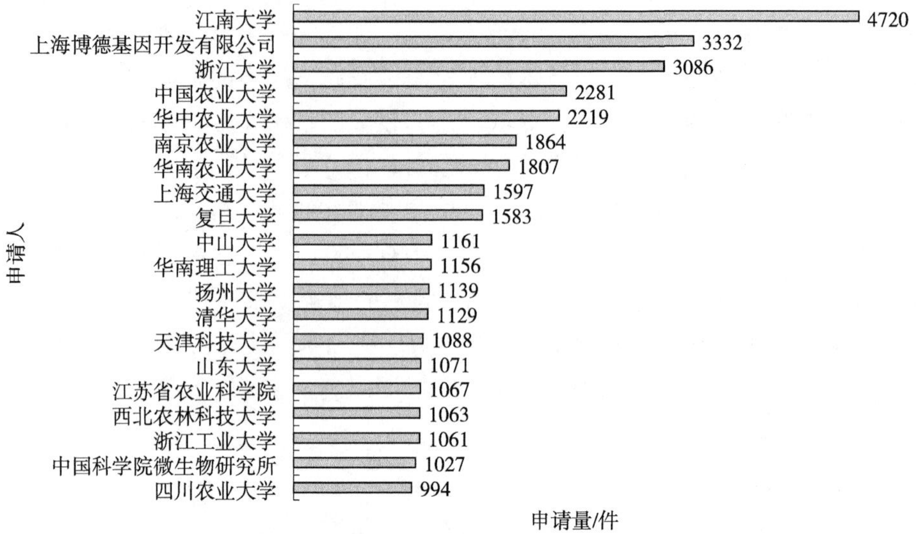

图 2-6　基因技术专利在华申请人排名

第二节　基因技术领域专利申请质量现状

为了解基因技术专利在华申请的整体质量，本节对基因技术在华专利申请的代理情况、授权专利维持情况和利用情况进行统计和分析，主要包括代理率、代理与授权率之间的关系、专利维持年限、有无海外同族和专利维持年限之间的关系、申请人类别与专利维持年限之间的关系、专利权转让率、专利许可率、专利权质押率以及专利诉讼率。

一、专利代理情况分析

专利代理是专利制度有效运转的重要支撑，其对于提高专利申请文件的整体质量、提高专利审查效率、维护当事人合法权益等都发挥着重要作用。分析基因技术领域在华申请的专利代理机构聘请情况发现，约有 87.25% 的专利申请聘请了专利代理机构或专利代理师，但仍有超过 10% 的申请是申请人或发明人自行撰写并提交相关材料。分析近几年的专利代理聘请情况不难看出，越来越多的申请人更倾向于聘请专业的专利代理机构或专利代理师。可见，专利代理作为知识产权中介服务体系中的核心组成部分，已经越来越受众多基因技术领域创新主体的重视，这对专利代理师在基因技术领域执业的规范化、专业化提出了更高的要求。基因技术在华专利申请近 20 年代理聘请率如图 2-7 所示。

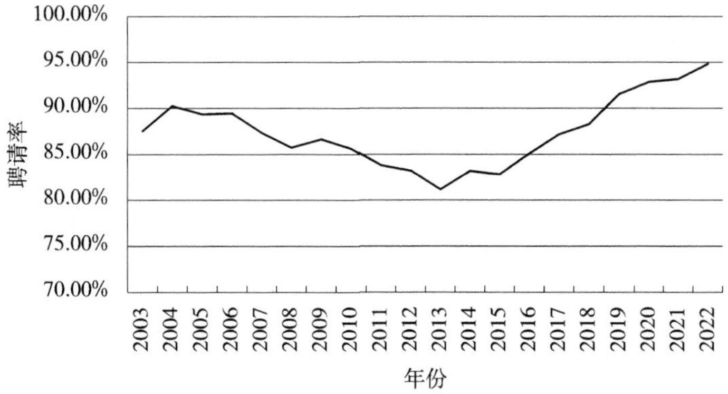

图 2-7　基因技术在华专利申请近 20 年代理聘请率

分析基因技术领域授权率信息发现，基因技术领域总授权率约为 60%。较高的授权率体现了该技术领域存在一定的创新性和产业应用价值以及较高的撰写质量。近两年授权率较高可能是由于近两年申请的案件部分还未进审或还在审查中造成的。从图 2-8 和图 2-9 可以看出，有专利代理的申请文件的总授权率（65%）显著高于无专利代理的申请文件的授权率（35%）。专利申请文件不同于一般的科研文章，其除了具有技术特性，还应具有法律特性。一般情况下，申请人或发明人对专利申请文件的撰写要求和授权条件并不清楚，特别是基因技术领域对于专利申请文件的撰写又有较多特殊要求，如生物材料的保藏、说明书核苷酸和氨基酸序列表的提交以及遗传资源来源披露等。专利代理机构和专利代理师对专利申请的法律规定比较熟悉，可以更好地帮助申请人和发明人撰写更为规范的申请文件，并从相关技术中提炼出更合适的发明点，提高基因技术领域专利申请的质量，从而使得申请文件更易被授权。

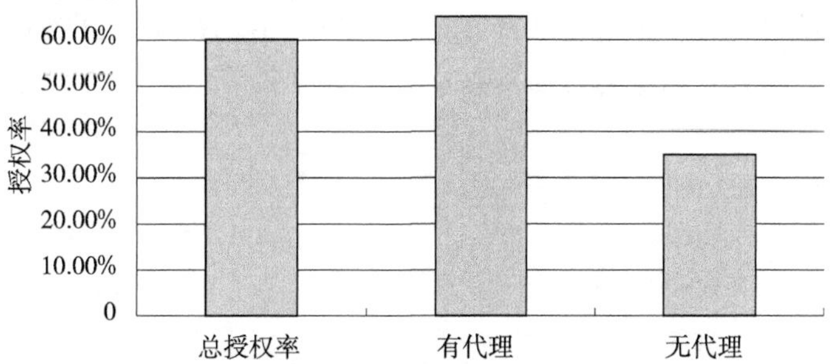

图 2-8　基因技术在华专利申请授权率分析

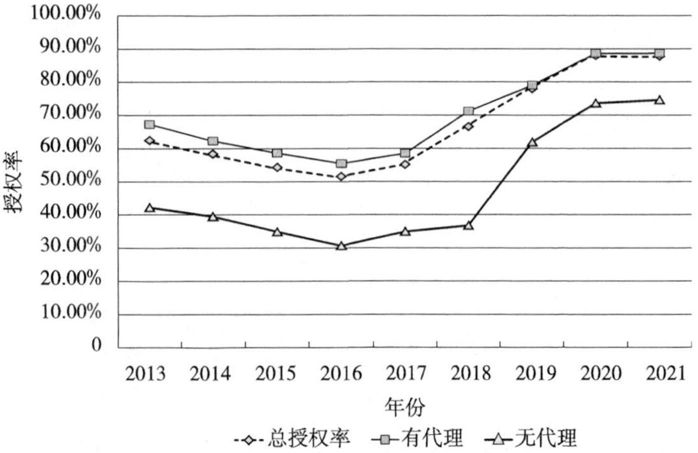

图 2-9 基因技术在华专利申请近 10 年授权率分析

二、专利维持情况分析

授权专利维持时间体现了权利稳定性和市场价值，也反映了专利申请质量。一般而言，维持时间越长的专利其市场价值越高、稳定性越强，维持年限超过 10 年的发明专利也是高价值发明专利的评估条件之一。图 2-10 展示了基因技术在华授权专利现在的维持时间情况，其中大多数专利维持年限在 10 年以下，专利维持时间在 10 年以上的相对较少（仅占 21.68%）。通过对专利有无海外同族情况进行分析发现，基因技术领域海外同族数量一直较高，并且有海外同族的专利整体维持年限相对于没有海外同族的专利更长，有海外同族的专利中约有 50.51%的维持年限超过 10 年，而无海外同族的专利中仅约有 15.00%的维持年限超过 10 年。有海外同族的专利代表该专利同时在中国和海外进行了布局，由于同时在国内外进行专利申请和维持需要较高的费用，因此该类专利一般是具有较好的产业应用价值或潜在产业应用价值的技术，其能带来实质的经济效益，因而创新主体更愿意使其具有更长的维持年限。

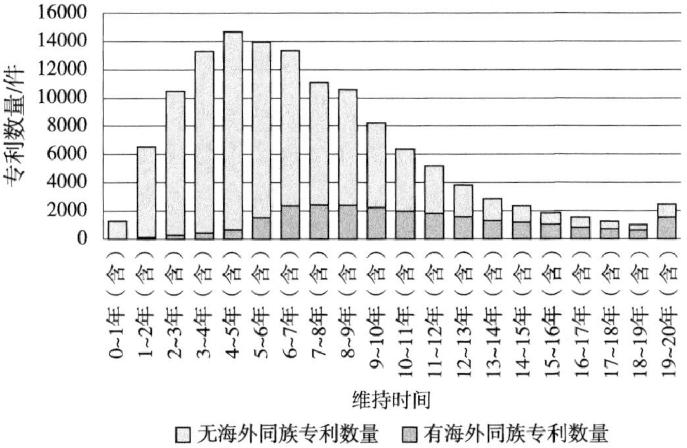

图 2-10 基因技术在华授权专利维持时间

基因技术的细分领域中，基因和蛋白领域、微生物领域以及细胞领域在授权专利维持时间上存在一致的趋势，三者趋势也与整个基因技术领域的授权专利维持时间趋势一致，维持年限 2～10 年的授权专利数量占比最大。可能的客观原因是与申请量的变化趋势一致，由于 2005 年之前基因技术领域专利申请量较低，每年整体不足 5000 件，其中授权的专利更少，导致至今维持年限较高的授权专利相对较少，而随着时间的推移、申请量的增加，更多的授权专利数量呈现出了较低的维持年限。也可能是由于授权专利中部分技术不易进行市场转化和产业化生产，导致其在授权后较短时间内被放弃。基因技术领域不同技术分支在华授权专利维持时间如图 2-11 所示。

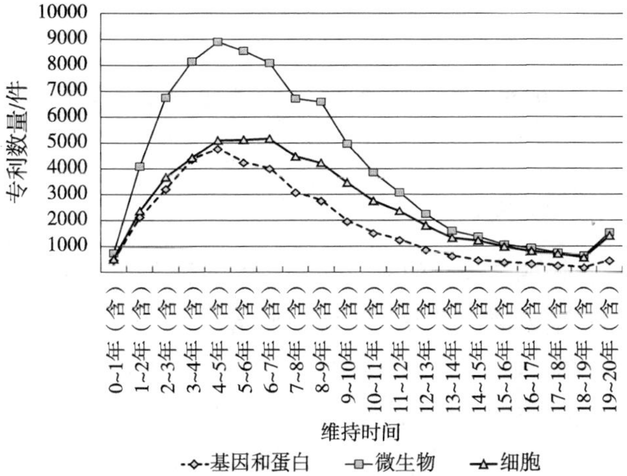

图 2-11 基因技术领域不同技术分支在华授权专利维持时间

对授权专利维持年限超 15 年的专利申请人类型进行分析发现，其中有 67% 为企业，其余按占比由多到少依次为大专院校、科研单位、个人和机关团体。可见，这与本章第一节中分析的在华专利申请人类型排名情况基本一致。值得注意的是，对比发现在授权专利维持年限超 15 年的专利申请人中，企业占比更高，远高于其在申请量中的占比 41%（见图 2-4）。原因可能是因为企业申请专利中的技术大多数在市场上有相关的产品销售，这类专利有更直接的实际应用价值和经济价值，能帮助创新主体营利，从而导致其维持年限较长。相反，大专院校授权专利维持年限超 15 年的占比仅有 11%，远低于其申请量占比的 31%。这可能是因为大专院校更偏向于科学研究，其中部分不能直接转化为经济价值，导致其维持年限不高；或者由于大专院校本身不易进行专利成果转化，其在授权后将专利进行转让，由于转让对象多为企业，从而导致大专院校占比下降。科学研究的最终目标是服务于生产、满足市场需求，因而产学研合力助推科研成果转化将成为未来该领域产业的发展方向。基因技术在华授权专利维持年限超 15 年的申请人类型分布如图 2-12 所示。

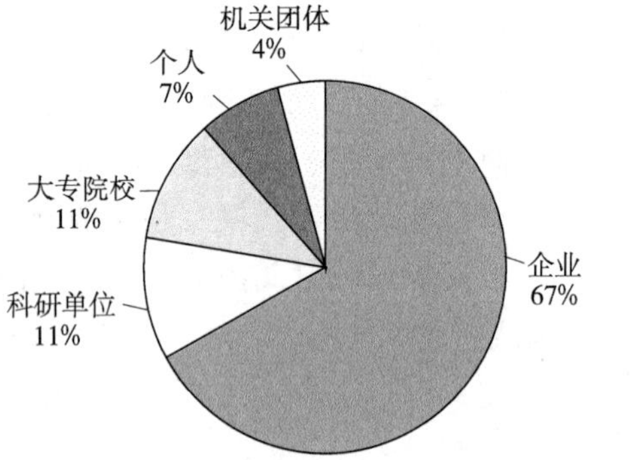

图 2-12 基因技术在华授权专利维持年限超 15 年的申请人类型分布

三、专利运用情况分析

寻求专利权保护的最终目的是对相应技术进行有效运用，因此授权专利的运用情况也能从一个方面体现专利申请的质量，并在一定程度上反映专利技术的市场价值。一般而言，较高的运用情况对应于较高的市场价值。目前，除直接利用专利技术进行生产外，较为常见的专利利用方法为：专利权转让、专利许可和专利权质押。只有具有实际市场运用价值的专利才更可能被转让、许可和质押。

专利权转让是指专利权人将其拥有的专利权转让给他人的一种法律行为，

转让方通过完全让渡专利所有权的相关权益以获取转让费。从图 2-13 中可以看出，基因技术在华授权专利中有 14.9% 发生了专利权转让，其中绝大多数为仅转让 1 次。参见本章第一节关于申请人类型的分析可知，在华基因技术领域申请人类型中大专院校和科研单位共占了 47%，这类申请主体主要致力于科学研究，其较少关注对专利成果进行产业转化，而为了更好地实现专利价值，部分不具备产业化生产能力的大专院校和科研单位倾向于通过专利权转让使科技成果流向生产领域，从而导致了在华专利申请存在较高的转让率。以转让的方式对专利权进行利用时需要合理确定专利权转让价值，并且还要强调专利技术的转化。

专利许可一般指使用许可，是指将专利权中的使用权单独拆分出来，按照普通许可、独占许可或者排他许可的方式允许被许可方实施该专利权，从而获得相应的许可使用费。从图 2-13 中可以看出，相对于专利权转让，专利许可的比例就低了许多，仅为 1.44%。专利许可虽然交易成本低，交易风险小，但是除非是独占许可，否则被许可人就不能完全取得相关专利技术的市场垄断地位，这导致被许可人能收获的权益有限；且专利权人利益的兑现很大程度上依赖于被许可人的积极实施和有效运营，专利权人在其中能发挥主观能动性的空间十分有限；这些都可能是导致专利许可率较低的原因。

专利权质押是指为担保债权的实现，由债务人或第三人将其专利权中的财产权设定质权，在债务人不履行债务时，债权人有权依法就该出质专利权中财产权的变价款优先受偿的担保方式。专利权质押增加了融资渠道，能对中小型企业的发展起到一定的扶持作用。从图 2-13 中可以看出，与专利许可类似，我国专利权质押率也比较低，仅 1.18%。这可能是由于我国的专利权质押制度起步比较晚，且对专利权质押的规定和制度还处在努力摸索尝试的时期，相关法律规定尚不完善，缺乏有效的风险分担机制，导致目前我国专利权质押制度融资风险比较大。后续可以通过不断完善专利权质押过程中的法律规定和管理制度，以激发专利权质押市场的活力，从而促进专利权质押制度的进一步发展。

专利诉讼是有关专利纠纷的诉讼，是指当事人及其他诉讼参与人在法院进行的与专利权及其相关权利有关的各类诉讼的总称。专利诉讼情况也能在一定程度上反映专利的市场价值，一般当专利技术具有实际应用价值，并且在市场上存在竞争对手的情况下，才会产生专利诉讼。从图 2-13 中可以看出，基因技术在华授权专利中约有 1% 发生了诉讼，其占比并不高。但是，伴随着我国知识产权司法保护水平的稳步提升，创新主体的知识产权保护意识逐渐增强，专利诉讼案件数量已经呈现出爆发式增长的趋势，而专利诉讼相关的研究也已经成为知识产权保护研究的一个重要领域。

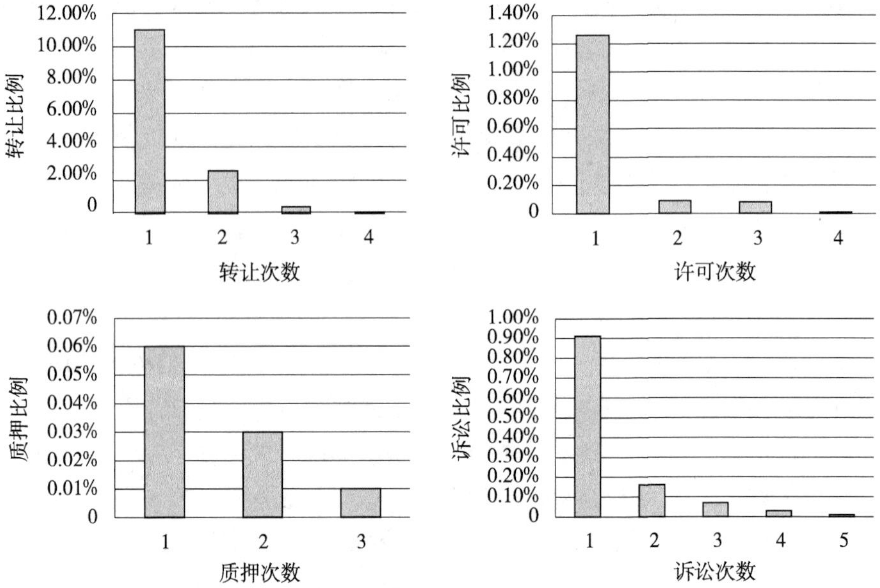

图 2-13　基因技术在华授权专利运用情况分析

第三节　基因技术领域专利申请存在的问题及原因分析

从本章前两节的内容可知，基因技术领域专利申请量逐年增长，且有着相对较高的授权率和较为良好的权利维持情况，专利权转让比例较高，但是专利许可和专利权质押比例较低。除了专利涉及的技术本身会影响上述数据外，专利申请文件的撰写质量也会在一定程度上影响该申请的最终走向以及授权后的权利稳定性和实际应用价值。在审查实践中发现，有些申请文件撰写规范、背景技术清晰、技术方案描述详略得当、数据分析严谨；而有些申请文件则背景技术混乱、技术方案含糊不清、缺乏关键实验数据。本节通过对审查实践中遇到的实际问题进行总结，分析可能影响专利申请文件整体质量的原因。

一、保护手段的选择

《专利法》第二十六条第三款规定："说明书应当对发明或者实用新型作出清楚、完整的说明，以所属技术领域的技术人员能够实现为准。"但是，在审查实践中发现，有些专利申请文件在描述其为实现技术效果所必需的关键技术手段时采用了含糊不清的方式或者直接省略关键技术手段，使得本领域技术人员根据说明书的记载无法实施其技术方案以实现其技术效果，从而导致该类申请由于公开不充分而被驳回。例如，某案涉及在大豆中通过表达基因 A 来提高大豆的产量，其中基因 A 是实现其技术方案最终技术效果的关键技术手段，然而基因 A 并非现有技术，且该案原始申请文件中也未记载基因 A 的结构组成或者获得基因 A 的方法，基于该案原始申请文件的记载，本领域技术人员不能得到基因 A，从而不能实现该发明。在与这类案件的申请人或发明人沟通过程中发现，其中有一部分发明人或申请人不愿意公开其关键技术手段，但是又期望获得专利权，这明显与专利制度的“公开换保护”原则相违背。

《专利法》第一条规定：“为了保护专利权人的合法权益，鼓励发明创造，推动发明创造的应用，提高创新能力，促进科学技术进步和经济社会发展，制定本法。”这是我国《专利法》的立法宗旨。为了达到上述目的，专利申请人需要向社会公众公开发明的技术方案来换取国家赋予其一段时间内的垄断权利，该垄断权利可以激发创新主体的研发热情，并鼓励专利权人公开其具体的发明创造内容，及时地公开又可以促进科学技术的快速传播和应用，从而促进科学技术的进步，最终达到推动经济发展的目的。这种“公开换保护”的专利制度可以较好地平衡专利权人与社会公众的利益。对于不愿意公开清楚、完整的技术方案以使所属技术领域的技术人员能够实现的情况则不适宜通过专利来保护。除了专利保护，我国知识产权保护制度还有其他多种可选的保护方式，而商业秘密就是上述情况下较为优选的保护方式。

专利和商业秘密属于不同的知识产权保护手段，商业秘密的显著特性为秘密性，其不为公众所熟知；而技术特征的公开是获得专利权的前提。由于公开性质不同，商业秘密可转化成专利权保护，但专利权不能再通过商业秘密来保护。比较专利权和商业秘密，两者各有利弊。如专利只在被授予专利权的国家受到保护，发明专利的法定保护期限通常为 20 年，专利技术方案的公开使得其容易被仿造侵权；商业秘密的保护则没有地域和明确保护期限的限制，其可在全球范围内受到保护，且由于其技术内容未被公开而相对不易被侵权。但是如果涉及侵权，由于专利权是法律赋予专利权人的排他使用权利，其保护依托于国家强制力，只要专利权人能够证明侵权方所使用的技术方案落入其权利的保护范围内，就可以请求法院进行保护，除非对方能够证明其在专利权人公开相关技术之前就已经拥有了该项技术。但涉及商业秘密时，商业秘密一旦泄露则其事实专有权或垄断权自动消失，泄密的技术一旦进入公共领域，其造成的损失往往是无法弥补的。虽然我国法律从各方面都给予了商业秘密比较完善的保护，但是在确认侵权行为时，商业秘密的权利人需要列举更为充分的证据才能够确定对方的行为是否构成侵权。虽然部分情况下举证责任可倒置，但是商业秘密权利人的举证责任及相关秘密点的梳理工作仍然繁重。因此，创新主体在寻求技术保护时，应根据自身情况和需求选择更为合理的保护手段。

二、清楚、完整、严谨的技术文件

发明创造的技术实质对整个申请文件而言犹如房屋建造时的地基，其是申请能否获取专利权、能够获取多大保护范围的专利权的主要决定因素。对发明创造的技术实质内容进行清楚完整严谨的描述而形成的技术文件（即技术交底书）是高质量专利申请文件的基础。申请人和发明人应重视技术交底书的撰写，在技术交底书中应对发明创造的内容进行详细记载，分析现有技术中存在的问题、本发明采用何种具体的技术手段解决了该问题以及达到了预期技术效果的真实可信的实验数据。

《专利法》第二十六条第三款规定：“说明书应当对发明或者实用新型作出清楚、完整的说明，以所属技术领域的技术人员能够实现为准。”可见，只有对技术方案作出了清楚完整的描述才能使得本领域技术人员能够实现。基因技术领域是实验科学领域，技术方案的技术效果需要清楚、完整、切实可信的实验证据的支持。因此，在撰写基因技术领域的技术交底书时，一方面，应当清楚、完整地记载相应的技术内容，以所属技术领域的技术人员能够实现为准，即技术方案要清楚完整。例如，申请人发现一种新的抗体可用于治疗乳腺癌，由于该抗体为一种新的抗体，则技术交底书中应该记载该抗体的序列或者获取方法等，使得本领域技术人员能够实现该发明。另一方面，应记载相应技术方案产生的技术效果的具体、切实可信的实验数据，即证实技术方案可以解决其技术问题并且产生预期的技术效果。例如，申请人发现一种新的抗体可用于治疗乳腺癌，在充分公开该新的抗体的基础上，还应该记载该新的抗体可用于治疗乳腺癌的实施例及相关效果数据。关于技术交底书的具体撰写要求可参见本书第二部分第四章的内容。

在审查实践中发现，一些申请文件在技术上存在诸多不严谨的问题。例如，某案权利要求请求保护一种小麦果糖基转移酶编码基因，所述基因的 DNA 序列如 SEQ ID NO.1 所示，说明书具体实施例部分验证了该基因编码的蛋白具备果糖基转移酶活性，并记载了通过引物 F 和 R 以小麦 cDNA 为模板克隆获得 SEQ ID NO.1 所示的基因。然而，经过序列分析发现，引物 F 和 R 与 SEQ ID NO.1 所示的序列并不匹配，且该引物对也匹配不上小麦基因组序列。基于此，本领域技术人员并不能合理预期利用引物 F 和 R 可以克隆得到 SEQ ID NO. 1 所示的基因，也不能合理预期利用引物 F 和 R 以小麦 cDNA 为模板可以克隆得到何种基因，因此根据该申请文件的记载并不能证明 SEQ ID NO. 1 所示的基因编码的蛋白具备果糖基转移酶活性。该案件由于撰写过程中序列记载错误，导致该案的技术方案所能产生的技术效果存疑。除了上述情况外，基因技术领域还存在以下一些撰写不严谨的问题，如利用特定限制性内切酶并不能对特定质粒进行有效切割、核苷酸序列翻译后与氨基酸序列不匹配、微生物的 16S rRNA 序列与其种属不匹配等。这些矛盾之中，有些可以通过进行合理解释而被克服，而有些则可能导致技术方案的实质存在逻辑相悖问题，从而导致该技术方案无法实现，直接影响申请的最终走向。因而，申请人和发明人一定要特别重视技术交底书的撰写，对每个技术细节都应当小心对待，撰写后也需要进行多次复查，避免因为撰写时的失误引起后续审查过程中的麻烦。

三、技术文件到法律文件的转化

专利申请文件为一种法律文件，其除了具有技术特征外，还应具备一定的法律特性。一方面，在从技术文件到专利申请文件的转化过程中需要考量普适性的法律要求，如一些格式要求和实质性的要求（如说明书公开充分、权利要求得到说明书支持等）。发明人和申请人熟知发明的背景技术，了解发明的起点，深知发明技术的实施情况和效果数据，其更善于从技术角度描述发明构思和技术内容，从而形成一份技术文件。然而发明人和申请人由于不了解与专利相关的法律规定、技术的法律适用性以及专利审查的特点等，容易使其在将技术文件转化成专利申请文件的过程中存在一定的障碍，这些都可能导致发明点选择错误从而影响案件最终的走向，或者因为未能进行更好的上位概括而造成较为保守的权利要求保护范围，最终损害申请人的利益。以权利要求的撰写为例，发明人发现了一个来源于玉米的新基因 A，其实验部分验证了将该基因转入玉米和拟南芥后可提高其抗盐能力。在此技术事实的基础上，可撰写出多种权利要求。首先，从权利要求类型上来说，能比较直接概括的主题有基因 A、基因 A 在提高玉米抗盐能力中的应用等，还可以将应用变形为基因 A 在制备提高玉米抗盐能力的产品中的应用等，权利要求的主题类型决定了权利要求保护的宽度。其次，在权利要求保护范围上，又可以通过合理的概括来扩展权利要求保护的深度，权利要求范围如果概括小了，则申请人的权益会受到损害；而权利要求如果概括大了，有可能因为新颖性、创造性或不支持等问题而不能获得相应权利。因此，权利要求的撰写就需要仔细斟酌，以使得技术方案在授权的前提下尽可能匹配申请人的技术贡献。而这些对于申请人和发明人来说是比较困难的。

另一方面，由于基因技术领域的发展速度快、技术复杂性高、法律规定特殊，导致该领域专利申请文件的撰写要求高、难度大。该领域专利申请文件的撰写除具备一般申请文件的普适性要求以外，还有其特殊的规定。其中最特殊的便是生物材料的保藏、遗传资源来源的披露和序列表的制定。除此之外，基因技术领域多类申请主题还可能涉及不授权客体和实用性等问题。《专利审查指南 2010》中还就微生物、基因、抗体等的创造性给出了审查标准，指导申请人申请和审查员审查。但是在审查实践中发现，有些申请文件的撰写人由于不了解基因技术领域的特殊法律规定而造成专利申请不能被授予专利权的情况。比如，一件专利申请中如果实现其技术效果所必需的生物材料没有保藏而导致其公开不充分，该申请就不能被授予专利权；又如，一件专利申请涉及通过随机筛选从自然界中筛选得到特定微生物的方法，则该方法可能因为不具备实用性而导致该类主题的权利要求不能被授予专利权。因此，在撰写专利申请文件时应当充分考虑基因技术领域的特殊性，避免出现因不了解相关领域法律规定而导致专利被驳回的情况。

为了更好地完成专利申请文件的撰写，最直接的方式就是聘请专利代理。从本章第二节的内容中可知，在基因技术领域有专利代理申请的总授权率（65%）显著高于无专利代理申请的授权率（35%）。专利代理师由于同时具有相应的法律知识和相关的技术知识，其能从符合法律法规的角度描述发明内容并概括出较为合理的权利要求保护范围，从而更好地实现从技术文件到法律文件的转化。创新主体在选择专利代理机构时应注意以下两点。一方面，现在国内专利代理市场中各种专利代理机构良莠不齐，地域分布不均，在选择专利代理时，应尽量选择规范的代理机构。另一方面，一些代理机构内部领域通常划分为机械、电学和化学，负责基因技术领域申请文件的专利代理师属于大化学领域，而大化学领域涵盖的范围极大，包括高分子化学、有机化学、生物、制药等，专利代理师并不一定具备基因技术背景，也不一定了解基因技术领域专利申请法律规定和审查的特殊要求。因此，在选择专利代理机构时应尽量选择有相应领域代理经验的机构并选择有基因技术领域技术和法律背景的专利代理师。

四、科研成果的产业转化

从本章前两节中的内容可知，基因技术领域在华申请的创新主体中以大专院校、科研单位和机关团体这一类科研机构为主，占比过半，而这类创新主体的申请在授权后的维持情况和利用情况相对于企业来说并不占优。与企业的明确市场定位和权利需求不同，上述创新主体的各类创新技术位于技术应用前端，一方面，这些科研机构的部分申请人在主观上“重技术、轻专利”“重授权、轻转化”，其申请专利的目的大多是得到相应的政策补助或者是为了评职称或者是为了保护自己的科研成果，而不是为了将其应用于市场；另一方面，由于其在进行技术开发时较少考虑到市场应用价值，虽然可能在技术层面上领先，但与企业的实际生产脱节，且存在专利技术的成熟程度不高、技术复杂度较高、适用范围较窄等问题，使得该类申请请求保护的技术授权后难以找到与之对应的市场，从而难以实现产业转化，最终导致这类申请主体的授权专利维持年限远低于企业，且其出现专利许可和质押等情况也比较少。因此，如何将授权的专利进行产业转化，产生实实在在的经济价值是这类科研机构面临的重大问题。而企业方面，部分企业由于缺乏战略眼光、技术能力和资金实力不足以及只求短期经济效益等因素也使得其在科研成果转化上存在问题。

专利技术想得到市场的认可并顺利实现转化就不能脱离市场、脱离实际生产。首先，要从主观上改变创新主体“重技术、轻专利”“重授权、轻转化”的观念，通过制定有利于科技成果产业转化的激励政策来刺激创新主体从市场需求出发进行科研工作，从源头上阻断不以市场应用为目的的专利申请的产生。其次，从研发的技术内容上，各类研发机构要以自身强大的科研优势为基础，根据企业需求有目的地将自身研究项目与市场需求相结合，从中选择技术成熟度较高且应用范围相对较宽的技术作为研究对象，从而得到天然与市场需求相吻合的创新技术。最后，在产业转化形式上，可以鼓励创新主体通过多种创新形式进行产业转化，如对于有一定经济实力和主观意愿的科研机构创新主体可通过自办企业的形式进行产业转化；对于经济实力和时间成本有限的科研机构创新主体则可通过进行校企研发合作或者校市研发合作等模式加强与相关企业和市场的合作从而实现专利成果的有效转化，采用产学研合作方式，实现利益的最大化；对于实在不具备产业转化实力的专利权人来说还可通过专利权转让的形式将技术转化的工作交给更为专业的一方，以更好地实现专利技术的经济价值。总而言之，创新主体在进行专利申请时应更多地联系市场需求，将其发明创造与市场相结合，以使得其授权后能更好地转化应用。

为了了解基因技术领域专利申请现状和质量现状，本章前两节初步总结了基因技术领域在华专利申请的发展趋势、研究热点、研究主体类型、重点申请人、代理情况、授权专利维持和利用情况等，分析了引起申请量变化趋势、申请人地域分布和类型分布不均、专利权转让率较高以及专利许可和专利权质押率较低的可能原因，并进一步分析了代理率与授权率、有无海外同族与专利维持年限以及申请人类别与专利维持年限等之间的关系。在此基础上，在第三节中结合审查实践过程中遇到的问题，分析了可能影响专利申请文件整体质量的因素。从这些结果中可以看出，基因技术领域高质量专利的创造和运用对该领域创新主体来说还存在一定的实施障碍，本书第二、第三部分将就如何进行基因技术领域高质量专利的创造和运用两方面内容进行详细阐述。

第二部分

基因技术高质量专利的创造

第三章

基因技术领域专利审查相关法律规定

基因技术近年来发展迅猛，在各个领域都取得了突破性的研究进展。CAR-T介导的细胞治疗、CRISPR/Cas9介导的基因编辑、高通量测序、治疗性抗体、疫苗、转基因农作物等都成为炙手可热的研究领域。与技术大发展相对应，基因技术领域的专利申请量近年来也呈现出快速增长的趋势。但是，由于基因技术领域的技术发展快、成果种类多、技术复杂性高、法律规定特殊，导致相关领域的高质量专利的形成要求高、难度大。基因技术领域专利的申请和审查除具备一般审查的普适性要求外，还有其特殊的规定。而熟悉该领域申请和审查的相关法律规定，是在该领域创造高质量专利的前提和基础。因此，本章将对《专利法》《专利法实施细则》和《专利审查指南2010》中涉及基因技术的特殊性法律和审查规定进行梳理，采用案例示范形式对基因技术领域相关的法律规定、审查特点进行简要分析，主要涉及《专利法》第二条、第五条、第二十二条、第二十五条、第二十六条第三至第五款、第三十一条第一款和《专利法实施细则》第十七条第四款等，其中重点对基因技术领域特有的生物材料的保藏、遗传资源来源的披露和序列表进行介绍，还根据《专利审查指南2010》中规定的基因技术领域的特殊审查要求介绍不授权客体、实用性、创造性等的判断标准。

第一节　不授权的客体

基因技术领域涉及的细分研究方向众多，部分前沿学科难度大、进度慢，可能需要发明者历尽艰辛才能获得一丝进展。尽管如此，某些申请在形成过程中，由于对该领域一些特殊的法律规定不熟悉，导致辛苦获得的创新成果在形成专利申请后却被认定为不能被授予专利权的客体，既是人力物力的浪费，也使得关键技术被公开而未获保护。对于该领域不授予专利权的客体，《专利法》第二条第二款、第五条和第二十五条详细规定了此类情况。

一、《专利法》第二条第二款——何谓发明

《专利法》第二条第二款规定："发明，是指对产品、方法或者其改进所提出的新的技术方案。"《专利审查指南 2010》中规定："技术方案是对要解决的技术问题所采取的利用了自然规律的技术手段的集合。技术手段通常是由技术特征来体现的。未采用技术手段解决技术问题，以获得符合自然规律的技术效果的方案，不属于专利法第二条第二款规定的客体。气味或者诸如声、光、电、磁、波等信号或者能量也不属于专利法第二条第二款规定的客体。但利用其性质解决技术问题的，则不属此列。"

基因技术领域中多种类型的主题不属于《专利法》第二条第二款规定的技术方案。例如：①SNP 位点，由于 SNP 标记仅仅是基因组中以天然形态存在的碱基位点，其不属于采用技术手段解决技术问题以获得符合自然规律的技术效果的技术方案。②抗原表位，针对抗体与抗原结合的表位，无论是线性表位，还是构象表位，其实质都属于一种结合位点的信息描述，因此不符合发明的定义，其既不是产品，也不是方法，不是利用自然规律解决技术问题的技术手段集合。如果该抗原表位是线性表位，并且由此合成得到的表位短肽具有免疫原性或者结合载体蛋白后具有一定免疫原性，能刺激有机体产生针对性的抗体，则该线性表位肽属于《专利法》第二条第二款规定的产品。如果发现了抗原新的构象表位，由于构象表位涉及的氨基酸残基在蛋白质一级结构中不连续，是依赖于蛋白分子所展现的特定空间构型，因而构象表位无法脱离蛋白实体被合成为一种单独分子实体用于刺激有机体产生相应的抗体，因此对于构象表位，即使申请人将权利要求修改为请求保护构象表位肽，其实质也仍然属于一种信息描述，无法真正制备成一种产品。③序列，如果权利要求的主题名称为基因序列、氨基酸序列、核苷酸序列等，由于序列本身是一种信息，因此不属于技术方案；但申请人可通过修改主题名称为基因、蛋白质或核苷酸片段等来克服上述缺陷。④图谱，如指纹图谱，它是对物质（例如细胞、DNA 等）处理分析后形成的特定的图谱，图谱本身是一种图形，不属于《专利法》第二条第二款意义上的发明。

二、《专利法》第五条——违法、违德、妨害公共利益

《专利法》第五条是对整个申请文件的规定，即说明书和权利要求书等的内容均需要审查是否符合《专利法》第五条的规定。

（一）《专利法》第五条第一款

《专利法》第五条第一款规定："对违反法律、社会公德或者妨害公共利益的发明创造，不授予专利权。"根据该条款的规定，如果发明创造的公开、使用、制造违反了法律、社会公德或者妨害了公共利益，则不能被授予专利权。

1. 违反法律

发明创造为法律明文禁止或与法律相违背，不能被授予专利权，如用于赌博的设备、伪造国家货币的设备等。发明创造并没有违反法律，但由于其被滥用而违反法律的，则不属于违反法律的发明创造。在基因技术领域中，可能会涉及技术方案本身不违反法律但是其被滥用而违反法律的情况，如用于医疗用途的毒药、麻醉品、镇静剂、兴奋剂等。《专利法实施细则》第十条规定："专利法第五条所称违反法律的发明创造，不包括仅其实施为法律所禁止的发明创造。"

2. 违反社会公德

关于违反社会公德的发明创造，《专利审查指南2010》中指出："社会公德是指公众普遍认为是正当的、并被接受的伦理道德观念和行为准则。它的内涵基于一定的文化背景，随着时间的推移和社会的进步不断地发生变化，而且因地域不同而各异。中国专利法中所称的社会公德限于中国境内。"《专利审查指南2010》中还列举了多种与基因技术领域相关的违背社会公德的发明创造，例如非医疗目的的人造性器官或者其替代物，人与动物交配的方法，改变人生殖系遗传同一性的方法或改变了生殖系遗传同一性的人，克隆的人或克隆人的方法，人胚胎的工业或商业目的的应用，可能导致动物痛苦而对人或动物的医疗没有实质性益处的改变动物遗传同一性的方法，处于各个形成和发育阶段的人体（包括人的生殖细胞、受精卵、胚胎及个体）。人类胚胎和人类胚胎干细胞是基因技术领域中最常遇到的可能涉及违反社会公德的发明创造的类型。例如某案涉及一种制备人骨髓干细胞的方法，其特征在于从流产胎儿的胚胎中分离制得人骨髓干细胞。由于该人骨髓干细胞的制备过程使用了胎儿的胚胎，因此该发明属于人胚胎的工业或商业目的的应用，属于违反社会公德的发明创造。关于人类胚胎干细胞，在2019年新修改的《专利审查指南2010》中进一步规定了"如果发明创造是利用未经过体内发育的受精14天以内的人类胚胎分离或者获取干细胞的，则不能以'违反社会公德'为理由拒绝授予专利权"以及"人类胚胎干细胞不属于处于各个形成和发育阶段的人体"。可见，涉及人类胚胎干细胞的发明在撰写时一定要注意其必须满足"利用未经过体内发育的受精

14 天以内的人类胚胎分离或者获取干细胞”的条件。例如某案涉及一种从人胚胎干细胞诱导分化神经细胞的方法，所述方法的步骤为：将人胚胎干细胞置于神经细胞诱导分化培养基中培养……所述人胚胎干细胞是 H1 人胚胎干细胞系。由于其中的 H1 人胚胎干细胞系是成熟且已商业化的人胚胎干细胞系，属于“利用未经过体内发育的受精 14 天以内的人类胚胎分离或者获取干细胞”的范畴，因此不属于违反社会公德的发明创造。又如某案涉及一种从人胚胎干细胞诱导分化神经细胞的方法，所述方法的步骤为：将人胚胎干细胞置于神经细胞诱导分化培养基中培养……所述人胚胎干细胞是从流产胚胎或不同发育阶段的囊胚分离得到。由于该人胚胎干细胞是从流产胚胎或不同发育阶段的囊胚分离得到，其包含利用经过体内发育的受精 14 天以内的人类胚胎分离或者获取干细胞，因此属于违反社会公德的发明创造。

3. 妨害公共利益

关于妨害公共利益的发明创造，《专利审查指南 2010》中指出：“妨害公共利益是指发明创造的实施或使用会给公众或社会造成危害或者会使国家和社会的正常秩序受到影响。”由于食品涉及预防或治疗用途以及保健品超出允许的功能范围属于“妨害公共利益”的情况，如果基因技术领域的发明应用到食品或保健品领域，则应注意排除上述情况。例如某案涉及一种分离获得的植物乳杆菌（*Lactobacillus plantarum*）Xa-1 在制备治疗老年退行性疾病的食品中的应用，由于食品涉及治疗用途，因而属于妨害公共利益的情况。

一件专利申请中含有违反法律、社会公德或者妨害公共利益的内容，而其他部分是合法的，对于这样的专利申请，申请人应删除违反《专利法》第五条第一款的那部分内容。如果申请人不同意删除相关内容，就不能被授予专利权。

（二）《专利法》第五条第二款

遗传资源是全球范围内的重要战略性物质资源，为了有效保护我国的生物遗传资源，促进我国遗传资源的合理和有序利用，《专利法》第五条第二款规定：“对违反法律、行政法规的规定获取或者利用遗传资源，并依赖该遗传资源完成的发明创造，不授予专利权。”《专利法实施细则》第二十六条第一款进一步规定：“专利法所称遗传资源，是指取自人体、动物、植物或者微生物等含有遗传功能单位并具有实际或者潜在价值的材料；专利法所称依赖遗传资源完成的发明创造，是指利用了遗传资源的遗传功能完成的发明创造。”《专利审查指南 2010》中进一步规定：“遗传功能是指生物体通过繁殖将性状或者特征代代相传或者使整个生物体得以复制的能力。遗传功能单位是指生物体的基因或者具有遗传功能的 DNA 或者 RNA 片段。取自人体、动物、植物或者微生物等含有遗传功能单位的材料，是指遗传功能单位的载体，既包括整个生物体，也包括生物体的某些部分，例如器官、组织、血液、体液、细胞、基因组、基因、DNA 或者 RNA 片段等。发明创造利用了遗传资源的遗传功能是指对遗传功能单位进行分离、分析、处理等，以完成发明创造，实现其遗传资源的价值。违反法律、行政法规的规定获取或者利用遗传资源，是指遗传资源的获取或者利用未按照我国有关法律、行政法规的规定事先获得有关行政管理部门的批准或者相关权利人的许可。例如，按照《中华人民共和国畜牧法》和《中华人民共和国畜禽遗传资源进出境和对外合作研究利用审批办法》的规定，向境外输出列入中国畜禽遗传资源保护名录的畜禽遗传资源应当办理相关审批手续，某发明创造的完成依赖于中国向境外出口的列入中国畜禽遗传资源保护名录的某畜禽遗传资源，未办理审批手续的，该发明创造不能被授予专利权。”

为了确保遗传资源的获取和利用没有违反法律、行政法规的规定，《专利法》第二十六条第五款相应规定：“依赖遗传资源完成的发明创造，申请人应当在专利申请文件中说明该遗传资源的直接来源和原始来源；申请人无法说明原始来源的，应当陈述理由。”《专利法实施细则》第二十六条第二款规定：“就依赖遗传资源完成的发明创造申请专利的，申请人应当在请求书中予以说明，并填写国务院专利行政部门制定的表格。”此处的表格是指遗传资源来源披露登记表。需要提交遗传资源来源披露登记表的例子包括但不限于：

（1）某案涉及一种从水稻日本晴中分离获得的锌指蛋白新基因，在水稻中过表达该锌指蛋白新基因后可提高水稻抗旱能力。该申请对遗传资源水稻日本晴中的遗传功能单位（锌指蛋白新基因）进行了分离、分析和利用，从而完成了该发明创造，因此需要披露遗传资源水稻日本晴的来源。

（2）某案涉及一种从某地苯并芘污染的土壤中分离得到的枯草芽孢杆菌（*Bacillus subtillis*）新菌株 B1，其可以用于吸附和降解土壤中的苯并芘。该申请对土壤中分离获得的微生物新菌株的遗传功能单位进行了分析和利用，应当披露该微生物枯草芽孢杆菌新菌株 B1 的来源。

（3）某案涉及一株出芽短梗霉（*Aureobasidium pullulans*）突变菌株 X，其是在出芽短梗霉出发菌株 A 的基础上通过紫外线诱变后得到的一株突变株 X，其相对于出发菌株 A 具有更高的普鲁兰多糖产量。该申请对出芽短梗霉出发菌株 A 的遗传功能单位进行了处理，随后对其遗传功能加以利用，从而完成了发明创造。因此，需要披露该出芽短梗霉出发菌株 A 的来源。

三、《专利法》第二十五条——不授权的客体

《专利法》第二十五条规定："对下列各项，不授予专利权：（一）科学发现；（二）智力活动的规则和方法；（三）疾病的诊断和治疗方法；（四）动物和植物品种；（五）原子核变换方法和用该方法获得的物质；（六）对平面印刷品的图案、色彩或者二者的结合作出的主要起标识作用的设计。"这其中第（一）、（二）、（三）和（四）款与基因技术领域密切相关。

（一）科学发现

《专利审查指南2010》中规定："科学发现，是指对自然界中客观存在的物质现象变化过程及其特性和规律的揭示……这些被认识的物质、现象、过程、特性和规律不同于改造客观世界的技术方案，不是专利法意义上的发明创造，因此不能被授予专利权。"关于基因技术领域中涉及的基因等，《专利审查指南2010》中进一步规定："人们从自然界找到以天然形态存在的基因或DNA片段，仅仅是一种发现，属于专利法第二十五条第一款第（一）项规定的'科学发现'，不能被授予专利权。但是，如果是首次从自然界分离或提取出来的基因或DNA片段，其碱基序列是现有技术中不曾记载的，并能被确切地表征，且在产业上有利用价值，则该基因或DNA片段本身及其获得的方法均属于可给予专利保护的客体。"例如，某案涉及一种新分离的大豆GmZF1基因，说明书中明确记载了该基因的核苷酸序列如SEQ ID NO. 1所示，并且提供了该基因可以用于提高大豆产量的实施例。一方面，大豆GmZF1基因由于属于首次从自然界分离或提取出来的基因，其碱基序列是现有技术中不曾记载的，并能被确切地表征（如SEQ ID NO. 1所示），且在产业上有利用价值（用于提高大豆产量），因此该基因本身及获得该基因的方法均属于可给予专利保护的客体；另一方面，大豆GmZF1基因可以提高大豆产量的性质属于科学发现，这种发现不能被授予专利权，但是根据这种发现提出的大豆GmZF1基因在提高大豆产量中的应用则可以被授予专利权。

（二）智力活动的规则和方法

《专利审查指南2010》中规定："智力活动，是指人的思维运动，它源于人的思维，经过推理、分析和判断产生出抽象的结果，或者必须经过人的思维运动作为媒介，间接地作用于自然产生结果。智力活动的规则和方法是指导人们进行思维、表述、判断和记忆的规则和方法。由于其没有采用技术手段或者利

用自然规律，也未解决技术问题和产生技术效果，因而不构成技术方案。”“如果一项权利要求仅仅涉及智力活动的规则和方法，则不应当被授予专利权。”“如果一项权利要求在对其进行限定的全部内容中既包含智力活动的规则和方法的内容，又包含技术特征，则该权利要求就整体而言并不是一种智力活动的规则和方法。”例如，某案权利要求请求保护一种基因间同源性的计算方法，所述方法不涉及具体的基因序列，仅描述为将不同基因序列进行比对分析，通过运算得到基因间的同源性关系，由于该方法实质为一种指导人们进行思维和判断的方法，其中仅涉及智力活动的规则和方法，则不应当被授予专利权。但是如果其中限定了具体的技术特征（如基因的序列等），则就整体而言并不是一种智力活动的规则和方法。又如，某案权利要求请求保护基因检测试剂盒的使用说明，由于试剂盒的使用说明是指导人们如何使用所述试剂盒的方法，其中不包括技术特征，属于智力活动的规则和方法。

（三）疾病的诊断和治疗方法

《专利审查指南 2010》中规定：“疾病的诊断和治疗方法，是指以有生命的人体或者动物体为直接实施对象，进行识别、确定或消除病因或病灶的过程。出于人道主义的考虑和社会伦理的原因，医生在诊断和治疗过程中应当有选择各种方法和条件的自由。另外，这类方法直接以有生命的人体或动物体为实施对象，无法在产业上利用，不属于专利法意义上的发明创造。因此疾病的诊断和治疗方法不能被授予专利权。”

关于疾病的诊断方法，《专利审查指南 2010》中规定：“诊断方法，是指为识别、研究和确定有生命的人体或动物体病因或病灶状态的过程。一项与疾病诊断有关的方法如果同时满足以下两个条件，则属于疾病的诊断方法，不能被授予专利权：（1）以有生命的人体或动物体为对象；（2）以获得疾病诊断结果或健康状况为直接目的。如果一项发明从表述形式上看是以离体样品为对象的，但该发明是以获得同一主体疾病诊断结果或健康状况为直接目的，则该发明仍然不能被授予专利权。如果请求专利保护的方法中包括了诊断步骤或者虽未包括诊断步骤但包括检测步骤，而根据现有技术中的医学知识和该专利申请公开的内容，只要知晓所说的诊断或检测信息，就能够直接获得疾病的诊断结果或健康状况，则该方法满足上述条件（2）。”例如，某案权利要求请求保护一种诊断胃炎的方法，所述方法包括：测定样品中胃蛋白酶原 I 和胃泌素浓度，并测定幽门螺杆菌的标志物的浓度或有无，将分析物浓度测量值与该分析物的预定临界值进行比较。其中虽然从表述形式上看是以离体样品为测试对象，但该发明的直接目的是以获得该离体样品的同一主体的疾病诊断结果（是否患有胃炎）为直接目的。因此，该权利要求请求保护的主题属于疾病诊断方法。某些技术方案可能既包括疾病诊断方法，又包括非疾病诊断方法，针对这一类技术方案，可以通过“一种非疾病诊断目的的……方法”来排除其中的疾病诊断方法。例如，某案权利要求请求保护一种基于数字 PCR 检测病毒的方法，由于检测的对象“病毒”可以是引起人体或动物体疾病的病毒，通过该病毒的检测可以判断人或动物是否患有感染病毒的疾病。同时，该技术方案也涵盖了对土壤、水源等环境中病毒的检测。可见，该技术方案既包括疾病诊断方法，又包括非疾病诊断方法，这种情形下可以通过将权利要求的主题名称限定为一种非疾病诊断目的的基于数字 PCR 检测病毒的方法来克服上述缺陷。还有一些疾病诊断方法可通过将权利要求限定为制药用途来克服，例如某案权利要求请求保护一对引物对在检测甲型肝炎病毒中的应用，通过检测结果可以判断检测对象是否感染甲型肝炎病毒，从而获知其是否为甲型肝炎患者，属于疾病诊断方法。这种情况下，如果说明书中记载了制备检测甲型肝炎病毒试剂的技术方案，可以将权利要求修改为“一对引物对在制备检测甲型肝炎病毒的试剂中的应用”来克服上述缺陷。《专利审查指南 2010》第二部分第一章第 4. 3. 1. 1 节还列举了常见的属于疾病诊断方法的情形，第 4. 3. 1. 2 节还列举了常见的不属于疾病诊断方法的情形。

关于疾病的治疗方法，《专利审查指南 2010》中规定：“治疗方法，是指为使有生命的人体或者动物体恢复或获得健康或减少痛苦，进行阻断、缓解或者消除病因或病灶的过程。治疗方法包括以治疗为目的或者具有治疗性质的各种方法。预防疾病或者免疫的方法视为治疗方法。对于既可能包含治疗目的，又可能包含非治疗目的的方法，应当明确说明该方法用于非治疗目的，否则不能被授予专利权。”例如，某案权利要求请求保护一种沉默鸡 HIF-1α 基因的方法，其特征在于，利用 RNAi 的方法沉默鸡中 HIF-1α 基因的表达。通过说明书中的记载可知，在患肉鸡腹水综合征的鸡中通过 RNAi 的方法沉默 HIF-1α 基因后可以达到治疗肉鸡腹水综合征的效果，因此属于疾病治疗方法。与疾病诊断方法类似，某些技术方案可能既包括疾病治疗方法，又包括非疾病治疗方法，针对这一类技术方案，可以通过“一种非疾病治疗目的的……方法”来排除其中的疾病治疗方法；还有一些疾病治疗方法可通过将权利要求限定为制药用途来克服，如 CAR-T 细胞在制备治疗非小细胞肺癌的药物中的应用。《专利审查指南 2010》第二部分第一章第 4. 3. 2. 1 节还列举了常见的属于疾病治疗方法的发明，第 4. 3. 2. 2 节还列举了常见的不属于疾病治疗方法的发明。

（四）动物和植物品种

《专利审查指南2010》中规定："动物和植物是有生命的物体。……专利法所称的动物不包括人，所述动物是指不能自己合成而只能靠摄取自然的碳水化合物及蛋白质来维系其生命的生物。专利法所称的植物，是指可以借助光合作用，以水、二氧化碳和无机盐等无机物合成碳水化合物、蛋白质来维系生存，并通常不发生移动的生物。动物和植物品种可以通过专利法以外的其他法律法规保护，例如，植物新品种可以通过《植物新品种保护条例》给予保护。""动物的胚胎干细胞、动物个体及其各个形成和发育阶段，例如生殖细胞、受精卵、胚胎等，属于本'动物品种'的范畴，不能被授予专利权。动物的体细胞以及动物组织和器官（除胚胎以外）不符合'动物'的定义，不属于专利法第二十五条第一款第（四）项规定的范畴。可以借助光合作用，以水、二氧化碳和无机盐等无机物合成碳水化合物、蛋白质来维系生存的植物的单个植株及其繁殖材料（如种子等）属于本部分第一章第（四）节所述的'植物品种'的范畴，不能被授予专利权。植物的细胞、组织和器官如果不具有上述特性，则其不能被认为是'植物品种'，因此不属于专利法第二十五条第一款第（四）项规定的范畴。"例如，某案权利要求请求保护一种转基因拟南芥愈伤组织，由于愈伤组织可以发育成整个植株，因此属于植株繁殖材料，属于植物品种，不能被授予专利权。又如，某案权利要求请求保护一种牛脂肪间充质干细胞系，由于脂肪间充质干细胞不具有发育成动物个体的能力，因此不属于动物品种，属于可以被授予专利权的客体。还应当注意，关于转基因动物或转基因植物仍然属于动物品种或植物品种的范畴。

第二节　专利的"三性"——新颖性、创造性和实用性

《专利法》第二十二条第一款规定："授予专利权的发明和实用新型，应当具备新颖性、创造性和实用性。"

一、《专利法》第二十二条第二款——新颖性

《专利法》第二十二条第二款规定："新颖性，是指该发明或者实用新型不属于现有技术，也没有任何单位或者个人就同样的发明或者实用新型在申请日以前向国务院专利行政部门提出过申请，并记载在申请日以后公布的专利申请

文件或者公开的专利文件中。”例如，某案权利要求请求保护一种果糖基转移酶XY-1，其氨基酸序列如SEQ ID NO.1所示。如果对比文件1公开了一种转移酶ABC，其氨基酸序列与SEQ ID NO.1所示氨基酸序列完全相同，则由于权利要求请求保护的主题为一种酶，其为一种产品权利要求，其保护范围由产品的结构和组成即酶的氨基酸序列决定，在氨基酸序列相同的情况下，果糖基转移酶XY-1和转移酶ABC为同一种酶，即权利要求请求保护的技术方案不具备新颖性；如果对比文件1公开了一种果糖基转移酶XY-1，其氨基酸序列与SEQ ID NO.1不同，即使所述酶的名称与权利要求完全相同，但是由于氨基酸序列不同，导致权利要求中的果糖基转移酶XY-1相对于对比文件1公开的果糖基转移酶XY-1仍然具备新颖性。

二、《专利法》第二十二条第三款——创造性

《专利法》第二十二条第三款规定：“创造性，是指与现有技术相比，该发明具有突出的实质性特点和显著的进步，该实用新型具有实质性特点和进步。”判断发明是否具有突出的实质性特点，就是要判断对本领域的技术人员来说，要求保护的发明相对于现有技术是否显而易见。在评价发明是否具有显著的进步时主要应当考虑发明是否具有有益的技术效果。

《专利审查指南2010》第二部分第十章第9.4.2节中还规定了一些涉及基因技术领域的主题的创造性的判断标准。以下给出一些常见的例子。

（一）基因

《专利审查指南2010》第二部分第十章第9.4.2.1节规定：“如果在申请的发明中，某蛋白质已知而其氨基酸序列是未知的，那么只要本领域技术人员在该申请提交时可以容易地确定其氨基酸序列，编码该蛋白质的基因的发明就不具有创造性。如果某蛋白质的氨基酸序列是已知的，则编码该蛋白质的基因的发明不具有创造性。但是，如果该基因具有特定的碱基序列，而且与其他编码所述蛋白质的、具有不同碱基序列的基因相比，具有本领域技术人员预料不到的效果，则该基因的发明具有创造性。”例如，某案权利要求请求保护一种米曲霉（*Aspergillus oryzae*）来源的β-葡萄糖苷酶编码基因，该基因的核苷酸序列如SEQ ID NO.1所示，该酶的氨基酸序列如SEQ ID NO.2所示。如果现有技术公开了该案所述β-葡萄糖苷酶及其氨基酸序列（与SEQ ID NO.2完全相同），但是未公开其基因序列。通过该案说明书的记载可知所述基因是以米曲霉cDNA为模板通过PCR方法克隆得到的，并未验证该基因的核苷酸序列相对于其他编

码相同酶的核苷酸序列的功能差异，则通常情况下该基因不具备创造性。如果现有技术未公开该酶的氨基酸序列，但是公开了克隆该酶的基因的引物序列以及 PCR 克隆方法，则通过该引物序列和 PCR 克隆方法，本领域技术人员容易得到该酶的基因序列（如 SEQ ID NO. 1 所示）和氨基酸序列（如 SEQ ID NO. 2 所示），则通常情况下该基因也不具备创造性。

第 9. 4. 2. 1 节规定："如果一项发明要求保护的结构基因是一个已知结构基因的可自然获得的突变的结构基因，且该要求保护的结构基因与该已知结构基因源于同一物种，也具有相同的性质和功能，则该发明不具备创造性。"例如，某案权利要求请求保护一种野生型油菜的锌指蛋白编码基因 A，其核苷酸序列如 SEQ ID NO. 1 所示，过表达该基因可使油菜的结实率提高 10%。现有技术公开了一种野生型油菜的锌指蛋白编码基因 A，其核苷酸序列如 SEQ ID NO. 2 所示，过表达该基因可使油菜的结实率提高 12%。经序列比对分析可知，SEQ ID NO. 1 所示核苷酸序列与 SEQ ID NO. 2 相比仅存在 3 个核苷酸的差异，其可产生 2 个氨基酸的差异。该案的基因 A 与现有技术的基因 A 都来自野生型油菜，可见其存在的核苷酸差异为可自然获得的突变，且两者具有相同的性质和功能（都编码锌指蛋白，且都可提高油菜结实率），则通常情况下该案的基因 A 不具备创造性。

（二）单克隆抗体

第 9. 4. 2. 1 节规定："如果抗原是已知的，并且很清楚该抗原具有免疫原性（例如由该抗原的多克隆抗体是已知的或者该抗原是大分子多肽就能得知该抗原明显具有免疫原性），那么该抗原的单克隆抗体的发明不具有创造性。但是，如果该发明进一步由其他特征等限定，并因此使其产生了预料不到的效果，则该单克隆抗体的发明具有创造性。"关于上述"进一步由其他特征等限定"中的其他特征限定，比较常见的有序列限定和分泌细胞限定两种情况。关于序列限定的抗体，例如某案权利要求请求保护一种单克隆抗体，并限定了其 CDR 序列，该案中决定单克隆抗体功能和用途的关键结构 CDR 序列与现有技术单克隆抗体的 CDR 序列明显不同，对得到这种新结构的 CDR 现有技术没有明确教导，通常可认可该单克隆抗体的创造性。关于用分泌细胞限定的单克隆抗体，例如某案权利要求请求保护一种抗猪 RNAPII 的单克隆抗体 XN211，其由该案中筛选得到的特定保藏编号的杂交瘤细胞分泌所得，说明书中记载了该单克隆抗体针对的抗原表位以及该单克隆抗体的效价。现有技术中公开了利用猪 RNAPII 作为抗原制备抗猪 RNAPII 单克隆抗体的技术方案，且现有技术中的其他猪

RNAPII单克隆抗体相对于本案所述单克隆抗体XN211具有相同的抗原表位，且具有相似或更高的效价。因此，该案中的单克隆抗体并未产生预料不到的效果，通常情况下不具有创造性。

（三）微生物

1. 微生物本身

第9.4.2.2节规定："与已知种的分类学特征明显不同的微生物（即新的种）具有创造性。如果发明涉及的微生物的分类学特征与已知种的分类学特征没有实质区别，但是该微生物产生了本领域技术人员预料不到的技术效果，那么该微生物的发明具有创造性。"可见，微生物具备创造性的情况有两种：①如果一株微生物，其经过鉴定为一种新的种，则该微生物具备创造性；②如果一株微生物不为新的种，但是其与同种的其他微生物相比取得了预料不到的技术效果，则该微生物具备创造性。例如，某案权利要求请求保护一株新分离得到的高地芽孢杆菌（*Bacillus altitudinis*）菌株XT4，其可以吸附重金属镉，从而可以用于修复重金属镉污染，在含有10μM的$CdCl_2$的培养基中接种1%菌株XT4培养24h后镉去除率达到90%。现有技术中如果并没有可以去除重金属镉的高地芽孢杆菌菌株，则高地芽孢杆菌菌株XT4相对于现有技术中同种菌株产生了预料不到的技术效果（可去除重金属镉）。现有技术中如果公开了可去除重金属镉的高地芽孢杆菌菌株，但是如果该案中高地芽孢杆菌菌株XT4去除重金属镉的效率相对于现有技术是难以预期的，这种情况下通常也可认为高地芽孢杆菌菌株XT4相对于现有技术中同种菌株产生了预料不到的技术效果（具有更优的去除重金属镉的效果）。

2. 微生物应用

第9.4.2.2节规定："对于微生物应用的发明，如果发明中使用的微生物是已知的种，并且该微生物与已知的、用于同样用途的另一微生物属于同一个属，那么该微生物应用的发明不具有创造性。但是，如果与应用已知的、属于同一个属中的另一微生物相比，该微生物的应用产生了预料不到的技术效果，那么该微生物应用的发明具有创造性。如果发明中所用的微生物与已知种的微生物具有明显不同的分类学特征（即发明所用的微生物是新的种），那么即使用途相同，该微生物应用的发明也具有创造性。"可见，关于微生物应用的发明具备创造性的情况也有两种：①如果一株微生物，其经过鉴定为一种新的种，则该微生物的应用具备创造性；②如果一株微生物不为新的种，但是其与已知的、属于同一个属的另一微生物相比取得了预料不到的技术效果，则该微生物的应用具备创造性。

此处关于微生物及微生物应用的发明的创造性判断标准更适用于由自然界筛选的微生物和通过人工诱变获得的微生物。关于通过基因工程改造的微生物，其创造性则更适用“三步法”来判断。

三、《专利法》第二十二条第四款——实用性

《专利法》第二十二条第四款规定：“实用性，是指该发明或者实用新型能够制造或者使用，并且能够产生积极的效果。”

《专利审查指南 2010》中规定：“专利法第二十二条第四款所说的‘能够制造或者使用’是指发明或者实用新型的技术方案具有在产业中被制造或使用的可能性。满足实用性要求的技术方案不能违背自然规律并且应当具有再现性。因不能制造或者使用而不具备实用性是由技术方案本身固有的缺陷引起的，与说明书公开的程度无关。”

以下给出不具备实用性的几种主要情形：①无再现性。再现性是指所属技术领域的技术人员根据公开的技术内容能够重复实施专利申请中为解决技术问题所采用的技术方案。这种重复实施不得依赖任何随机的因素，并且实施结果应该是相同的。②违背自然规律。③利用独一无二的自然条件的产品。④人体或者动物体的非治疗目的的外科手术方法。⑤测量人体或者动物体在极限情况下的生理参数的方法。⑥无积极效果。明显无益、脱离社会需要的发明或者实用新型专利申请的技术方案不具备实用性。

在基因技术领域中，某些发明由于不具备再现性而不具有工业实用性，因此不能被授予专利权。《专利审查指南 2010》第二部分第十章第 9.4.3 节中记载了以下两种不具备实用性的情况。

（一）由自然界筛选特定微生物的方法

第十章第 9.4.3.1 节规定：“这种类型的方法由于受到客观条件的限制，且具有很大随机性，因此在大多数情况下都是不能重现的。例如从某省某县某地的土壤中分离筛选出一种特定的微生物，由于其地理位置的不确定和自然、人为环境的不断变化，再加上同一块土壤中特定的微生物存在的偶然性，致使不可能在专利有效期二十年内能重现地筛选出同种同属、生化遗传性能完全相同的微生物体。因此，由自然界筛选特定微生物的方法，一般不具有工业实用性，除非申请人能够给出充足的证据证明这种方法可以重复实施，否则这种方法不能被授予专利权。”例如，某案涉及从三亚海滩筛选得到的一株季也蒙毕赤酵母

（*Pichia guilliermondii*）GXDK1 并对其进行了保藏，其可产 β-葡萄糖苷酶和多种香味物质。该案权利要求请求保护特定保藏编号的蒙毕赤酵母 GXDK1 的筛选方法，其中记载了与说明书中完全一致的筛选实验操作步骤。但是由于从特定材料中分离筛选出一种特定的微生物的偶然性使其不具备再现性。因此，该方法不具备实用性。

（二）通过物理、化学方法进行人工诱变生产新微生物的方法

第十章第 9.4.3.2 节规定："这种类型的方法主要依赖于微生物在诱变条件下所产生的随机突变，这种突变实际上是 DNA 复制过程中的一个或者几个碱基的变化，然后从中筛选出具有某种特征的菌株。由于碱基变化是随机的，因此即使清楚记载了诱变条件，也很难通过重复诱变条件而得到完全相同的结果。这种方法在绝大多数情况下不符合专利法第二十二条第四款的规定，除非申请人能够给出足够的证据证明在一定的诱变条件下经过诱变必然得到具有所需特性的微生物。"例如，某案涉及以裂殖壶菌（*Aurantiochytrium limacinum*）TC5 为出发菌株，经过紫外线诱变获得一株裂殖壶菌 TC5-2 并对其进行了保藏。该案权利要求请求保护该特定保藏编号的裂殖壶菌 TC5-2 的诱变方法，其中记载了与说明书中完全一致的诱变实验操作步骤。但是由于碱基变化的随机性导致很难通过重复诱变条件而得到完全相同的裂殖壶菌 TC5-2，因此该方法不具备实用性。

除了上述与微生物相关的发明以外，利用细胞融合技术制备特定杂交瘤细胞株的方法、利用随机突变技术制备特定位点发生突变的基因的方法、利用随机插入方法筛选特定位点插入目的基因的细胞的方法等也有很大可能因不具备再现性而不具有工业实用性。

第三节　申请文件的撰写要求

专利申请文件至少由说明书、权利要求书和说明书摘要组成，必要时可包括说明书附图和摘要附图。说明书和权利要求书是记载发明及确定其保护范围的法律文件，权利要求书用于限定保护范围，说明书是专利审查和授予专利权的基础，其可用于解释专利保护范围。可见，说明书和权利要求书是申请文件的最重要组成部分。与基因技术领域说明书和权利要求书撰写相关的法律法规主要包括以下几个方面。

一、《专利法》第二十六条第三款——说明书的充分公开

《专利法》第二十六条第三款规定："说明书应当对发明或者实用新型作出清楚、完整的说明，以所属技术领域的技术人员能够实现为准。"

说明书的内容应当清楚，主题明确，表述准确。说明书应当写明发明所要解决的技术问题以及解决该技术问题所采用的技术方案，并对照现有技术写明发明的有益效果。说明书应当使用所属技术领域的技术术语。说明书的表述应当准确地表达技术内容，不得含糊不清或者模棱两可以致所属技术领域的技术人员不能清楚、正确地理解该发明。完整的说明书应当包括有关理解、实现发明或者实用新型所需的全部技术内容。凡是所属技术领域的技术人员不能从现有技术中直接、唯一地得出的有关内容，均应当在说明书中描述。所属技术领域的技术人员能够实现，是指所属技术领域的技术人员按照说明书记载的内容，就能够实现该发明的技术方案，解决其技术问题，并且产生预期的技术效果。说明书应当清楚地记载发明的技术方案，详细地描述实现发明的具体实施方式，完整地公开对于理解和实现发明必不可少的技术内容，达到所属技术领域的技术人员能够实现该发明的程度。

《专利法》第二十六条第三款包含了两层含义：(1) 技术方案要清楚完整。例如，某案涉及基因 A 在提高水稻产量中的应用，如果现有技术中并无基因 A 的相关记载，则该案中应通过限定基因 A 的核苷酸序列或者基因 A 编码的蛋白的氨基酸序列或者可用于获得该基因 A 的方法以使得技术方案清楚完整。(2) 技术方案可以解决其技术问题并且产生预期的技术效果。例如，某案涉及基因 A 在提高水稻产量中的应用，基因 A 为现有技术中已知的基因，但是现有技术未公开基因 A 与水稻产量之间的关系，则应在说明书中记载验证基因 A 可以用于提高水稻产量的实验，即验证技术方案可以解决其技术问题并且产生预期的技术效果。

在基因技术所处的生物技术大领域中，关于对技术方案清楚、完整的说明存在以下特殊情况。《专利审查指南 2010》中规定："在生物技术这一特定的领域中，有时由于文字记载很难描述生物材料的具体特征，即使有了这些描述也得不到生物材料本身，所属技术领域的技术人员仍然不能实施发明，在这种情况下，为了满足专利法第二十六条第三款的要求，应按规定将所涉及的生物材料到国家知识产权局认可的保藏单位进行保藏。""生物材料"是指任何带有遗传信息并能够自我复制或者能够在生物系统中被复制的材料，如基因、质粒、微生物、动物和植物等。国家知识产权局认可的保藏单位是指《布达佩斯条

约》承认的生物材料样品国际保藏单位，其中包括位于我国北京的中国微生物菌种保藏管理委员会普通微生物中心（CGMCC）、位于武汉的中国典型培养物保藏中心（CCTCC）以及位于广州的广东省微生物菌种保藏中心（GDMCC）。

《专利法实施细则》第二十四条进一步规定："申请专利的发明涉及新的生物材料，该生物材料公众不能得到，并且对该生物材料的说明不足以使所属技术领域的技术人员实施其发明的，除应当符合专利法和本细则的有关规定外，申请人还应当办理下列手续：（一）在申请日前或者最迟在申请日（有优先权的，指优先权日），将生物材料的样品提交国务院专利行政部门认可的保藏单位保藏，并在申请时或者最迟自申请日起 4 个月内提交保藏单位出具的保藏证明和存活证明；期满未提交证明的，该样品视为未提交保藏；（二）在申请文件中，提供有关该生物材料特征的资料；（三）涉及生物材料样品保藏的专利申请应当在请求书和说明书中写明该生物材料的分类命名（注明拉丁文名称）、保藏该生物材料样品的单位名称、地址、保藏日期和保藏编号；申请时未写明的，应当自申请日起 4 个月内补正；期满未补正的，视为未提交保藏。"可见，对生物材料保藏的要求是比较严格的，不仅要求对特定生物材料进行保藏，还对保藏时间以及提交保藏证明和存活证明的时间进行了限定，如达不到相应要求，则视为未保藏。例如，某案涉及一株分离得到的枯草芽孢杆菌（*Bacillus subtillis*）A1，并给出了其在 CGMCC 的保藏编号，该案虽然对枯草芽孢杆菌 A1 进行了保藏，也在申请文件中记载了相关的保藏信息，但是未按时提交保藏证明和存活证明。则由于其未在申请时或者最迟自申请日起 4 个月内提交保藏单位出具的保藏证明和存活证明而视为该生物材料未保藏。

《专利法实施细则》第二十四条中所说的"公众不能得到的生物材料"包括：个人或单位拥有的、由非专利程序的保藏机构保藏并对公众不公开发放的生物材料；或者虽然在说明书中描述了制备该生物材料的方法，但是本领域技术人员不能重复该方法而获得所述的生物材料，例如通过不能再现的筛选突变等手段新创制的微生物菌种。可见，通过不可重复的方法筛选获得的生物材料需要进行保藏，例如：①从自然界中分离或筛选出的新的生物材料，如从土壤中筛选出的新的微生物，从自然界中新分离的野生植物品种等；②在已知生物材料的基础上以不可重复的方式获得的新的生物材料，如通过随机诱变获得的新的突变微生物、通过基因随机插入获得的新的细胞系、分泌特定单克隆抗体的杂交瘤细胞等。以下则属于公众可以得到的生物材料而不需要进行保藏：①公众能从国内外商业渠道买到的生物材料，对于这类生物材料应当在说明书中注明购买的渠道，必要时，应提供申请日（有优先权的，指优先权日）前公众可以购买得到该生物材料的证据。在这种情况下，申请文件中应尽量记载该产品能为公众所购买获得的相关信息，如产品生厂商、产品目录、购买发票等。②在各国专利局或国际专利组织承认的用于专利程序的保藏机构保藏的，并且在向我国提交的专利申请的申请日（有优先权的，指优先权日）前已在专利公报中公布或已授权的生物材料。例如，某案涉及一株特定杂交瘤细胞株 ABC，该申请文件中并未记载杂交瘤细胞株 ABC 的制备方法，但是其记载了杂交瘤细胞株 ABC 保藏在美国 NRRL（国际专利组织承认的用于专利程序的保藏机构保藏），且给出了具体保藏号，并在说明书中引证了公开该生物材料保藏信息的在前的授权专利文献号，那么这种情况也视为公众可以得到该杂交瘤细胞株 ABC。③专利申请中必须使用的生物材料在申请日（有优先权的，指优先权日）前已在非专利文献中公开的，应当在说明书中注明文献的出处，说明公众获得该生物材料的途径，并由专利申请人提供保证从申请日起二十年内向公众发放生物材料的证明。例如，某案涉及植物乳杆菌（*Lactobacillus plantarum*）XY 在提高小麦抗小麦纹枯病中的应用，该植物乳杆菌 XY 为申请人从自然界中分离筛选获得的菌株，并不能通过重复筛选获得该菌株，且该申请也未对其进行保藏，但是在该申请日之前，申请人已经在一篇科技论文中记载了该植物乳杆菌 XY，则为了达到公开充分的要求，申请人应当在说明书中注明该在前论文并由专利申请人提供保证从申请日起二十年内向公众发放生物材料植物乳杆菌 XY 的证明。

二、《专利法实施细则》第十七条第四款——说明书核苷酸和氨基酸序列表

核苷酸序列和氨基酸序列是基因技术领域中较为特殊的一类信息载体，其被用于表征基因、蛋白、DNA 片段和 RNA 片段的结构和组成。《专利法实施细则》第十七条第四款规定："发明专利申请包含一个或者多个核苷酸或者氨基酸序列的，说明书应当包括符合国务院专利行政部门规定的序列表。申请人应当将该序列表作为说明书的一个单独部分提交，并按照国务院专利行政部门的规定提交该序列表的计算机可读形式的副本。"

序列表应作为单独部分来描述并置于说明书的最后。此外申请人还应当提交记载有核苷酸或氨基酸序列表的计算机可读形式的副本，即电子文件。如果申请人提交的计算机可读形式的核苷酸或氨基酸序列表与说明书和权利要求书中书面记载的序列表不一致，则以书面提交的序列表为准。例如，某案涉及一种乙醇脱氢酶及其在制备基因工程菌中的应用，说明书中记载了该乙醇脱氢酶的氨基酸序列（350aa）及其编码基因的核苷酸序列（1053bp），但是未提交单

独的说明书核苷酸和氨基酸序列表，则该申请不符合《专利法实施细则》第十七条第四款规定，申请人应就该乙醇脱氢酶的氨基酸序列及其编码基因的核苷酸序列提交单独的说明书核苷酸和氨基酸序列表以及计算机可读形式的副本。

三、《专利法》第二十六条第四款——权利要求的支持、清楚和简要

《专利法》第二十六条第四款规定："权利要求书应当以说明书为依据，清楚、简要地限定要求专利保护的范围。"

（一）以说明书为依据

《专利审查指南2010》中规定："权利要求书应当以说明书为依据，是指权利要求应当得到说明书的支持。权利要求书中的每一项权利要求所要求保护的技术方案应当是所属技术领域的技术人员能够从说明书充分公开的内容中得到或概括得出的技术方案，并且不得超出说明书公开的范围。"权利要求应当以说明书为依据是为了保证权利要求的保护范围与发明对现有技术的贡献相当，如果范围太窄，则申请人作出的技术贡献得不到保护；如果过宽，又可能损害公众的利益。因此，需要确定一个适当的保护范围。

"对于用上位概念概括或用并列选择方式概括的权利要求，应当审查这种概括是否得到说明书的支持。如果权利要求的概括包含申请人推测的内容，而其效果又难于预先确定和评价，应当认为这种概括超出了说明书公开的范围。如果权利要求的概括使所属技术领域的技术人员有理由怀疑该上位概括或并列概括所包含的一种或多种下位概念或选择方式不能解决发明或者实用新型所要解决的技术问题，并达到相同的技术效果，则应当认为该权利要求没有得到说明书的支持。"例如，某案说明书具体实施例部分记载了在杨树中过表达杨树A基因可以提高杨树的抗旱性，权利要求中将其概括为杨树A基因在提高杨树对环境胁迫耐性中的应用。其中，环境胁迫包含生物胁迫和非生物胁迫，生物胁迫又可由不同的病原生物引起，非生物胁迫又包含了如干旱、盐、高温、冷、重金属等多种不同的胁迫形式。不同类型的胁迫引起植物损伤的原理并不完全相同，其解除机制也各异。在本申请仅证实了表达杨树A基因可以提高杨树的抗旱性的基础上，本领域技术人员有理由怀疑该上位概括包含申请人推测的内容，超出了说明书公开的范围。

在判断权利要求是否能得到说明书支持时，需要站位本领域技术人员，充分综合考虑所属技术领域的发展水平和所属领域技术人员的知识水平，并结合说明书中公开的具体内容，判断权利要求中概括的技术方案能否解决其声称要

解决的技术问题并达到声称的技术效果。

（二）清楚

《专利审查指南 2010》中规定："权利要求书是否清楚，对于确定发明或者实用新型要求保护的范围是极为重要的。权利要求书应当清楚，一是指每一项权利要求应当清楚，二是指构成权利要求书的所有权利要求作为一个整体也应当清楚。"

"首先，每项权利要求的类型应当清楚。权利要求的主题名称应当能够清楚地表明该权利要求的类型是产品权利要求还是方法权利要求。不允许采用模糊不清的主题名称。"例如，某案权利要求请求保护一种 CAR-T 细胞及其制备方法，其中 CAR-T 细胞是产品，制备方法是方法，因此无法确定权利要求的具体类型，从而造成权利要求不清楚。又如，某案权利要求请求保护一种用于特异性敲除大肠杆菌 cdd 基因的 CRISPR/Cas9 系统，由于系统可以表示不同的含义，如方法、产品等，其主题名称的类型模糊不清，导致权利要求保护范围不清楚。

"另一方面，权利要求的主题名称还应当与权利要求的技术内容相适应。产品权利要求适用于产品发明或者实用新型，通常应当用产品的结构特征来描述。……方法权利要求适用于方法发明，通常应当用工艺过程、操作条件、步骤或者流程等技术特征来描述。"基因技术领域中的一些产品无法用结构特征来描述，也无法用物理化学参数来表征的，可以利用方法特征来表征。例如，某案权利要求涉及一种枯草芽孢杆菌（*Bacillus subtillis*）发酵液，由于不清楚发酵液的具体组分，则可以用发酵液的制备方法来描述。

"其次，每项权利要求所确定的保护范围应当清楚，权利要求的保护范围应当根据其所用词语的含义来理解。一般情况下，权利要求中的用词应当理解为相关技术领域通常具有的含义。在特定情况下，如果说明书中指明了某词具有特定的含义，并且使用了该词的权利要求的保护范围由于说明书中对该词的说明而被限定得足够清楚，这种情况也是允许的。但此时也应要求申请人尽可能修改权利要求，使得根据权利要求的表述即可明确其含义。"例如，某案利用杂交瘤细胞技术获得了一种抗 CD20 的单克隆抗体 Anti-CD20-11，其由特定保藏编号的杂交瘤细胞株产生，但是由于未测序而不知道单克隆抗体的氨基酸序列。如果权利要求仅表述为一种抗 CD20 的单克隆抗体 Anti-CD20-11，则由于单克隆抗体 Anti-CD20-11 是申请人自命名词汇，导致本领域技术人员不能明确其具体含义。因此，应当在权利要求中进一步限定抗体由特定保藏编号的杂交瘤细胞产生来清楚地限定其保护范围。

“最后，构成权利要求书的所有权利要求作为一个整体也应当清楚，这是指权利要求之间的引用关系应当清楚。”

（三）简要

《专利审查指南 2010》中规定：“权利要求书应当简要，一是指每一项权利要求应当简要，二是指构成权利要求书的所有权利要求作为一个整体也应当简要。例如，一件专利申请中不得出现两项或两项以上保护范围实质上相同的同类权利要求。……权利要求的表述应当简要，除记载技术特征外，不得对原因或者理由作不必要的描述，也不得使用商业性宣传用语。”例如，某案权利要求请求保护一种 Bt 杀虫蛋白编码基因，其核苷酸序列如 SEQ ID NO. 1 所示，所述基因是以苏云金芽孢杆菌基因组 DNA 为模板，利用 PCR 方法克隆得到的。其中在限定了基因的核苷酸序列以后该基因便是唯一确定的，进一步限定基因的获取方法并不会给基因的结构和组成带来任何差异，因此对基因获取方法的描述是不必要的。又如，某案权利要求请求保护一种疫苗的制备方法，其工艺流程为：制备病毒—接种—灭活—浓缩—提纯—分装与销售。其中销售属于商业用途的描述，造成该权利要求不简要。又如，某案权利要求 1 请求保护一种抗 PD1 的单克隆抗体 PD1-11，并限定了所示抗 PD1 的单克隆抗体 PD1-11 是由特定保藏编号的杂交瘤细胞株分泌的；权利要求 2 请求保护权利要求 1 所述的抗 PD1 的单克隆抗体 PD1-11，并进一步限定了该单克隆抗体的 CDR 序列。由于杂交瘤细胞只能分泌一种特定的单克隆抗体，在限定了分泌单克隆抗体的杂交瘤细胞的基础上，单克隆抗体是唯一确定的，即该单克隆抗体拥有权利要求 2 中进一步限定的 CDR 序列，权利要求 2 中的限定并不会改变单克隆抗体 PD1-11 的结构和组成。因此，权利要求 2 的保护范围与权利要求 1 实质相同，导致权利要求 2 不简要。

四、《专利法》第三十一条第一款——单一性

《专利法》第三十一条第一款规定：“一件发明或者实用新型专利申请应当限于一项发明或者实用新型。属于一个总的发明构思的两项以上的发明或者实用新型，可以作为一件申请提出。”也就是说，如果一件申请包括几项发明或者实用新型，则只有在所有这几项发明或者实用新型之间有一个总的发明构思使之相互关联的情况下才被允许。

《专利法实施细则》第三十四条规定：“依照专利法第三十一条第一款规定，可以作为一件专利申请提出的属于一个总的发明构思的两项以上的发明或

者实用新型，应当在技术上相互关联，包含一个或者多个相同或者相应的特定技术特征，其中特定技术特征是指每一项发明或者实用新型作为整体，对现有技术作出贡献的技术特征。”特定技术特征是体现发明对现有技术作出贡献的技术特征，也就是使发明相对于现有技术具有新颖性和创造性的技术特征，并且应当从每一项要求保护的发明整体上考虑后加以确定。

单一性缺陷是基因技术领域专利申请文件中经常遇到的问题，例如某案权利要求请求保护一种突变蛋白质，其是在 SEQ ID NO. 1 所示氨基酸序列的基础上进行以下突变获得的：A21D、R50N、G88Q、E123A、L200I 或 M342F。该权利要求中包含 6 项发明，分别涉及不同的突变位点，这些发明之间的相同技术特征为在 SEQ ID NO. 1 所示氨基酸序列的基础上进行突变获得的突变蛋白质。如果现有技术已经公开了 SEQ ID NO. 1 所示氨基酸序列，并且公开了可以在其基础上进行突变获得突变蛋白质，那么上述 6 项发明之间的共同技术特征就不是发明对现有技术作出贡献的特定技术特征，则该 6 项发明之间不存在特定技术特征，不具备单一性。

基因技术领域专利申请文件的撰写和审查除具备一般申请文件撰写和审查的普适性要求外，还有其特殊的规定。其中，生物材料的保藏、遗传资源来源的披露和序列表的制定是生物领域专利申请文件撰写的特殊要求，其也涵盖在基因技术各个领域中，如基因和蛋白领域、微生物领域、细胞领域等。除此之外，基因技术领域多类申请主题还可能涉及不授权的客体、实用性和单一性等问题。《专利审查指南 2010》中还对一些特殊的主题（如微生物、基因、抗体等）的创造性给出了审查标准。申请人在撰写相关申请文件的过程中，应充分考虑相关领域申请文件涉及的法律规定和审查特点，在其指导下更规范地完成专利申请文件的撰写。

第四章

基因技术领域高质量技术交底书的形成

“十四五”规划和2035年远景目标纲要提出“更好保护和激励高质量专利”，并首次将“每万人口高质量发明专利拥有量”纳入国家经济社会发展的评价指标，明确至2025年达到12件的预期目标，以期进一步缩小我国创新实力与美日欧等发达国家或地区之间的差距，形成初具规模的高质量专利资源，引导创新主体聚焦核心关键技术领域，协调改善其与市场主体之间的专利转化运用，为加快创新型国家建设和经济社会高质量发展提供更为有力的支撑。发明的创新性与专利的申请质量是高质量专利培育的关键，而技术交底书撰写的好坏则直接关乎着发明创造在专利申请之前能否被清楚、完整地呈现，进而为专利申请文件的形成打下基础，为发明创造被充分、有效地保护提供有力支撑。技术交底书撰写不当可能造成知识产权师或专利代理师对发明创造的理解偏差，以致影响申请文件的撰写质量和/或延缓专利的申请进度，甚至可能影响专利的授权前景及保护范围。因而，如何规范、合理地撰写技术交底书已经成为创新主体亟待解决的关键问题之一。本章将介绍技术交底书的作用与类型，技术交底书与专利申请文件的区别，技术交底书的撰写要求，并通过案例分析基因技术领域技术交底书撰写的常见问题及其注意事项，指导发明人提交能够让知识产权师或专利代理师快速转换为高质量专利申请文件的技术交底书。

第一节　技术交底书概述

技术交底书，是发明人将梳理、挖掘形成的研究成果以书面形式递呈给专利代理机构或者科研院校、企事业单位知识产权部门的技术资料，需要清楚、完整地记载发明创造的各个方面，包括发明构思、技术内容、效果特点、应用范围，以及专利申请需要交代的相关证明文件，为知识产权师或专利代理师理解发明创造、评判发明高度提供足够、可靠的技术信息，以便快速形成高质量的专利申请文件，在缩短申请、审查周期的同时，尽可能获取更好的授权前景和更宽的保护范围。

一、技术交底书的作用

技术交底书是发明人传递发明构思、描述发明创造的重要媒介，是专利申请文件撰写的基础素材。一份好的技术交底书是形成高质量专利申请文件的前提之一。

专利申请文件是具有法律效力的规范性文件，用于界定发明专利请求保护的技术方案及其适用范围，强调技术语言和法律专业术语表达的严谨性和准确性，需要严格按照《专利法》《专利法实施细则》以及《专利审查指南2010》中的相关规定进行撰写。尽管发明的研究成果由发明人完成，同时发明人也更为知晓发明的起点与改进点，但是其作为所属领域的技术人员，业务专长在于技术研发，对专利申请文件撰写过程中所涉及的法律法规往往不是很熟悉和了解，难以规范撰写专利申请文件乃至合理运营专利的管理和布局。基于此，大多数创新主体通常是由下属的知识产权部门或者委托专利代理机构来撰写专利申请文件和申请发明专利，在此过程中发明人通过技术交底书向知识产权师或专利代理师进行技术交底。因而，技术交底书的主要作用是作为发明人与知识产权师或专利代理师之间技术交流的桥梁，将发明人的研究成果和需要保护的技术内容明确告知知识产权师或专利代理师，使其能够快速理解技术方案，准确把握技术内容中的创新点，合理确定发明专利的保护范围，进而在较短时间内形成发明内容完整、保护范围恰当的专利申请文件，实现创新成果得到最大限度的保护。

同时，由于技术交底书清楚完整地记录了创新主体在一定时间段的研究成果，客观反映其知识产权成果的积累与管理情况，以及发展优势所在，能够帮助发明人或申请人系统梳理和重新审视在技术创新上的成果与贡献，可以作为科研立项的启动依据、研发配置优化的指导依据、核心技术的评判依据，有利于创新主体在专利布局、申请策略等方面的总体规划与决策，包括专利申请的时机、地域，商业秘密与专利保护之间的平衡。

此外，创新主体在应对竞标、专利诉讼等经济活动的时候，也需要以技术交底书的形式全面总结、交底技术内容，以便直观地与竞争对手或相关现有技术进行比较分析，合理作出侵权预警、规避设计等，进一步地研究规划，妥善维护其商业利益和价值。

可见，一份明晰、完整记载发明创造的技术交底书，不仅有利于高质量专利申请文件的快速形成，还有助于创新主体对自身研发实力、研发方向、研发重点形成更加清晰、系统的认识，为其后续知识产权的管理规划打下坚实基础。

二、技术交底书的类型

根据技术交底书记载的技术内容在整个研发项目和/或专利体系中的地位与作用，通常将技术交底书分为核心技术型、外围包绕型、规避设计型三种类型，以此对提案的技术内容分门别类，以便针对不同权重和侧重点的技术内容，采取适宜的专利申请策略。

（一）核心技术型

核心技术型技术交底书涉及的技术内容是整个研发项目或专利体系中最关键、最核心的部分，通常是创新主体投入大量人力和物力获得的重要研发成果，并以此为核心基础可进一步作其他衍生系列的专利申请布局，预期能由此或其衍生专利获取可观的经济效益和社会效益。这一类技术内容往往在立项之初即评审作为创新主体重点培植的对象，通过配置一流的研发团队完成前期的技术攻关，且在技术交底书的撰写阶段，也会尽可能委托或配备实战经验丰富、熟悉所属领域专利申请的知识产权师或专利代理师，在签订完善保密协定和采取严格保密措施的前提下，加强与发明人之间有效的技术交流，加快对技术创新内容及发明贡献的理解和把握，并结合预先检索评估的方式，多角度、多维度深入挖掘可专利化的发明点。其间，逐个论证拟请求保护的技术方案中所涉及的技术特征，对于不足、存疑的试验证据或不稳定的保护范围，及时反馈发明人或其研发团队予以证据链的补充完善，以求能最大限度地上位概括技术特征，涵盖更多、更广的实施方式，在尽可能短的时间内形成技术内容完整、权利要求保护范围恰当的专利申请文件，力争获得保护范围既大又稳固的权利要求组合。

（二）外围包绕型

外围包绕型技术交底书涉及的技术内容是围绕核心技术进行拓展和衍生的发明创新或改进。其中，核心技术可以是创新主体自己的，也可以是现有专利或竞争对手的。外围包绕型技术交底书通常记载了针对核心技术方案进行关系改变、要素替代、要素省略等的横向发散，或与其他技术手段结合的纵向衍生，由此产生替代的技术方案或衍生的应用方案，以解决产品存在的技术问题，改进产品的性能，丰富产品的应用场景等。在撰写外围包绕型技术交底书时，发明人可与知识产权师或专利代理师根据核心技术专利的布局需求，就产品改良的创新点及可能的应用扩展进行全面、深入的探讨，从多维度梳理其关联技术点，并结合所属领域未来技术发展的方向、重点来指导散落、零星创新点的系统整合，以期培育相互支持、相互补充的专利组合，形成有内在联系的包绕型专利组合，发挥专利组合作为整体的集聚效应，从而避免竞争对手对核心技术专利的规避设计和外围包绕，同时也为竞争对手进入该领域设置相对稳固的专利壁垒。

（三）规避设计型

规避设计型技术交底书涉及的技术内容是创新主体以专利侵权的判定原则为依据，分析不落入现有专利保护范围的技术创新点。通常，发明人可与知识产权师或专利代理师配合完成前期的检索和调研，分析研判与其发明构思相关性较高的竞争对手目标核心专利或专利组合中存在的漏洞及其可以改进或替代的可能性，寻找和确定可专利性的证据和判定侵权风险的依据，作为规避设计的参照用于开发或衍生其他多种实施方案，并在撰写规避设计型技术交底书时着重描述与规避的目标专利之间的区别技术特征及其带来的技术效果差异，确保在规避目标专利的同时，也能有效设置专利技术屏障，避免同行竞争对手借鉴开发出类似的技术。

三、技术交底书与专利申请文件的区别

尽管技术交底书和专利申请文件记载了相同的发明创造，且专利申请文件是由技术交底书转化而来，但二者在撰写主体、法律效力和目的等方面仍存在本质区别。

（一）撰写主体不同

技术交底书的撰写主体是发明人，作为对发明内容最为熟悉的研发人员，不仅对发明创造的初衷和起点，以及所属领域的技术背景有着较为清晰的认识，同时也深知发明技术的执行情况和实施效果；但其撰写技术交底书的风格往往更侧重于从技术角度描述发明构思和技术内容，对技术方案整体的连贯性和逻辑性，以及语言表述的法律适用性等方面的把握程度不够全面，以至于保护焦点不够清晰准确，或保护范围过于局限。

专利申请文件的撰写主体通常是熟悉专利申请流程和相关法律知识且兼备理工专业知识背景的知识产权师或专利代理师，其撰写技术交底书的风格更侧重于从符合法律法规的角度描述发明内容和概括权利要求的保护范围，撰写时

考虑的重点也不只局限于专利的申请阶段，还包括今后可能发生的专利无效、侵权诉讼以及市场布局等经济活动。

由于发明人与知识产权师或专利代理师之间存在着思维方式、技术水平和考虑问题侧重点的差异，技术交底书往往不能直接转换为专利申请文件，而是需要在二者的技术沟通达到信息足够对称之后，知识产权师或专利代理师才能用准确、专业的“专利语言”形成清楚、完整且符合法律要求的专利申请文件，对技术交底书中不清楚的地方作出清楚完整的修正，避免将这些瑕疵带入专利申请文件。

（二）法律效力不同

技术交底书是描述发明创造的技术文件，其主要作用是向专利申请文件的撰写者传递发明构思，便于其快速理解发明和收集整理相关技术信息，对语言无具体要求，也没有固定形式，不需要达到专利申请的标准，无须向公众公开，不具有法律效力。专利申请文件则是将发明创造相关的原始记载进行文字固化的法律文件，需要向国家知识产权局专利局递交并且向公众公开，具有法律效力，是作为判定专利权范围、侵权诉讼等的法律依据。

（三）目的不同

技术交底书的目的是以书面形式清楚、完整地呈现技术方案，不仅需要详尽地描述发明内容及其技术背景，还需要提交清晰、符合逻辑的证据链证明其所声称的技术效果和技术贡献，以便知识产权师或专利代理师能够快速、准确地理解发明创造并提炼发明点，尽量扩展发明的适用范围，同时也能帮助创新主体及时审视回顾研发投入与成果回报是否处于良性发展态势，做好知识产权的归档管理。

专利申请文件的目的是取得授权的发明专利，将请求保护的技术方案以法律文件的形式予以固化。同时，作为专利审查的原始材料，用于明确发明的申请日期和请求保护的技术方案及其保护范围，便于审查员理解技术方案和准确把握发明的创新点，在加速审查进程的同时，争取最佳的授权前景和最大的保护范围。

（四）受众不同

技术交底书的读者通常是负责撰写专利申请文件的知识产权师或专利代理师，为了便于其阅读和理解发明，主要强调技术方案的完整性和技术表达的专业性。鉴于知识产权师或专利代理师与发明人对于所属领域技术知识掌握程度的差异，在知识产权师或专利代理师对技术交底书中所要保护的技术方案存在疑问或理解偏差的时候，可以通过与发明人的直接技术交流来增强对发明创造的理解，并对技术交底书中可能存在的撰写问题或歧义及时纠正，完善技术说明的准确性。而专利申请文件的受众相对而言则更为广泛，不仅包括具备一定背景技术知识的同行业人员、知识产权师或专利代理师和审查员，还包括非所属领域的社会公众、市场监督的管理人员和侵权诉讼的法官等，鉴于各人群的知识结构、思维方式以及考虑问题的角度和重点存在差异，专利申请文件的撰写在保证专业性的同时，还需要兼具社会普适性和法律规范性。

（五）内容侧重不同

技术交底书的内容只要能够清楚、完整地表达现有技术存在何种问题与缺陷，本发明采用何种技术手段解决该问题、克服该缺陷，并获得何种有益的技术效果即可。专利申请文件的内容则需要严格按照《专利法》《专利法实施细则》以及《专利审查指南 2010》的要求，依据法律规定以模板化的顺序要求呈现内容和提交相关请求材料和证明材料，包括专利请求书、说明书摘要、摘要附图、权利要求书、说明书、说明书附图、说明书核苷酸和氨基酸序列表和生物材料保藏存活证明等。其中，请求书的内容包括发明名称、发明人、申请人、代理人等；说明书的内容包括技术领域、背景技术、发明内容、附图说明和具体实施方式；权利要求书应当有独立权利要求，也可以有从属权利要求，独立权利要求应当包括前序部分和特征部分，从属权利要求应当包括引用部分和限定部分。生物材料保藏存活证明应当包括生物材料的类型、保藏名称、保藏时间以及保藏单位等信息。

第二节　技术交底书的撰写

技术交底书作为提炼形成专利申请文件的基础素材和依据，虽然不是申请专利的最终法律文件，不需要达到专利申请的标准，但鉴于发明人与知识产权师或专利代理师之间存在着思维方式、技术水平和问题考虑角度的差异，为了能在二者之间清楚、完整地传递发明构思，技术交底书的撰写质量至关重要。本节将介绍技术交底书撰写的最低要求、一般要求以及各部分的规范化要求，指导发明人如何撰写易于转换为专利申请文件的高质量技术交底书。

一、技术交底书的最低撰写要求

技术交底书的最低撰写要求实际上与《专利法》中对发明说明书的撰写要求一致，即“说明书应当对发明作出清楚、完整的说明，以所属技术领域的技术人员能够实现为准”。具体体现于：

（1）技术交底书中记载的技术内容应当清楚，应满足下述要求：

①主题明确，逻辑清晰、连贯。技术问题、技术方案和有益效果在逻辑上应当相互适应，不得出现相互矛盾或不相关联的情形。

②表述准确，用词规范。技术交底书的表述应当准确表达发明的技术内容，不得含糊不清或者模棱两可，以致知识产权师或专利代理师不能清楚、正确地理解该发明。

（2）技术交底书中记载的技术内容应当完整，须包含下列各项内容：

①帮助理解发明不可缺少的内容，例如技术领域、背景技术状况的描述等。

②确定发明的技术问题、技术方案和有益效果区别于现有技术，例如具备新颖性、创造性和实用性。

③实现发明所需的全部内容，例如解决技术问题的具体实施方式，克服技术偏见的技术手段和说明等。

（3）技术交底书中记载的技术内容应当以所属技术领域的技术人员能够实现为准，并能产生预期的技术效果。以下各种情况由于缺乏解决技术问题的技术手段而被认为无法实现：

①只给出任务和/或设想，或者只表明一种愿望和/或结果，而未给出任何能够实施的技术手段。

②给出的技术手段含糊不清的，根据技术交底书记载的内容无法具体实施。

③给出的技术手段不能解决发明所要解决的技术问题。

④技术方案由多个技术手段构成，但其中某个技术手段按照技术交底书的记载并不能实现。

⑤必须依赖实验结果加以证实才能成立的技术方案，未给出具体的实验证据。

撰写技术交底书，是发明人以文字形式全面、客观地总结表述发明构思、实现构思所采取的各种技术手段、试验验证的证据结果等内容。紧紧围绕发明构思，从以下四个方面进行表述，以满足技术交底书的最低撰写要求。

（1）清楚描述现有技术及其缺陷。客观描述和分析与发明创造最相关的现有技术状况，目的在于明确发明的创新起点以及引出所要解决的技术问题，以便于知识产权师或专利代理师快速了解所属领域现有技术的发展现状及存在的不足，从而准确把握本发明区别于最接近现有技术的技术特征，有助于理解和定位本发明的发明点与技术贡献。

（2）清楚描述发明目的和要解决的技术问题。在分析现有技术存在缺陷的基础上，清楚描述发明的技术方案如何克服现有技术的缺陷，解决对应的技术问题，依据取得的效果提出发明的技术任务。一般简单列举即可，也可以尽可能多地列出，但所列技术问题应当是本发明能够合理解决的，以供知识产权师或专利代理师参考。

（3）清楚描述发明的技术方案。清楚描述本发明为了解决技术问题所采用的技术方案，应做到技术主题清晰、技术内容表述准确、技术方案完整、可实现。对于所属领域技术人员不能根据现有技术直接唯一获得的技术内容，应当在技术方案中予以详细描述。

（4）清楚描述发明的有益效果。清楚描述发明的有益效果应当是由构成发明的技术特征直接带来，或者必然产生的，反映出本发明相对于现有技术所取得的突出实质性进展和显著进步，且有益效果和技术问题之间存在对应关系，可相互逻辑推导。清楚描述发明的有益效果不仅有助于创新主体准确判断发明创新的价值，也有助于知识产权师或专利代理师对发明可专利化的预判。

二、技术交底书的一般撰写要求

技术交底书在满足前述最低撰写要求的基础上，通常还需要进一步满足以下三个方面的撰写要求，以提高技术交底的有效性和完整性。

（一）全面提供相关实施例

在撰写技术交底书时，可以尽可能多地提供能够实现发明目的的多个具体实施方式以及可替换的实施方案，并对相应变通的、替代的技术特征予以说明或比较分析。扩展实施方式的目的，一是有助于知识产权师或专利代理师充分挖掘发明能拓展保护的各技术点，并对相关技术特征进行尽可能上位的归纳提炼，为概括出更大保护范围的权利要求提供依据，迅速抢占包绕发明核心技术的技术改进要点和/或技术应用，形成多圈层、多维度的专利保护体系；二是有助于发明人及时审视和规划未来对技术方案的改良和发展方向。

（二）提供产生有益效果的原因

有益效果的描述不能凭空臆断，最好能结合技术内容中具体的实施方案，清楚、有根据地分析本发明与现有技术相比具有的有益效果及其产生的原因，如此不仅有助于知识产权师或专利代理师准确把握发明点，设计稳固的专利保护方案，还能增强有益效果的可靠性和可信度，有利于专利的实质审查。

（三）提供附图并详细描述附图

基因技术类发明通常需要引用试验数据证明其可行性和能够解决相关的技术问题，而试验数据一般是以原始图谱或其二次处理得到的数据图予以展示，并配合附图阐释试验结果和分析有益效果。因此，在撰写技术交底书时提供试验证据的相关附图并结合技术方案进行描述，不仅可佐证发明能够实现，并产生预期效果，也能帮助知识产权师或专利代理师快速、准确地理解发明的技术方案及其解决的技术问题，带来的技术贡献。

三、技术交底书的规范化

技术交底书虽然不具有法律效力，不需要达到专利申请文件的撰写标准，但规范化的技术交底书对于发明构思的传递、技术内容的梳理能起到明显的推动作用，同时也有助于创新主体统一管理多领域技术主题的技术交底书，有效评估各研发团队的运营状况和专利挖掘情况。

具体来说，规范化的技术交底书具有如下作用：

（1）规范化的技术交底书，有助于创新主体直观、全面地了解研发团队的创新活力、成果的价值赋予和转化效率，以及专利的申请与布局情况，为未来发展方向和重点的规划提供一定的指导依据。

（2）规范化的技术交底书，有助于创新主体结合市场尽调及时、准确地制订、修正申请策略，例如核心技术专利申请的“潜水”与“出水”时机、PCT申请进入国家/地区的选择，或外围包绕型专利或规避型专利屏障的设置等。

（3）规范化的技术交底书，有助于发明技术信息以及专利申请涉及的其他相关信息清晰、完整地呈现，在有效提高发明人与知识产权师或专利代理师之间沟通效率的同时，也为其撰写专利申请文件和评判技术方案可专利性提供了清楚的交底素材，加快了专利申请的速度。

规范化的技术交底书至少需要包括申请信息表和技术披露表两个部分，下面分别对申请信息表和技术揭露表所包含的内容以及撰写注意事项进行说明。

（一）申请信息表的规范化

在技术交底书中，除需记载与技术方案相关的技术信息，还需要收集著录项目相关的非技术信息形成申请信息表，包括申请人、发明人、技术联络人、经办人的相关信息，有助于提高发明人与知识产权师或专利代理师的沟通效率，加速发明专利的申请进程。

1. 申请人

申请人是指专利申请的当事人，是享有专利权的主体。申请人是个人的，应当使用本人真实姓名，不得使用笔名或者其他非正式的姓名；申请人是单位的，应当使用正式全称，不得使用缩写或者简称。此外，还应填写申请人的地址、邮政编码、组织机构代码或者居民身份证件号码。

2. 发明人

发明人是指对发明创造的实质性特点作出创造性贡献的人，可以是一个或者多个，应当填写个人的真实姓名，不得使用笔名或者其他非正式的姓名，不得填写单位或者集体，例如不得写成“××课题组”或“××研发部门”等，第一发明人需填写身份证号。若需要在专利申请中不公布其姓名的，应当在“发明人”一栏所填写的相应发明人后面注明“（不公布姓名）”，以便知识产权师或专利代理师按需处理。

3. 技术联络人或者经办人

技术联络人是指了解本发明技术方案的技术人员，例如技术交底书的实际撰写人，负责向知识产权师或专利代理师解释技术细节、修改交底书、审核申请文件等。

经办人是指管理本发明知识产权的人，例如指示专利申请的申请人或发明人是谁及其排序，是否申请费用减缓，确认专利申请是否可以提交以及提前公开等。如不填写经办人，则默认其为技术联络人。

应当准确填写技术联络人或经办人的真实姓名及其联系方式，如电话、E-mail 等，便于后续专利申请过程中的及时联系与沟通。

（二）技术披露表的规范化

技术披露表是清楚、完整地记载发明创造具体内容的文件，包括发明名称、技术领域、技术背景、发明目的、发明内容、有益效果、具体实施方式、附图及附图说明、生物序列等部分。根据专利法律法规的要求，对技术披露表中各部分所包含的实质技术内容进行规范化撰写，有利于知识产权师或专利代理师准确理解发明构思，合理确定和布局专利申请的保护范围，以及快速转化形成高质量的专利申请文件。

1. 发明名称

发明名称主要反映发明人发明了什么，请求保护什么，通常是依据技术领域、功能、效果、用途、发明点等确定，采用所属领域的技术术语清楚、简要地写明发明创造所要保护的主题和类型，可以是产品、方法应用或者二者的结合，如“一种靶向抗原X的抗体及其制备方法与应用”。

发明名称撰写时应注意：

（1）采用所属领域通用的技术术语，最好采用国际专利分类表中的技术术语，不得采用非技术术语。

（2）清楚、简要地反映要求保护的发明主题，全面地反映一件申请中包含的各种发明类型（产品或者方法、应用，不能是“技术”或“方案”），以利于专利申请的分类。

（3）不使用人名、地名、商标、型号或者商品名称等，也不得使用商业性宣传用语。

（4）不使用含义含糊的词语，例如“及其他”“及其类似物”“等”。

2. 技术领域

技术领域是指发明直接所属或直接应用的技术领域，通过对所属领域的说明，能使专利代理机构或企事业知识产权部门对申请主题所涉及的技术范畴有一个明确的概念，便于合理安排所属技术领域的知识产权师或专利代理师对接和处理。

技术领域不是发明本身，也不能写成发明的上位或相邻的技术领域，应当是发明直属或直接应用的技术领域。如果对应用领域不熟悉或是不确定，可以写上本发明用于什么地方、起什么作用，以便知识产权师或专利代理师理解和归纳。

3. 缩略词和关键术语定义

技术交底书描述技术内容的用词应当清楚、准确，尽可能使用所属领域的标准术语，以便所属领域的技术人员容易理解。对于自然科学名词，国家有规定的，应当采用统一的术语；国家没有规定的，可以采用所属领域约定俗成的术语，也可以采用鲜为人知或者最新出现的科技术语，或者直接使用外来语（中文音译或意译词），但是其含义对所属技术领域的技术人员来说必须是清楚的，不会造成理解错误；必要时可以采用自命名词，但应当给出明确的定义或者说明。一般来说，不应当使用在所属领域中具有基本含义的词汇来表示其本意之外的其他含义，以免造成误解和语义混乱。

技术交底书应当使用中文，但是在不产生歧义的前提下，可以使用中文以外的其他文字，如字母缩略词，应当列出所出现的缩略词的外文全称，并用中文加以注释说明。

4. 背景技术

背景技术应当客观描述和评价申请日前与本发明相关的现有技术及其存在的问题或缺陷，这种问题或缺陷可以看作本发明技术方案的引子，是本发明能够解决的技术问题或缺陷；在可能的情况下，说明存在这些问题或缺陷的原因以及解决过程中曾遇到的困难或瓶颈，其作用是为发明创造提供真实的比较对象，客观反映发明创造的内容和价值，帮助知识产权师或专利代理师尽快了解本发明的技术背景或发明起点。通过明确本发明以何种技术手段解决或改善现有技术的缺陷来挖掘和理解发明点，有利于准确确定合适的保护范围并最大限度地进行延展。例如，涉及抗体的发明专利，背景技术可以包括与本发明所述抗体相关的疾病简介或其靶点的介绍，以及客观评价现有技术中涉及该疾病的其他抗体药物及其存在的问题或缺点，而该问题或缺点正是本发明能够解决或改善的。

在撰写背景技术时，描述与发明最相关的现有技术所采用的引证文件既可以是专利文件，也可以是公开的期刊、杂志、手册和网络资料等非专利文件，其中专利文件至少应注明国别、公开号及公开日期，非专利文件应注明文件的标题和详细出处。所引证的非专利文件和外国专利文件的公开日应当在本申请的申请日之前，所引证的中国专利文件的公开日不能晚于本申请的公开日。

切忌刻意贬低现有技术，夸大其存在的问题或缺陷，以反衬发明的“先进”和“优点”。避免一味罗列现有技术存在的问题或缺陷，但并非能被本发明所解决，应尽量将提出的现有技术的问题或缺陷与本发明的发明点所带来的改良一一对应。

现有技术的问题或缺陷应当是技术上存在的不足所致，比如稳定性差、产量或纯度低等，不能是主观评价的商业、管理、运行上的缺点等。同时，要尽量避免使用“绿色环保”“效率提高”等过于笼统的词语，也不要使用广告性宣传用语。

5. 发明目的

发明目的是指针对背景技术分析得出现有技术中存在的问题和缺点，提出本发明的技术方案是如何解决和克服所述问题和缺陷的，或者本发明与现有技术的差别是如何由技术改良实现的。例如，本发明的抗体通过对其 Fc 区的结构改进，获得了更佳的稳定性、更适宜的药代药效；或者，以提高亲和力或特异性为目的，筛选获得可变区不同于现有技术的抗体或其抗原结合结构域。

发明目的撰写时应注意，针对现有技术存在的问题或缺点，采用客观、简明的语言表述发明的技术目的，避免使用笼统的、广告性用语。同时，依据本发明能够克服或解决所述问题或缺点的权重性，分清层次列出发明的主要目的、次要目的、再次目的等，以供知识产权师或专利代理师参考，有助于其总结和提炼发明点，合理挖掘和规划发明的保护范围。

6. 发明内容

发明内容是指实现发明目的所采用的技术方案，应当清楚、完整、准确地对技术方案及其利用的技术手段加以描述，以使本领域的普通技术人员能够实施为准。

对产品发明来说，描述其具体结构组成，例如基因的核苷酸序列、蛋白的氨基酸序列，或者融合蛋白的组成元件或结构域及其空间位置关系、连接关系、工作原理、各自或协同发挥的作用等。对方法发明来说，描述整个工艺流程包括的操作步骤及其工序、工艺参数、作用等。对用途发明来说，描述应用目的、应用领域、应用方式以及应用对象，其中应用对象包括物种种属类型或疾病的适应证类型等。与现有技术相比，相同或没有作出改进的结构组成或步骤简要描述即可，而作出改进的结构组成或步骤，或者新的结构组成或步骤则应当重点详尽地描述，以凸显发明点和技术关键点。对于既包含产品又包含方法或应用的发明，应当用独立的自然段分别说明每项发明的技术方案。

同时，发明人可以尽可能通过多个技术方案将能够想到的或者基于本领域的普通技术知识能够合理预期的各种实现情况都写上，体现技术方案中哪些结构组成或步骤是不可或缺的，哪些结构组成或步骤是可选的、可省略的，即给出包含多种可选技术特征的技术方案，以便知识产权师或专利代理师深入理解发明的技术实质和关键点，有助于对相应技术特征进行适当的上位概括或者某些技术参数写成一个数值区间，合理扩展发明的保护范围，但是同时需要写出一个与支撑数据结果相吻合的优选小范围，以及最优的具体参数。

此外，应当写明发明中必须使用的生物材料的获取途径或制备方法。例如：①从国内外商业渠道买到的，应当写明购买的渠道，必要时应当将公众可以购买得到该生物材料的证据留底备用；②已在非专利文献中公开的，应当注明该文献出处，并准备提供保证从申请日起二十年内向公众发放生物材料的证明文件；③在国家知识产权局认可的机构内保藏的生物材料，包括位于北京的中国微生物菌种保藏管理委员会普通微生物中心（CGMCC）、位于武汉的中国典型培养物保藏中心（CCTCC），以及位于广州的广东省微生物菌种保藏中心（GD-

MCC）等，应注明其保藏信息以及确定如微生物菌株、杂交瘤细胞等生物材料的存活情况。如果有需要保密而暂不公开的商业技术秘密，也要保证公开的内容足以完成技术方案的实施并能够实现发明目的，注意技术方案的充分公开与商业技术秘密的保密保护之间的合理平衡。

7. 具体实施方式和有益效果

具体实施方式是实现发明的优选技术方案，是发明专利的核心，对于充分公开、理解和实现发明，支持和解释发明请求的保护范围都是极为重要的。对于简单的技术方案，具体实施方式可以与发明内容合在一起写。

具体实施方式中的实施例应当全面、详细、具体地描述本领域的普通技术人员实施和再现发明所需的一切必要条件和技术细节，包括与现有技术共有的技术特征和发明人作出改进的技术特征，如结构组成、参数、材料、设备工具及其必要的规格、型号等，可结合附图作进一步详细的说明。尤其是改进的技术特征，要详细说明其与现有技术的区别，说明各技术特征之间的关系及其功能和作用。如果其中涉及新物质或者自己制备的生物材料，还应当说明其制造方法，或者公众能够获取的途径。

至少应该描述一个具体的实施方式，如果有多种替代方案可以实现发明目的，应详尽写明，全面描述发明要点，既能充分支持发明创造的可实施性，又有利于知识产权师或专利代理师挖掘发明的关键创新点，并根据其技术特征的功能或效果反推可能存在的其他替代方案，为概括出保护范围比较大的权利要求提供依据。对于实施方式的描述应当避免只使用功能性描述，而不对实现功能的具体实施方式或方法进行描述，实施方式中对技术方案描述的具体化程度应以本领域的技术人员不需要付出创造性劳动即可实现和再现为准。

有益效果是指与现有技术相比，由构成发明的技术特征解决技术问题而直接带来的，或者是由所述的技术特征必然产生的技术效果，是确定发明是否具有“显著的进步”的重要依据。通常，可以由产率、质量、精度和效率的提高，能耗、原材料、工序的节省，加工、操作、控制、使用的简便，环境污染的治理或者根治，以及有用性能的出现等方面反映。对于目前尚无可取的测量方法而不得不依赖于人的感官判断的，例如味道、气味等，可以采用统计方法表示的实验结果来说明有益效果。

在基因技术类技术交底书中，需要提供准确、足够的实验数据和结果，以证明技术方案中结构组成、参数范围等技术特征的必要性和有效性。在引用实验数据说明有益效果时，应当给出必要的实验条件、方法及其数据结果，切忌仅通过理论推导来预测，亦不能仅采用论断性语言来表述发明的优点和积极效果，应尽量提供完整、可靠的证据链，同时应当详细描述和展示对应的如表格、图谱等实验数据，分析技术方案产生的有益效果，且各实施方式的实验结果之间应当逻辑清晰、相互佐证，切忌出现前后矛盾，或与本领域的普通技术知识相悖的情况。若发明的技术方案是在现有技术的基础上改进得到的，尽可能展示发明与其改进原点或与现有技术同类产品的对比实验数据，以证明本发明相对于现有技术具有优势，以支撑发明的创造性。同时，对比实验尽量为单因素实验，以证明确实是单一技术特征变化导致的效果差异。要求数值范围保护时，应当注意实施方式对数值范围端点值和/或中间值的公开。

例如，涉及抗体及其应用的发明，具体实施方式可包括：

（1）抗体的筛选、结构确定、表达构建和/或产生的工艺制备路线，如噬菌体展示、点突变、细胞融合、抗原免疫、真核/原核系统表达纯化等，以及由此获得区别于现有技术的特定 CDR 组合、VH-VL 和/或 Fc 序列结构的抗体或其抗原结合结构域，或符合保藏存活要求的杂交瘤细胞。

（2）检测抗体的生理活性指标，如亲和力、特异性、效价、稳定性、药代动力学等技术效果，以及在体外、体内、临床试验针对包含抗原的相关细胞、组织或器官等的作用与影响。

（3）验证抗体的应用方式和范围，如制备预防或治疗抗原相关疾病的药物、检测抗原的诊断试剂盒等，以及适应证范围的确定。

8. 附图及附图说明

附图是为了直观、清楚地反映发明的技术内容和技术效果，其种类多样，包括但不限于：载体谱图、组件结构图、工艺流程图、动植物表观性状图、仪器原始检测数据图、电泳图、效果对比图等，依据实施方式实际采用的实验方法获得实验数据或二次处理得到，以充分体现和佐证发明的可行性与有益效果。

附图中反映的各数据内容应当清楚、不重合，附图之间不重复，使用阿拉伯数字对其顺序编号；每幅附图需要提供对应的附图说明，包括写明各幅附图的图名，并对图示的内容作简要说明；附图中除必需的附图标记外，不应当含有其他注释。同时，技术交底书文字部分未提及的附图标记不得在附图部分出现，附图部分未出现的附图标记亦不得在技术交底书文字部分提及，且两部分针对同一附图标记的表述（如缩略词、自命名、技术术语）应当一致。附图的大小及清晰度应当保证在该图缩小到 2/3 时仍能清晰地分辨出图中各个细节，以能够满足复印、扫描的要求为准。

9. 说明书核苷酸和氨基酸序列表

根据《专利审查指南 2010》的规定，当发明涉及由 10 个或更多核苷酸组成的核苷酸序列，或由 4 个或更多 L-氨基酸组成的蛋白质或肽的氨基酸序列时，应当提供序列表。基因技术类技术交底书通常涉及基因、多肽、引物等产品，需要提供发明中对应的全部核苷酸和/或氨基酸序列信息，以供知识产权师或专利代理师选用以形成申请文件中符合国家知识产权局规定的序列表。同时，提交的序列结构信息务必准确、完整，且与文字部分和/或附图部分的相关表述对应一致。

10. 其他情况说明

与发明创造有关的其他情况说明，例如涉及发明构思或方案的技术资料、项目计划、活动安排等，发明人在技术交底书中有必要如实写明、充分公开，有助于知识产权师或专利代理师系统地管理知识产权，全面地完善申请材料，合理地规划申请进程，如申请日期的确定等。

其他情况说明包括：

（1）本发明的技术方案或技术构思是否已经向合作方或者其他服务方公开；是否以标准提案、课题/项目申报、成果结题或会议/文章发表等形式计划或已经公开。

（2）本发明是否计划申请国外专利及其拟布局的国家/地区。

（3）本发明是否要求优先权，以及优先权文件的著录信息。

（4）本发明的创造原点或者改进起点的技术资料，包括同领域的背景参考文献，发明人早期发表公开的专利、论文、著作资料和/或用于效果评价的技术标准等。

（三）技术交底书模板

专利技术交底书

项目编号：　　　　　　　　　　　　　　　　　　　　日期：　年　月　日

申请信息表			
	电话、邮箱	地址、邮政编码	其他信息（如组织机构代码、居民身份证件号码）
申请人　1. 2. ……	1. 2. ……	1. 2. ……	1. 2. ……
发明人　1. 2. ……	1. 2. ……	1. 2. ……	1. 2. ……

续表

技术联络人			
经办人			
技术披露表			
1. 发明名称			
2. 技术领域			
3. 缩略词和关键术语定义			
4. 背景技术			
现有技术的概述： 现有技术的缺点：			
5. 发明目的			
6. 发明内容			
7. 具体实施方式和有益效果			
实施方案： 有益效果： 替代方案：			

续表

8. 附图及附图说明
9. 说明书核苷酸和氨基酸序列表
10. 其他情况说明

第三节　技术交底书撰写的常见问题和注意事项

一、发明被申请人在先全部公开或部分公开

基因技术领域的申请人，包括高校院所、医疗机构、企业等，通常会有课题申报和结题、文章发表的项目要求。同时，发明人会参加相关学术会议或者技术会议汇报分享其新的研究进展及成果。此外，申请人在相同技术领域的多个发明专利申请，通常涉及对同一产品、方法进行改进而提出新的技术方案。因而，申请人在先公开的专利文件或非专利的期刊文章、会议摘要等往往包含了后续专利申请的全部或部分技术特征，根据时间节点和对专利申请内容的公开情况，在实质审查过程中常作为现有技术或抵触申请用于专利申请的新颖性评述，或作为最接近的现有技术，结合同领域现有技术的相关启示和教导用于专利申请的创造性评述。

基于此，申请人在提交技术交底书时，务必如实、详尽地提供与专利申请相关的计划安排或已发生状态，有助于知识产权师或专利代理师合理归纳、提炼发明点，以及预先制定避免新颖性或创造性丧失的应对措施。

【案例 1】在规定的学术会议或者技术会议上的公开导致丧失新颖性

【案情分析】某案，涉及促进缺血性脑损伤恢复的蛋白 A。

发明人在全国性学术会议上发表的会议摘要公开了：调控缺血性脑损伤恢复作用的蛋白 B 能改善缺血性脑损伤的免疫微环境，对缺血性脑损伤起恢复作用。

其中，会议摘要的发表时间在本案的申请日之前，为本案的现有技术。本案请求保护的蛋白 A 与会议摘要所述的蛋白 B 是同一蛋白的不同技术称谓，且二者的功能描述实质相同。

【审查意见】会议摘要所述的蛋白 B 与本案请求保护的蛋白 A 实质相同，且二者属于相同的技术领域，解决相同的技术问题，获得相同的技术效果，本案对蛋白 A 的专利保护不符合《专利法》第二十二条第二款有关新颖性的规定。

【注意事项】用于申请专利的发明创造在申请日前 6 个月内在规定的学术会议或者技术会议上首次发表过，申请人在提出申请时在请求书中声明，并在自申请日起两个月内提交证明材料的，可以要求不丧失新颖性的宽限期。因此，若申请人在提交的技术交底书中清楚告知计划或已参加的会议情况及其在会上的汇报内容，知识产权师或专利代理师可根据实际情况合理协调专利的申请日期和准备相关证明材料。

学术会议和技术会议的证明材料，应当由国务院有关主管部门或者组织会议的全国性学术团体出具。证明材料中应当注明会议召开的日期、地点、会议名称以及该发明创造发表的日期、形式和内容，并加盖公章。

【案例 2】在先发表的文章导致丧失新颖性

【案情分析】某案，涉及与靶点 A 结合的人源蛋白。申请人发表的论文公开了：从单链抗体文库筛选得到抗靶点 A 的单链抗体及其氨基酸序列。论文的发表时间在本案的申请日之前，为本案的现有技术。经序列比对，论文记载的抗靶点 A 的单链抗体的氨基酸序列与本案所述人源蛋白的氨基酸序列完全一致。

【审查意见】申请人在先发表的论文公开了本案请求保护的人源蛋白，且二者属于相同的技术领域，解决相同的技术问题，获得相同的技术效果。因此，本案对所述人源蛋白的专利保护不符合《专利法》第二十二条第二款有关新颖性的规定。

【注意事项】申请人在提交的技术交底书中应当明确告知投稿在审或已发表的文章情况及其具体涉及的技术内容，以便知识产权师或专利代理师能够根据实际情况（如文章接收后预计的发表见刊日）合理协调专利的申请日期；若文章已正式见刊，知识产权师或专利代理师可比较发表文章实际公开的技术内容与技术交底书所披露的全部技术方案之间的差异，从而挖掘新的符合新颖性或创造性的发明点。

【案例 3】在先发表的文章导致丧失创造性

【案情分析】某案，涉及一种针对病毒 X 的亚单位疫苗，将病毒 X 株系 a 的蛋白 A 与 IgG1 的 Fc 片段融合得到的融合蛋白作为抗原，用于制备滴鼻免疫的亚单位疫苗。申请人在本案申请日前发表的文章公开了病毒 X 株系 a 的蛋白 A 能诱导小鼠免疫产生中和病毒 X 的特异性抗体，即病毒 X 株系 a 的蛋白 A 具有免疫原性，可用于制备针对病毒 X 的疫苗。同时，现有技术还公开了含有病毒 X 株系 b 的蛋白 A’与 IgG1 的 Fc 片段的重组融合蛋白可诱导免疫小鼠产生特异性抗体。同时，还公开了基于 IgG1 的 Fc 与其受体的结合机制，与 IgG1 的 Fc 片段融合形成的 A’-Fc 融合蛋白可通过滴鼻途径诱导免疫。

【审查意见】鉴于本案病毒 X 株系 a 的蛋白 A 与病毒 X 株系 b 的蛋白 A’为同种病毒不同株系的同源蛋白，且蛋白 A’与 IgG1 的 Fc 片段融合后能够通过滴鼻途径诱导免疫，为了丰富本案所述蛋白 A 的免疫应用，本领域技术人员容易想到尝试将蛋白 A 与 IgG1 的 Fc 片段融合，制备滴鼻免疫的亚单位疫苗，并具备能力加以实施和验证，同领域间的技术借鉴并不存在难以逾越的技术障碍。因此，本案对所述亚单位疫苗的保护不符合《专利法》第二十二条第三款有关创造性的规定。

【注意事项】同案例 2。

二、技术用语不规范

基因技术领域通常涉及专业性的技术用语，包括基因或蛋白名称、动植物或微生物品种名称，商业化的载体或细胞名称等。在技术交底书的撰写中，常见的技术用语不规范类型包括：通用名与自命名混用，技术用语前后不一致，没有采用国家法定的计量单位，商品化的载体、酶等信息不规范。这些问题看似微小，但在实际整理过程中却会花费知识产权师或专利代理师大量时间，影响发明专利的申请效率。同时，缺乏确切技术含义或说明的非专业技术用语容易引起知识产权师或专利代理师的误解，不利于专利申请文件的撰写，以致存在说明书公开不充分或技术方案保护范围不清楚的风险。

【案例 4】商品化酶的名称不规范导致技术方案的保护范围不清楚

【案情分析】某案，涉及酶催化酯化反应的方法，从属权利要求限定所述酶包括 ET2.0。审查员指出，ET2.0 并非本领域所公知的酶名称，且说明书中也未对其进行说明，以致相关技术方案的保护范围不清楚。申请人在意见陈述中表明，ET2.0 为诺维信脂肪酶 Eversa Transform 2.0 的缩写。

【审查意见】基于本领域的普通技术知识可知，诺维信公司或者所属技术领域均未明确定义 Eversa Transform 2.0 可以简写为 ET2.0，且本案申请文件也未对 ET2.0 进行任何阐释或涉及“来源诺维信”的相关表述，故无法明确 ET2.0 即为诺维信 Eversa Transform 2.0 的缩写。由于 ET2.0 并非本领域所公知酶的名称，且诺维信公司也并没有命名为 ET2.0 的酶，而说明书中也未对其进行任何阐释，故本领域技术人员不清楚 ET2.0 具体为何种物质及其在反应体系中的具体功能，可能为技术方案带来何种技术效果，以致该从属权利要求的保护范围不清楚。

【注意事项】在技术交底书的撰写中，尽可能统一使用本领域所公知的专业术语。如果采用了非专业的技术用语，应当在技术交底书中对其进行阐释或补充说明，便于知识产权师或专利代理师理解技术方案并准确地将相关技术定义记载入申请文件，以确保在实质审查过程中能够进行不超出原始申请文件记载范围的修改。

三、技术方案有缺陷

依据《专利法》第二十六条第三款的规定，说明书记载的内容应当以所属技术领域的技术人员能够实现为准。即说明书应当清楚、详细地描述实现发明的具体实施方式，完整地公开对于理解和实现发明必不可少的技术内容，达到所属技术领域的技术人员能够实现发明的程度。不合理的技术方案通常表现为：所属技术领域的技术人员采用说明书给出的技术手段无法具体实施，并不能解决发明要解决的技术问题，达到其所声称的技术效果，或者在技术方案相同的情况下，其所能取得的技术效果与现有技术公开的技术效果相悖，以致不能认可用以证明本发明切实可行的具体实施例所表征的技术效果，无法达到能够实现的要求。

【案例 5】引物的酶切位点与载体的酶切位点不符，以致无法构建所声称的重组表达质粒

【案情分析】某案，涉及融合蛋白及其用途，说明书具体实施方式记载了表达所述融合蛋白的重组质粒构建方法，以及由此表达得到的融合蛋白的应用。其中，构建重组质粒所用引物的酶切位点与载体上的酶切位点不能对应，以致依照实施例记载的技术方案无法得到结构正确的重组表达质粒，进而无法表达得到所述融合蛋白。

【审查意见】在用以证明本发明切实可行的实施例中，依据所述技术方案无法得到所声称的重组表达质粒，从而不能表达得到所述融合蛋白，那么实施例中反映所述融合蛋白应用的技术效果是由何种序列结构的蛋白产生的，对于本领域技术人员来说是不清楚的。基于此，不能认可本发明所取得的技术效果，其技术方案无法达到能够实现的要求。

【注意事项】完成技术交底书中技术内容的撰写后，申请人应当预演核实说明书记载的技术方案能够实施，达到所属领域的技术人员能够实现发明的要求，避免因为技术交底书的撰写疏漏导致说明书存在公开不充分的问题。

【案例 6】相同技术方案取得的技术效果与现有技术相悖

【案情分析】某案，涉及分子鉴定植物 A 的方法。说明书具体实施方式记载了利用酶切处理 PCR 扩增产物（650bp），通过电泳条带的固定性或多态性差异来鉴定识别植物 A 和植物 B，其中植物 A 为多态性条带，植物 B 为固定性条带。然而，现有技术采用相同的引物仅能扩增得到 420bp 的 PCR 产物，且经相同的酶切处理后电泳检测，植物 A 为固定性条带，植物 B 为多态性条带。基于本领域的普通技术知识可知，所述引物进行 PCR 扩增的产物应当为 420bp。即采用相同的技术方案，本案取得了与现有技术截然相反的技术效果，且本案涉及的 PCR 扩增产物大小与实际常理不符。

【审查意见】在技术方案相同的情况下，本案提供的实验证据所反映的技术效果与现有技术相悖，且存在与常理相悖的不合理情况，故在本案缺少足以证明其技术方案切实可行的其他实验证据的情况下，本领域技术人员不能认可说明书记载的内容所表征的技术效果，以致其技术方案无法达到能够实现的要求。

【注意事项】申请人应当核实本发明与技术方案相似的现有技术在技术效果的总体趋势上是否一致；若存在技术效果的相反教导，则须提供足以证明本发明技术方案切实可行的其他实验证据加以佐证，或者着重展示其与现有技术的技术特征差异，以体现本发明技术方案的可行性及其技术效果的正确性，达到所属领域的技术人员能够实现发明的要求。

四、实验数据有缺陷

基因技术领域属于实验性学科，该领域发明的技术方案能否实施往往难以预测，必须借助于合理、足够的实验数据加以证实才能确认，即需要在具体实施方式中给出实验数据证实其所声称的用途以及技术效果，否则将无法达到能够实现的要求。

【案例 7】缺少实验数据

【案情分析】某案，涉及抗靶点 A 的单链抗体、嵌合抗原受体 T 细胞及其制备方法和应用。说明书具体实施方式中仅记载了所述单链抗体的序列结构及其嵌合抗原受体 T 细胞的制备方法，却并未提供任何实验的效果数据，如单链抗体或其嵌合抗原受体 T 细胞针对靶点 A 的亲和力数据，或针对靶细胞的识别、消杀效果。

【审查意见】对于基因技术类产品发明的充分公开，应当清楚、完整地公开产品的用途和/或使用效果，即使是结构首创的产品，也应当至少记载一种用途。本案未提供任何关于所述单链抗体或其嵌合抗原受体 T 细胞的实验数据，在缺少证明其技术方案能够实现的实验证据的情况下，本领域技术人员根据现有技术和说明书的记载无法合理预期本发明能够实现所述用途和/或达到所声称的技术效果，本案说明书没有对发明作出清楚、完整的说明，以致本领域技术人员无法实现本发明。

【注意事项】说明书具体实施方式应当记载完整的技术方案、清楚的技术手段和准确的实验数据，达到所属领域的技术人员能够实现发明的程度。切忌仅通过理论推导来预测产品的功能用途，亦不能仅采用论断性语言来陈述有益效果。技术交底书应对抗体的技术效果作出必要披露以使知识产权师或专利代理师能够以此为基础撰写出能使本领域技术人员认可的实施例。

【案例 8】生物实验样本非整数

【案情分析】某案，涉及一种昆虫基因及应用，其应用为在转基因植物中表达针对所述昆虫基因的双链 RNA，通过昆虫取食植物实现双链 RNA 沉默该靶基因，从而降低昆虫的存活率。在用以证明本发明切实可行的实施例中，提供的唯一实验证据是统计 120 头昆虫取食转基因植物后的存活率［存活率 =（存活数/总数）×100%］，包括实验组为 73%，对照组为 98%，且明确记载了防止昆虫逃逸采用的装置和措施。

【审查意见】结合上述存活率（73% 或 98%），根据所述公式计算得出实验组或对照组中的昆虫存活数均为非整数，这明显不符合常理。据此，审查员有足够理由质疑本申请实验数据的真实性，进而不能认可其所表征的技术效果，即本发明缺少证明其技术方案可行的实验证据，无法达到能够实现的要求。

【注意事项】技术交底书提交前，需要核对原始实验记录与技术交底书中的数据是否一致，避免由于技术交底书中由于疏忽造成数据有违本领域的普通技术知识与常规认知，造成技术方案的合理性和可靠性被质疑，导致实验证据无法佐证声称的技术效果。

【案例9】生物实验样本量缺乏统计学意义

【案情分析】某案，涉及一种与疾病相关的分子标记及应用。具体实施方式提供的实验数据包括：健康组和病例组各3人，其中健康组对应分子标记的基因型为CC，病例组对应分子标记的基因型为CT，认为CT基因型与该疾病关联，所述分子标记可作为疾病鉴定的分子标记物。

【审查意见】本案所声称的与疾病关联的分子标记仅由3例健康组与3例病例组的检测结果归纳得出，并非一个严格的对照实验和规范的医学统计学分析，其中应考虑的因素包括但不限于：样本量大小、统计分析方法和与病症相关的参数指标等。仅有3例病例组与3例健康组纳入研究而作出的归纳，无法科学合理地统计分析分子标记与疾病之间是否存在关联性，存在较大的偶然性风险，且本申请也并未提供任何其他实验数据加以佐证。因而，基于如此低的生物实验样本量及其统计分析方法所得出的审查意见是否能推及至更广泛的患者群体是本领域技术人员难以预期的，不能认可用以证明本发明切实可行的实施例所表征的技术效果，无法达到能够实现的要求。

【注意事项】依据所属领域的行业标准和统计学要求，合理设计实验规模与参数指标，考虑的因素包括但不限于：研究群体的入组标准和排除标准、样本量大小、临床诊断的参照标准、样品采集时机与频次、统计分析方法等，确保实验证据具备统计学意义。

五、数据重复使用

撰写系列发明申请的技术交底书时，由于各发明的技术方案及其撰写方式高度相似，大多数申请人会考虑用同一份技术交底书递呈多份发明申请，或者即便采用多份技术交底书分别递呈不同的发明申请，往往会先大篇幅地复制—粘贴发明内容和具体实施方式部分，再分别替换更改其中存在差异的参数、步骤以及对应的表格、图谱数据。在此过程中，由于申请人非主观原因的疏忽大意，或者技术交底书中多份发明的数据结果无序罗列，常常导致同一份表格数据和/或图谱数据在不同的系列申请文件中被重复使用，影响案件的正常审查。

主观原因重复使用相同数据且情节严重的系列申请案件，甚至可能会被认定为非正常专利申请行为予以处理。

【案例 10】说明书附图一图多用

【案情分析】某案，涉及 X 病毒蛋白 A 的表达方法及其多抗制备应用。说明书记载了利用 ELISA 测定蛋白 A 制得的多克隆抗体效价，并用说明书附图展示了相应的图谱数据。然而，该说明书附图与申请人的另一件同日申请中用于展示 X 病毒蛋白 B 的多克隆抗体效价测定的说明书附图完全相同，甚至包括图谱中列出的 5 组保留至小数点后 6 位的比值数据。

【审查意见】两件系列申请涉及 X 病毒的不同蛋白，其多克隆抗体的效价测定必然来源于独立的两次实验，然而却在比值数值保留至小数点后 6 位的情况下依然得到了 5 组完全相同的数据，这明显不符合本领域的常规认知。据此，本领域技术人员无法明确完成本发明所依赖的多抗抗原蛋白究竟是本案所述的 X 病毒蛋白 A 还是其同日申请所述的蛋白 B，有足够理由质疑本申请实施数据的真实性，进而不能认可其所表征的技术效果，以致其技术方案无法达到能够实现的要求。

【注意事项】尽可能采用多份技术交底书分别递呈系列发明申请的方式，避免表格数据的错用、图谱数据的一图多用等。同时，撰写过程中应当仔细核查各系列申请技术方案间的参数差异及其数据证据是否对应，也可对上述差异进行标注，以便提醒知识产权师或专利代理师进行区分和整理。

【案例 11】表格数据雷同

【案情分析】涉及同一申请人的三件同日系列申请，分别请求保护抗病毒 A 的单克隆抗体 1~3，且三个抗体的可变区序列结构均互不相同。然而，各申请文件中说明书记载的反映单克隆抗体亲和力活性的表格数据却完全相同，尤其是亲和力测定中 K_a、K_d 的取值保留至小数点后 2 位的情况下依然完全一致。各系列申请的说明书附图均包括了亲和力测定的原始图谱，但各图谱展示的亲和力曲线略有差异。

【审查意见】同日的三件系列申请涉及可变区序列结构互不相同的三个抗体，其亲和力数据必然来源于三个抗体的独立检测，然而却得到了完全相同的数据结果，尤其是在亲和力测定中 K_a、K_d 的取值保留小数点后 2 位的情况下依然完全一致，这明显不符合常理。据此，审查员无法明确完成各发明所依赖的单克隆抗体的具体结构，有足够理由质疑实施数据的真实性，进而不能认可其所表征的技术效果。

申请人在意见陈述中表明，所述表征抗体亲和力的表格数据确属非主观原因疏忽造成的重复使用，但各系列申请说明书附图中表征亲和力活性的原始图谱是可用的，且互不相同，故其对应的结合常数 K_a 和解离常数 K_d 必然不同，从而可用于佐证有关亲和力数据的表格重复使用属于明显笔误的说法。最终，审查员认可了申请人的这一解释，允许申请人将错误使用的表格数据删除。

【注意事项】在尽可能确保各系列申请中对应的表格、图谱数据正确的情况下，可在技术交底书中详尽列出其对应的原始数据或其他相关的实验数据辅以证明，供知识产权师或专利代理师选用，以便其中个别数据存在问题被质疑时能够合理合规地补救说明。

六、序列信息存在问题

基因技术领域的发明专利通常使用核苷酸序列和/或氨基酸序列表征产品结构，鉴于该类型发明专利的独创性往往源于所述产品的序列特征，即对应的序列信息为首次公开，不利于知识产权师或专利代理师独立、有效地检索核实与甄别。因而，在技术交底书的撰写中，发明人应当务必确保所涉及的核苷酸序列和/或氨基酸序列的信息准确无误，及其与各产品的对应关系正确，且在表述基因或其编码蛋白这类产品的结构特征时，核苷酸序列与其对应的氨基酸序列应当符合通用的或特定物种的密码子编码规则。若存在其他特殊的、非典型的结构或光学构象时，应当予以详尽、清楚地说明，便于知识产权师或专利代理师对其结构特征的理解，提高专利申请文件撰写的准确性和有效性。

【案例 12】引物与基因序列，基因序列与其编码蛋白序列无法匹配

【案情分析】某案，涉及一种基因及其编码蛋白和应用。说明书记载了该基因的核苷酸序列及其编码蛋白的氨基酸序列。然而，所述基因的核苷酸序列依据密码子规则不能编码得到对应所述的蛋白氨基酸序列。同时，实施例 1 记载了该基因的克隆方法，然而所用引物与基因序列并不匹配，以致由该引物无法扩增得到所述基因；实施例 2 记载了所述蛋白的表达载体构建，实施例 3 记载了采用实施例 2 诱导表达得到的蛋白用于后续应用和功能验证。然而，实施例 2 构建表达载体所用的引物与所述基因序列不匹配，以致由该引物依然无法扩增得到所述基因，且由该引物扩增得到的核苷酸序列依据密码子规则也不能编码得到所述的蛋白氨基酸序列。

【审查意见】说明书中记载的基因序列与其编码蛋白序列无法匹配，且依

据具体实施方式中的技术方案亦无法获得所述基因和所述蛋白，以致本领域技术人员无法明确完成本发明所依赖的基因或其编码蛋白的具体序列结构，进而不能认可用以证明本发明切实可行的实施例所表征的技术效果，以致本发明无法达到能够实现的要求。

【注意事项】技术交底书提交前，务必仔细核查技术方案中所涉及的基因序列、蛋白序列和/或引物序列是否提交正确，相互之间是否能够准确匹配，与技术方案中的记载是否吻合。同时，发明人有必要在相关的序列数据库中预先检索，以确认发明涉及的产品结构与现有技术是否存在差异以及其能否成为发明点。

以下为基因技术领域常用的序列检索数据库及其检索范围：

（1）Genbank/EMBL/DDBJ：检索不同序列长度的多肽或核酸，其中 Genbank 和 EMBL 能对专利库中的序列进行检索。此外，Genbank 还包括检索分子标记的 dsSNP 模块和检索短肽的 PubChem 模块。

（2）Lens（Lens. org）：检索专利库中不同序列长度的多肽或核酸，但不包括中国专利。

（3）谷歌学术/百度/百度学术/Bing：检索短序列的多肽或核酸，如小 RNA、引物、抗菌肽等。

（4）STN（stn. org）：检索短序列的多肽或核酸。

（5）智慧芽：检索不同序列长度的多肽或核酸，以及抗体的重链/轻链或其包含的 CDR 组合。

（6）小 RNA 数据库。

检索对象	数据库名	网址
miRNA	miRBase	mirbase. org
circRNA	circBase	circbase. org
lncRNA	LNCipedia	lncipedia. org

（7）archive ensembl（apr2019. archive. ensembl. org）：检索 SNP 分子标记。

（8）物种基因组数据库：检索特定物种的基因组序列、基因序列和蛋白序列，部分基因组数据库包含基因及其编码蛋白的功能注释。

物种类别	数据库名	网址
植物	PlantGDB	plantgdb. org/prj/GenomeBrowser/
	Phytozome	phytozome. jgi. doe. gov/pz/portal. html
	Ensembl Plants	plants. ensembl. org/species. html

续表

物种类别	数据库名	网址
拟南芥	tair	arabidopsis. org/index. jsp
小麦	GrainGens	wheat. pw. usda. gov/GG3/
水稻	RGAP	rice. plantbiology. msu. edu
	rap-db	rapdb. dna. affrc. go. jp
玉米	MaizeGDB	maizegdb. org
马铃薯	Spud DB	spuddb. uga. edu
紫花苜蓿	Alfalfa Breeder's Toolbox	alfalfatoolbox. org
甘蓝型油菜	BnPIR	cbi. hzau. edu. cn/bnapus/
	genoscope	genoscope. cns. fr/brassicanapus/
棉花	COTTONGEN	cottogen. org
柑类	itGVD	citgvd. cric. cn
	CITRUS GENOME DATABASE	citrusgenomedb. org
动物	Ensembl asia	asia. ensembl. org/index. html
人类	GeneCards	genecards. org
小鼠	Mouse Genome Informatics	informatics. jax. org
大鼠	Rat Genome Database	rgd. mcw. edu
果蝇	FlyBase	flybase. org
斑马鱼	ZFIN	zfin. org
非洲爪蟾	XenMine	xenmine. org/xenmine/begin. do
线虫	WormBase	wormbase. org
微生物	microbesonline	microbesonline. org/
真菌	EnsemblFungi	fungi. ensembl. org/index. html
细菌	EnsemblBacteria	bacteria. ensembl. org/index. html
大肠杆菌	EcoCyc	ecocyc. org/links. shtml
酵母菌	SGD	yeastgenome. org

【案例 13】记载的序列与依据技术方案得到的序列不一致

【案情分析】某案，涉及一种多肽及其应用。说明书发明内容及序列表均记载了多肽的氨基酸序列。具体实施方式记载了所述多肽的合成方法，包括氨基酸残基的添加顺序，而依据该方法预期合成出的氨基酸序列与本案实际请求保护的多肽序列正好相反，即二者是氨基酸序列结构不同的两种多肽。

【审查意见】在用以证明本发明切实可行的实施例中，所记载的技术方案预期制得的多肽与说明书其他部分记载的多肽是氨基酸序列结构完全不同的两种多肽，以致本领域技术人员无法明确本案所声称的技术效果到底是由何种氨基酸序列结构的多肽所实现的，进而不能认可其所表征的技术效果，以致本发明无法达到能够实现的要求。

【注意事项】技术交底书提交前，依据发明内容和具体实施方式的记载进行预演，核查技术方案中涉及的步骤、参数等技术手段是否合理，发明能否实现。例如，合成的序列或者构建的载体是否正确，能否解决对应的技术问题，并且获得所声称的技术效果。

七、公众无法得到生物材料

依据《专利审查指南2010》的定义，生物材料，是指任何带有遗传信息并能够自我复制或者能够在生物系统中被复制的材料，如基因、质粒、微生物、动物和植物等。在基因技术领域，由于文字记载很难描述生物材料的具体特征，或者公众得不到生物材料本身，导致所属领域的技术人员不能实施发明。公众无法得到的生物材料包括：个人或单位拥有的、由非专利程序的保藏机构保藏并对公众不公开发放的生物材料；或者虽然在说明书中描述了制备该生物材料的方法，但本领域技术人员不能重复该方法而获得所述的生物材料，例如通过不能再现的筛选、突变等手段新创制的微生物菌种等。因而，技术交底书中应当清楚、完整地记载技术方案所涉及生物材料的获取途径、制备方法和/或由国家知识产权局认可的保藏单位出具的保藏信息、存活信息及其证明文件。

【案例14】筛选得到的微生物菌种未保藏

【案情分析】某案，涉及一种微生物发酵的制备工艺。说明书记载了采用微生物菌株A进行特定的发酵生产，而该菌株是以特定保藏编号的微生物菌株B为诱变的出发菌株，在特定底物的浓度压力筛选下得到的。然而，申请材料中没有保藏单位出具的保藏证明和存活证明。

【审查意见】对于涉及通过物理、化学方法等对已知特定生物材料进行人工诱变获得具有某种特定功能的生物材料本身，或新生物材料的用途发明，通常该生物材料需要在国家知识产权局认可的保藏单位进行保藏。用以证明本发明切实可行的实施例中所记载的微生物菌株A属于公众无法得到的生物材料，以致本发明无法达到能够实现的要求。

【注意事项】技术方案涉及完成发明必须使用的生物材料若是公众不能得到的，应当依据《专利法实施细则》第二十四条的规定在申请日前进行保藏，同时在申请日或者最迟自申请日起4个月内提交保藏单位出具的保藏证明和存活证明。

八、刻意隐瞒核心发明点

申请人为了避免同行的竞争赶超，以扩大其在技术上的领先优势，在技术交底书的撰写以及后续专利申请中不愿公开发明中的核心技术。然而，被视为“核心技术”的内容如果是所属领域的技术人员实施或再现发明所必不可少的，将其作为技术秘密隐藏而未记载于原始申请文件中，则会导致请求保护的技术方案不完整，无法达到能够实现的要求。同时，由于“说明书的修改不得超出原说明书和权利要求的记载范围”，那些被申请人作为技术秘密刻意隐瞒的必不可少的技术内容在修改时就不能补充入申请文件中，以致发明专利无法获得授权，因而申请人在向知识产权师或专利代理师进行技术交底时，可依据技术方案的完整性或与现有技术的区别，通过技术沟通在技术秘密和发明公开之间寻找合理的平衡点。

【案例15】刻意隐瞒抗体的关键序列结构

【案情分析】某案，涉及一种单克隆抗体及应用。说明书记载了利用已知抗原免疫制得单克隆抗体的方法，并对其功能进行了实验验证，但并未公开单克隆抗体的序列结构。同时，权利要求书中用抗原和/或性能参数限定单克隆抗体。

【审查意见】对于仅用抗原、表位和/或性能参数等限定的单克隆抗体，由于抗原、表位的免疫原性不同以及抗体筛选结果的不确定性，且现有技术对抗体特别是其CDR区的结构—功能关系缺乏充分的科学研究，在未公开用以证明本发明切实可行的实施例中所用单克隆抗体具体序列结构的情况下，本领域技术人员通常无法确认其所概括的所有单克隆抗体都能够解决发明的技术问题并达到相同的技术效果，因而不能认可本发明达到能够实现的要求，且这类用途、功能限定的权利要求亦无法得到说明书的支持。

【注意事项】如实披露抗体的关键序列结构，通常至少需要按顺序限定来自同一抗体的6个CDR的具体序列结构，即VH CDR1~3和VL CDR1~3的序列，如果FR区是主要发明点，则除限定6个CDR的序列结构外，还应限定FR区的结构特征。

第四节 基因技术领域技术交底书的撰写实操

技术披露表	撰写要点
1. 发明名称	简单明了地反映发明拟请求保护的技术内容。
一种 H5N1 的特异抗原及其单克隆抗体、制备方法与应用	
2. 技术领域	直接所属或应用的技术领域。
涉及免疫学领域。	
3. 缩略词和关键术语定义	列出技术方案中所涉及缩略词的英文全称和中文定义，关键术语的含义说明，避免造成误解和语义混乱，便于理解技术方案及其技术效果。
AIV：Avian influenza virus，禽流感病毒 H：hemagglutinin，血凝素； N：neuraminidase，神经氨酸酶； K_D：解离平衡常数，用于描述抗体与抗原之间的亲和力。值越小，表示亲和力越高，抗体与抗原的结合力越强； SPR：Surface Plasmon Resonance，表面等离子体共振。 …… …… ……	
4. 背景技术	描述的现有技术应作为发明的基础且帮助理解所属领域的公知常识和技术发展情况，引用文献的需要注明文献出处。
现有技术的概述： AIV 属甲型流感病毒，多发于禽类，引起禽类从呼吸系统到严重全身败血症等多种症状，主要经呼吸道传播……，依据 AIV H 和 N 蛋白抗原性的不同，可分为 16 个 H 亚型（H1～H16）和 9 个 N 亚型（N1～N9）。其中，感染人的 AIV 亚型 H5N1 致死率高，对公共卫生安全构成重大威胁。 单克隆抗体以其特异性和使用的灵活性成为感染性疾病治疗中非常有前景的手段……，达到中和病毒毒素，介导宿主免疫系统从体内清除病毒的目的。因而，快速、高效、特异地监测家禽中 H5N1 病毒的感染、流行情况，并及时注射抗 H5N1 的单克隆抗体予以治疗，对于疫病防控具有重大意义。……	

续表

技术披露表	撰写要点
现有技术的缺点： 当前 AIV 亚型的检测与诊断方法包括：一是分离病毒，这种方法可靠性较高，但是最大的缺陷……。二是利用分子生物学方法，如荧光定量 PCR，这种方法的敏感性与实际操作性较高，但是……。三是利用血清学方法检测 H5N1 抗原，如化学免疫荧光检测……，但是面临的最大问题是检测抗体与其他亚型 AIV 病毒有交叉反应，存在干扰，不能准确鉴定病毒亚型，无法快速评估疫情风险和制定应对措施。同时，针对 AIV 多亚型的单克隆抗体对 H5N1 的亲和力、中和保护作用往往不太理想，难以达到良好的治疗效果。	基于本发明的优点和能解决的技术问题，客观评价指出现有技术的缺点及其产生原因，由此引出本发明的目的和改进点带来的技术贡献。
5. 发明目的 为了弥补现有技术的不足，本发明提供 H5N1 特异的抗原肽，区别于其他亚型；提供由此抗原肽免疫产生的高亲和性和高特异性识别 H5N1 的单克隆抗体，并提供所述单克隆抗体在制备特异、快速检测 H5N1 的试剂盒中的应用，以及相应的检测试剂盒、提供所述单克隆抗体在制备治疗 H5N1 感染性疾病的药物中的应用、相关的药物产品。	对应现有技术的所有缺点，正面描述本发明要解决的技术问题；本发明解决不了的，不用提供；可以同时列出主要目的、次要目的、再次要目的等。
6. 发明内容 采用生物信息学方法分析筛选了 H5N1 区别于其他亚型的抗原肽 A，并以此作为钓饵从仅感染 H5N1 的禽类外周血单个核细胞中筛选抗体生成的记忆 B 细胞，最终获得同抗原肽 A 能够高特异结合同时具有强中和活性的单克隆抗体 X，其中抗原肽 A 的氨基酸序列如 SEQ ID NO. 13 所示。 所述单克隆抗体 X 包括由如下 CDR 序列组成的重链可变区（V_H）： （1）如 SEQ ID NO. 1 所示的 V_H CDR1； （2）如 SEQ ID NO. 2 所示的 V_H CDR2； （3）如 SEQ ID NO. 3 所示的 V_H CDR3； 由如下 CDR 序列组成的轻链可变区（V_L）： （1）如 SEQ ID NO. 4 所示的 V_L CDR1； （2）如 SEQ ID NO. 5 所示的 V_L CDR2； （3）如 SEQ ID NO. 6 所示的 V_L CDR3； 重链可变区（V_H）的氨基酸序列如 SEQ ID NO. 7 所示；轻链可变区（V_L）的氨基酸序列如 SEQ ID NO. 8 所示。 重链的氨基酸序列如 SEQ ID NO. 9 所示，其核苷酸序列如 SEQ ID NO. 11 所示；轻链的氨基酸序列如 SEQ ID NO. 10 所示，其核苷酸序列如 SEQ ID NO. 12 所示。……	概述发明的技术内容及涉及的技术关键点。

续表

技术披露表	撰写要点
进一步，所述抗体包含重链恒定区和/或轻链恒定区的全部或者部分……。 进一步，所述抗体为全人源化抗体，所述全人源化抗体包含人IgG1恒定结构域和人κ恒定结构域…… …… …… 所述单克隆抗体X在制备用于治疗H5N1感染动物的药物中的应用，所述动物为…… 本发明保护一种用于治疗H5N1感染性疾病的药物，其活性成分为所述单克隆抗体X，还包括药学上可接受的……，药物剂型包括…… …… …… 所述单克隆抗体X在制备检测H5N1的试剂盒中的应用； 所述单克隆抗体X在制备区分AIV亚型的试剂盒中的应用； 所述试剂盒为……，还包括……； …… ……	
7. 具体实施方式和有益效果	
实施方案： 实施例1　单克隆抗体的筛选 一、H5N1亚型特异抗原肽的挖掘分析 利用B细胞抗原表位预测分析工具×××对H5N1的结构蛋白或非结构蛋白潜在抗原表位及其抗原潜力进行预测与分析……，利用blast软件从候选抗原肽中筛选H5N1区别于其他亚型的多肽……，生物信息学分析显示，筛选的SEQ ID NO. 13所示的抗原肽A抗原潜力较好（图1），且其序列结构区别于H5N1之外的其他亚型（图2）。 二、抗原肽A的制备 1. 构建重组真核表达质粒 将PCR扩增获得的编码抗原肽A的核酸分子酶切后插入真核表达载体……，获得表达抗原肽A的重组表达质粒。 2. 表达、纯化蛋白A 将所述重组表达质粒转染293T细胞……，亲和纯化获得A-His6融合蛋白（图3）。 三、感染H5N1的鸡记忆B细胞的识别、分选和培养，培养上清抗体的筛选 1. 外周血单个核细胞分离：……； 2. 荧光标记抗体染色：……；	产品需明确具体结构，应用需明确应用方式和范围，并能得到实施例提供证据的支持。 详细描述技术方案实施中的步骤、参数和试验效果，试验效果应由试验证据予以证明，注意前后的逻辑自洽、证据充分、合理。

续表

技术披露表	撰写要点
3. 记忆 B 细胞的分选：……； 4. 记忆 B 细胞培养及培养上清抗体的筛选：用制得的 A-His6 融合蛋白作为包被蛋白……，用 ELISA 方法筛选 B 细胞培养上清中针对 H5N1 的抗原肽 A 的抗体……，获得亲和力强的 B 细胞（图 4）。 四、抗体序列的获得 1. cDNA 合成：对于筛选出的针对 H5N1 的抗原肽 A 亲和力强的 B 细胞，先提 RNA 再逆转录成 cDNA……。 2. 巢式 PCR 扩增抗体的重链可变区基因和轻链可变区基因，测序，……。 3. 将重链可变区上游与 CMV 启动子片段、重链可变区下游与人 IgG1 的恒定区以及 ployA 片段，进行 overlapping PCR，得到可以表达完整重链的 DNA 片段；……得到了单克隆抗体 X，其重链的氨基酸序列如 SEQ ID NO. 9 所示……，SEQ ID NO. 9 中，第 1~19 位氨基酸残基组成信号肽，第 20~153 位氨基酸残基组成重链可变区（CDR1、CDR2 和 CDR3 依次为……）……。 实施例 2　单克隆抗体的制备 一、重组质粒的构建 将 SEQ ID NO. 11 所示的双链 DNA 分子……得到重链表达载体，……； 将 SEQ ID NO. 12 所示的双链 DNA 分子……得到轻链表达载体，……。 二、抗体的制备 1. 将重链表达载体和轻链表达载体共转染 293T 细胞……，纯化得到 1mL 抗体浓度为 2mg/mL 的单克隆抗体 X 溶液（图 5）。 实施例 3　单克隆抗体亲和力测定 抗体亲和力测定采用捕获法，用 Protein A 芯片捕获单克隆抗体 X，使其浓度为……，亲和力活性检测图（图 6）经软件分析显示，单克隆抗体 X 与抗原肽 A 的平衡常数 K_D 为……，K_a 为……，K_d 为……，表明该单克隆抗体 X 与抗原肽 A 结合具有很好的亲和力和稳定性。 实施例 4　单克隆抗体对 H5N1 的中和活性 一、病毒的制备 将 H5N1 接种鸡胚尿囊腔繁殖病毒……，即为 H5N1 病毒液。 二、单克隆抗体的中和活性检测 取单克隆抗体 X 溶液，用 PBS 缓冲液（pH7. 2、10mM）进行稀释，得到抗体稀释液。将 Vero 细胞接种至六孔板（每孔 4×10^5 个细胞）……，将制备的 H5N1 病毒液与抗体稀释液混合……，单克隆抗体的 IC_{50} 值为 0. 01μg/mL（图 7）。	

续表

技术披露表	撰写要点
实施例5　单克隆抗体的特异性 一、不同亚型AIV病毒的制备 将不同亚型AIV病毒H1N1、H3N8、H5N4、H7N1……分别接种鸡胚尿囊腔繁殖病毒……，获得H1N1、H3N8、H5N4、H7N1……对应的病毒液，再分别接种SPF鸡……，接种后4天收集含不同亚型病毒的鸡血……。 二、ELISA检测 分别用制得的H1N1、H3N8、H5N1、H5N4、H7N1……病毒液稀释液包被ELISA孔板……，结果表明，单克隆抗体X仅对H5N1表现出特异的结合活性，对其他亚型的AIV不具有交叉反应活性（图8a）。 用含不同亚型病毒的鸡血稀释液包被ELISA孔板……，结果表明，单克隆抗体X仅对含H5N1的鸡血表现出特异的结合活性，对含其他亚型AIV的鸡血没有反应活性（图8b）。 实施例6　单克隆抗体对H5N1感染动物的保护活性 SPF鸡分成实验组和对照组，每组10只鸡，独立重复三次；……实验组鸡生理状态良好，无明显症状，且体重基本稳定；对照组鸡在病毒接种后7天内全部死亡（图9）……。结果表明，单克隆抗体X能100%保护鸡免受H5N1感染致死，且体内病毒……。 有益效果： （1）抗原A为H5N1特有，区别于其他AIV亚型； （2）单克隆抗体X对H5N1感染具有较高的中和活性，能够有效保护感染H5N1的鸡，具有H5N1感染性疾病的治疗效果； （3）单克隆抗体X特异结合H5N1的抗原肽A或H5N1病毒，与其他亚型AIV不具有交叉反应，能够特异检测H5N1或区分H5N1与其他亚型。 …… …… 替代方案： （1）抗原肽A、单克隆抗体X可用原核表达系统、酵母表达系统等表达； （2）单克隆抗体X进行全人源化改造，可预期降低不良的免疫反应和过敏反应；进行本领域公知的Fc改造，可预期降低其免疫原性，提高半衰期； （3）单克隆抗体X的使用方式及与其他现有技术已知药物的结合使用，可预期增强治疗效果；	有益效果对应为克服现有技术缺点而解决的技术问题，体现本发明的关键创新点，如高特异、亲和力强的抗H5N1的单克隆抗体，且6个CDR组合的序列结构区别于现有技术。

续表

技术披露表	撰写要点
（4）单克隆抗体 X 作为药物的治疗对象可扩展为 H5N1 能够感染的所有物种。 …… ……	尽量列出可替代的技术方案，可作为参考上位概括扩大专利的保护范围，防止他人绕过本技术去实现同样的发明目的。
8. 附图及附图说明 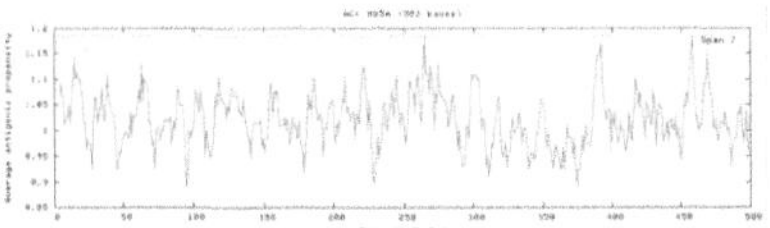 图 1 为抗原肽 A 的抗原潜力预测分析，曲线表示抗原表位阈值的变化趋势线。 …… …… 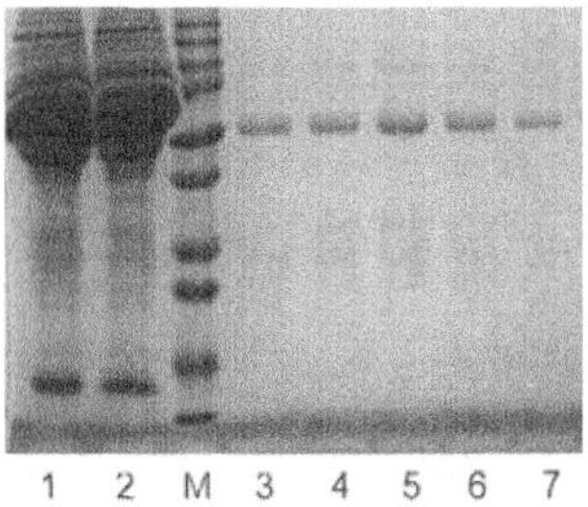 图 5 为单克隆抗体 X 纯化过程中各收集液的 SDS-PAGE 电泳图；其中，1~2：细胞裂解液；3~7：洗脱收集液；M：蛋白 Marker。 …… …… 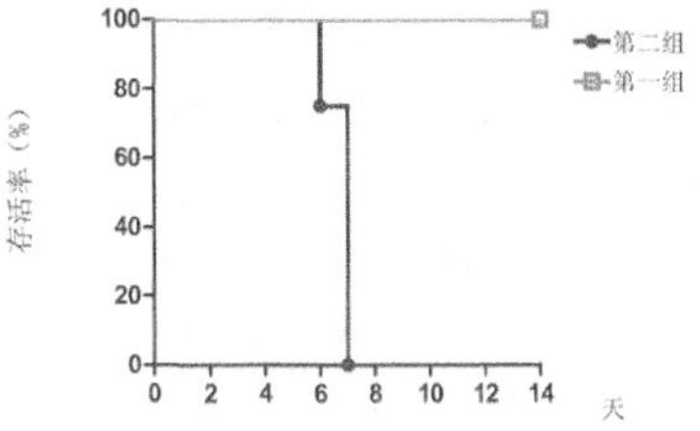 图 9 为单克隆抗体 X 的动物保护活性，第一组为注射单克隆抗体 X 的实验组，第二组为注射 PBS 的对照组。	附图清楚、完整，以方框图、黑白方式提供，不能提供彩色图例；与技术方案中的描述一一对应，概述附图中的标记、编号等。

续表

<table>
<tr><th>技术披露表</th><th>撰写要点</th></tr>
<tr><td>9. 说明书核苷酸和氨基酸序列表

SEQ ID NO. 1:
SEQ ID NO. 2:
……
……
……
……
SEQ ID NO. 12:
SEQ ID NO. 13:</td><td>具体序列及其编号的对应关系应当与技术方案中的描述一致。
核苷酸序列与其对应编码的氨基酸序列应当符合通用的密码子规则，且编码的氨基酸数量一致；适用特定物种的密码子规则的，应当予以说明。
氨基酸残基默认为L型，若为D型的应明确指出。</td></tr>
<tr><td>10. 其他情况说明

文章发表：
与本发明相同的技术内容和实验数据已撰写为文章，并投稿于外文学术期刊，目前editor已回复审稿意见，仅需要补充一些实验数据和调整文章结构，预计1个月内完成实验数据的补充和意见答复，顺利的话今年6月底前文章能够被接收，7月能见刊发表。
涉及相同技术内容和实验数据的论文已签保密协议，3年内暂不公开。

参考文献：
1. PCR引物设计：J Immunol Methods. 2008, Jan 1; 329 (1-2): 112-24。
2. 分子克隆技术：New York: Cold Spring Harbor Laboratory Press, Sambrook 等，1989。
3. 实施例所用的H5N1株系为A/HK/212/03，对应文献：“H5N1 influenza: A protean pandemic threat”，Y. Guan 等，PNAS，第101卷第21期，第8156-8161页，公开日为20040517。
4. 实施例所用H1N1株系为A/Swine/Iowa/30，对应文献：“Characterization of the 1918 ‘Spanish’ influenza virus neuraminidase gene”，Ann H. Reid 等，PNAS，第97卷第12期，第6785-6790页，公开日为20000523。
5. 实施例所用H3N8株系为A/equine/Xinjiang/3/2007，对应文献：CN101892200A，公开日为20101124。</td><td>如实说明与发明有关的可能公开技术内容的项目计划、文章发表等活动安排，以便合理确定申请日期。
是否有特殊的申请要求，如PCT申请，及进入国家/地区布局。
是否要求优先权，并提供优先权文件的著录信息。
详细列出背景技术、技术手段、生物材料引用的参考文献、技术标准、证明材料等，如生物材料的保藏、存活证明文件。</td></tr>
</table>

续表

技术披露表	撰写要点
6. CN101092456A 公开日为 20071226，发明名称：人源中和性抗禽流感病毒 H5N1 基因工程抗体。 …… …… …… …… 试验试剂、仪器 （1）质粒 pcDNA3.1（+）：Invitrogen 公司，产品目录号 V790-20； （2）293T 细胞：盖德，CRL-11268； （3）pMD-18T 载体：Takara，产品目录号 D101A； （4）Vero 细胞：ATCC 公司，产品目录号 CCL-81。 …… ……	

第五章

基因技术领域高质量专利申请文件的形成

专利申请文件是记载发明智慧贡献的重要文字载体，也是发明创造能否获得专利权的审查基石。专利保护的实践证明，仅有一个好的发明创造还不够，还必须写好专利申请文件，才能在专利保护链条中争取与技术贡献相匹配的最大限度而稳定的保护。因此，一份结构完整、撰写规范、逻辑严谨的专利申请文件，不但能充分展示发明者的智慧成果，为社会公众提供有效的技术创新信息，还是日后获得稳定专利权属的关键。本章将结合基因技术各细分领域的特点介绍专利申请文件的构成及作用，并结合实际案例分析该领域专利申请文件撰写过程中需要注意的事项。

第一节　基因技术专利申请文件的构成及作用

专利申请文件是申请人在申请专利时提交的一份说明技术内容并请求获得特定专利保护范围的技术性文书。《专利法》第二十六条第一款规定："申请发明或者实用新型专利的，应当提交请求书、说明书及其摘要和权利要求书等文件。"

就技术内容而言，说明书、摘要和权利要求书是一份完整、合格的专利申请文件必不可少的三大组成部分。除此以外，基因技术领域还涉及一些特殊的构成部分，包括说明书核苷酸和氨基酸序列表、微生物保藏证明和存活证明以及遗传资源来源披露登记表等。下面将分别就以上各部分内容进行介绍。

一、说明书

（一）说明书的组成部分

《专利法实施细则》第十七条第一款规定："发明或者实用新型专利申请的说明书应当写明发明或者实用新型的名称，该名称应当与请求书中的名称一致。说明书应当包括下列内容：

（一）技术领域：写明要求保护的技术方案所属的技术领域；

（二）背景技术：写明对发明或者实用新型的理解、检索、审查有用的背景技术；可能的话，并引证反映这些背景技术的文件；

（三）发明内容：写明发明或者实用新型所要解决的技术问题以及解决其技术问题采用的技术方案，并对照现有技术写明发明或者实用新型的有益效果；

（四）附图说明：说明书有附图的，对各幅附图作出简略说明；

（五）具体实施方式：详细写明申请人认为实现发明或者实用新型的优选方式；必要时，举例说明；有附图的，对照附图。”

《专利法实施细则》第十七条第四款规定：“发明专利申请包含一个或者多个核苷酸或者氨基酸序列的，说明书应当包括符合国务院专利行政部门规定的序列表。申请人应当将该序列表作为说明书的一个单独部分提交，并按照国务院专利行政部门的规定提交该序列表的计算机可读形式的副本。”即申请人应当提交两种形式的核苷酸和氨基酸序列表，一份是作为说明书的一个单独部分提交的符合国家知识产权局规定版式的序列表，该序列表会在公开文本中紧接于说明书文字部分之后；另外，还需要提交一份与该序列表内容一致的计算机可读形式的副本，这部分序列表以电子文件形式存在。该电子文件一方面使提交的纸件形式的核苷酸和/或氨基酸序列表及计算机可读形式的含有该序列表的电子文件规范化，以利于申请人提交；另一方面可以使序列表电子文件快捷地输入国家知识产权局专利局的计算机数据库，并与其他的序列检索数据库交换数据，以利于公众检索；同时也利于专利局审查员加快审查，更好地为申请人服务。

国家知识产权局 2002 年 11 月 1 日发布并施行《核苷酸和/或氨基酸序列表和序列表电子文件标准》（国家知识产权局令第 15 号），序列表样例如下：

<110>××基因开发有限公司

<120>序列表样例

<160>3

<170>PatentIn Version 2. 1

<210> 1
<211> 389
<212> DNA
<213>草履虫种（Paramecium sp.）

<220>
<221>misc_feature
<222>（80,100,112）
<223>n=a 或 g 或 c 或 t

<220>
<221>CDS
<222>（279）...（389）

<400>1
agctgtagtc attcctgtgt cctcttctct ctgggcttct caccctgcta atcagatctc 60
agggagagtg tcttgacccn cctctgcctt tgcagcttcn caggcaggca gncaggcagc 120
tgatgtggca attgctggca gtgccacagg cttttcagcc aggcttaggg tgggttccgc 180
cgcggcgcgg cggcccctct cgcgctcctc tcgcgcctct ctctcgctct cctctcgctc 240
ggacctgatt aggtgagcag gaggaggggg cagttagc atg gtt tca atg ttc agc 296
Met Val Ser Met Phe Ser
1 5
ttg tct ttc aaa tgg cct gga ttt tgt ttg ttt gtt tgt ttg ttc caa 344
Leu Ser Phe Lys Trp Pro Gly Phe Cys Leu Phe Val Cys Leu Phe Gln
10 15 20
tgt ccc aaa gtc ctc ccc tgt cac tca tca ctg cag ccg aat ctt 389
Cys Pro Lys Val Leu Pro Cys His Ser Ser Leu Gln Pro Asn Leu
25 30 35

<210>2
<211>37
<212>PRT
<213>草履虫种（Paramecium sp.）

<400>2

Met Val Ser Met Phe Ser Leu Ser Phe Lys Trp Pro Gly Phe Cys Leu
1 5 10 15

Phe Val Cys Leu Phe Gln Cys Pro Lys Val Leu Pro Cys His Ser Ser
20 25 30

Leu Gln Pro Asn Leu
35

<210>3

<211>11

<212>PRT

<213>人工序列

<220>

<223>根据大小和极性而设计，以用作 XYZ 蛋白的 α 和 β 链之间的接头的肽。

<400>3

Met Val Asn Leu Glu Pro Met His Thr Glu Ile
1 5 10

根据世界知识产权组织（WIPO）有关决议，自 2022 年 7 月 1 日起涉及核苷酸或氨基酸序列表的专利申请，序列表电子文件标准适用“关于用 XML（可扩展标记语言）表示核苷酸和氨基酸序列表的推荐标准”，即 WIPO ST. 26 标准。为落实标准实施工作，国家知识产权局于 2022 年 6 月 10 日发布关于调整核苷酸或氨基酸序列表电子文件标准的公告（第 485 号）。公告要求：

（1）自 2022 年 7 月 1 日起，向国家知识产权局提交的国家专利申请和 PCT 国际申请，专利申请文件中含有序列表的，该序列表电子文件应符合 WIPO ST. 26 标准要求。

WIPO ST. 26 标准具体参见世界知识产权组织网站，网址：https://www.wipo.int。

（2）申请日在 2022 年 7 月 1 日之前的国家专利申请和 PCT 国际申请，申请人仍应按照《核苷酸和/或氨基酸序列表和序列表电子文件标准》（国家知识产权局令第 15 号）和《关于知识产权行业标准〈电子文件标准〉中部分特征关键词表的修订》（国家知识产权局公告第二四八号）规定的电子文件标准提交序列表。

（3）专利申请人以电子形式提交国家专利申请，在提交符合 WIPO ST. 26 标准的序列表电子文件时，为核算说明书附加费用，应同时提交一份 PDF 格式的序列表文件。

根据该标准，序列表中的序列是不少于 10 个核苷酸的非支链核苷酸序列，或者是不少于 4 个氨基酸的非支链 L-氨基酸序列。即凡申请文件中包含由 10 个以上核苷酸组成的非支链核苷酸序列或 4 个以上 L-氨基酸组成的非支链氨基酸序列，都应提交序列表及序列表电子文件。需要注意的是，核苷酸序列应当只用单链表示，从左到右是 5′-末端至 3′-末端的方向，序列中不应当出现术语 5′和 3′。对于氨基酸序列，蛋白质或肽序列中的氨基酸应当从左到右以氨基端到羧基端的方向列出；序列中不应当出现氨基或羧基基团。

WIPO 给出的 XML 格式的序列电子文件的参考样例部分内容如下所示：


```xml
<ST26SequenceListing dtdVersion="V1_3" fileName="st26-annex-iii-sequence-listing-specimen.xml" softwareName="WIPO Sequence" softwareVersion="1.2.0" productionDate="2022-01-07" originalFreeTextLanguageCode="ja" nonEnglishFreeTextLanguageCode="de">
  <ApplicationIdentification>
    <IPOfficeCode>IB</IPOfficeCode>
    <ApplicationNumberText>PCT/IB2015/099999</ApplicationNumberText>
    <FilingDate>2015-01-31</FilingDate>
  </ApplicationIdentification>
  <ApplicantFileReference>AB123</ApplicantFileReference>
  <EarliestPriorityApplicationIdentification>
    <IPOfficeCode>IB</IPOfficeCode>
    <ApplicationNumberText>PCT/IB2014/111111</ApplicationNumberText>
    <FilingDate>2014-01-30</FilingDate>
  </EarliestPriorityApplicationIdentification>
  <ApplicantName languageCode="ja">出願製薬株式会社</ApplicantName>
  <ApplicantNameLatin>Shutsugan Pharmaceuticals Kabushiki Kaisha</ApplicantNameLatin>
```

```
<InventorName languageCode="ja">特許 太郎</InventorName>
<InventorNameLatin>Taro Tokkyo</InventorNameLatin>
<InventionTitle languageCode="ja">efgタンパク質をコードするマウス
abcd-1 遺伝子</InventionTitle>
<InventionTitle languageCode="en">Mus musculus abcd-1 gene for efg pro-
tein
</InventionTitle>
<SequenceTotalQuantity>11</SequenceTotalQuantity>
<SequenceData sequenceIDNumber="1">
  <INSDSeq>
    <INSDSeq_length>133</INSDSeq_length>
    <INSDSeq_moltype>DNA</INSDSeq_moltype>
    <INSDSeq_division>PAT</INSDSeq_division>
    <INSDSeq_feature-table>
      <INSDFeature>
        <INSDFeature_key>source</INSDFeature_key>
        <INSDFeature_location>1..133</INSDFeature_location>
        <INSDFeature_quals>
          <INSDQualifier>
            <INSDQualifier_name>organism</INSDQualifier_name>
            <INSDQualifier_value>Homo sapiens</INSDQualifier_value>
          </INSDQualifier>
          <INSDQualifier>
            <INSDQualifier_name>mol_type</INSDQualifier_name>
            <INSDQualifier_value>genomic DNA</INSDQualifier_value>
          </INSDQualifier>
        </INSDFeature_quals>
      </INSDFeature>
    </INSDSeq_feature-table>

< INSDSeq _ sequence > atgaaattaaaacataaaarggatgataaaatgagatttga tataaaaaaggttt-
tagagttagcagagaaggattttgagacggcatggagagagacaagggcattaataaaggataaacatattgacaata </INS-
DSeq_sequence>
```

</INSDSeq>
</SequenceData>
<SequenceData sequenceIDNumber="2">
<INSDSeq>
<INSDSeq_length>29</INSDSeq_length>
<INSDSeq_moltype>AA</INSDSeq_moltype>
<INSDSeq_division>PAT</INSDSeq_division>
<INSDSeq_feature-table>
<INSDFeature>
<INSDFeature_key>source</INSDFeature_key>
<INSDFeature_location>1..29</INSDFeature_location>
<INSDFeature_quals>
<INSDQualifier>
<INSDQualifier_name>organism</INSDQualifier_name>
<INSDQualifier_value>synthetic construct</INSDQualifier_value>
</INSDQualifier>
<INSDQualifier>
<INSDQualifier_name>mol_type</INSDQualifier_name>
<INSDQualifier_value>protein</INSDQualifier_value>
</INSDQualifier>
<INSDQualifier id="q1">
<INSDQualifier_name>note</INSDQualifier_name>
<INSDQualifier_value>Synthetic peptide antigen fragment</INSDQualifier_value>
<NonEnglishQualifier_value>Synthetisches Peptidantigenfragment</NonEnglishQualifier_value>
</INSDQualificr>
</INSDFeature_quals>
</INSDFeature>
</INSDSeq_feature-table>
<INSDSeq_sequence>GSLSDVRKDVEKRIDKALEAFKNKMDKEK</INSDSeq_sequence>
</INSDSeq>

</SequenceData>

XML 格式的序列表电子文件的完整样例可参见网址：https://www.wipo.int/standards/en/xml_material/st26/st26-annex-iii-sequence-listing-specimen.xml。

（二）说明书的作用

1. 清楚、完整地公开技术方案

专利制度不仅要充分维护专利权人的合法权益，也要充分顾及社会和公众的合法权益，两者之间应当实现一种合理的平衡。说明书作为专利申请文件中主要的组成部分，其将发明或者实用新型的技术方案清楚、完整地公开出来，使所属技术领域的技术人员能够理解并实施该发明或者实用新型，从而为社会公众提供新的有用的技术信息，其结果是获取国家授予其一定时间期限内的专利独占权。社会公众在获得了新的有用的技术信息的基础之上，既能够在此基础之上作出进一步的改进，避免因为重复研究开发而浪费社会资源，又能够促进发明创造的实施，有利于发明创造的推广应用，因此对于申请人和社会公众双方都是一种双赢的结果。如果发明或者实用新型不能为公众提供足够的技术信息，就不能被授予专利权，否则就会破坏上述利益平衡，导致专利制度不能发挥其应有的作用。

2. 专利审查和授予专利权的基础

说明书记载了发明或者实用新型的技术领域、背景技术、所要解决的技术问题、解决其技术问题所采用的技术手段、技术方案所能产生的技术效果等各个方面的详细信息，是国家知识产权局对专利申请进行审查、判断是否能够授予专利权的重要基础。国家知识产权局在对专利申请文件进行实质审查时，将结合权利要求书和说明书综合考虑其相对于现有技术作出的贡献，并按照相应的法条判断该专利申请是否能够被授予专利权，即使认为专利申请具有被授予专利权的前景，还需要结合说明书的记载界定授予专利权的合理范围。

3. 解释专利保护范围

说明书是权利要求书的重要基础和依据，在专利申请被授予专利权之后，特别是发生专利侵权纠纷时，说明书及附图可用于解释权利要求书，以便正确地确定发明专利权的保护范围。

综上，聚焦基因技术领域，该领域的技术方案遵循生物化学、分子生物学、遗传学等生物学科的具体原理。与机械结构不同，该领域可预期性较低，绝大

部分产品及方法的运行方式是肉眼不可见的，是否能够解决所声称的技术问题并达到所期望的技术效果很大程度上依赖于具体实验（即具体实施方式的相应记载）。因此，一份技术方案清楚完整、技术效果明确可信的说明书既是申请人请求专利权的基础，也是社会公众认识理解并合理利用该专利（申请）技术方案的指南。

二、说明书摘要

（一）说明书摘要的组成部分

说明书摘要包括文字和摘要附图两部分。通常文字部分应当写明发明的名称和所属的技术领域，清楚反映所要解决的技术问题，解决该技术问题的技术方案所采取的核心内容、主要用途，以及所取得的技术效果等。一般来说，说明书摘要会记载发明专利申请中独立权利要求的技术方案。

在说明书带有附图的情况下，摘要部分还应包括摘要附图。摘要附图来自说明书附图中最能反映该发明申请技术方案的其中一幅附图。

（二）说明书摘要的作用

摘要是说明书记载内容的一种概述，其仅仅是一种技术信息，不具备法律效力。摘要的内容不属于发明原始记载的内容，不能作为以后修改说明书或者权利要求书的依据，也不能用来解释专利权的保护范围。

三、权利要求书

（一）权利要求的类型及组成部分

根据保护对象的不同，可以将权利要求分为产品权利要求和方法权利要求两种类型。

根据撰写方式的不同，可以将权利要求划分为独立权利要求和从属权利要求两个类型。其中独立权利要求应当从整体上反映发明或者实用新型的技术方案，记载解决技术问题的必要技术特征。从属权利要求应当用附加的技术特征，对引用的权利要求作进一步限定。

独立权利要求包括前序部分和特征部分：前序部分写明要求保护的发明或者实用新型技术方案的主题名称和发明或者实用新型主题与最接近的现有技术共有的必要技术特征；特征部分使用“其特征是……”或者类似的用语，写明发明或者实用新型区别于最接近的现有技术的技术特征。这些特征和前序部分写明的特征合在一起，限定发明或者实用新型要求保护的范围。

从属权利要求包括引用部分和限定部分：引用部分写明引用的权利要求的编号及其主题名称；限定部分写明发明或者实用新型附加的技术特征。

（二）权利要求书的作用

《专利法》第六十四条第一款规定："发明或者实用新型专利权的保护范围以其权利要求书的内容为准。"这就表明权利要求书是用以确定专利申请和专利权的保护范围的重要依据，其包含以下两个方面的作用：

第一，是专利审查的重点和能否授予专利权的基石。申请人在申请发明专利时应当提交权利要求书，以表明申请人希望获得多大范围的法律保护。国家知识产权局对该专利申请进行审查，就是核实申请人希望获得保护的发明或者实用新型能否被授予专利权。判断专利申请是否存在不符合《专利法》规定的不能授予专利权的情形，包括专利申请的主题是否符合《专利法》第二条关于发明创造的定义，是否符合《专利法》第九条规定的禁止重复授权原则和先申请原则，是否具备《专利法》第二十二条规定的新颖性、创造性和实用性，是否属于《专利法》第二十五条规定的不授予专利权的主题范围，说明书是否符合《专利法》第二十六条第三款关于公开充分的要求，以及专利申请是否符合《专利法》第三十一条规定的单一性要求等，都以权利要求书作为判断的基础。

第二，是确定专利保护范围的依据。通过国家知识产权局的审查，一项专利申请被授予专利权之后，专利文件经过确权的权利要求书就是确定该专利权保护范围的依据，之后如果发生侵权纠纷，法院和管理专利工作的相关部门判断是否构成侵犯专利权的行为应当以权利要求书确定的保护范围为准。

四、其他组成部分

（一）保藏证明和存活证明

根据《专利法》第二十六条第三款的规定，说明书应当对发明或者实用新型作出清楚、完整的说明，以所属技术领域的技术人员能够实现为准。

通常情况下，说明书应当通过文字记载充分公开申请专利保护的发明。但是在基因技术这一特定领域中，常常涉及特定的生物材料，有时由于文字记载很难描述生物材料的具体特征，或者即使有了这些描述也得不到生物材料本身，所属技术领域的技术人员仍然不能实现发明。在这种情况下，为了满足《专利法》第二十六条第三款的要求，申请人应当按规定将所涉及的生物材料到国家知识产权局认可的保藏单位进行保藏，即提交生物材料的保藏证明和存活证明是为了满足申请文件充分公开的要求。

因此，如果涉及生物材料保藏的，建议申请人在专利申请文件开始撰写时或者撰写之前即进行相关生物材料的保藏，最好是在提交专利申请之前收到《布达佩斯条约》下的生物保藏机构或单位发放的保藏证明和存活证明，并在申请时或者最迟自申请日起4个月内提交保藏单位出具的保藏证明和存活证明，以避免在专利申请之日或之后发生因为生物材料未保藏或未存活而使得相关专利申请产生公开不充分缺陷的风险。其中，国家知识产权局认可的国内保藏单位包括：中国微生物菌种保藏管理委员会普通微生物中心（CGMCC）、中国典型培养物保藏中心（CCTCC）以及广东省微生物菌种保藏中心（GDMCC）。

保藏证明和存活证明的样本如图5-1、图5-2所示。

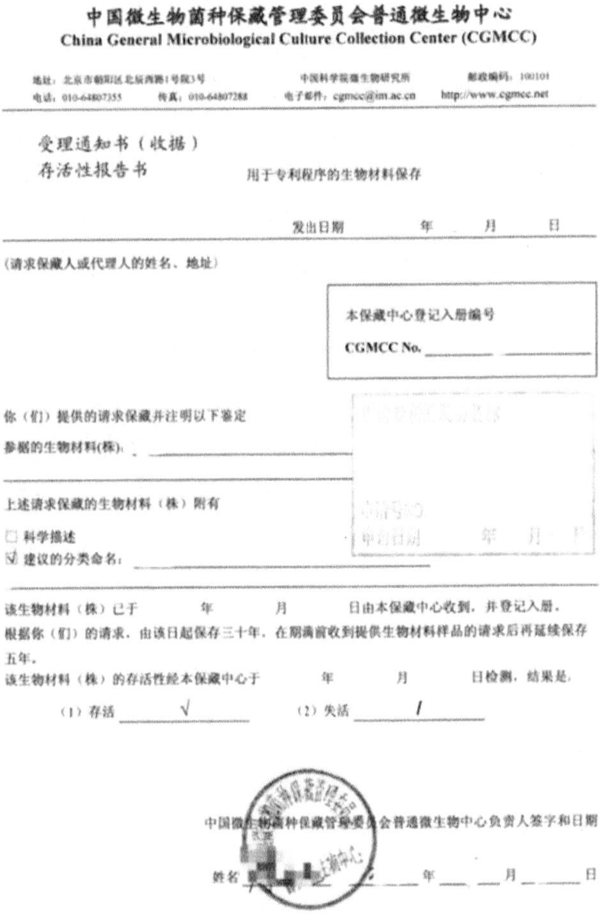

中国微生物菌种保藏管理委员会普通微生物中心
China General Microbiological Culture Collection Center (CGMCC)

地址：北京市朝阳区北辰西路1号院3号　中国科学院微生物研究所　邮政编码：100101
电话：010-64807355　传真：010-64807288　电子邮件：cgmcc@im.ac.cn　http://www.cgmcc.net

受理通知书（收据）
存活性报告书　用于专利程序的生物材料保存

发出日期　年　月　日

（请求保藏人或代理人的姓名、地址）

本保藏中心登记入册编号
CGMCC No. ______ ______

你（们）提供的请求保藏并注明以下鉴定参据的生物材料(株)：______

上述请求保藏的生物材料（株）附有
☐ 科学描述
☑ 建议的分类命名：______

该生物材料（株）已于　年　月　日由本保藏中心收到，并登记入册。
根据你（们）的请求，由该日起保存三十年，在期满前收到提供生物材料样品的请求后再延续保存五年。
该生物材料（株）的存活性经本保藏中心于　年　月　日检测，结果是：
（1）存活 √　（2）失活 /

中国微生物菌种保藏管理委员会普通微生物中心负责人签字和日期
姓名 [redacted] 年　月　日

图5-1　保藏证明和存活证明的样本（一）

中 国 典 型 培 养 物 保 藏 中 心

用于专利程序的培养物保藏受理通知书（收据）

地址：中国.武汉.武汉大学　邮编：430072　电话：(027) 68754052　传真：(027) 68754833　E-mail:cctcc@whu.edu.cn

请求保藏人和其代理人：

请求保藏人：

专利代理人：

专利申请号：

您（们）提供请求保藏的培养物名称及注明的鉴别特征：

本 保 藏 中 心 保 藏 编 号
CCTCC NO：

上述请求保藏的培养物附有

□ 科学描述

☑ 提议的分类命名

注：在框内打 √ 号表示有，打×号表示没有。

该培养物已于　　　年　　月　　日由本保藏中心收到，并登记入册。根据您（们）的请求，由该日起保存三十年，在期满前收到提供培养物样品的请求后再延续保存五年。

该培养物的存活性本保藏中心于　　　年　　月　　日检测完毕，结果为存 活。

中 国 典 型 培 养 物 保 藏 中 心

负责人（签名）[redacted]

年　　月　　日

图 5-2　保藏证明和存活证明的样本（二）

（二）遗传资源来源披露表

《专利法》第五条第二款规定："对违反法律、行政法规的规定获取或利用遗传资源，并依赖该遗传资源完成的发明创造，不授予专利权。"

《专利法》第二十六条第五款规定："依赖遗传资源完成的发明创造，申请人应当在专利申请文件中说明该遗传资源的直接来源和原始来源；申请人无法说明原始来源的，应当陈述理由。"

《专利法实施细则》第二十六条规定："专利法所称遗传资源，是指取自人体、动物或者微生物等含有遗传功能单位并具有实际或者潜在价值的材料；专利法所称依赖遗传资源完成的发明创造，是指利用了遗传资源的遗传功能完成的发明创造。就依赖遗传资源完成的发明创造申请专利的，申请人应当在请求书中予以说明，并填写国务院专利行政部门制定的表格。”

可见，申请人应当如实披露遗传资源的来源，并且承担信息披露不实而导致的法律后果。申请人披露遗传资源的来源等相关信息一方面有助于公众和相关执法部门判断该发明创造是否属于《专利法》第五条第二款规定的违反法律、行政法规的规定获取或者利用遗传资源的情形，另一方面其也作为一项备案登记制度为将来相关配套的法规完善时落实遗传资源的国家主权、事先知情同意和惠益分享三原则打下基础，其最终目的是有效保护我国的生物遗传资源，促进我国遗传资源的合法和有序利用。

（1）需要提交遗传资源来源披露表的典型情况有以下几种：

①从特定地域来源的生物资源中分离出遗传功能单位并加以分析和利用；

②从特定生物群体中获取遗传功能单位并加以分析和利用；

③通过有性或无性繁殖产生具有特定性状的新品种、品系或株系；

④从自然界中分离出具有特定功能的新微生物并加以分析和利用；

⑤根据说明书的记载无法判断其利用的遗传资源是否是现有技术中已知来源的。

（2）不需要提交遗传资源来源披露登记表的情况有以下几种：

①基因工程操作中常规使用的宿主细胞、质粒、载体等，商业化来源的微生物等；

②现有技术中已公开（无须检索、仅需从说明书公开的信息中判断是否公开）的基因或者 DNA 或 RNA 片段；

③发明创造的完成虽然利用了遗传资源，但并未利用其遗传功能，而是利用的其他功能比如营养方面的功能等；

④仅作为候选对象被筛选，继而被淘汰的遗传资源；

⑤仅在验证发明效果时使用的遗传资源。

以上需要提交或者不需要提交遗传资源来源披露登记表的情形仅为例举而非穷举。

遗传资源来源披露登记表的模板如表 5-1 所示。

表 5-1 遗传资源来源披露登记表

①发明名称	②申请号
③申请人	④申请日
⑤遗传资源名称	

续表

<table>
<tr><td colspan="4">⑥遗传资源的获取途径
I 遗传资源取自：□ 动物 □ 植物 □ 微生物 □ 人
II 获取方式：□ 购买 □ 赠送或交换 □ 保藏机构 □ 种子库（种质库） □ 基因文库
□ 自行采集 □ 委托采集 □ 其他</td></tr>
<tr><td rowspan="7">⑦直接来源</td><td colspan="2">⑧获取时间</td><td>____年____月</td></tr>
<tr><td rowspan="3">非采集方式</td><td>⑨提供者名称（姓名）</td><td></td></tr>
<tr><td>⑩提供者所处国家或地区</td><td></td></tr>
<tr><td>⑪提供者联系方式</td><td></td></tr>
<tr><td rowspan="3">采集方式</td><td>⑫采集地［国家、省（区、市）］</td><td></td></tr>
<tr><td>⑬采集者名称（姓名）</td><td></td></tr>
<tr><td>⑭采集者联系方式</td><td></td></tr>
<tr><td colspan="2" rowspan="4">⑮原始来源</td><td>⑯采集者名称（姓名）</td><td></td></tr>
<tr><td>⑰采集者联系方式</td><td></td></tr>
<tr><td>⑱获取时间</td><td>____年____月</td></tr>
<tr><td>⑲获取地点［国家、省（区、市）］</td><td></td></tr>
<tr><td colspan="4">⑳无法说明遗传资源原始来源的理由</td></tr>
<tr><td colspan="3">㉑申请人或专利代理机构签字或者盖章

年 月 日</td><td>㉒国家知识产权局处理意见

年 月 日</td></tr>
</table>

第二节　基因技术领域典型技术主题专利申请文件的撰写及示例

《专利法》及《专利法实施细则》的部分条款对申请文件的撰写进行了规定，如《专利法》第五条和第二十五条规定了不授予专利权的客体，《专利法》第二十六条第三款和第四款规定了说明书和权利要求书应当满足的实质要求，《专利法实施细则》第十七条到第二十三条规定了说明书和权利要求书应当满足的形式要求，等等。基因技术领域的专业性强、技术门槛高、研发难度大、研发周期长，该领域涉及的细分研究方向也较多，因而专利申请文件为满足前述法律条款的规定，在撰写上有一些特殊之处。并且，部分基因技术领域还涉及生物材料的保藏、遗传资源来源的披露以及核苷酸和/或氨基酸序列表的填写和提交等情况。下面从基因和蛋白质、微生物、细胞三种典型的基因技术领域技术主题介绍专利申请文件的撰写特点。

一、基因和蛋白质领域

基因和蛋白质分别涉及特定的核苷酸序列和氨基酸序列，基因经转录和翻译形成蛋白质，进而完成特定的生命活动。大部分基因技术领域的专利申请会同时涉及基因和蛋白质，基本都包含生物序列，在申请文件的撰写上既有相似之处，也有各自的特点。抗体是一种特殊的蛋白质，是机体免疫系统在抗原刺激下，由浆细胞分泌的、可与相应抗原发生特异性结合的免疫球蛋白。抗体是基因技术领域的热点，在癌症和免疫系统等疾病的诊断及治疗方面发挥重要作用。近年来，抗体产业取得快速发展，涉及抗体的专利申请数量也在快速增长。鉴于此，本部分按照基因及其他核酸分子、蛋白质（多肽）和抗体三个方面对相关专利申请文件的撰写方式进行介绍。

（一）说明书的撰写

基因和蛋白质本身属于物质，说明书应当尽可能明确该物质的结构和组成，即完成该物质的表征。另外，技术方案应当能够解决特定的技术问题，因而需要记载基因或蛋白质的应用方式及其技术效果，这通常需要记载实验的材料、方法和结果。需要说明的是，为满足充分公开的要求并且给权利要求所要保护的概括的技术方案提供支持，说明书中发明内容和具体实施方式的内容应当尽可能展示技术方案的全貌以及必要的扩展信息。

1. 基因及其他核酸分子

(1) 物质表征

①对于功能基因。功能基因是具有特定功能的核酸序列或其片段，一般为DNA。作为物质，应从最能反映其本质的方面进行说明，也就是从它的结构、性质、来源等方面进行描述。在发明内容部分，应当记载所述基因的具体序列（可将序列直接列出，也可采用序列编号表示，具体序列在单独部分的序列表列出），还应当记载该基因的来源、获取方式等信息。在具体实施方式部分，应记载实施例以详细描述其起源或来源、获得所述基因所用的酶和试剂、处理条件、收集和纯化它的步骤、鉴定过程等，使本领域的技术人员根据该描述不需创造性的劳动就可获得该基因，以满足充分公开的要求。

对于新分离的基因，要描述该基因来源于何种生物材料，即来源于何种动物、植物或微生物等；取自何种具体器官、组织或特定状态，如某状态下的动物外周血、植物花粉、叶片等或是真菌的孢子或子实体等。如果该生物材料是公众不能得到的，如从自然界新分离的微生物，或从患者体内新分离的病原菌等，应按照《专利法实施细则》第二十四条的规定进行保藏。对于依赖遗传资源完成的发明，还应按照《专利法》第二十六条第五款的规定提交遗传资源来源披露登记表。

除生物材料的来源，新基因的具体获取及鉴定步骤需要被记载，包括样品制备、核酸提取和分离步骤、新基因的扩增和鉴定等。可以设计引物直接从目标生物基因组中扩增出已知基因的同源序列，或设计探针从构建的基因组文库中调出该基因，或者先分离纯化蛋白质，测得其全部或部分氨基酸序列，再设计简并引物扩增或调出基因，或者根据已知的部分基因片段来扩增完整的基因序列。无论使用何种方法，应当描述清楚其中使用了何种序列的引物和探针，何种载体和宿主、构建何种文库及如何构建、扩增时 PCR 的反应条件和过程、进行 DNA 重组操作时使用何种限制性内切酶、如何酶切和连接等必要反应步骤，尽量描述清楚其中使用的具体试剂来源和用量、使用的设备和应用过程、所得的新基因 DNA 分子的鉴定和测序步骤等。对于其中使用的宿主细胞和克隆载体，也应当交代其来源和获得方法。即详细记载申请人获得该新基因的具体实验步骤，使得本领域的技术人员不需花费创造性劳动就可按照所述具体步骤获得该基因。

②对于载体。如果起始质粒是新的，需要描述该质粒的来源和具体分离过程及其序列结构特征，如 DNA 的碱基序列、DNA 的限制性酶切图谱、碱基数

量等特征。如果该描述仍然不足以使本领域的技术人员不需要花费创造性劳动就能获得该质粒，如分离质粒的微生物是特定的，要对其进行保藏。一般情况下，起始质粒是已知的，但也需要描述清楚其来源和获得途径（如构建或使用该质粒的具体文献及其编号或名称）。对于其他的组成元件，如目的基因、调控序列、标记基因，也应描述清楚其来源和序列。如果这些序列是已知的，应交代鉴定及公开该序列的文献和获得该序列的途径（例如，含有该序列的质粒或根据已知的其碱基序列设计 PCR 引物从其来源生物材料中扩增出来）；如果该序列是新的，应按上述对新基因的要求记载其制备方法。为直观展现载体的结构（包括各种元件的位置以及限制性酶切位点），必要时可以绘制质粒构建过程的示意图及质粒图谱，并将其作为说明书附图。对于重组构建的步骤，应记载包括使用了何种限制性酶和连接酶，酶切消化和连接反应过程，扩增过程和分离鉴定过程，如凝胶电泳等步骤。有些通过共转染宿主细胞构建的重组载体，还要描述清楚所用的宿主细胞来源和获得途径，具体转染和筛选、分离步骤。描述的这些步骤是申请人在实际操作中具体进行的步骤，这些描述要使得本领域的技术人员按照说明书的描述可以不需创造性劳动就能够重复制备出该载体。对于所获得的重组载体的具体核苷酸序列，可直接列出其具体碱基序列或参见序列表进行描述。

③对于引物、探针、基因芯片、miRNA、siRNA、sgRNA 等。引物、探针、miRNA、siRNA、sgRNA 等属于核酸短序列，可以直接在说明书中描述这些短序列的碱基组成，也可以采用参见序列表进行描述。除此之外，有必要记载模板或针对的靶序列信息。如果模板或靶序列是新发现的，需要记载完整的序列信息；如果模板或靶序列是已知的，则需要清楚说明这些序列的具体来源及其编号或名称，以本领域技术人员能够将所述核酸短序列与模板或靶序列明确对应为准。miRNA 和 siRNA 都是 RNA 诱导沉默复合体的组分，在介导沉默机制上有重叠，而且 miRNA 和 siRNA 长度均在 22nt 左右，但在结构上，miRNA 是单链 RNA，而 siRNA 是双链 RNA。因此，siRNA 的表征需要同时描述正义链核苷酸和反义链核苷酸两条序列，而 miRNA 仅需一条。就 sgRNA 而言，其发挥作用是基于 CRISPR/Cas 系统介导的基因编辑，sgRNA 是针对特定核酸靶标序列设计的。大部分情况下，说明书中应当明确记载靶标序列以及针对该序列设计的 sgRNA 序列。对于基因芯片，其通常可固定成百上千甚至上万个核苷酸分子，芯片的功能也都是依赖这些所固定的核苷酸分子来实现的。因此，如果芯片上所固定的核苷酸分子不确定，则基因芯片本身也不能确定，其所能实现的功能也值得怀疑。说明书中通常应当公开生物芯片上所固定的核苷酸分子的具体序

列，使得本领域技术人员能够实现发明，满足说明书充分公开的要求。

④对于分子标记类。分子标记被广泛应用于品种指纹图谱绘制、种质资源的遗传多样性及分类研究、种质资源的创新与鉴定以及疾病易感和预后等方面的研究。这类发明通常是基于科学发现，是以个体间遗传物质内核苷酸序列的差异及变异作为基础的遗传标记，其直接反映了 DNA 水平的遗传多态性。对于限制性片段多态性（RFLP）和简单重复序列（SSR），其主要方法是应用特定引物针对来源于不同种类的样品进行 PCR 扩增，以限制性酶切位点的存在或产物长度来进行结果判定，因而这类发明需要清楚表征引物序列。单核苷酸多态性（SNP）是在基因组水平上由单个核苷酸的变异引起的 DNA 序列多态性变化，可能导致蛋白质编码基因密码子改变，也可能导致非编码基因（如启动子）功能变化。因此，除检测 SNP 的引物或探针外，还需要清楚描述该 SNP 所在的基因、前后的核苷酸序列以及该位点的具体多态性变化。另外，检测上述分子标记的过程、步骤和结果也应当予以必要记载，如 PCR 参数、凝胶电泳图谱和测序结果等。这类发明的重心通常落脚于分子标记在遗传育种、疾病诊断治疗、疗效预测、患病风险预测等方面的用途。因此，为满足充分公开的要求，对应用分子标记获得的技术效果记载显得尤为重要，具体要求详见下述关于效果记载的部分。

（2）效果描述

①对于功能基因。基因的效果主要涉及基因的功能活性，即描述该基因的具体功能活性和证实其功能的实验数据。一般情况下，功能活性应当给出具体的实验数据加以证明。

例如，如果所述基因编码酶，要描述并验证其表达的酶的催化活性数据，而不能仅靠计算机比较同源性来推测其活性。如果基因编码的蛋白质被用作生物药品（包括疫苗），不能泛泛地描述可以治疗某疾病，至少要有细胞实验或者动物实验数据。

对于植物基因，其效果的验证至少应当从该基因表达调控给植物表型带来的影响来描述，可以通过基因干扰、敲除或过表达中的一种或几种来验证其功能。当然，为了使植物基因的功能验证更加完整，建议从抑制（敲低或敲除）和过表达两方面进行实验。同时，如果申请人发现了某植物中某基因调控该植物某种特定性状的功能，而权利要求中希望将该基因的用途权利要求的保护范围扩展到其他特定种属的植物或所有植物，一般情况下，建议说明书中记载包含多个代表性种属的植物作为受体植物而进行功能验证的实施例，以使权利要求的范围得到说明书支持。这是因为：一方面，部分基因是某些种属植物特有的，本领域技术人员无法推测其在其他植物中的功能；另一发面，尽管许多植物中存在某些同源基因，但基因序列各不相同，具体功能也可能有所区别，本领域技术人员并不能确定其在所有受体植物中具有相同功能。需要说明的是，对于通过密码子偏好性优化以使目的基因编码的蛋白质在宿主细胞内获得更高的表达水平或活性的技术方案，由于密码子优化是本领域惯用的提高目的基因表达水平的技术手段，除非申请人能够举证说明其使用了明显不同于现有技术的优化方式而取得了预料不到的技术效果，对不具备创造性的基因进行密码子优化，得到的优化后基因一般也不具备创造性。对于变异体或人工突变体，对功能活性的描述可证明其相对于亲本基因的优越效果，从而证实其创造性。

对于动物基因，说明书的记载应当使本领域技术人员确认该基因能够被应用的初步可行性。例如，如果其用于诊断目的，统计学意义上正常人和患者体内相应核酸分子的水平应存在差异性；如果其用于治疗目的，例如对其体内水平进行调控可用于治疗某种疾病，则应当记载相应的细胞实验或者动物实验数据。需要注意的是，某些研究筛选出针对某种疾病的所有表达上调或下调的基因，根据 p-value 排序，选择出标志物基因，再应用 QPCR 检测其表达量情况，明显升高或下降，然后检测该基因表达的蛋白质量，同样是上升或下降，然后提出该基因作为某种疾病诊断标志物的技术方案。然而，本领域技术人员公知常识，对于同一疾病可能有许多相关基因的表达发生变化；不同的疾病也会引起相同基因表达的变化，而且任何一个疾病或者病理状态都会引起非常多的基因的改变。对于疾病标志物而言，必须具备检测某种疾病具有特异性和高敏感性（能够非常有效地检测出该疾病状态）两方面的特质，否则会导致结果出现假阳性或假阴性，在申请的说明书没有进行上述两方面验证的情况下，仅从简单的 mRNA 表达量或表达的蛋白质含量有差异不足以得出所述基因可作为所述疾病的标志物的结论。

对于微生物基因，一般涉及各种编码结构蛋白、催化蛋白、运输蛋白、免疫蛋白、调节蛋白以及毒素蛋白等的基因。说明书应当记载其发现、鉴定以及功能研究的全部必要信息，尤其需要着重公开特定基因的功能验证。

②对于载体。需要记载该载体的具体用途和效果，如转化宿主后的表达效果等。这种效果通常需要依赖基因拷贝数或蛋白表达量的检测信息，或者所述基因或蛋白的活性等间接数据进行呈现。

③对于引物、探针、基因芯片、miRNA、siRNA、sgRNA 等。由于表征这类产品的描述方式基本是固定的，获得方式也是本领域通过已有的设计软件容易实现的，因而这类发明的描述重点在于对效果的记载。

对于引物和探针，为了准确地说明特定引物、探针起到的扩增、检测效果，说明书中应当记载使用引物探针扩增、检测特定靶基因的效果数据，否则可能会因为说明书公开不充分而被驳回。该记载不应是结论性的，而应当是用于证明该引物探针具有预期功能的实验数据。例如，使用某引物对特定病毒阳性对照及实际样本进行 PCR 扩增，出现了特征峰，其 Ct 值（对于 Real-time PCR）等，并通过与无关病毒样本对照的检测比较确定其特异性。通过所述实验数据的公开，使得本领域技术人员能够确认该发明所要求保护的引物能够用于特定病毒核酸片段的 PCR 检测以证明该病毒的存在。通常而言，引物探针的新颖性问题较容易判断，只要检索现有技术是否存在与之相同的序列即可。除非被同一课题组的在先论文所公开，创新主体自行设计的引物探针通常情况下都具备新颖性，引物探针相关发明重点关注的因素是所述引物探针是否具有创造性。由于引物探针的设计方法和辅助设计软件已经非常成熟，针对已知靶点通过常规方式设计获得的引物探针不具有创造性，除非其取得了预料不到的技术效果。评价引物探针优劣的关键指标以及相关的 PCR 检测方法指标是类似的，一般为灵敏度和特异性（评价引物优劣的指标还有扩增效率，但是灵敏度也可以反映出扩增效率的高低）。灵敏度一般指能够检测出的靶序列的最低浓度（检测下限），通常用拷贝/μL、拷贝/mL、拷贝/反应、cfu/mL 等表示；特异性一般指只扩增/检测出靶序列而不扩增/检测出其他序列的能力。因此，对于已知靶点的引物探针类发明，建议申请人在取得了预料不到的技术效果的情况下才提出专利申请。此时，除引物探针的序列和本身的扩增检测效果实验数据外，建议在说明书中记载体现其预料不到的技术效果的实验数据。例如，发明的贡献在于设计的某引物扩增的灵敏度高，则说明书中除了提供基础的定性扩增实验数据外，建议进一步提供针对同一靶点的现有技术的其他引物和/或通过常规方式设计的其他引物的定量对比实验数据，以充分说明发明的引物在扩增灵敏度上的优势。

对于基因芯片，说明书中除记载组成该芯片的探针的核苷酸序列外，还应当披露使得本领域技术人员足以确定发明能够解决其所要解决的技术问题的实验数据。如果本领域技术人员根据说明书中所公开的数据，结合现有技术和本领域的常规技术手段，能够确认所述芯片能够检测所述的靶标，实现发明的效果，则认为说明书公开充分，满足了《专利法》第二十六条第三款的要求。与引物探针类似，创新主体自行设计的基因芯片通常情况下都具备新颖性。由于基因芯片实质上由一组序列已知的靶核苷酸的探针所组成，建议申请人在说明书中记载这些探针的靶标来源以及组合原理，以在权利要求中概括合理的保护范围，并为日后审查中，如遇审查员提出有关创造性和不支持的相关疑问，提供意见陈述依据。

对于miRNA和siRNA，二者的根本区别是miRNA是内源的，是生物体的固有因素；而siRNA是人工体外合成的，通过转染进入人体内，是RNA干涉的中间产物。因此，对于新的miRNA，建议在说明书中记载其发现过程；而对于已知的miRNA，重点描述的是通过检测该miRNA的表达水平或是调控该miRNA的表达水平后能够诊断某种疾病或改变某种生理病理状态等。与引物设计类似，在现有技术存在针对已知靶点进行基因干扰的技术启示下，由于siRNA的设计原理与辅助工具也已经相当成熟，为满足创造性的要求，要么该siRNA针对的靶序列是非显而易见的，要么特定的siRNA相对于其他siRNA产生了预料不到的技术效果。

④对于分子标记。对于使用分子标记进行疾病诊断、易感性分析、预后分析、遗传育种等相关应用时，必须在所述分子标记和特定表型之间建立特定的关联性，这种关联性可以由所述分子标记表达产物的具体功能活性方面的实验数据直接证实，或者可以建立在统计学分析的基础上。如果需要由统计学分析数据证实，该统计学分析需要建立在对大量样本进行统计的基础之上，要得到可靠的统计结果，需要一定的样本量。如果只是对单独的个例分析，则不具有统计学上的意义。另外，统计学分析还需要具有显著性，可采用生物学上常用的统计分析方法如卡方检验、方差分析等手段进行分析。如果说明书只是公开了特定的基因型，以及检测各基因型的方法和步骤，但未给出任何数据表明该基因型与表型之间的关系，可能会被认定为说明书公开不充分，不符合《专利法》第二十六条第三款的规定。另外，如果说明书中仅给出了基因频率，但未给出原始数据和各基因型的具体个数，在实际审查过程中也可能因为无法判断是否具有统计学意义上的关联性而被认为说明书公开不充分。

以SNP为例，为了实现发明的目的，使得本领域技术人员能够实施该发明，说明书中应当公开包含所述SNP位点的具体序列以及变异位点的多态性变化。由于其体现的是表型上的偏好性，说明书中应当公开所述SNP和表型之间的特定联系。例如，对于疾病相关的SNP位点而言，说明书中应当公开使得本领域技术人员能够确定所述SNP和病症相关联的实验数据。这种证明关联性的实验数据应当是合理且充分的。在选择样本时，应当尽量提高样本分布的随机性和广泛性，例如提供多个地域、族群、不同年龄段和性别的个体。最后，实验数据不应是简单的对照展示，而是需要对实验数据进行统计学分析，比较不同组别之间是否存在显著性差异才能得出可信结论。

引物和探针也是 SNP 分子标记中常用的保护主题，对于新的 SNP 位点而言，建议在说明书中尽量提供针对所述位点的多组有效引物和探针，以强化特定位点设计引物和探针的常规性，从而支撑相应的功能性限定，使得权利要求书中概括式的引物或探针得到说明书的支持。申请人应注意，如果用于检测已知基因的新 SNP 位点引物的作用仅是将包含该位点的片段扩增出来，而该 SNP 位点未体现在引物/探针序列的最终选择中，在所述野生型基因序列已被现有技术公开的情况下，所提供的检测该 SNP 位点的引物实际解决的技术问题可以被认为是提供另一用于扩增野生型基因的引物对，本领域技术人员在已知靶基因序列基础上通过常规设计和筛选就能获得扩增包含该 SNP 位点的基因片段的另一引物对，这样的技术方案是显而易见的，不具备创造性。这种情况下，在设计引物/探针时可以考虑 SNP 位点在靶基因中的位置，并体现在引物/探针序列的最终选择中，使之有别于基于已知基因序列可常规设计获得的引物/探针，在现有技术未给出获得所述引物/探针的技术启示的情况下，使所述引物/探针具备创造性。另外，如果设计的引物/探针相对于现有技术中已有的或常规设计的引物/探针在检测 SNP 位点上具有更优的技术效果，如更高的检测准确度和灵敏度等，也建议着重予以说明。

2. 蛋白质（多肽）

（1）物质表征

蛋白质是由氨基酸残基组成的有机高分子化合物，它所形成的各种结构蛋白和非结构蛋白体现了生物体的表型并参与到生物体的各种信息流。

蛋白质的制备方法不同，撰写方式也有所不同。

如果发明涉及的蛋白质（多肽）从生物材料中新分离纯化而来，对其描述的要求与对新分离基因的要求相同，应描述清楚来源、样品的获得、分离纯化步骤、鉴定参数、序列测定、功能活性分析等技术方案和效果。具体序列可引用序列表中的序列编号。

如果是通过酶解或发酵等生物化学方法获得的蛋白质或多肽集合，通常情况下，申请人并未鉴定蛋白质或多肽的具体组成，每次重复的具体组成也不可避免地稍有差异。申请人需要清楚记载原料的来源和制备方法以及产品的理化特性和功能等信息，即用制备方法来表征产品。在具体实施方式中应当提供足够数量的实施例，以使本领域技术人员能够合理预期所述方法是可以重复获得具有所期望特征的产品为准，以满足公开充分和实用性的要求。如果所用的生物材料是现有技术未披露的，申请人还需要对该生物材料按照规定进行生物保藏，使之可以重复获得。

如果是用重组 DNA 方法制备的重组蛋白质，需要描述清楚如下内容：①结构基因的获得，对其描述的要求与对基因的要求相同。②表达载体的构建及其序列，对其描述的要求与对载体的要求相同，包括组成载体的各序列元件的来源和构建方法，以及最终构建体的序列和结构。③宿主细胞的来源及其转化，包括宿主细胞的获得途径、转化的具体步骤、转化子的培养和筛选条件及鉴定等。④表达产物的分离、纯化和鉴定等。

如果是化学合成的多肽，需要记载化学合成的原料和工艺步骤，以及多肽分子的结构分析结果，如 HPLC、质谱等。对于发明构思在于多肽的合成方法，如使用了特定的保护基团或者特定的分段方式进行多肽的固相合成，应当在说明书中清楚明确记载具体的合成过程。

对于蛋白质晶体，需要记载其结晶工艺和结构分析方法以及分析结果，如晶胞参数等。

（2）效果描述

参见编码基因的效果要求。说明书中要描述功能蛋白的生物学活性数据，而不能仅仅依靠计算机比较同源性来推测其活性。进一步，如果蛋白质被用作生物药品，不能泛泛地描述可以治疗某疾病，至少要有细胞实验或者动物实验数据。对于变异体，对功能活性的描述应当能证明其相对于亲本蛋白质的优越效果，从而证实其创造性。对于融合蛋白，如果发明目的是改善活性蛋白的储存和生物利用度等性质，需要记载其稳定性、溶解性、药代动力学等药学性质；如果发明目的是整合不同蛋白质或功能域的功能到一个蛋白质以形成多功能蛋白或免疫原，则需要记载对该融合蛋白不同功能单元的活性验证。

3. 抗体

（1）物质表征

一般情况下，抗体包括单克隆抗体（即在单一组合物中仅包含一种特定分子结构的抗体）和多克隆抗体（包含多种分子结构的抗体）两种，其中单克隆抗体由于其结构单一的特性而便于药物的开发，是抗体领域创新中最重要也是最活跃的部分；多克隆抗体则更多用于诊断和检测等目的。

单克隆抗体主要通过杂交瘤技术和噬菌体展示技术制备获得，其中杂交瘤细胞本身也是可以进行专利保护的客体。

抗体相关发明还包括对抗体分子进行结构改造而得到的抗原结合片段、多特异性抗体，以及抗体-药物缀合物。其中抗原结合片段由于其较小的分子量而具有更为灵活的应用场景；多特异性抗体则是综合了多个抗体的抗原结合区域而具有同时结合多种抗原的能力；抗体-药物缀合物多为抗体偶联细胞毒性药物，抗体作为靶向部分发挥作用。

对于分子结构不明确的单克隆抗体，说明书中应当记载获得分泌该抗体的杂交瘤细胞及其制备过程。关于杂交瘤的制备，描述的内容包括所用抗原的具体来源及成分（已知抗原）或获得步骤（新抗原）、骨髓瘤细胞的来源和维持培养、免疫的动物来源、免疫接种过程、产抗体细胞（脾细胞）的分离、两种细胞的融合步骤、所用的试剂、培养基、选择条件、杂交瘤的筛选、克隆过程、杂交瘤的鉴定。这些虽然都是常规技术，但是制备特定的一种单克隆抗体，应当有特定的工艺步骤以及条件，即应当提供记载详细制备过程的实施例。通常情况下，应当将杂交瘤细胞到指定的保藏单位进行保藏，并在说明书中记载保藏日期、保藏单位名称及保藏号。对于单克隆抗体的分离和滴度测定（效价实验），一般包括通过培养杂交瘤细胞获得培养上清，用盐析法、凝胶过滤、亲和色谱法纯化，或者给哺乳动物（裸鼠）注入杂交瘤使其增生，从动物腹水中获取抗体的实验步骤以及抗原抗体结合反应检测方法等。

对于分子结构明确的单克隆抗体，首先需要记载该单克隆抗体的氨基酸序列，并说明其中的特征序列，一般至少包括轻链 CDR1～3 的序列、轻链可变区序列、重链 CDR1～3 的序列、重链可变区序列，等等。除此之外，还需要记载单克隆抗体的制备过程，由杂交瘤技术制备的单克隆抗体的要求同前，由噬菌体展示技术制备的单克隆抗体需要记载所述单克隆抗体的分离过程，例如噬菌体展示系统的选择和实验流程、抗原抗体结合反应检测方法等。

对于抗原结合片段和多特异性抗体，二者均来自对完整单克隆抗体的改造和加工，因此说明书除了记载其氨基酸序列之外，还应包括其来源的单克隆抗体的信息和对应设计关系。抗体-药物缀合物需要记载其整体结构。

对于多克隆抗体，一般需要记载所用的抗原的具体来源及成分（已知抗原）或获得步骤（新抗原）、免疫的动物来源、免疫接种过程以及分离过程。

（2）效果描述

需要在说明书中记载所述抗体的具体使用效果，如与抗原的结合活性、抗体用于生物体内时的中和能力、与其他抗原的交叉反应性等。其中，与抗原的结合活性（K_d 值、解离常数等）对于任何抗体发明而言是比较关键的指标；对于治疗性抗体而言，抗体用于生物体内时的中和能力及其刺激产生相应细胞因子的能力往往是比较重要的参数；而对于诊断性抗体而言，检测其与其他抗原的交叉反应性通常是必要的。

（二）权利要求的撰写

1. 产品权利要求

（1）基因（核酸序列）

基因（核酸序列）的产品权利要求一般可按如下方式撰写：

1）限定具体的序列（直接使用具体的序列信息或使用序列编号表示）。

使用碱基序列限定。例如，“一种特异性响应于L-2-羟基戊二酸的转录调控因子，所述转录调控因子的核苷酸序列如SEQ ID NO.1所示”。又如，“一种抑制转录因子MyoD表达的siRNA，其正义链的核苷酸序列如SEQ ID NO.1所示，其反义链的核苷酸序列如SEQ ID NO.2所示”。再如，“一种用于检测SCN1A基因5′端非编码区突变的引物组合，其由序列2和序列3所示的引物组成”。序列较短的情况下，如上述siRNA以及引物，权利要求中可使用如上的序列编号表示，也可撰写出完整的核苷酸序列，或核苷酸序列与序列编号同时出现。具有特定功能的核苷酸序列一般不宜采用“含有”或“具有”的开放式限定方式，因为开放式限定意味着两端可以添加任意的核苷酸，而这些扩展的技术方案一般是说明书并未进行验证并且本领域技术人员无法合理预期添加任意的核苷酸后，所得核酸序列是否具有所期望的功能，从而可能得不到说明书的支持，不符合《专利法》第二十六条第四款的规定。

对于引物、探针类产品，为了合理概括保护范围，可以在得到说明书支持的情况下，在已经限定核心序列的基础上，采用开放式的权利要求进行限定，在一端或两端添加一些标记和检测基团等修饰方式进行限定。另外，这类发明的权利要求也可以通过试剂盒的形式进行保护。例如，一种检测……疾病的试剂盒，包含……引物（探针），其序列如……所示。

对于分子标记，如SNP，应当清楚撰写权利要求的主题。可以将相关权利要求撰写成“一种与……形状相关的SNP分子标记”，并清楚限定包含该SNP位点的核酸片段序列。如果将主题写为“一种与……性状相关基因的SNP位点”等，此处请求保护的主题“SNP位点”仅仅传递了一种关于位置的信息，既不是产品，也不是方法，不构成技术方案。这样的撰写形式通常不符合《专利法》第二条第二款有关发明的定义。分子标记本质上属于DNA序列的一种，申请人在撰写权利要求时应当注意与已知的基因序列相区分，以避免不具备新颖性的问题。例如，发明的权利要求为“一种鉴定普通菜豆中红腰饭豆的SNP分子标记，它的核苷酸序列如序列表SEQ ID NO.1所示”。该权利要求要求保护“SNP分子标记”，并且应用核苷酸序列来进行限定。然而，由于SNP分子标记是产品权利要求，其本质上是一种 DNA 分子，如果现有技术公开了 SEQ ID NO.1 的序列，则作为红腰饭豆的 SNP 分子标记的用途限定并未带来序列结构上的差异，该权利要求不具有新颖性。对于 SNP 的序列结构类主题，常见撰写形式有如下两种。

第一种：一种 SNP 分子标记，其序列为 SEQ ID NO.1 或 SEQ ID NO.2。对于此种撰写方式，SEQ ID NO.1 和 SEQ ID NO.2 的差别仅在于 SNP 位点处的碱基不同，其余序列应当完全一致。

第二种：一种 SNP 分子标记，其序列为 SEQ ID NO.1，其中该序列第 *N* 位的碱基是 X 或 Y。对于上述两种撰写方式而言，应当注意避免落入现有技术公开的范围，即如果 SEQ ID NO.1 或 SEQ ID NO.2 为现有技术已经公开的全长基因序列，则上述两种撰写方式撰写的产品权利要求都不具备新颖性。如果无法避免，可考虑撰写为用途权利要求进行保护。

有关基因的技术方案通常会使用到各种载体，由于载体骨架多种多样，当发明点在于所述基因及其功能的情况下，通常允许采用开放式的限定对包含该基因的载体进行专利保护，如“一种表达载体，其特征在于，包含 SEQ ID NO.1 所示的 X 基因”。

2）若为蛋白质的编码基因，可用所编码的蛋白质的氨基酸序列进行描述。例如，“一种编码沼水蛙分泌肽的核苷酸，所述沼水蛙分泌肽的氨基酸序列如 SEQ ID NO.X 所示”。一般也不宜采用“含有”或“具有”的开放式限定方式。

3）使用术语“取代，缺失或添加”或“杂交”“同源性”结合该基因的功能进行描述，这种描述方式概括了较大的保护范围，一般不允许。具体理由可能是：

①缺乏新颖性，不符合《专利法》第二十二条第二款的规定，现有技术的序列落入该范围。

②保护范围不清楚，不符合《专利法》第二十六条第四款的规定，因为可能涵盖了具体结构不明确、无法清楚判断保护范围边界的基因。

③得不到说明书的支持，不符合《专利法》第二十六条第四款的规定，因为说明书中缺乏足够的证据支持权利要求所要求保护的技术方案能解决其要解决的技术问题。例如，说明书中没有描述如何进行取代、缺失或添加，以及产物效果如何；没有描述杂交条件或在该杂交条件下与其杂交且具有该功能的序列实施例；或没有描述与其具有下限的同源性且具有该功能的具体序列实施例。本领域技术人员要获得这样的基因需要付出创造性的劳动或者过多的劳动，

需要经历大量的试验和错误或复杂的实验才能获得该基因，因而在实质上得不到说明书的支持。另外，纯功能性限定扩大了保护范围，也得不到说明书的支持。

4）对于引物、探针、siRNA、sgRNA 等工具性核酸短序列，当主要发明点在于新靶基因的发现（新结构和/或新功能）时，如果本领域技术人员能够认可通过本领域常规技术手段即可完成引物、探针、siRNA 或 sgRNA 的设计，并能够合理预期能够取得普通水平基因扩增、沉默或编辑效果，或说明书中提供了多方面的实验证据证明相关技术效果，如 PCR 电泳图、品种改良或疾病治疗等，则可以允许以所述靶基因的信息限定引物、探针、siRNA 或 sgRNA，通常以引用的方式撰写。例如，权利要求可以撰写为“用于扩增权利要求 1 所述基因的引物对”“用于沉默/编辑权利要求 1 的 A 基因的 siRNA/sgRNA”。

5）使用试剂盒或组合物的方式限定。对于上文所涉及的具体产品，均可将主题撰写为试剂盒或组合物，再对该试剂盒或组合物使用“包含”相关产品的撰写方式进行开放式限定，但特征部分中对相关产品的限定需以前述方式撰写或引用在前相关权利要求。

（2）蛋白质（多肽）

蛋白质（多肽）的产品权利要求可以采用以下方式进行撰写：

①用编码该多肽的氨基酸序列或编码所述多肽的核苷酸序列进行描述，需要清楚限定序列的具体信息。对于发明点是由两个或以上结构域组成的融合蛋白，可以通过分别限定各结构域的氨基酸或编码核苷酸序列结合连接方式和/或位置关系来撰写。无论是限定全部序列还是分别限定结构域序列，一般都不宜采用“含有”或“具有”这种开放式的限定方式。

②对于限定氨基酸序列后用术语“取代，缺失或添加”或“同源性”结合该多肽的功能进行描述的限定，一般不允许。虽然“功能性限定+变体形式”的限定方式在一定程度上可以反映母本序列与变体序列之间的序列结构相似程度，但在生物技术领域中，大多数生物分子的序列结构与功能之间的关系比较复杂，序列之间的相似性与其功能并没有直接的对应关系。因此，如果说明书或现有技术对其结构与功能之间的对应关系没有明确揭示的情况下，尽管功能性限定通常隐含已经排除了不具有所述功能的部分，但如果本领域技术人员需要从大量无法预期功能的变体中逐一筛选排除，筛选过程超出合理有限量的常规实验范畴，则这种权利要求的保护范围与发明的实际贡献不相匹配，也就不能够得到允许。允许这种描述的前提是说明书中明确记载了所述多肽的功能结

构域，对于其结构-功效关系有了清楚的描述，并给出了详细的实验证据。例如，对于活性中心位点和非活性中心位点的保守或非保守性突变所导致的多肽功能的变化等进行描述。

③限定来源和生产方法、理化特性、功能，即用制备方法来限定产品。通常情况下，某些多肽的获得存在一定的偶然性，例如从随机文库、特定地理环境中的特定生物体，以特定的发酵或酶解条件获得的特定多肽是难以重复得到的。根据实用性条款的相关规定，这种特定多肽的制备方法不应基于无法重复获得的来源，除非对所述来源进行了生物保藏，使之可以重复获得。

④对于短肽类发明，除采用氨基酸序列限定外，还可以采用其化学分子式进行描述，如可以使用马库什结构式。对于单位点突变的马库什结构式描述的短肽，允许的前提是说明书中明确记载了每一个突变的实例及其功能或者该突变不在被证明的功能结构域或基序之内。对于多位点突变的马库什结构式描述的短肽，允许的前提是说明书中明确记载了短肽的功能结构域，对于其结构-功能关系有清楚的描述并给出了详细的实验证据。

⑤使用试剂盒或组合物的方式限定。撰写方式与前述包含基因（核酸序列）的试剂盒或组合物类似。

（3）抗体

抗体属于蛋白质，但抗体的产品权利要求与其他蛋白质的撰写方式有所不同，一般采用以下方式撰写。

①对于使用杂交瘤细胞技术获得的单克隆抗体，在未明确其分子结构（即氨基酸序列）的情况下，单克隆抗体一般采用杂交瘤细胞的形式进行限定。例如，“特异性结合抗原 A 的单克隆抗体，由保藏号为 CGMCC NO. xxx 的杂交瘤细胞产生”。《专利审查指南 2010》对于单克隆的创造性有如下规定：如果抗原是已知的，并且很清楚该抗原具有免疫原性（例如由该抗原的多克隆抗体是已知的或者该抗原是大分子多肽就能得知该抗原明显具有免疫原性），那么该抗原的单克隆抗体的发明不具有创造性。但是，如果该发明进一步由其他特征等限定，并因此使其产生了预料不到的效果，则该单克隆抗体的发明具有创造性。对于绝大部分请求专利保护的单克隆抗体，其抗原都是已知的，而通常情况下，现有技术也已经存在具有足够期望效果的针对该已知抗原的单克隆抗体，这时需要提供充分的证据证明该抗体具有预料不到的技术效果来满足创造性的规定。因此，在具备测定单克隆抗体氨基酸序列条件的情况下，并不推荐仅使用杂交瘤细胞来限定单克隆抗体。

②分子结构明确的单克隆抗体需要采用具体的氨基酸序列进行限定，可以

是包含轻链和重链的完整氨基酸序列，也可以仅限定轻链和重链可变区的序列，还可以采用按照顺序排列的轻链和重链共6个CDR来限定。此外，对于此类权利要求，还需要表明抗体所结合的抗原。例如，权利要求可以撰写为“一种针对抗原A的单克隆抗体，其包含氨基酸序列SEQ ID NO. 1~3所示的VHCDR1、VHCDR2和VHCDR3以及氨基酸序列SEQ ID NO. 4~6所示的VLCDR1、VLCDR2和VLCDR3”。但是，如果权利要求撰写为例如“一种结合抗原A的单克隆抗体，其包含重链可变区的VHCDR1~3和轻链可变区的VLCDR1~3，其中所述VHCDR1、VHCDR2和VHCDR3的氨基酸序列分别包含SEQ ID NO. 1~3所示的序列，所述VLCDR1、VLCDR2和VLCDR3的氨基酸序列分别包含SEQ ID NO. 4~6所示的序列”，则这种对CDR序列本身采取的开放式撰写方式通常得不到说明书支持。这样会导致CDR两端可以添加任意的氨基酸残基，将对抗体的功能产生无法预期的影响。同时，在没有明确证据能够支持抗体的部分结构域（例如，轻链可变区或者重链可变区或其部分片段等）能够单独产生与完整抗体相似的技术效果的情况下，通常仅限定部分结构域的单克隆抗体得不到说明书的支持。如果发明点在于抗体CDR之外的区域，则还应限定这些区域的氨基酸序列。对于编码单克隆抗体的多核苷酸也适用同样的标准。

③当主要发明点在于新发现或新制备的蛋白质时，如果本领域技术人员能够认可该蛋白质具有免疫原性并能通过本领域常规技术手段制备针对该蛋白质的抗体，可以考虑使用制备方法来限定该多克隆或单克隆抗体，如“一种针对蛋白质A的抗体，其通过使用SEQ ID NO. X所示的蛋白质A免疫动物制得”；但是，如果权利要求为“一种针对SEQ ID NO. X所示的蛋白质A的特异性单克隆抗体”，而说明书仅记载了一个或几个特定的筛选得到的单克隆抗体，则可能存在得不到说明书支持的问题。这是因为，对于仅用抗原、表位和/或性能参数等限定的单克隆抗体，由于抗原、表位的免疫原性不同以及抗体筛选结果的不确定性，本领域技术人员通常无法确认其所概括的所有单克隆抗体都能够解决发明的技术问题并达到相同技术效果。

2. 制备方法权利要求

（1）基因（核酸序列）

首先，需要清楚限定基因。基因的限定可以直接采用结构（如核苷酸序列）来表征，如果在前已经有基因结构权利要求，也可以通过引用的方式进行限定。其次，应当限定基因的制备步骤，如生物材料样品的制备、核酸的提取和/或分离步骤等，以本领域技术人员能够通过所述方法制得为准。在已经限定包含发明构思的必要技术特征（如引物对等）的情况下，制备方法的具体细节可以不必限定、概括式限定或在从属权利要求中体现，具体包括使用了何种序列的引物和探针、何种载体和宿主、构建何种文库及如何构建、扩增时PCR的反应条件和过程、进行DNA重组操作时使用何种限制性内切酶、如何酶切和连接等具体反应步骤、其中使用的具体试剂来源和用量、使用的设备和应用过程等。

类似地，对于载体，既需限定清楚载体结构特征（可引用在前的权利要求），也需明确具体的工艺步骤，包括使用了何种限制性酶和连接酶、酶切消化和连接反应过程等步骤。有些通过共转染宿主细胞构建重组载体，还要描述清楚所用的宿主细胞来源和获得途径，具体转染和筛选、分离步骤。

对于通过偶然方式获得的某些基因，即其获得来源（例如随机文库，特定地理环境中的特定生物体等）是难以重复得到的，即使详细限定了每个步骤的细节，由于筛选的随机性，本领域技术人员也无法通过重复操作获得，因而该制备方法不符合实用性条款的相关规定。因此，当通过无法重复的随机性实验筛选到某特定基因时，应当使用本领域可以再现的技术手段来限定基因的制备方法。

（2）蛋白质（多肽）

对于天然存在并通过分离纯化方法得到蛋白质（多肽），需限定清楚产品特征和分离纯化过程的必要方法特征。根据实用性条款的相关规定，特定多肽的分离纯化制备方法不应基于无法重复获得的来源，除非对所述特定来源的生物材料进行了生物保藏，使之可以重复获得。对于重组表达方法制备，至少需限定清楚基因或载体。如果是由多个结构域组成的融合蛋白，要么清楚限定完整融合蛋白的编码基因及表达方式，要么限定各结构域的基因以及连接和表达方法。当蛋白质的某特征与特定的宿主细胞和表达条件有关时，还应当限定宿主及所得蛋白质的产品特征和制备方法特征。对于化学合成制备，需限定化学合成的原料和工艺步骤。蛋白质晶体的制备，需限定结晶的原料和工艺步骤。

（3）抗体

①多克隆抗体。多克隆抗体一般通过免疫动物制得，因而需要至少清楚限定所使用的抗原。抗原的表征方式同前述蛋白质，可以直接采用结构（如氨基酸序列）来描述，如果在前有抗原结构的权利要求，也可以通过引用的方式进行限定。如果多克隆抗体依赖特定动物和/或分离方法等，则需要一并限定相关特征，否则可无须限定，或者作为从属权利要求的特征。

②单克隆抗体。单克隆抗体的制备方法一般包括制备抗原、接种动物、分

离产生抗体的细胞类型、骨髓瘤融合、筛选杂交瘤等步骤。特定单克隆抗体的制备方法，特别是利用杂交瘤技术和噬菌体展示技术的制备方法，由于其中较多地依赖随机因素，往往不具备实用性。相似地，特定杂交瘤细胞的制备方法也往往不具备实用性。当分泌特定单克隆抗体的杂交瘤细胞已经保藏，该单克隆抗体的制备方法则可以直接使用该保藏的杂交瘤细胞产生来限定。杂交瘤细胞系应当注明名称、保藏单位（简称）和保藏号。

3. 用途权利要求

（1）基因（核酸序列）

对于基因的治疗和诊断用途，应撰写成“a 基因在制备治疗/检测 b 疾病的药物中的应用”的形式。除了限定其具体用途外，还要限定清楚基因。可以采用引用在前权利要求的方式进行撰写。

对于基因本身作为靶点、相关应用是基于针对所述基因的生物分子的利用（如用于对目标基因进行检测、编辑、沉默等的生物分子、引物、sgRNA、siRNA、dsRNA 等）而非利用基因本身的用途权利要求，一般不允许撰写为上述制药用途的形式，因为所述药物的活性成分（如引物、sgRNA、siRNA、dsRNA 等）并不包括基因本身。对于这类用途权利要求，可以撰写为“针对 X 基因的引物/sgRNA/siRNA/dsRNA 等在制备治疗/检测 Y 疾病的药物中的应用”的形式。

载体的用途通常包括转化-表达用途和转化-治疗用途。两种用途都要限定清楚载体结构特征，可以采用引用在前权利要求的方式进行撰写。转化-表达用途需要限定宿主细胞或生物体的类型。转化-治疗用途需要写成制药用途或制备用途。例如，“X 载体在制备治疗 Y 疾病的药物中的用途”或“X 病毒载体在制备 CAR-T 细胞中的用途”。

（2）蛋白质（多肽）

蛋白质的诊断和治疗用途，与前述基因的治疗和诊断用途类似，应写成药物的制备用途。

对于多肽本身作为靶点、相关应用是基于针对所述多肽的生物分子的利用（如其抗体等），而非利用多肽本身的用途权利要求，与前述基因的情况类似，一般也不允许撰写为上述制药用途的形式，因为所述药物的活性成分并不包括多肽本身。

（3）抗体

单克隆抗体的制药用途一般应当用具体适应证来限定。对于仅用机理限定的单克隆抗体的制药用途权利要求，当本领域技术人员根据现有技术和申请说明书记载的内容无法确定该机理与该机理涵盖的所有具体适应证的治疗之间具有明确的对应关系时，仅由机理限定的单克隆抗体制药用途权利要求一般不被允许。如某权利要求：一种抗 PD-L1 单克隆抗体在制备用于 PD-L1 通路阻断药物中的应用，所述抗体包含轻链和重链，所述轻链的氨基酸序列如 SEQ ID NO. 1 所示，所述重链的氨基酸序列如 SEQ ID NO. 2 所示。说明书中公开了所述抗 PD-L1 的单克隆抗体与 PD-L1 的结合活性，能阻断与 PD-1 的结合，诱导 T 细胞分泌 IFN-Y，在实验动物体内抑制胃癌等肿瘤生长。PD-1/PD-L1 通路与多种不同疾病的调控有关，包括癌症、自身免疫疾病、感染等。权利要求中以机理限定的制药用途涵盖了各种可能的适应证，由于疾病的病因复杂，阻断其中一个通路能否对治疗有效，在现有技术尚未对之研究充分和明确的情况下，尚需实验验证该抗体与疾病的关系，本领域技术人员尚不能预期所述抗体能用于机理概括的所有适应证的治疗，因此该权利要求得不到说明书的支持。此外，如果活性成分是说明书中记载的特定单克隆抗体，通常不允许采用“针对 X 多肽/蛋白的单克隆抗体在制备用于治疗 Y 疾病的药物中的用途”的撰写方式。这是因为，一方面，这种限定方式不能明确单克隆抗体的结构，本领域技术人员无法从说明书记载的某些具体的单克隆抗体的结构来推测可能用于相关用途的其他单克隆抗体；另一方面，即使是针对同一多肽/蛋白的单克隆抗体，也可能结合不同的抗原表位，对多肽/蛋白的功能产生不同的影响，本领域技术人员无法确定针对同一抗原的所有单克隆抗体都能治疗 Y 疾病。

（三）撰写实例

某申请涉及一种针对白血病干细胞抗原的单克隆抗体，技术交底书中包含详细的背景资料和实验结果。申请文件的撰写示例如表 5-2 所示。

表 5-2　申请文件的撰写示例

说明书 **一种白血病干细胞抗原 CDxyz 及其单克隆抗体和应用** **技术领域** 本发明涉及免疫学技术领域，尤其涉及一种白血病干细胞抗原及其单克隆抗体及应用。	发明名称一般不得超过 25 个字，特殊情况下，可以允许最多到 40 个字。

续表

背景技术 近年来研究发现，白血病干细胞（Leukemia Stem Cells，LSCs）是急性髓系白血病（Acute Myeloid Leukemia，AML）中恶性细胞群体的起源。LSCs与正常干细胞一样，具有无限增殖和自我更新的能力，它的自我保护机制和所处的保护性微环境使常规化疗药物对其无效，残留的LSCs被认为是AML发生、耐药、复发的重要原因。因此，LSCs的检测和有效清除已成为当前白血病治疗的重要目标。近年来肿瘤免疫治疗的飞速发展，为白血病的治愈带来了新的希望，其中靶向LSCs的治疗手段成为最有希望治疗白血病的方法之一。 CDabc高表达于LSCs中，而在正常造血干细胞中不表达或弱表达，近年来成为理想的LSCs检测标志及免疫治疗靶标。随着肿瘤免疫治疗的高速发展，目前国外以CDabc为靶标的免疫治疗也在火热开展。例如鼠源单克隆抗体7G3，研究证实其能减缓小鼠体内白血病细胞增长速度，显著延长小鼠存活时间。CDabc作为LSCs的特异性抗原，CDabc的单克隆抗体不管从临床检测还是应用于肿瘤免疫治疗的角度都具有重要意义。 除CDabc之外，现有技术也鉴定出其他功能未知的白血病干细胞特异性抗原。 本发明的目的是提供一种新的白血病干细胞抗原CDxyz及其编码核酸。本课题前期研究表明，CDxyz也高表达于LSCs中，与CDabc在氨基酸序列上的同一性在80%以上，推测二者具有相似的功能。本发明制备了鼠抗人CDxyz单克隆抗体，可应用于临床病人白血病干细胞的检测及靶向白血病干细胞的肿瘤免疫治疗中。	就单克隆抗体而言，其所针对的靶标及其相关信息应当在背景技术中给出必要的介绍。
发明内容 本发明所要解决的技术问题是提供一种新的白血病干细胞抗原CDxyz及其编码核酸，以及鼠抗人CDxyz抗体及其可变区序列，这类抗体与CDxyz亲和力高，特异性强，其可变区序列可用于构建基因工程抗体，应用于靶向白血病干细胞的肿瘤免疫治疗中。 本发明采用的技术方案为： 本发明提供了白血病干细胞抗原CDxyz，其氨基酸序列如SEQ ID NO.1所示，其编码核酸序列如SEQ ID NO.2所示。 本发明还提供了一种鼠抗人CDxyz单克隆抗体，其包含重链可变区序列和轻链可变区序列； 所述重链可变区序列的CDR区中包含三个如下序列： CDRH1：GF……VG，如SEQ ID NO.3所示； CDRH2：HI……KS，如SEQ ID NO.4所示； CDRH3：MG……DF，如SEQ ID NO.5所示；	蛋白质及其编码核酸的序列可直接使用序列编号代表，具体序列在单独的说明书核苷酸和氨基酸序列表中体现。

续表

所述轻链可变区序列的 CDR 区中包含如下三个序列： CDRL1：KS……LA，如 SEQ ID NO. 6 所示； CDRL2：FA……ES，如 SEQ ID NO. 7 所示； CDRL3：QQ……LT，如 SEQ ID NO. 8 所示。 具体地，本发明提供了一种鼠抗人 CDxyz 单克隆抗体，其包含重链可变区序列和轻链可变区序列；其重链可变区序列为：QV……SA（SEQ ID NO. 9），其轻链可变区序列为：DI……RA（SEQ ID NO. 10）。 本发明还提供了保藏号为 CGMCC NO. x 的鼠抗人 CDxyz 的杂交瘤细胞株 1A1。 本发明还提供了由保藏号为 CGMCC NO. x 的鼠抗人 CDxyz 的杂交瘤细胞株 1A1 产生的鼠抗人 CDxyz 单克隆抗体。 本发明还提供了一种核苷酸分子，所述的核苷酸分子编码上述鼠抗人 CDxyz 单克隆抗体。 所述的核苷酸分子编码鼠抗人 CDxyz 单克隆抗体的重链可变区的核苷酸序列为：CAGGT……CCGCA（SEQ ID NO. 11）；所述的核苷酸分子编码鼠抗人 CDxyz 单克隆抗体的轻链可变区的核苷酸序列为：GA-CAT……GGGCT（SEQ ID NO. 12）。 本发明还提供了上述鼠抗人 CDxyz 单克隆抗体在检测 CDxyz 蛋白试剂盒中的应用。 本发明还提供了一种药物组合物，所述组合物包括上述的鼠抗人 CDxyz 单克隆抗体和药学上可接受的载体。 本发明还提供了上述鼠抗人 CDxyz 单克隆抗体在制备治疗肿瘤、感染性疾病、自身免疫性疾病或抗免疫排斥的药物中的应用。（例如靶向白血病干细胞的肿瘤免疫治疗的药物） 上述杂交瘤细胞株 1A1 的编号为 CGMCC NO. x，中国微生物菌种保藏管理委员会普通微生物中心，保藏地址为：北京市朝阳区北辰西路 1 号院 3 号，中国科学院微生物研究所，保藏日期为：×年×月×日。 本发明所具有的有益效果： 本发明使用的技术方案为，通过小鼠杂交瘤单克隆抗体筛选及 RT-PCR 法克隆 Ig 可变区基因，获得 1 株稳定分泌抗人 CDxyz 抗体的杂交瘤及其可变区序列，并用流式细胞术对抗体结合特异性进行了鉴定。 本发明提供的抗 CDxyz 单克隆抗体 1A1 与 CDxyz 蛋白具有高亲和性，结合特异性强，能够特异性结合 CDxyz 阳性细胞系 THP-1，与阴性细胞系 Jurkat、BJAB 无交叉反应，且能特异性识别临床病人样本中的 CDxyz 阳性细胞，与 CDxyz 阴性病人标本无交叉反应。基于这些特性单克隆抗体，既可用于检测表达人 CDxyz 的细胞，也能够单独或与其他方法联合应用在靶向人 CDxyz 蛋白的肿瘤免疫治疗中，即能够有效运用于治疗肿瘤、感染性疾病、自身免疫性疾病以及抗免疫排斥等药物的制备中。	对于已经明确氨基酸序列的单克隆抗体，至少需要通过 6 个 CDR 的氨基酸序列来表征，也可通过重轻链可变区或完整的重轻链序列来表征。 必要时，分泌单克隆抗体的杂交瘤细胞需要保藏，并用获得的保藏编号来表征。 核苷酸序列或氨基酸序列可以在说明书中记载，但应当同时列于序列表中并在说明书对应部分给出相应序列的编号。 涉及保藏的杂交瘤细胞，应当在专利申请时或在自申请日起 4 个月内提交保藏单位出具的保藏证明和存活证明。

续表

附图说明 图 1：抗体与细胞的亲和常数分析图 图 2：抗体与白血病患者样本结合 图 3：抗体与商品抗体的竞争 **具体实施方式** 下面结合具体实施例对本发明作进一步说明，但不限定本发明的保护范围。 实施例 1. CDxyz 的鉴定 本课题组的前期研究通过蛋白质组学发现若干潜在的白血病干细胞特异性抗原，经质谱鉴定和 EST 检索，匹配到一个预测的部分基因片段，通过 3'RACE 和 5'RACE 成功扩增出该基因的全长 cds 序列。经序列比对，发现其与 CDabc 的氨基酸序列同一性大于 80%，故将其命名为 CDxyz。CDxyz 的氨基酸序列如 SEQ ID NO. 1 所示，其编码核苷酸序列如 SEQ ID NO. 2 所示。对 CDxyz 进行原核重组表达之后，免疫小鼠制备多克隆抗体。经 western blot 鉴定，其为一种白血病干细胞特异性抗原，其能够识别内源性的 CDxyz 和 CDabc。 实施例 2. 小鼠杂交瘤单克隆抗体筛选 如前所述，以重组表达的人 CDxyz 蛋白的为免疫原……免疫小鼠后分离淋巴细胞……与骨髓瘤细胞融合……培养并筛选单克隆杂交瘤细胞……鉴定，即获得稳定的杂交瘤细胞株。向中国微生物菌种保藏管理委员会普通微生物中心进行保藏，获得保藏号为 CGMCC NO. x 的鼠抗人 CDxyz 的杂交瘤细胞株 1A1。选取阳性杂交瘤培养上清，采用抗体亚型检测试纸检测抗体的亚型，为鼠源 IgG1 亚型，轻链为 κ 链。 实施例 3. 腹水制备及纯化 …… 实施例 4. 单克隆抗体效价检测 ……单克隆抗体的 K_d 值为 3.67×10^{-9}M。（见图 1） 实施例 5. RT-PCR 法克隆 Ig 可变区基因 总 RNA 提取，单链 cDNA 合成： 重链骨架区和可变区上下游引物以及轻链前导肽和可变区上下游引物扩增重、轻链可变区序列，成功克隆得到重链、轻链可变区序列，符合典型抗体可变区序列特征。 重链可变区的氨基酸序列为：QV……SA（SEQ ID NO. 9）。所述重链可变区序列的 CDR 区中包含如下三个序列： CDRH1：GF……VG，如 SEQ ID NO. 3 所示； CDRH2：HI ……KS，如 SEQ ID NO. 4 所示； CDRH3：MG……DF，如 SEQ ID NO. 5 所示； 轻链可变区的氨基酸序列为：DI……RA（SEQ ID NO. 10）。所述轻链可变区序列的 CDR 区中包含如下三个序列：	*：具体附图说明略，这部分应当对各附图展示的信息作出简要说明。 基因的来源及获取过程应当清楚记载于说明书中。 应当在说明书中对单克隆抗体的获得过程作出必要的记载，如抗原种类、免疫方式、杂交瘤细胞的获得及筛选鉴定过程。

续表

CDRL1：KS……LA，如 SEQ ID NO. 6 所示； CDRL2：FA……ES，如 SEQ ID NO. 7 所示； CDRL3：QQ……LT，如 SEQ ID NO. 8 所示。 实施例 6. 与高表达 CDxyz 的 THP-1 细胞特异性结合 …… 实施例 7. 与 CDxyz 阴性细胞的交叉反应 …… 实施例 8. 抗体与白血病人样本的结合 …… 实施例 9. FACS 法检测抗体与商品 Anti-CDabc 抗体 7G3 的竞争关系。 ……结果见图 3。可见随着 1A1 用量的增加，与商品抗体竞争的程度未随之增加，说明抗体与商品抗体 7G3 的抗原结合表位并不相同。	获取单克隆抗体可变区的过程属于本领域的常规技术手段，此部分可简写或省略。
权利要求书 1. 一种人白血病干细胞特异性抗原 CDxyz，其特征在于：其氨基酸序列如 SEQ ID NO. 1 所示。 2. 一种编码权利要求所述人白血病干细胞特异性抗原 CDxyz 的核酸分子，其特征在于：其核苷酸序列如 SEQ ID NO. 2 所示。 3. 一种质粒，其特征在于：包含权利要求 2 所述的核酸分子。 4. 一种宿主细胞，其特征在于：包含权利要求 2 所述的核酸分子或权利要求 3 所述的质粒。 5. 一种鼠抗人 CDxyz 单克隆抗体，其特征在于：其包含重链可变区序列和轻链可变区序列； 所述重链可变区序列包含的 CDR 区分别如 SEQ ID NO. 3、SEQ ID NO. 4、SEQ ID NO. 5 所示； 所述轻链可变区序列包含的 CDR 区分别如 SEQ ID NO. 6、SEQ ID NO. 7、SEQ ID NO. 8 所示。 6. 一种鼠抗人 CDxyz 单克隆抗体，其特征在于：其包含重链可变区序列和轻链可变区序列；所述重链可变区序列如 SEQ ID NO. 9 所示；所述轻链可变区序列如 SEQ ID NO. 10 所示。 7. 一种核酸分子，其特征在于：所述的核苷酸分子编码权利要求 5 或 6 的所述鼠抗人 CDxyz 单克隆抗体。 8. 根据权利要求 7 所述的核酸分子，其特征在于：所述的核苷酸分子包括编码鼠抗人 CDxyz 单克隆抗体的重链可变区的核苷酸序列和编码鼠抗人 CDxyz 单克隆抗体的轻链可变区的核苷酸序列，分别如 SEQ ID NO. 11 和 SEQ ID NO. 12 所示。	单克隆抗体技术效果的表征是说明书的重点部分，应当记载单克隆抗体的亲和力、特异性等指标，如有条件还可对识别的抗原表位进行鉴定。当某单克隆抗体可以治疗特定疾病时，应当至少记载体外实验的结果，建议同时进行动物实验。 如果抗原是新的，可以考虑在权利要求中一并保护使用氨基酸序列限定的抗原蛋白以及编码该抗原的核酸分子。

续表

9. 一种鼠抗人 CDxyz 单克隆抗体，其特征在于：由保藏号为 CGMCC NO. x 的鼠抗人 CDxyz 的杂交瘤细胞株 1A1 产生。 10. 保藏号为 CGMCC NO. 16699 的鼠抗人 CDxyz 的杂交瘤细胞株 1A1。 11. 根据权利要求 5、6、9 任一所述的鼠抗人 CDxyz 单克隆抗体在制备检测人 CDxyz 蛋白试剂盒中的应用。 12. 一种药物组合物，其特征在于：所述组合物包括根据权利要求 5、6、9 任一所述的鼠抗人 CDxyz 单克隆抗体和药学上可接受的载体。 13. 根据权利要求 5、6、9 任一所述鼠抗人 CDxyz 单克隆抗体在制备靶向白血病干细胞的肿瘤免疫治疗药物中的应用。	单克隆抗体本身、分泌单克隆抗体的杂交瘤细胞都可以是权利要求中的保护主题，需要注意清楚限定序列和/或杂交瘤细胞的保藏编号。 对于药物的制备用途，一般要求限定至明确的适应证。

二、微生物领域

（一）说明书的撰写

对于涉及微生物的发明，说明书的撰写总体上应当符合《专利法》第二十六条第三款关于说明书公开充分、《专利法实施细则》第十七条关于说明书内容以及《专利审查指南 2010》第二部分第二章和第二部分第十章等的相关规定。以下将从微生物的获得和保藏、微生物的培养和使用以及微生物的用途和效果等几个方面介绍。

1. 微生物的获得和保藏

对于微生物相关发明，由于文字记载很难完整描述该微生物的所有特征，即仅仅根据说明书描述也无法得到微生物本身，这可能导致本领域技术人员无法实施该发明，进而无法满足《专利法》第二十六条第三款规定的说明书公开充分的要求，因此申请人应当确保公众在申请日之前能够获得相关微生物。即为了满足《专利法》第二十六条第三款的规定，申请人应当按规定将所涉及的微生物材料到国家知识产权局认可的保藏单位进行保藏。

对于已知的微生物，应该在说明书中记载公众可以获得该微生物的途径，以下情况被认为是公众可以得到的，而不要求进行保藏：①公众能从国内外商业渠道买到的生物材料，应当在说明书中注明购买的渠道，必要时应提供申请日（有优先权的，指优先权日）前公众可以购买得到该生物材料的证据（比如微生物材料的生产或销售商家、产品目录、购买记录和购买发票等）；②对于在各国专利局或国际专利组织承认的用于专利程序的保藏机构保藏的，并且在向我国提交的专利申请的申请日（有优先权的，指优先权日）前已在专利公报中公布或已授权的生物材料，应在说明书中记载相应的专利文献号以及该微生物在保藏机构中的保藏编号等相关信息；③对于在申请日（有优先权的，指优先权日）前已在非专利文献中公开的微生物，应当在说明书中注明文献的出处，说明公众获得该微生物的途径，并由专利申请人提供保证从申请日起二十年内向公众发放生物材料的证明。

对于新分离得到的菌株或者病毒，应当在说明书中详细记载该微生物的分离地点或来源于何种具体的样本（如动物、植物或者微生物）、获得的具体操作步骤、采用的培养基组成、鉴定特征（如微生物的形态学特征、生理生化特征）、分子鉴定（如 16S rRNA 序列）、进化发育树、不同代次菌株/毒株的稳定性及序列比较等，以及与已知种属内其他微生物的比较情况，记载的详细程度应当足以确定该新分离获得的微生物的分类学地位。详细撰写微生物的鉴定特征也有利于将该微生物与现有技术中的其他微生物区分开。而且如果将新分离的微生物鉴定为现有技术中不存在的新种，则说明书中需要详细地记载该微生物的其他分类学性质，写明与同属内其他亲缘关系接近种的异同，并给出鉴定该微生物为新种的必要理由，以及作出判断基准的相关文献。在具体的撰写过程中，关于微生物的鉴定特征可以记载在说明书的发明内容部分，也可以记载在具体实施例中。通常情况下，微生物应当按照微生物学分类命名法，以“种名+菌株名”的方式进行描述分离获得。对于这种新分离获得的微生物，需要进行保藏并提交保藏证明和存活证明。

对于以已知微生物为出发菌株，通过不可重复实施的方式进行人工诱变而获得的新的微生物，可以根据需要在说明书中记载原始微生物的来源、诱变的条件等相关信息。对于这类微生物，由于主要是依赖于微生物在诱变条件下所产生的随机突变，这种突变实际上是 DNA 复制过程中的一个或几个碱基随机变化产生的具有某种特性的微生物，其制备过程无再现性，因此与前述新分离获得的微生物一样，必须按照规定在申请日前或者最迟在申请日（有优先权的，指优先权日）将该微生物到国家知识产权局认可的保藏单位进行保藏，并将该微生物中文名称、拉丁文名称、保藏日期、保藏单位名称（或简称）、保藏日期和保藏编号作为说明书的一个部分集中撰写，然后放置在说明书的相应位置（比如在发明内容部分）。例如，“本发明所述 CV-A10 毒种毒株 XYK6-19，其分类命名为柯萨奇病毒 A 组 10 型，于 2018 年 08 月 20 日保藏于中国微生物菌种保藏管理委员会普通微生物中心（CGMCC），保藏编号为 CGMCC NO. 16218”。此外，还需要将保藏单位出具的保藏证明和存活证明作为一个单独的文件随说明书等其他申请文件一并提交。

对于在已知微生物的基础上通过可重复实施的方式得到的新微生物，比如基因工程改造的微生物，在说明书中除了记载作为改造基础的已知微生物的获得途径外，还应当详细记载该可重复的制备过程，使本领域技术人员能够按照所记载的可重复实施的方式制备得到该新微生物。比如对于基因工程改造的菌株，应当记载出发菌株、敲除或者过表达的内外源基因名称及其核苷酸和/或氨基酸序列、使用的试剂、引物、载体等。另外，对于此类微生物，也可以在说明书中采用生物材料保藏的方法进行描述。例如，“本申请涉及一种产孢量提高的基因工程紫色紫孢菌（*Purpureocillium lavendulum*）ΔPlflbC-5，其为敲除紫色紫孢菌的 PlflbC 基因，具体构建步骤如下：……；也可以记载为本申请涉及一种产孢量提高的基因工程紫色紫孢菌（*Purpureocillium lavendulum*）ΔPlflbC-5，其于 2019 年 5 月 3 日保藏于中国典型培养物保藏中心（CCTCC），其保藏编号为 CCTCC M 2019348”。

2. 微生物的培养和使用

说明书中应当记载微生物的培养和使用方法，以使本领域技术人员能够根据说明书的记载培养和使用该微生物。对于已知的微生物，通常涉及对培养和使用的方法进行改进或优化，比如申请文件的发明点在于对培养基组分的优化、培养发酵条件和工艺参数的改进，或者在培养或发酵过程中加入了特殊的物质（如胁迫剂、诱导剂等），则应当在说明书中对该改进或优化的技术方案进行详细描述。一方面使得本领域技术人员能够重复实施该方法，另一方面也能够理解该改进或优化对技术效果的具体影响。

此外，当涉及不同微生物的组合使用时（如微生物复合菌剂），应当记载该组合物中各微生物的组成及含量，例如，“一种用于防治土传病害的复合生物制剂，所述复合生物制剂包含 70wt%~98wt% 的匍枝根霉（*Rhizopus stolonifer*）和绿色木霉（*Trichoderma viride*）的混合发酵液，0.5wt%~2wt% 的水溶性甲壳素，0.5wt%~2wt% 的黄腐酸钾，其中所述葡枝根霉的孢子悬浮液和绿色木霉的孢子悬浮液的重量比例为 1：1 至 1：2”。

3. 微生物的用途和效果

对于涉及微生物及微生物应用的发明，预料不到的技术效果是判断其是否具备创造性的一个重要依据，因此在说明书中还应当详细记载微生物的用途和效果，这不仅是说明书充分公开的要求之一，也对发明的创造性、权利要求的保护范围等方面具有至关重要的作用。在具体的撰写方面，除了在发明内容部分较为概括简要地记载微生物的用途和效果外，还应当在具体实施例部分进行详细的描述，比如实施例中应当记载使用的具体微生物名称、使用方法、获得的定性和/或定量的实验数据等，使得本领域技术人员能够实现该发明。特别是对于现有技术中已知的同种属微生物具有同样的功能或者可以通过合乎逻辑的分析、推理得出具有同样功能的情况下，最好还应当给出与现有技术进行比较的对比例、相应的实验数据、图表等。

如果微生物的用途体现在其发酵产物上时，应当记载该微生物发酵产物的用途，比如发酵混合物（发酵液）的用途或者经分离鉴定的活性化合物的用途。例如，“实施例3：壮观链霉菌69-1对烟草植株生长的影响。步骤1）制备壮观链霉菌69-1的发酵液；步骤2）不同浓度的观链霉菌69-1的发酵液与空白对照组相比，对烟草株高、茎围、有效叶片数、叶宽、叶长、总生物量的实验数据……”。

（二）权利要求的撰写

1. 产品权利要求

（1）采用保藏编号限定微生物

只有当微生物分离成为纯培养物，并且具有特定的产业用途时，微生物本身才属于可给予专利权保护的客体。对于新分离获得的菌株或者毒株通常应按照微生物分类命名法，以“种名+菌株名”的形式进行撰写，种名是采用国际标准命名法命名的已知的通用名称，当有确定的中文种名时，还应当写上相对应的中文种名表述，并在权利要求第一次出现该微生物的时候用括号标注该微生物的拉丁文名，拉丁文名应当采用斜体，然后加上按照相关规定进行保藏获得的保藏编号，即按照“中文名（拉丁文学名）+菌株名+保藏单位简称+保藏编号”的方式进行撰写。例如权利要求可以采用以下形式撰写：“一株植物乳杆菌（*lactobacillus plantarum*）W8171，其特征在于，其在中国微生物菌种保藏管理委员会普通微生物中心的保藏编号为CGMCC NO. 21781。”又如，“一株解磷青霉菌，其特征在于，所述解磷青霉菌为草酸青霉菌（*Penicillium oxalicum*）QM-6，于2016年5月27日保藏于中国微生物菌种保藏管理委员会普通微生物中心，保藏编号为CGMCC NO. 12475”。再如，“一种MN-HS病毒，其保藏编号为ATCC NO. VR2509”。对于此类以保藏编号限定的微生物权利要求，由于已经使用保藏编号对该微生物进行了唯一限定，为了使权利要求符合简要的要求，不必再对该微生物的来源、生理生化性质等特征进行限定。比如以下两种不简要的情形：“如权利要求1所述的壮观链霉菌68-1，其特征在于该壮观链霉菌68-1的16S rRNA序列如SEQ ID NO. 1所示”；或者“如权利要求1所述的壮观链霉菌

68-1，其特征在于该壮观链霉菌 68-1 在 PDA 培养基上，菌落局限，边缘有皱褶，菌落红色，孢子丝直、曲，有时假轮生，含 10~50 个孢子以上，孢子椭圆形，表面光滑”。

对于未能鉴定到种名的微生物，应当记载属名，比如“一株双歧杆菌（*Bifidobacterium sp.*）W6118，其在中国微生物菌种保藏管理委员会普通微生物中心的保藏编号为 CGMCC NO. 21787”。

此外，权利要求概括的范围应当与说明书内容的支持程度相匹配，通常不能在权利要求中仅使用单纯的纯功能限定或者效果限定对微生物进行定义，比如通常不能使用“突变体+功能限定”的撰写方式概括出涵盖过宽保护范围的权利要求。此外，如果在说明书中没有提及某微生物的具体突变株，或者虽然提及具体突变株，但没有提供相应的具体实施方式，而权利要求中要求保护这样的突变株，则通常不被允许。

（2）采用制备方法限定微生物

前文概括了对于从自然界筛选特定微生物或者通过物理、化学方法进行人工诱变生产得到的新的微生物，由于很难重复获得完全相同的结果，因此需要进行保藏并采用保藏编号限定。然而对于采用可重复的方式制备的新微生物，比如基因工程改造的微生物，既可以采用上述保藏编号限定微生物的撰写方式（在完成了保藏的情况下），比如“一株基因工程构建发酵生产苹果酸的重组黑曲霉（*Aspergillers niger*）菌株，其特征在于其保藏号为 CGMCC NO. 12479”；也可以采用制备方法限定的方式进行描述，比如“一株基因工程构建发酵生产苹果酸的重组黑曲霉菌株（*Aspergillers niger*），其特征在于该菌株通过将保藏号为 CGMCC NO. 10142 的黑曲霉 10142 中的柠檬酸合酶 cs 和高柠檬酸合酶 hcs 敲除，同时将草酰乙酸水解酶 oahA 敲除；再将丙酮酸羧化酶 pc 基因、四碳二羧酸转运蛋白 *dct* 基因和保藏号为 CGMCC NO. 3042 的米曲霉的苹果酸转运蛋白 C4T318 基因整合到黑曲霉 10142 基因组上”。当采用制备方法的撰写方式限定新的微生物时，应进行足够清楚的记载，使其区别于现有技术中已知的微生物，并能够产生使发明具备创造性的技术效果。

（3）微生物的发酵产物

根据《专利审查指南 2010》第二部分第十章的规定，对于要求保护某一微生物的“衍生物”的产品权利要求，由于“衍生物”的含义不仅是指由该微生物产生的新的微生物菌株，而且可以延伸到由该微生物产生的代谢产物等，因此“衍生物”一词在这样的权利要求中的含义是不确定的，导致该权利要求的保护范围不清楚，不符合《专利法》第二十六条第四款的规定。

当要求保护的微生物发酵产物是明确成分的化合物或组合物时，需要在权利要求中限定清楚化合物或者组合物的组分特征。当要求保护的发酵产物是成分不明的混合物时，可以使用制备方法限定，比如“一种如权利要求 1 所述的拟茎点霉菌 YE3350 的发酵粗提物，其特征在于，所述发酵粗提物是通过以下方法制备得到：将拟茎点霉菌 YE3350 接种于 PDA 培养基，进行活化培养，获得活化菌种；将所述活化菌种接种于 PDB 培养基培养，获得种子液；将所述种子液接种于 PDB 培养基进行摇床培养，接种量以所述种子液和 PDB 培养基的体积百分比为 8%～12%计，获得发酵液；向所述发酵液中加入有机溶剂进行萃取，所述有机溶剂为乙酸乙酯，取上层萃取液减压浓缩至干燥，加入无菌水，获得拟茎点霉菌 YE3350 的发酵粗提物”。

2. 方法权利要求

（1）对于由自然界筛选特定微生物的方法或通过物理、化学方法进行人工诱变生产新微生物的方法

这类方法由于受到客观条件的限制，且具有很大随机性，因此在大多数情况下都不能重现，不具有实用性，不符合《专利法》第二十二条第四款的规定。比如，权利要求 1 为“一种黑曲霉菌（*Aspergillus niger*），其特征在于其在中国微生物菌种保藏委员会普通微生物保藏中心保藏，其保藏编号为 CGMCC NO. 1539”。权利要求 2 为“根据权利要求 1 所述的黑曲霉菌的筛选方法，其特征是：从铝土矿区采集表层土壤及铝矿石样品……富集微生物，在平板上进行纯化培养、筛选”。权利要求 2 要求保护从铝土矿区的土样或者矿石样品中筛选获得权利要求 1 中用保藏编号限定的特定微生物的筛选方法，由于铝土矿区土样或者矿样的不确定和自然、人为环境的不断变化，加上同一矿区中特定微生物存在的偶然性，致使不可能重复地筛选出同属同种、生化遗传性能完全相同的微生物体。因此权利要求 2 所述的由自然界筛选特定微生物的方法，不具有实用性，不符合《专利法》第二十二条第四款的规定。又如权利要求 1 为“一种生产 L-精氨酸的菌株，其特征在于该菌株为钝齿棒杆菌（*Corynebacterium crenatum*）SDNN403，其保藏编号为 CGMCC NO. 0890”。权利要求 2 为“根据权利要求 1 所述生产 L-精氨酸菌株的制备方法，其特征在于将出发菌株经紫外、硫酸二乙酯、N-甲基-N′-硝基-N-亚硝基胍逐级诱变，并经磺胺胍抗性……筛选获得”，该权利要求 2 中通过紫外、硫酸二乙酯、N-甲基-N′-硝基-N-亚硝基胍等物理、化学方法对出发菌株进行人工诱变，使其在 DNA 复制过程中产生一个或者多个碱基的变化，然后从中筛选出具有所需特性的特定微生物，而通过这样的诱变方法所导致的碱基变化是随机的，即使重复同样的诱变条件，也很

难得到完全相同的诱变结果，因此该方法不符合《专利法》第二十二条第四款的规定。

（2）对于定向的筛选获得具有某一特性的一类微生物而不是特定的某一株微生物的方法

此法不依赖于随机的条件，从具体限定的方法特征和说明书记载的内容来看，其本质上更接近于一种培养或分离方法，这样的方法是可以重复实施的，在权利要求中可以采用这样的撰写形式。例如，“一种分离嗜温硫氧化杆菌的方法，其特征在于：首先将温泉样品静置水域中，逐步升温到70~80℃，保持该温度50~72h，然后按6%的接种量将该样品加到pH1.5~1.8的培养基1中，接种物移入50~55℃水浴，静置24~48h，再转入55~60℃水浴……如此稀释分离四次，得到纯化的菌株”。根据申请文件的记载，该发明是根据该菌株的典型生理生化特性而设计的一种分离方法，只要样品中存在该菌株，运用该方法就能分离出来。该发明采用上述方法已从国内来自21个省的不同环境样品中分离得到嗜温硫氧化杆菌。首先，该方法是从环境样品中分离一类具有某种共同性质的微生物，而非某一个具体的特定性质的菌株，该一类菌的不同个体对生长环境的要求非常一致；其次，该分离方法中还采用了该类微生物能够存活下来的特定培养基，该培养基的组分决定了同类性质的菌株能够从样品中分离出来。因此，只要样品中存在该类性质的菌株，实施该方法就能够重复成功分离这样的菌株，这种方法具备再现性，因此可以采用这样的方法撰写权利要求。

（3）对于涉及微生物的培养方法的权利要求，应根据发明点的不同进行撰写

对于发明点在于部分工艺参数改进的权利要求，至少应写明改进的技术特征；如果发明点在于整个方法，应该清楚限定任何能够影响技术效果的技术特征。比如，使用了新的培养基或在微生物的培养发酵过程中加入了特定的诱导剂，或者改进了发酵培养的条件（如温度、溶氧等），那么在撰写权利要求过程中就应该清楚地写明培养基的组分、诱导剂的类型、温度或溶氧等。

3. 用途权利要求

对于微生物的用途权利要求，首先应当注意不能直接写为诊断或者治疗的用途，因其不符合《专利法》第二十五条第一款第（三）项的规定，比如不能直接写为“权利要求1所述植物乳杆菌T1在治疗腹泻中的应用”，可将该权利要求撰写成制药用途的权利要求，例如“权利要求1所述植物乳杆菌T1在制备治疗腹泻的药物中的应用”。又如“权利要求1所述的谷氨酸杆菌GH202103菌株在α-茄碱降解制剂中的应用”，对于该权利要求，可以理解为

权利要求1所述的谷氨酸杆菌GH202103菌株在制备α-茄碱降解制剂中的应用，也可以理解为权利要求1所述的谷氨酸杆菌GH202103菌株作为α-茄碱降解制剂在降解α-茄碱中的应用。同时根据说明书的记载，α-茄碱对人畜具有较高的毒性，对人类正常肝细胞表现出显著的细胞毒性，还能抑制人类中枢神经系统胆碱酯酶的活性，破坏肠胃细胞膜，误食茄碱可引起恶心、呕吐、腹泻、丧失知觉、麻痹、休克等症状。因此当谷氨酸杆菌GH202103菌株在作为α-茄碱降解制剂用于降解α-茄碱的应用时，已经涵盖了疾病的治疗方法，属于不授予专利权的客体。申请人可将其撰写为“权利要求1所述的谷氨酸杆菌GH202103菌株在制备α-茄碱降解制剂中的应用”。再如，“如权利要求1所述的CV-A10病毒毒株在疫苗领域的应用”，该权利要求同样涵盖了CV-A10病毒毒株在制备疫苗中的应用，以及CV-A10病毒毒株作为灭活或者减毒疫苗在防治由CV-A10病毒引起的疾病中的应用，也属于疾病的治疗方法，申请人可以将其改写为“如权利要求1所述的CV-A10病毒毒株在制备疫苗中的应用”的形式。

当微生物产品具有新颖性和/或创造性时，该微生物的用途通常也具有新颖性和创造性，但是撰写时应注意与说明书内容的支持程度相匹配。例如，“一种多粘类芽孢杆菌（*Paenibacillus polymyxa*）BD3736，其特征在于，其保藏编号为CGMCC NO. 10062”。权利要求10为“权利要求1所述的多粘类芽孢杆菌BD3736在制备抑制革兰氏阳性菌和革兰氏阴性菌物质中的应用”。然而根据本申请说明书中具体实施例的记载，本申请所述BD3736菌株发酵液提取物对大肠杆菌（*Escherichia coli*）和肠炎沙门氏菌（*Salmonella enteritidis*）有比较明显的抑制作用，而对金黄色葡萄球菌没有抑制作用。首先，基于本申请文件的实施例结果可知，权利要求1所述多粘类芽孢杆菌BD3736菌株的发酵液提取物对金黄色葡萄球菌这一种革兰氏阳性菌没有抑制作用，因而并不能解决“抑制革兰氏阳性菌”这一技术问题；其次，结合本领域的普通技术知识可知，即便是同为革兰氏阴性菌，不同种的病原菌的生理和生化性质也可能存在很大的差异，对某种病原菌具有抑制作用的物质，对其他种类病原菌不一定具有抑制作用。由于申请文件中并未清楚说明菌株BD3736的抑菌原理，因而本领域技术人员无法基于原理推断其是否对其他种类的微生物亦有抑制作用。即本申请所述多粘类芽孢杆菌对除大肠杆菌、肠炎沙门氏菌外的其他革兰氏阳性菌和革兰氏阴性菌有没有抑制作用仍然是本领域技术人员无法预期的。这种情况下，权利要求10请求保护的技术方案有可能被认为得不到说明书的支持。为了避免这种情况出现，建议可以在说明书中记载更为丰富的实验数据（例如增加对本领域常见的、典型的不同种类的革兰氏阴性菌的抑菌实验），或者探究其抑菌活性成分和抑菌机理用以证明其抑菌广谱性，并详细记载在说明书中。

此外，微生物用途权利要求的主题名称应当清楚、明确。例如可以写为“权利要求 1 所述菌株在防治烟草黑斑病中的应用”，而不应该写成“权利要求 1 所述菌株，用于防治烟草黑斑病”。后者实际上请求保护的主题仍然是菌株本身，而不是该菌株的用途。此外，如果权利要求 1 中已经采用了保藏编号限定菌株，那么特征部分的用途限定实际上对于菌株本身的结构和功能不会产生进一步的限定作用，可能会导致权利要求不简要，不符合《专利法》第二十六条第四款的规定。

（三）撰写实例

某申请涉及一株从工厂废水中分离得到的在低温下具有较好的解除总氮的效果的肇东假单胞菌株及其应用。由于该菌株是公众无法获得的，因此应在申请日之前在国家知识产权局认可的保藏单位对其进行生物材料的保藏。申请文件的撰写示例如表 5-3 所示。

表 5-3　申请文件的撰写示例

说明书 **一种肇东假单胞菌株及其应用** **技术领域** 本发明涉及一种肇东假单胞菌株及包含其的微生物菌剂，具体涉及一种能够在低至 5℃的温度下仍然具有优异的降解水中含氮物质的肇东假单胞菌株及其应用，属于环境微生物领域。 **背景技术** 在污水处理过程中，污水中的有机物和氮、磷等营养物质可通过代谢作用被微生物降解和利用。在污水处理中起主要作用的是在常温下具有较高活性和降解能力的中温菌，最佳温度为 25~35℃，但在冬季水温偏低，我国北方气温通常低于 10℃，当水温下降到 7~15℃时，系统降解效果会明显下降，利用传统的活性污泥法为主的工艺技术的处理效能大幅下降，出水水质达标保障率极低，通常的解决方法是降低污泥负荷，延长水力停留时间，这样会导致污水厂的占地面积增大，运转费用变高，所以筛选在低温下有高效降解总氮能力的菌株显得尤为重要。	发明名称应当清楚、简要、全面，不得使用商业宣传用语。 技术领域应当是要求保护的发明所属或者直接应用的具体技术领域，而不是上位或者相邻的技术领域，也不是发明本身。

续表

自20世纪70年代中期以来，低温微生物菌剂已在世界范围内的污水处理中得到长足的发展和普遍的应用，并且取得了较好的处理效果，但是在研究和应用中尚存在以下不足之处： 1. 大部分研究只停留在研究阶段，尚未形成成熟的产品； 2. 多数研究中菌种的接种量过大，实际应用中成本较高； 3. 最低有效温度大多数为10℃以上，应用成本较高。	背景技术写明对发明的理解、检索、审查有用的背景技术，并且尽可能引证反映这些背景技术的文献。此外，还要客观指出现有技术存在的问题和缺陷。
发明内容 本发明针对水净化领域中现有的低温微生物菌种和菌剂所存在的不足，提供一种能够在低至5℃的温度下具有优异的降解总氮的效果，并且随着温度升高降解效率逐步提高的肇东假单胞菌株、包含其的微生物菌剂、微生物菌剂的制备方法及应用。	发明内容部分主要包括要解决的技术问题、采用的技术方案和获得的有益效果三个方面。
本发明要求保护一种低温脱氮的肇东假单胞菌株（*Pseudomonas zhaodongensis*）LB01，其16S rDNA序列如SEQ ID NO. 1所示，其保藏于中国微生物菌种保藏管理委员会普通微生物中心，地址为：北京市朝阳区北辰西路1号院3号，保藏号为CGMCC NO. 12345，保藏日期为2018年10月11日。	将菌株的保藏日期、保藏单位名称和保藏编号作为说明书的一个部分集中撰写。
本发明还要求保护包含上述肇东假单胞菌株的微生物菌剂。所述菌剂通过如下方法制备得到： （1）一级种子培养：无菌条件下取肇东假单胞菌株接种于富集培养基中，于25~35℃、100~150r/min的条件下培养12~36h，得到一级种子培养液； （2）二级种子培养：无菌条件下将一级种子培养液按照1vol%~3vol%的接种量接种于富集培养基中，于25~35℃、100~150r/min的条件下培养12~36h，得到二级种子培养液； （3）发酵：待发酵罐内的发酵培养基消毒完毕后，将步骤（2）所得的二级种子培养液按照0.1vol%~0.5vol%的接种量接种于发酵培养基中，控制温度为25~35℃，通气比为1∶（1~2），150~300r/min的条件下发酵，待溶氧开始上升时停止发酵，得发酵液； （4）制备微生物菌剂：将步骤（3）所得的发酵液稀释灌装，即得微生物菌剂。 …… 本发明技术方案的有益效果是： （1）本发明筛选出来的肇东假单胞菌株耐低温，能够在低至5℃的温度下保持优异的除总氮效果，在8℃条件下，总氮降解率达到96%以上，硝酸盐态氮的降解率能达到97%以上，亚硝酸盐态氮的降解率达到100%，氨氮降解率也能达到99%以上，且随着温度的升高降解效率逐步提高，应用于污水处理中后，能够减少水体升温所需的费用； （2）本发明的微生物菌剂活菌数高，添加量可低至50ppm，能够降低购买菌种或微生物菌剂所需的费用；	

续表

（3）本发明的微生物菌剂采用液体形式，成本比市面上的固体菌剂低 10 倍以上，不破坏原始环境、无二次污染、处理效果好、操作简便，菌剂应用领域广、普适性强。	
附图说明 附图 1：肇东假单胞菌 LB01 在 PDA 培养基上的菌落形态； 附图 2：基于 16SrDNA 基因序列构建的与肇东假单胞菌 LB01 相近菌种的系统进化树； 附图 3：肇东假单胞菌 LB01 的脱氮效果； ……	说明书有附图的，应当对附图进行顺序编号，并且对图示的内容作简要说明。
具体实施方式 实施例 1. 菌株 LB01 的分离及获得 1. 富集培养：采集山东青岛某化工厂污水，吸取 10mL 污水转接至装有 100mL 富集培养基（硝酸钾 2g/L，磷酸氢二钾 0.5g/L，硫酸镁 0.2g/L，酒石酸钾钠 200g/L，调 pH=7.20）的 250mL 三角瓶中，8℃条件下静置培养 7 天，进行第一次富集。然后，再吸取 10mL 的一次富集液，加入到新鲜的富集培养基中，8℃条件下静置培养 7 天，进行第二次富集。按上述同样的富集方法再进行第三次富集。 2. 初筛…… 3. 复筛…… 菌株 LB01 在 PDA 培养基上，菌落局限，边缘有皱褶，菌落红色。孢子丝直、曲，有时假轮生，含 10～50 个孢子以上。孢子呈椭圆形，表面光滑，如图 1 所示。 将分离获得的菌株保藏于中国微生物菌种保藏管理委员会普通微生物中心，地址为：北京市朝阳区北辰西路 1 号院 3 号，保藏号为 CGMCC NO.12345，保藏日期为 2018 年 10 月 11 日。	说明书中应当对菌株的来源、获得方式、菌落形态等菌株信息进行必要的记载。
实施例 2. 菌株 LB01 的检测及鉴定 1）细菌基因组 DNA 的提取 2）细菌基因组 PCR 扩增…… 3）PCR 产物的回收…… 4）序列测定…… 5）序列分析及比对…… 16SrDNA 同源性序列结果：如图 2 所示，菌株 LB01 和肇东假单胞菌，聚成一支，结合形态学特征，表明其属于肇东假单胞菌，命名为肇东假单胞菌（*Pseudomonas zhaodongensis*）LB01。	说明书中应记载菌株的 16S rRNA 序列、进化发育树等菌株鉴定的必要信息，以及与已知种属其他微生物的比对情况，以确定该新分离获得的微生物的分类学地位。
实施例 3. 微生物菌剂的制备 1. 一级种子培养：无菌环境中挑取 1 环肇东假单胞菌株 LB01 接入装有 100mL 富集培养基（硝酸钾 2g/L，磷酸氢二钾 0.5g/L，硫酸镁	

续表

0.2g/L，酒石酸钾钠 200g/L，调 pH = 7.20）的 250mL 三角瓶中置于 30℃、120r/min 条件下培养 24h，得到一级种子培养液； 2. 一级种子培养：…… 3. 消毒灭菌：…… 4. 发酵：…… 实施例 4. 微生物异养硝化功能的检测 将肇东假单胞菌株 LB01 接入装有 100mL 富集培养基（硝酸钾 2g/L，磷酸氢二钾 0.5g/L，硫酸镁 0.2g/L，酒石酸钾钠 200g/L，调 pH = 7.20）的 250mL 三角瓶中，在 30℃、150r/min 条件下振荡培养 24h，得到种子液，活性菌浓度为 $10^8 \sim 10^{10}$ CFU/mL。 按 5%（*v/v*）取种子液接种在异养硝化模拟废水中，异养硝化模拟废水由溶剂和溶质组成，溶剂为水，溶质及各自的浓度分别为 NH_4Cl 0.382g/L、乙酸钠 2g/L、$MgSO_4 \cdot 7H_2O$ 0.2g/L、K_2HPO_4 0.2g/L、NaCl 0.12g/L、$MnSO_4 \cdot 4H_2O$ 0.01g/L、$FeSO_4$ 0.01g/L，pH7.0～7.2，并设不接种菌种的阴性对照，接种菌种后于 30℃、150r/min 振荡好氧培养 7d，得到待测菌液。 培养 7 天后，使用格里斯氏（Griess）试剂和二苯胺试剂检测培养液中是否出现亚硝酸盐氮，具体方法为：在培养液中滴加格里斯氏试剂 A 液（0.5g 对氨基苯磺酸，150mL110%（*v/v*）稀醋酸）、格里斯氏试剂 B 液（0.1gα-萘胺、150mL10% 稀醋酸、20mL 蒸馏水）后，溶液如变为粉红色、玫瑰红色、橙色、棕色等表示亚硝酸盐的存在，说明发生异养硝化，为异养硝化阳性。如无红色出现，则可加入一至二滴二苯胺试剂（二苯胺 0.5g 溶于 100mL 浓硫酸中，用 20mL 蒸馏水稀释），此时如呈蓝色反应，则表示培养液中存在硝酸盐，也说明发生异养硝化，为异养硝化阳性；如不呈蓝色反应，表示无形成的亚硝酸盐和硝酸盐，说明未发生异养硝化，为异养硝化阴性。根据标准 HJ535—2009 水质氨氮的测定纳氏试剂分光光度法测定氨氮浓度，计算单菌异养硝化的氨氮降解率，单菌异养硝化的氨氮降解率 =（不接菌阴性对照氨氮浓度 - 待测菌液氨：氮浓度）/不接菌阴性对照氨氮浓度×100%，结果显示肇东假单胞菌株 LB01 的异氧硝化的氨氮降解率为 99% 以上，试验结果如图 3 所示。 实施例 5. 肇东假单胞菌株 LB01 的降总氮能力评价…… 实施例 6. 应用对比试验…… 实验设计：具体实验安排如下，每个实验组设置 3 个重复： 1. 空白对照组：不投加菌液； 2. 实验组 1：按照 50ppm，投加菌剂 2.5g；	详细记载培养条件、培养基组分及含量、操作步骤等参数，使得本领域技术人员能够实现该发明。 具体实施例的数量和内容应当根据发明要解决的技术问题、现有技术的状况以及权利要求的保护范围来确定。

续表

3. 实验组2：按照100ppm，仅投加菌剂5g； 4. 实验组3：按照1000ppm，仅投加菌剂50g。 …… **权利要求书** 1. 一种肇东假单胞菌株（*Pseudomonas zhaodongensis*）LB01，保藏于中国微生物菌种保藏管理委员会普通微生物中心，保藏号为CGMCC NO. 12345。 2. 一种微生物菌剂，其特征在于，包含权利要求1所述的肇东假单胞菌株LB01。 3. 权利要求2所述微生物菌剂的制备方法，其特征在于，包括如下步骤： （1）一级种子培养…… （2）二级种子培养…… （3）发酵…… （4）制备微生物菌剂 4. 权利要求1所述的肇东假单胞菌株或权利要求2所述的微生物菌剂降解水中的含氮物质的用途。 ……	按照“中文名（拉丁文学名）+菌株名+保藏单位简称+保藏编号”的方式进行撰写。 对于新分离获得的菌株，独立权利要求的主题可包括该菌株本身、包含菌株的产品比如菌剂、菌剂的制备方法、菌株和菌剂的相关应用以构建全面的保护体系。

三、细胞领域

本部分的“细胞领域”主要涉及人类胚胎干细胞和生殖细胞、融合细胞以及以CAR-T为代表的基因修饰细胞及其制备和应用有关的技术，还包括与细胞培养、繁殖和分化相关的培养基。细胞领域的专利申请文件在撰写时需要重点关注是否违反《专利法》第五条的规定，是否需要对相关细胞进行生物保藏以及是否需要对有关遗传资源来源进行披露。

（一）说明书的撰写

1. 人干细胞和生殖细胞

2019年修订的《专利审查指南2010》明确指出：“如果发明创造是利用未经过体内发育的受精14天以内的人胚胎分离或者获取干细胞的，则不能以‘违反社会公德’为理由拒绝授予专利权。”在第二部分第十章第9.1.1.1节中明确了“人类胚胎干细胞不属于处于各个形成和发育阶段的人体”。可见，符合要求的胚胎干细胞及其获取和应用不再落于“违反社会公德”的范畴，即不违反

《专利法》第五条的规定。另外，如果实施发明所需的人胚胎干细胞来自成熟的商品化人类胚胎干细胞系，因而无须破坏任何人类胚胎，则发明不涉及人胚胎工业或商业目的的应用，也不违反社会公德。

对于成体干细胞，由于其通常不涉及胚胎的破坏，也不具有发育成完整个体的可能性，因此通常不存在违背伦理道德的问题，从而不会违反《专利法》第五条的规定。

如果通过定向重组的方法发生在人的精子或卵细胞这类生殖细胞中，并且通过这种方式产生了或将产生遗传物质发生改变的人，那么这种方法属于“改变人生殖系遗传同一性的方法”，违反伦理道德，不符合《专利法》第五条第一款的规定。另外，人的生殖细胞由于属于处于各个形成和发育阶段的人体，属于《专利法》第五条第一款规定的不能授予专利权的发明，不能被授予专利权。

在不存在违反《专利法》第五条规定的情况下，说明书的撰写需要注意以下几个方面：

（1）鉴定和表征

通常需要从以下四个方面对胚胎干细胞进行鉴定和表征：形态学检测、染色体和核型分析、表面标记物和转录因子、体内和体外分化能力。必要时，上述内容应当提供图片和表格资料。随着技术的发展，除通过分离技术得到的胚胎干细胞或成体干细胞外，通过细胞编程、体细胞核移植等技术也可获得具有特定功能的干细胞。为满足说明书公开充分的要求，说明书中不仅需要记载这些干细胞本身的特征，还需要记载获得所述干细胞的方法。如果所述方法并非现有技术惯用的方法或发明的改进点就在于培养条件和参数的调整，还需要记载具体的获得方法并提供必要的实施例。

（2）关于遗传资源来源披露

是否需要提交遗传资源来源披露登记表取决于是否利用了遗传资源的遗传功能。对于人胚胎干细胞系相关发明，当发明创造的完成并未利用胚胎干细胞系的遗传功能时，如“一种保存人胚胎干细胞系的方法”，就不需要提交遗传资源来源披露登记表。当发明创造的完成虽然利用了人胚胎干细胞的遗传功能，但说明书中已经记载了所依赖的遗传资源来源于现有技术的某已知来源，也不需要提交。例如，所用的胚胎干细胞来自现有技术已知来源的人胚胎干细胞系。需要提交的情况包括：发明利用人胚胎干细胞系的遗传功能而完成，根据说明书的记载无法判断其利用的遗传资源是否是现有技术中来源已知的；利用自建系或他人馈赠的人胚胎干细胞系进行定向诱导分化的方法等完成的技术方案。

(3) 关于细胞是否需要保藏

如果发明利用的干细胞系是公众或本领域技术人员能够重复、稳定地获得的，则无须保藏，如商购的已知细胞系、通过基因工程操作对已知可重复稳定获得的胚胎干细胞系进行修饰所获得的基因修饰胚胎干细胞系等，申请人不必对这样的细胞进行保藏，但需要在说明书中明确说明该细胞系的制备方法，使得本领域技术人员能够重复获得。如果胚胎干细胞系是不能重复、稳定获得的，则通常需要保藏，例如某些胚胎干细胞系具有特殊的 HLA 型别，而该细胞系的获得依赖于一些随机因素、从特定的亲本获得的、通过自然筛选获得的胚胎干细胞系等。

2. 融合细胞

融合细胞大部分情况下为分泌单克隆抗体的杂交瘤细胞，此类细胞的说明书撰写参见前述抗体相关部分，此处不再赘述。对于其他类型的融合细胞，说明书需要记载融合细胞的来源和具体种类、融合的方法以及融合细胞表现出的技术效果。由于一般需要对融合后细胞进行单克隆筛选和鉴定，因而建议对筛选到的融合后单克隆细胞进行保藏。

3. 基因修饰的细胞

基因修饰的细胞包含了许多通过人工方式导入基因以产生的各种具有不同特性的细胞，这类细胞的发明构思一般在于导入的基因，这类细胞的说明书撰写方式可参见前述基因相关部分。本部分主要以 CAR-T 为例介绍通过嵌合抗原受体基因修饰的免疫细胞来治疗肿瘤的细胞免疫治疗技术的说明书撰写。与其他常规转基因细胞的不同之处在于，CAR-T 能够发挥作用，仍然主要依赖于 T 细胞所固有的功能，CAR 的修饰使该 T 细胞对靶细胞的特异性增加，杀伤作用增强。

CAR（Chimeric Antigen Receptor，嵌合抗原受体）是由抗体源性靶向区与 T 细胞信号区融合而成的一种多肽分子；CAR-T 细胞（嵌合抗原受体修饰的 T 细胞）是通过将外源性人工设计的 CAR 基因导入 T 细胞内进行基因修饰改造后得到的表达 CAR 的 T 细胞。应用于肿瘤治疗的 CAR 一般包括胞外的肿瘤相关抗原结合区（通常为由抗体的抗原结合结构域组成的单链抗体）、跨膜区和胞内信号区，将其顺序组合在一起并表达在 T 细胞上构成 CAR-T。截至目前，CAR 的发展经历了四个主要的设计阶段，结构上主要差异在胞内部分，使得 CAR-T 在细胞毒活性、增殖性、存在时间、促进细胞因子分泌释放上功能逐渐增强和改善，治疗的疾病从血液瘤也逐渐扩展到实体瘤。这类专利的说明书主要包括

CAR-T 的物质表征和效果描述两大方面。

(1) 物质表征

首先需要明确 CAR 的结构，说明书中需要记载组成 CAR 的各元件的具体选择，以及连接二者的接头、跨膜区和胞内信号区。其中，对于现有技术中公知的元件，可以通过引用基因数据库序列的方式给出，而不必记载具体序列；对于现有技术中不存在的元件（如新的抗原结合部分），则需要详细记载氨基酸序列，同时还应写清获得过程，可参考单克隆抗体部分的要求。由于 CAR 需要转入 T 细胞以发挥功能，继而需要在说明书中记载详细的转导方法，包括使用的病毒载体类型、载体的构建、T 细胞的来源、T 细胞的分离、T 细胞的活化和增殖、表达 CAR 的 T 细胞的检测等。如果使用病毒载体之外的方法转导，也需要详细记载具体的转化条件和步骤。整个过程的具体流程一般可分为 5 个步骤：①从癌症患者外周血或者单核细胞中分离出 T 细胞；②利用基因工程手段将表达特异性识别肿瘤细胞的 CAR 的基因转入 T 细胞；③体外培养，大量扩增 CAR-T 细胞至治疗所需剂量；④回输之前进行清髓治疗，一般为化疗，一方面清除免疫抑制细胞，另一方面可减少肿瘤负荷从而起到增强疗效的作用；⑤回输 CAR-T 细胞，观察疗效并严密监测不良反应。

(2) 效果描述

说明书中应当记载 CAR-T 的使用方式和治疗效果，提供基本的效果实验数据，如关于肿瘤杀伤的细胞实验、动物实验甚至临床试验等。其中，细胞实验和动物实验需要选择合适的模型，必要时采用现有技术中的 CAR-T 技术作为阳性对照或比较例。

需要说明的是，即使 CAR 的胞外相关抗原结合区针对某种特定蛋白质，由于结合的表位不同、亲和力不同，也可能造成靶点相同但具体抗原结合结构域不同的 CAR-T 细胞表现出不同的技术效果。同时，不同的跨膜区和胞内信号区也对靶细胞的杀伤以及 CAR-T 的体内存续时间存在影响。因此，如果申请人希望权利要求可以概括出较大的保护范围，说明书中应当记载能够使本领域技术人员合理预期该范围内所有技术方案均能取得所期望技术效果的合理数量的实施例和对比例。

4. 细胞培养基

细胞培养基既是培养细胞中供给细胞营养和促使细胞生长繁殖的基础物质，也是培养细胞生长和繁殖的生存环境。通常而言，申请专利的细胞培养基相对于现有技术的培养基，要么是通过某种特定底物的添加而使细胞生产特定的产物，要么能够使被培养细胞的增殖速度加快，抑或是能使被培养细胞进行定向分化或更快地进行定向分化，能够达到上述技术效果的决定性因素一般是特定的培养基配方和/或在特定配方下培养条件和阶段的选择。无论是何种情况，与前述主题的说明书撰写类似，需要对培养基本身进行物质表征并通过实施例记载其技术效果。

（1）物质表征

就培养基本身而言，其一般包含多种物质，应当清楚记载其具体组成，不仅需要清楚记载各组分的种类，还需要明确各组分在培养基中的浓度。根据具体成分不同，可根据需要撰写为质量浓度、体积浓度或其他形式的浓度。通常而言，如果培养基中某些组分的含量是可以适当调整的，为使权利要求中的浓度范围得以支持，应当在研发阶段就做好这些组分不同含量的实验，并在说明书中记载足够数量的具体培养基配方。

（2）效果描述

为满足公开充分的要求，培养基的技术效果需要在具体实施方式中得以体现。并且，至少应当对不同组分端点值的培养基效果予以记载。必要时，还要提供现有技术的培养基作为对比例来客观比较不同培养基技术效果的差异。另外，在某些情况下，如进行特定免疫细胞的诱导分化，会使用组分不同的培养基分阶段完成，这时需要记载不同阶段培养基的组分和培养条件等信息。例如，在制备一种特定的 NKT 细胞群时，包括以下步骤：①将单个核细胞（PBMCs）培养于 NKT 细胞培养基中，所述 NKT 细胞培养基含有抗 CD3 单克隆抗体、白介素-2 和白介素-15，进行第一阶段培养。其中，所述第一阶段培养所用的细胞培养容器是经浓度为 10μg/mL 的 RetroNectin 包被的；所述抗 CD3 单克隆抗体的浓度为 50ng/mL；所述白介素-2 的浓度为 500U/mL；和/或所述白介素-15 的浓度为 50ng/mL；所述 NKT 细胞培养基中还包含 0.6 体积% 的人自体血清。②在第一阶段培养的第 4 天，将所述第一阶段培养的细胞转移到培养瓶中，加入 NKT 细胞培养基，进行第二阶段培养。其中，所述 NKT 细胞培养基中含有白介素-2；所述白介素-2 的浓度为 500U/mL；用于所述第二阶段培养的培养瓶是未包被的；并且，所述第一阶段和第二阶段的培养总时间为 12~16 天。

（二）权利要求的撰写

1. 产品权利要求

（1）干细胞和人生殖细胞

如前所述，尽管胚胎干细胞不再视为处于各个形成和发育阶段的人体，属于可授予专利权的客体，但是需要注意的是，如果其获得途径或者制备方法涉及破坏除了未经体内发育并且是在受精 14 天以内的人类胚胎以外的其他人类胚胎，依然不能授予专利权，例如“一种人胚胎干细胞，其是通过取孕龄 17~25 周的人胚胎组织，用剪刀剪碎并经体外培养获得”。由于该权利要求请求保护的胚胎干细胞，其制备过程使用孕龄 17~25 周的人胚胎组织，而胚胎组织必然是从胚胎获得的，因此该权利要求不符合《专利法》第五条的规定，不能被授予专利权。

对于满足了发明创造是利用未经体内发育的受精 14 天以内的人类胚胎分离或者获取干细胞的专利申请，其权利要求在撰写时可以通过制备方法限定，也可以采用保藏编号限定，例如“一种胚胎干细胞系，其特征在于，所述胚胎干细胞系的保藏编号为 CGMCC NO. 10875”。而对于人成体干细胞或细胞系，以及由所述成体干细胞分化成的细胞、器官或组织，由于人成体干细胞或细胞系不具有发育的全能性，因而无法发育成完整的人体，也不可能成为人体发育的阶段，并且如果其获得途径和来源没有违背伦理道德和社会公德的情况下，以及满足了专利法的其他相关规定，其可以获得专利权。其撰写方式可以采用制备方法、形态、表面标记、性能参数等特征来限定。例如，“分离的成体干细胞，其表达 CD10+，CXCR4+和 CD31+，其中所述成体干细胞表达 CD9-，CD349-，CD271-，CD133-，CD66e-，CD45-，CD20-，CD4-，且所述成体干细胞大小为 6~25μm”。

此外需要注意的是，人的生殖细胞由于属于处于各个形成和发育阶段的人体，其也属于《专利法》第五条第一款规定的不能授予专利权的发明，不推荐撰写这种形式的权利要求。

（2）融合细胞

可以通过限定亲本细胞、融合细胞的功能和特征或产生该融合细胞的方法以及保藏编号等形式进行描述。例如，“一株分泌抗左旋咪唑单克隆抗体的杂交瘤细胞株 20170506，保藏于中国微生物菌种保藏管理委员会普通微生物中心，保藏编号为 CGMCC NO. 14705”。又如，“一种融合细胞，其通过以下步骤制备得到：（1）制备 NDV-Ulster 病毒株修饰的肿瘤细胞……”。

（3）基因修饰的细胞

对于基因修饰的细胞的权利要求撰写，一般通过具体结构或组成来限定，也可通过制备方法限定。例如“一种重组细胞，其特征在于包含如 SEQ ID NO. 1 所示的外源基因序列”，“一种表达重组 CAR19-IL24 基因的 CAR-T 细胞，其特征在于，所述 CAR-T 细胞由携带如 SEQ ID NO. 1 所示的重组 CAR19-IL24

基因的慢病毒载体转导至T细胞中制备而成”。又如“RBP4基因被敲除的PK-15细胞，是按照如下方法制备得到的：将重组载体pX459M-gRNARBP4导入PK-15细胞；所述重组载体pX459M-gRNARBP4为将SEQ ID NO.1所示DNA克隆到pX459M质粒的两个酶切位点Bbs I之间后得到的重组质粒”。

（4）细胞培养基

由于细胞培养基通常情况下包含多种组分，因而推荐撰写为组合物形式的权利要求。权利要求的撰写形式通常应当清楚地记载培养基中各组分的含量或配比，其中组分的含量或配比可以使用百分含量、份数或者余量表示的方式撰写。此外，在权利要求中也应当清楚地记载培养基各组分的计量单位，比如重量单位的克、毫克、微克等，体积单位的毫升、升等，这样可以避免权利要求的保护范围不清楚，同时也有利于授权后权利的稳定。例如“一种人脐带间充质干细胞培养液，其包括：作为基础培养基的伊斯科夫改良培养液、体积比为（4~6）：（0.8~1.2）：100的浓缩血小板裂解液，以及4~6ng/mL胰蛋白酶抑制剂、12~18ng/mL重组人表皮生长因子和12~18ng/mL碱性成纤维细胞生长因子”。其中各组分的含量或者配比可以是数值范围也可以是具体的数值，但是需要注意的是当含量或者配比采用数值范围表示时，该数值范围应当能够从说明书的具体实施例中所列举的具体数值中概括出来，即权利要求请求保护的数值范围与说明书公开的技术方案以及本申请对现有技术作出的贡献应当匹配。

通常情况下，包含多种组分的培养基的权利要求在撰写时，可以分为开放式或者封闭式两种不同的撰写形式。其中，开放式的权利要求通常采用“包括”“包含”或者“主要由……配制而成”的撰写方式，其意味着在该权利要求中还可以含有其他组分。而封闭式的权利要求采用“由……组成”，其一般解释为不含有该权利要求所述以外的组成部分。一般而言，开放式的权利要求的保护范围较封闭式的权利要求的保护范围更大，但是开放式的权利要求可能会存在缺乏新颖性、创造性或者得不到说明书支持的问题，一定程度上会增加授权的难度；而封闭式的权利要求相比较而言授权后的保护范围较开放式的权利要求小，但是其相对更容易获得授权。申请人在撰写细胞培养基的产品权利要求时，需要综合考量权利要求的保护范围以及申请的技术方案对现有技术作出的贡献，进而作出适宜的选择。

2. 制备方法权利要求

（1）干细胞、人生殖细胞

对于胚胎干细胞的制备方法，如前所述，如果其获得途径或者制备方法涉及破坏除未经体内发育并且是在受精 14 天以内的人类胚胎以外的其他人类胚胎，依然不能被授予专利权，例如“一种胚胎干细胞的制备方法，其特征在于：1）从流产胚胎或不同发育阶段的囊胚分离……”，则该权利要求记载的分裂人胚胎干细胞是利用体内发育的人胚胎或者明显超过了 14 天的发育期，制备方法属于不合规的违反社会公德的情形，不能被授予专利权。但是如果申请文件中明确记载了是利用重编程或者单性生殖技术等非受精方式产生的获取人类胚胎干细胞的方法，或者不是利用经体内发育的且不是利用受精超过 14 天的人类胚胎分离或获取的，这类权利要求能够被授予专利权。例如，“一种人胚胎干细胞的制备方法，该方法包括以下步骤：a. 制备人供体细胞；b. 培养卵母细胞；c. 去掉卵母细胞周围的卵丘细胞，穿刺卵母细胞透明带以得到裂口，从该裂口处去掉极性小体和周围的胞质，得到去核的卵母细胞；d. 将供体细胞核移入去核的卵母细胞内；e. 将激活后的融合细胞在体外适宜的细胞培养环境中培养 2~13 天，使细胞分裂成多胚胎细胞至桑椹胚戒囊胚；f. 将囊胚细胞消化获得单个胚胎干细胞，建立胚胎干细胞系”。又如“一种胚胎干细胞的制备方法，其特征在于包含如下步骤：（1）未经体内发育的受精 14 天以内的人类胚胎分离或获取……”。

如前所述，如果通过定向重组的方法发生在人的精子或卵细胞这类生殖细胞中，并且通过这种方式产生了或将产生遗传物质发生改变的人，那么这种方法属于“改变人生殖系遗传同一性的方法”，违反伦理道德，不符合《专利法》第五条的规定。例如，“一种在宿主细胞中定向遗传重组的方法，包括将编码定向至选择的宿主靶基因座的锌指核酸酶（ZFN）的核酸分子导入宿主细胞；诱导该核酸分子在宿主细胞内表达，以及鉴定其中所选择的宿主 DNA 序列在宿主靶基因座显示突变的宿主细胞，其中宿主细胞为哺乳动物的生殖系细胞”。由于该申请文件中明确指出了这种方法可以改变生殖细胞的遗传物质，并且能够产生遗传物质发生改变的后代，因此如果这种哺乳动物是人，那么这种方法则属于改变人生殖系遗传同一性的方法，不符合《专利法》第五条的规定，申请人应当注意避免。

（2）融合细胞

融合细胞主要的制备方法中需要限定融合细胞的类型（种类）、融合的物质、融合的操作步骤、融合条件、诱导剂等。对于涉及产生抗体的杂交瘤细胞，其制备方法权利要求中需要详细记载细胞种类、抗原类型、接种动物、维持培养的培养基及培养条件、筛选杂交瘤的操作步骤、纯化方式等。例如，“一种类囊体膜与 NK 细胞的融合细胞的构建方法，其特征在于，所述构建方法包括将类囊体纳米囊泡与 NK 细胞进行融合；其中每 4×10^6 至 6×10^6 个 NK 细胞加入粒径为 200～500nm，浓度为 5～80μg 的类囊体纳米囊泡，然后加入 300～800μL 相对分子质量为 1600～2000 的聚乙二醇孵育 5～8min，弃上清，加入缓冲液对沉淀进行重悬，室温 1000～1200r/min，离心 5～10min 后获得的沉淀即为融合细胞”。

（3）基因修饰的细胞

对于基因修饰的细胞，比如 CAR-T 细胞，通常需要在制备方法权利要求中限定使用的载体类型、CAR 的组成、载体的构建步骤以及 T 细胞转导等步骤。例如，“一种 CAR-T 细胞的制备方法，其特征在于包括以下步骤：①载体构建：构建能够表达 hPSAscFv-CD8-CD28-CD3ζ 的 CAR 的载体，其中所述 CAR 的具体组成为：由抗人 PSA 单克隆抗体 anti-PSA 轻链和重链可变区 hPSAscFv、CD8 铰链区、CD28 跨膜区和胞内区，以及 CD3ζ 胞内信号区串联构成；②转染 T 细胞的病毒的包装：采用步骤①中构建的载体包装慢病毒，获得经过包装的慢病毒；③T 细胞分离与扩增培养：抽取患者自身血液，从中分离出 T 细胞并进行扩增培养；④T 细胞的转染与制备：采用步骤②中经过包装的慢病毒对步骤③中培养所得 T 细胞进行转染并扩增培养，获得 CAR-T 细胞”。需要注意的是，该权利要求仅通过功能和大体结构对 CAR 各部件作出限定，可能会存在新颖性或创造性的缺陷。如果申请人的发明点在于特定氨基酸序列的 CAR，建议使用应用有关 CAR 产品权利要求的方式撰写 CAR-T 细胞的制备方法权利要求。

（4）培养基

培养基的方法类权利要求通常体现在使用培养基培养细胞或诱导细胞形成组织、器官等，如果涉及多种特定培养基联合诱导细胞分化形成某种组织、器官的方法，则应当在权利要求中写明诱导分化的具体步骤以及在各步骤中使用的培养基。例如，“一种建立肝脏类器官模型的方法，包括以下步骤：①对胚胎干细胞进行支持培养，所述胚胎干细胞是人胚胎干细胞 H9；②制备细胞球，并依次经过中内胚阶段、肝脏诱导阶段和成熟阶段进行分化培养，得到包含肝细胞、胆管细胞和内皮细胞的不同类型细胞，不同类型细胞有序排列组合构成肝脏类器官；所述细胞球的制备方法包括将胚胎干细胞消化成单细胞悬液，然后在细胞球形成培养基中进行单细胞接种，所述细胞球形成培养基包括：DMEM/F-12 培养基、胰岛素、维生素 C 磷酸酯镁、转铁蛋白、硒酸钠、DNA 酶和 ROCK1 抑制剂 Y27632；在中内胚阶段，利用 A 类型分化培养基与 B 类型分化培养基诱导人胚胎干细胞分化成为中内胚细胞群，所述 A 类型分化培养基包括：

RPMI-1640培养基，Wnt通路激活剂CHIR99021，碱性成纤维细胞生长因子（bFGF）以及B27培养基添加物或牛血清蛋白；所述B类型分化培养基包括：RPMI-1640培养基以及B27培养基添加物或牛血清蛋白；在肝脏诱导阶段，利用C类型分化培养基将处于中内胚阶段的细胞群向肝脏方向分化诱导，所述C类型分化培养基包括：KnockOut DMEM培养基，KnockOut血清替代物（KSR），GlutaMax培养基添加物，非必需氨基酸（NEAA），二甲亚砜和2-巯基乙醇；在成熟阶段，利用D类型分化培养基促进细胞群成熟，所述D类型分化培养基包括：Leibovitz's L-15培养基，胎牛血清（FBS），胰蛋白胨磷酸盐肉汤，GlutaMax培养基添加物，胰岛素-转铁蛋白-硒培养基添加物，L（+）-抗坏血酸钠，氢化可的松琥珀酸酯，益智二肽（Dihexa）和地塞米松”。

3. 用途权利要求

（1）细胞的用途

在细胞技术领域，胚胎干细胞、成体干细胞、融合细胞以及CAR-T细胞都具有广泛的应用，包括细胞本身的移植和治疗用途、利用干细胞诱导分化出的器官或者组织的用途以及分化出的器官或者组织在移植中的用途、CAR-T细胞及其相关产品进行免疫治疗的用途等，申请人在撰写这类用途类权利要求时，应当注意其可能涉及以有生命的人体或者动物为实施对象，进行识别、阻断、缓解或者消除病因、病灶的过程，其属于疾病的诊断或者治疗方法，不能被授予专利权。为了避免该类权利要求落入《专利法》第二十五条规定的疾病诊断和治疗方法的范畴，申请人可以将权利要求撰写为制药用途的权利要求即瑞士型权利要求。例如，不要将权利要求直接撰写为“直径为8μm以下的小尺寸干细胞在治疗脱发中的用途，其中所述直径为8μm以下的小尺寸干细胞来源于脐带血”，而应该将权利要求撰写为“直径为8μm以下的小尺寸干细胞在制备用于治疗脱发的试剂中的用途，其中所述直径为8μm以下的小尺寸干细胞来源于脐带血”的形式；又如“CAR-T细胞在制备治疗前列腺癌药物中的应用，其特征在于，所述CAR-T细胞是由如下步骤制得的……”这样的撰写方式是允许的。

另外，干细胞在诱导分化成为组织、器官等制备各种组织工程学产品中的应用、在药物筛选中的应用等，由于其不涉及疾病的诊断和治疗方法，可以成为细胞用途类权利要求的常见撰写形式。

涉及细胞的使用方法类权利要求在撰写时可能还会涉及疾病的治疗或诊断方法，进而落入《专利法》第二十五条规定的范畴，申请人在撰写这类权利要求时应当注意避免。例如，“一种人脐带血免疫细胞库的构建方法，包括步骤

1：脐带血的采集和运输；步骤 2：从脐带血中分离单个核细胞……步骤 10：根据临床诊断从免疫细胞库内选择对应的效应细胞，复苏培养 24h 后回输”。由于通过对上述效应细胞的回输可以激活体内 T 细胞的免疫应答和杀伤肿瘤进而达到治疗疾病的目的，因此该权利要求请求保护的技术方案属于《专利法》第二十五条规定的疾病的治疗方法的范畴，不能被授予专利权。

（2）培养基的用途

培养基通常用于诱导细胞增殖、分化等，在撰写培养基的用途权利要求时，除了要明确记载培养基的组分、含量以及计量单位外，还需要考虑权利要求概括的范围与说明书验证效果之间的匹配程度。例如，权利要求可以撰写为“一种培养基用于培养上皮细胞的用途，其中所述培养基包含：血清、钙成分和 ROCK 抑制剂；所述培养基中钙成分的含量以钙离子计为 10μM～8mM；所述培养基中血清的含量是 2.0～20*v/v*%；所述 ROCK 抑制剂在所述培养基中的含量为 0.1μM～1mM；所述上皮细胞是非角质上皮细胞，所述非角质上皮细胞是口腔的、气管的、支气管的、肺上皮的、胃黏膜上皮的、结肠的、肝细胞的、胰腺的、膀胱的、卵巢上皮的、甲状腺的、前列腺的、乳腺的、扁桃腺的；所述上皮细胞是原代细胞”。

（三）撰写实例

【实例 1】

某申请涉及一种人脐带间充质干细胞系、所述干细胞系的制备方法以及应用。申请文件的撰写示例如表 5-4 所示。

表 5-4 申请文件的撰写示例

说明书 **人脐带间充质干细胞系及其建立方法和应用**	发明名称应当全面地概括干细胞系、细胞系的建立方法以及应用。
技术领域 本发明涉及一种永生化人脐带间充质干细胞，具体涉及一种能够稳定表达出人端粒酶催化亚基 hTERT 的干细胞系。本发明还涉及该干细胞系的建立方法和应用。 **背景技术** 人间充质干细胞（Human Mesenchymal Stem Cells，以下简称 hMSCs）是可应用于再生医学方面及作为基因治疗的靶向细胞，在细胞替代与基因治疗方面具有广泛临床应用前景。	技术领域应当是要求保护的发明所属或者直接应用的具体技术领域，而不是上位或者相邻的技术领域，也不是发明本身。

续表

但 hMSCs 许多方面存在有待解决的问题，尤其是自体 hMSCs 在移植应用中数量不足，限制了临床应用。解决这一问题的主要途径应包括两个方面：一是增强 hMSCs 的增殖活力，二是应用异体或异种 hMSCs。但异体移植有免疫学问题，因此，永生化的人间充质干细胞的建立是非常有意义的工作。 端粒是染色体末端串连、重复的 TTAGGG 序列，在正常细胞分裂过程中会逐渐变短。当端粒在一个或多个染色体中缩短到某一极限值时，细胞衰老和生长停滞就会发生。端粒的长度是由端粒酶维持的。端粒酶逆转录酶（hTERT）是端粒酶催化亚基，实验表明，外源性 hTERT 基因导入细胞可提高端粒酶活性，延缓细胞的衰老，保持了多向分化潜能并没有致瘤倾向。这说明用 hTERT 基因转染修饰 hMSCs 可以达到延长 hMSCs 生命周期、保持多向分化潜能的目的。 将人端粒酶的催化亚基 hTERT 导入脐带间充质干细胞中，使细胞能够长期传代，建立起永生化的人脐带间充质干细胞系尚未见报道。	背景技术写明对发明的理解、检索、审查有用的背景技术，并且尽可能引证反映这些背景技术的文献。此外，还要客观指出背景技术存在的问题和缺陷。
发明内容 本发明的目的是，筛选出永生化的人脐带间充质干细胞，以解决干细胞取材难及细胞分裂有限的问题，为基础研究及基因治疗提供充足的细胞来源。	概括本申请要解决的技术问题。
本发明通过构建重组慢病毒载体 plvx-hTERT，将人端粒酶的催化亚基基因 hTERT 导入脐带间充质干细胞中，筛选出了能够稳定表达出 hTERT 的干细胞系，经过细胞培养及各种水平的鉴定，证明已经获得了永生化的脐带间充质干细胞系，该细胞系保持分化能力，没有致瘤倾向，可以作为表达各种抗原与抗体的基因载体。 本发明具体进行了以下研究： 1. 构建了含有人端粒酶催化亚基基因 hTERT 的重组慢病毒载体 plvx-hTERT。 2. ……	写明解决前述问题所采取的技术方案。
本发明的有益效果如下： 第一，本发明使用慢病毒载体将人端粒酶催化亚基导入人脐带 hMSCs 中，慢病毒效率比较高，并且能够感染非分裂时期的细胞。 第二，成功地筛选到了 hTERT 阳性的细胞系 hMSCs-hTERT，在体外培养已达到 10^5 代，远远地超过了脐带间充质干细胞的体外增殖能力，证明成功地获得永生化的人脐带间充质干细胞系。 第三，筛选到的细胞系细胞形态及细胞表面抗原均符合人脐带间充质干细胞特征，核型分析表明该细胞仍然是二倍体细胞，保持分化潜能，并且没有致瘤倾向。	写明获得的有益效果，其是确定发明专利申请是否显著、进步的重要依据。

续表

附图说明 图 1：A 为构建的重组慢病毒载体 plvx-hTERT 图谱；B 为重组慢病毒载体 plvx-hTERT 瞬时转染 293T 细胞后，hTERT 表达的免疫荧光结果图，图中白色亮点为 hTERT 阳性表达细胞，暗色为阴性表达细胞。 图 2：A 为在 RNA 水平式上测定 hTERT 基因的 RealTime-PCR 结果，18s 为内参；B 为 DNA 水平上 PCR 结果图，所用两对引物均跨内含子，1、2 为 hMSCs-hTERT 细胞系，3 为 hMSCs，4 为阴性对照。 图 3：…… …… 生物材料保藏信息： 培养物名称：永生化人脐带间充质干细胞系 hMSC-hTERT，保藏编号：CGMCC NO. 12345，保藏单位：中国微生物菌种保藏管理委员会普通微生物中心，保藏时间：2015 年 9 月 28 日。	说明书有附图的，应当写明各幅附图的图名，并且对图示的内容作简要说明，以便于实质审查时更好地理解本申请。
具体实施方式 实施例 1. 人脐带间充质干细胞系的建立及鉴定 1. 细胞分离及培养 采用 Percoll 密度梯度离心法从脐带中分离到人脐带间充质干细胞；Alpha MEM+10% FBS 常规培养，细胞生长至 80% ~90% 以 1∶3 传代。 2. 重组慢病毒载体 plvx-hTERT 的构建和鉴定 分别提取高纯度的 pEGFP-hTERT 及 plvx，限制性内切酶 EcoRI 和 XbaI 酶切鉴定。用凝胶回收试剂盒从 pEGFP-hTERT 质粒和 plvx 质粒酶切产物中回收纯化 hTERT 和线性化 plvx 片段。16℃ T4 连接酶连接，转化 DH5α 大肠杆菌接种于氨苄青霉素抗性的 LB 培养基，37℃培养过夜。挑菌过夜培养，提取质粒，EcoRI 和 XbaI 双酶切鉴定，并进行测序鉴定。鉴定正确后，将该重组载体瞬时转染 HEK293 细胞，用免疫荧光的方法，鉴定该质粒能否表达出端粒酶催化亚基 hTERT 蛋白（图 1）。 3. 重组慢病毒包装及滴度测定…… 4. 重组慢病毒感染脐带 hMSCs…… 5. PCR 及 RT-PCR 方法鉴定 hMSC-hTERT 细胞株…… 6. hMSC-hTERT 细胞培养…… 7. hMSC-hTERT 细胞保存…… …… 实施例 2. 人脐带间充质干细胞系 hMSC-hTERT 的成骨诱导分化研究……	本申请的细胞系有保藏信息的，应当集中在类似于附图说明的部分写明该细胞系的所有保藏信息，包括保藏名称、保藏时间、保藏单位、保藏编号等。 对于细胞技术领域的分离培养，通常应当在具体实施例中详细地记载实验试剂和材料、试验方法等。 干细胞类的发明专利申请，其实施例通常应当记载干细胞的分离、原代培养、传代培养以及保存等。

续表

实施例 3. EBV 腺病毒疫苗 Adv-lmp2 在 hMSC-hTERT 中的表达应用…… 实施例 4. 2G12 广谱抗 HIV 中和抗体在 hMSC-hTERT 中的表达研究…… **权利要求书** 1. 一种人脐带间充质干细胞系 hMSC-hTERT，其特征在于其于 2015 年 9 月 28 日保藏于中国微生物菌种保藏管理委员会普通微生物中心，保藏编号为 CGMCC NO. 12345。 2. 含有人端粒酶催化亚基基因 hTERT 的重组慢病毒载体 plvx-hTERT。 3. 权利要求 2 所述重组慢病毒载体 plvx-hTERT 的构建方法，其特征是：将人端粒酶催化亚基基因 hTERT 构建到表达载体 plvx，然后与包装质粒包装出重组慢病毒。 4. 权利要求 1 所述的人脐带间充质干细胞系 hMSC-hTERT 在制备防治 EB 病毒感染药物方面的应用。 5. 权利要求 1 所述的人脐带间充质干细胞系 hMSC-hTERT 在制备提高端粒酶活性的制剂方面的应用。 6. 权利要求 1 所述的人脐带间充质干细胞系 hMSC-hTERT 在制备促进细胞再生制剂方面的应用。	经过保藏了的干细胞系，应当用保藏编号限定。 干细胞的用途权利要求应撰写为制药用途的权利要求，以避免落入《专利法》第二十五条规定的范畴而不能获得专利权。

【实例 2】

某申请涉及一种靶向 CD30 的嵌合抗原受体，发明人对表达该 CAR 的 T 进行了体外和体内实验来验证效果。申请文件的撰写示例如表 5-5 所示。

表 5-5　申请文件的撰写示例

说明书 **一种靶向 CD30 的嵌合抗原受体、编码序列、CAR-T 及其应用** **技术领域** 本发明涉及细胞免疫治疗领域，更特别地，涉及一种用于治疗血液肿瘤的人源嵌合抗原受体，包括其编码序列及应用。	

续表

背景技术 CD30是肿瘤坏死因子受体超家族成员之一，属于Ⅰ型跨膜糖蛋白，高表达于霍奇金淋巴瘤和间变性大细胞淋巴瘤，低表达于非病理状态下活化的T细胞、B细胞表面，而正常细胞不表达。CD30激活后很快被胞外蛋白酶降解，形成可溶性的sCD30。正常情况下，人体血清中的sCD30含量很低，但在病理状态下，sCD30含量明显升高，可作为疾病诊断的指标。sCD30在血清中的含量可作为HL和ALCL患者的肿瘤检测标志物。 对于难治性和复发性HL和ALCL的治疗始终是个难题，但是近来靶向CD30的单克隆抗体给这些患者带来了新的希望。但是，临床上依然存在诸多问题，如会产生耐药性和毒副作用。随着基因工程技术的发展，CAR-T（Chimeric Antigen Receptor T-Cell Immunotherapy）治疗方案的不断进步，针对CD30靶点以及对CD30肿瘤发生发展机制的研究，将大大改变CD30阳性肿瘤的治病现状，为更多患者带来曙光。 靶向CD30的CAR-T细胞治疗通过分离患者自身的T细胞，用编码CAR的慢病毒载体进行编程以特异性靶向CD30，从而识别和清除CD30阳性的恶性肿瘤细胞。CD30为靶点的CAR-T疗法效果显著、研究广泛，已成为多数临床研究机构开展基因修饰T细胞治疗研究的模式疗法。然而，靶向CD30的嵌合抗原受体大多采用鼠源的scFv，其存在免疫原性，机体会产生人抗鼠抗体，影响CAR-T细胞在体内的长期存活，容易造成复发。	特异性靶点往往是疾病治疗的关键。为扩展权利要求中具体适应证制药用途的范围，背景技术中可以提供尽可能丰富靶点和适应证相互关系的现有技术，并在发明内容部分明确提出相应药物的制备用途。
发明内容 为解决以上问题，本发明提供了一种人源的靶向CD30的嵌合抗原受体，所述人源嵌合抗原受体包含人源的抗CD30的单链抗体、胞外铰链区、跨膜结构域和细胞内信号结构域，所述人源的抗CD30的单链抗体的氨基酸序列如SEQ ID NO. 3所示。 优选地，所述胞外铰链区来自CD8的铰链区，其氨基酸序列如SEQ ID NO. 4所示。 优选地，所述跨膜结构域来自CD28TM，其氨基酸序列如SEQ ID NO. 5所示。 优选地，所述细胞内信号结构域由CD28ICD、4-1BB和CD3zeta组成，其氨基酸序列如SEQ ID NO. 6所示。 本发明还提供了一种编码上述嵌合抗原受体的核酸，其核苷酸序列如SEQ ID NO. 7所示。 通过将本发明的嵌合抗原受体表达于T细胞中可使得到的CAR-T细胞能够高效并且特异性杀伤CD30阳性的恶性肿瘤细胞，从而为治疗一些表达CD30表面抗原的恶性肿瘤，例如霍奇金淋巴瘤等，提供高效并且不良反应小的方法。	如果使用了本领域公知的嵌合抗原受体各构成部件，并且这些部件组成产生的技术效果是本领域技术可以合理预期的，这些部件的具体氨基酸或核酸序列可以不在说明书中特别记载。但如果涉及序列的改动，则应当在说明书中记载完整的序列。

续表

附图说明 图 1 为本发明实施例中编码 hCD30 嵌合抗原受体的结构示意图； 图 2 为本发明实施例中 hCD30 慢病毒表达载体 BRD-PTK-hCD30 的质粒图谱示意图； 图 3 为本发明实施例中 PTK-hCD30CAR-T 细胞的转导效率检测结果； 图 4 为本发明实施例中 PTK-hCD30CAR-T 细胞及 T 细胞对阳性靶细胞 L428 的体外杀伤效率； 图 5 为本发明实施例中 PTK-hCD30CAR-T 细胞及 T 细胞对阴性靶细胞 Raji 的体外杀伤效率； 图 6 为本发明实施例中流式细胞术检测 L428-luc-GFP 构建结果； 图 7 为本发明实施例中根据荧光强度检测 CAR-T 细胞对肿瘤细胞体内的杀伤效果评估。 **具体实施方式** 以下结合实例和说明书附图对本发明的原理和特征进行描述，所举实例只用于解释本发明，并非用于限定本发明的范围。	
实施例 1. 人源的靶向 CD30 的嵌合抗原受体表达质粒的构建 通过人工合成 SEQ ID NO. 7 所示 hCD30CAR 的核酸序列，其中第 1~69 位的核苷酸编码 SP（其氨基酸序列如 SEQ ID NO. 2 所示），第 70~798 位的核苷酸编码人源靶向 CD30 的 SCFV（其氨基酸序列如 SEQ ID NO. 3 所示），第 799~945 位的核苷酸编码 CD8 铰链区（其氨基酸序列如 SEQ ID NO. 4 所示），第 946~1026 位的核苷酸编码 CD28TM（其氨基酸序列如 SEQ ID NO. 5 所示），第 1027~1149 位的核苷酸编码 CD28ICD，第 1150~1215 位的核苷酸编码 4-1BB，第 1216~1614 位的核苷酸编码 CD3zeta，具体结构示意图如图 1 所示。其中，hCD30CAR 的氨基酸序列如 SEQ ID NO. 1 所示，后面三个区域构成胞内信号区（其氨基酸序列如 SEQ ID NO. 6 所示）。 将上述 DNA 片段插入慢病毒表达载体 BRD-PTK 的 EF1alpha 启动子下游，得到人源的靶向 CD30 的嵌合抗原受体表达质粒 BRD-PTK-hCD30，质粒图谱如图 2 所示。	尽管某些具体的部件属于现有技术，在实施例中记载各部件的位置和有利于申请人对完整序列的分析和核对，防止出现由于序列不对应造成的公开不充分。
实施例 2. 人源的靶向 CD30 的嵌合抗原受体表达质粒转染 T 细胞 （1）慢病毒的包装制备 …… 慢病毒活性滴度检测： 原理：…… 方法：……	

续表

（2）T细胞的制备 取10mL健康人的新鲜血液，用淋巴细胞分离液（Mediatech）分离外周血单核细胞，具体方法见说明书。用T细胞完全培养液中培养T细胞，同时按25μL/10^6个细胞加入Dynabeads Human T-Activator CD3/CD28（Gibco，11132D），得到T细胞。 （3）慢病毒感染T细胞及感染后T细胞的扩增培养 …… 实施例3. PTK-hCD30CAR-T细胞对CD30阳性的恶性细胞的特异性杀伤活性 采用钙黄绿素检测法对PTK-hCD30CAR-T细胞进行体外杀瘤功能检测。 取适量L428细胞作为靶细胞，在1×10^6/mL的细胞悬液（PBS，5%胎牛血清）加入钙黄绿素－乙酰羟甲基酯（Calcein-AM）至终浓度25μM，培养箱中孵育30min。常温下，洗两遍后将细胞重悬至1.5×10^5/mL。按不同效靶比加入PTK-hCD30CAR-T细胞，200g离心30s，37℃孵育2~3h。孵育完成后取上清，测量其中钙黄绿素的荧光强度，并根据自发释放对照和最大释放对照，计算靶细胞裂解百分数。 杀瘤实验数据：对慢病毒转导的T细胞在应用前需进行其对肿瘤细胞系杀伤等功能性检测，使用钙黄绿素检测法。结果参见图4和图5及表3和表4。结果显示，PTK-hCD30CAR-T细胞对高表达CD30的肿瘤细胞具有特异杀伤活性。 表3 PTK-hCD30CAR-T细胞及T细胞对阳性靶细胞L428的体外杀伤效率 表4 PTK-hCD30CAR-T细胞及T细胞对阴性靶细胞Raji的体外杀伤效率 实施例4. L-428-luc-GFP稳转细胞系的构建 为了检测L428细胞在动物体内的增殖情况，本实施例选择Luc-Puro-GFP三标慢病毒转导L428细胞，构建L428-luc-GFP细胞，为后续PTK-hCD30CAR-T细胞药效实验做准备。 具体实验步骤如下： …… 流式细胞术结果显示，L428control组细胞在加入2.5μg/mL puromycin后，细胞大量死亡，于第6天时对照组细胞全部死亡。L428-luc-GFP组筛选6天后，流式细胞术检测，GFP阳性细胞占95.1%（见图6），至此，已成功构建出L428-luc-GFP组稳定细胞系，为后续PTK-hCD30CAR-T细胞药效实验做准备。	实施例中应当记载CAR-T制备和应用的完整过程，本领域通用方式和过程可以简要描述，如有步骤或参数的改动则需详细描述，并给出原理和效果的必要解释。 在治疗效果方面，体外和体内两方面的验证是推荐的撰写方式，以为权利要求的用途范围提供充分的支持。

续表

实施例 5. PTK-hCD30CAR-T 细胞在小鼠荷瘤模型中的抗肿瘤效应 为了检测 PTK-hCD30CAR-T 细胞在体内的抗肿瘤效应，本实施例选择免疫缺陷 B-NS 小鼠与 L428-luc-GFP 细胞用于建立肿瘤模型，建模成功后分组并分别尾静脉注射 PTK-hCD30 CAR-T 细胞和普通 T 细胞，使用 IVIS Spectrum 小动物活体成像系统，分别于不同的时间进行活体成像，分析成像试验结果。具体试验步骤如下： …… 分析活体成像试验结果，参见图 7，其中 CD30：PTK-hCD30CAR-T 细胞注射组；NT：普通 T 细胞注射组。荷瘤小鼠的活体成像结果显示，普通 T 细胞注射组小鼠的肿瘤逐渐增大直至小鼠死亡；而与普通 T 细胞注射组相比，PTK-hCD30CAR-T 细胞注射组荷瘤小鼠体内的肿瘤逐渐消失。这表明普通 T 细胞对在荷瘤小鼠体内肿瘤细胞无抗肿瘤效应，而 PTK-hCD30CAR-T 细胞在荷瘤小鼠体内具有很好的抗肿瘤效果，为临床用药提供理论依据。 以上所述仅为本发明的较佳实施例，并不用以限制本发明，凡在本发明的精神和原则之内，所作的任何修改、等同替换、改进等，均应包含在本发明的保护范围之内。	
权利要求书 1. 一种人源的靶向 CD30 的嵌合抗原受体，其特征在于，所述人源嵌合抗原受体包含人源的抗 CD30 的单链抗体、胞外铰链区、跨膜结构域和细胞内信号结构域，所述人源的抗 CD30 的单链抗体的氨基酸序列如 SEQ ID NO. 3 所示。 2. 根据权利要求 1 所述的嵌合抗原受体，其特征在于，所述胞外铰链区来自 CD8 的铰链区，其氨基酸序列如 SEQ ID NO. 4 所示。 3. 根据权利要求 1 所述的嵌合抗原受体，其特征在于，所述跨膜结构域来自 CD28TM，其氨基酸序列如 SEQ ID NO. 5 所示。 4. 根据权利要求 1~3 任一所述的嵌合抗原受体，其特征在于，所述细胞内信号结构域由 CD28ICD、4-1BB 和 CD3zeta 组成，其氨基酸序列如 SEQ ID NO. 6 所示。 5. 一种编码权利要求 1 所述的嵌合抗原受体的核酸。	CAR 的一般结构是本领域公知的，可以仅对关键发明点作出特别限定，不必限定其他部件的序列信息，但这样的方案能够被认可的前提是其技术效果能够合理预期。
6. 根据权利要求 5 所述的核酸，其特征在于，所述核酸的核苷酸序列如 SEQ ID NO. 7 所示。 7. 一种基因修饰的靶向 CD30 的 T 细胞，其特征在于，所述 T 细胞是由权利要求 1 所述的嵌合抗原受体修饰的 T 细胞。 8. 权利要求 1 所述的人源的靶向 CD30 嵌合抗原受体或权利要求 7 所述的基因修饰的靶向 CD30 的 T 细胞在制备用于治疗霍奇金淋巴瘤或间变性大细胞淋巴瘤的制剂中的应用。	根据现有技术的状况，建议将应用限定到具体的适应证以满足支持的要求。

第六章

基因技术领域高质量专利权的产生

发明专利申请文件形成以后，即进入专利申请的初审及实审环节，少数专利权的诞生过程中可能还会进入复审环节，通过这些环节对专利申请文件的形式内容和技术实质进行审查，在未发现驳回理由之后授予专利权。这一过程可以看作从专利申请到诞生专利权的过程。由于初审环节主要针对专利申请文件的齐备性及规范性进行审查，通常情况下问题是普适性的，并不因技术领域特殊而不同，且问题相对比较简单，处理方式规范，本章不再单独进行探讨。本章主要以实审审查环节中所遇到的基因技术领域特有问题为分析对象，探讨可行的解决方案，为创新主体更快、更好地获得高质量专利权提供参考。由于复审环节主要是解决实审阶段的问题的焦点争议，可以看作实审环节的延续，本章内容也可供参考。

第一节　基因和蛋白质技术领域

以核苷酸或氨基酸序列为基础产生的发明创造，在基因技术领域占据了非常大的分量。许多发明创造的核心内容，就是通过人为手段构建或改造后获得的基因或蛋白质在实际具体应用对象和场景中发挥作用。这样的发明创造的披露要求、申请文件的术语运用以及保护范围的适当确定，都有其领域特殊性。本节将以该细分领域审查实践中最常见的特色问题为切入口，梳理相应问题的产生原因及目前在实践中较为认可的处理方式，供创新主体参考，以提升该细分领域专利权的质量以及专利权获得过程的效率。

一、影响质量的申请文件缺陷

（一）依赖遗传资源完成的发明创造违反国家法律、法规

【案例1】遗传资源的获取违反法律

【案情分析】某案，为国内某公司和国外某公司联合申请，技术方案涉及从我国的动物品种香猪中分离得到一种抗病基因，并利用该基因完成发明创造。权利要求请求保护该抗病基因及其在猪抗病品种选育中的应用。然而，申请人对香猪进行基因研究并未向省级人民政府畜牧兽医行政主管部门提出申请，并未获得国务院畜牧兽医行政主管部门批准，也未提出对该基因的国家共享惠益方案。

【问题分析】根据我国《畜牧法》的规定，向境外输出或者在境内与境外机构、个人合作研究利用列入保护名录的畜禽遗传资源的，应当向省级人民政府畜牧兽医行政主管部门提出申请，同时提出国家共享惠益方案；受理申请的畜牧兽医行政主管部门经审核，报国务院畜牧兽医行政主管部门批准。

该案对香猪的抗病基因进行了功能研究和开发，利用了这一物种的遗传资源。香猪这一品种在我国国家级畜禽遗传资源保护名录中，该案的申请人包含境外机构，属于“在境内与境外机构合作研究利用列入保护名录的畜禽遗传资源”，然而，由于申请人并未向省级人民政府畜牧兽医行政主管部门提出申请，并未提出国家共享惠益方案，其发明创造对遗传资源的获取和利用违反了我国法律的规定，不符合《专利法》第五条第二款规定，不能被授予专利权。

【处理方式】该问题的产生原因是发明创造的诞生过程违反了国家法律规定，申请文件的修改和删除并不能更改发明创造的产生过程，因而无法通过修改或删除申请文件的内容来克服此类缺陷。除非有证据证明违法事实不存在，否则存在这类缺陷的专利申请是无法获得专利权的。

（二）依赖遗传资源完成的发明创造未按要求披露遗传资源来源

【案例2】遗传资源来源未按要求披露

【案情分析】某案，涉及从杨树品种中克隆得到的一个新基因W，该申请通过测序明确了所述基因W的结构，并对功能进行了验证研究，专利申请的权利要求请求保护该基因及其应用。说明书中记载使用“895杨”这一杨树品种作为生物材料，提取总RNA并反转录得到cDNA，作为克隆所述基因W的模板。申请人在申请文件中并未提交该生物材料的遗传资源来源披露登记表。

【问题分析】该申请克隆得到的基因 W 是现有技术中未披露的，基因的特定功能是与其遗传功能单位相关联的，因此确认基因的特定功能的同时也可以认为是对特定物种的遗传功能单位进行了分析和利用，即该专利申请对“895 杨”的遗传功能单位进行了分析和利用，属于依赖遗传资源而完成的发明创造，根据《专利法》第二十六条第五款的规定，应当提交生物材料“895 杨”的遗传资源来源披露登记表，对用于克隆基因 W 的“895 杨”的直接来源和原始来源进行披露，无法说明原始来源的应当陈述理由。

【处理方式】申请人应当及时补交遗传资源来源披露登记表，对所使用的遗传资源的直接来源和原始来源进行披露从而克服该缺陷。

二、影响质量的说明书缺陷

（一）说明书公开不充分

【案例 3】说明书中缺少解决技术问题的关键技术手段

【案情分析】某案，涉及一种密码子优化的普鲁兰酶基因及其表达制备方法。对于其技术方案，说明书中记载以野生型酶的编码基因为基础，按照大肠杆菌的密码子偏好进行优化获得优化基因序列，最终实现在大肠杆菌中的高效表达。说明书中记载密码子优化后的普鲁兰酶的编码序列如 SEQ ID NO. 1 所示。然而，对于前述序列，整个申请文件中仅有序列编号，并未记载具体核苷酸序列结构，申请人也未提交包含相应序列的说明书核苷酸和氨基酸序列表及其计算机可读载体。

【问题分析】该申请的目的在于提供一种经密码子优化的普鲁兰酶基因，以提高其在大肠杆菌中的表达效率。可见，优化后的普鲁兰酶基因是实施该技术方案的关键技术手段。然而，说明书中并未记载该优化后的普鲁兰酶基因的具体序列，本领域技术人员基于说明书的记载无法得到该优化后的基因，以致无法具体实施申请的技术方案以解决其要解决的技术问题。该申请的说明书未对发明作出清楚、完整的说明，致使所属技术领域的技术人员不能实现该发明，不符合《专利法》第二十六条第三款的规定。

【处理方式】该案原始申请文件记载的技术方案中部分关键技术手段并未公开，实质上已经违背了发明创造“以公开换保护”的宗旨，说明书对技术方案的记载未达到“完整”的程度，该缺陷并无法通过后期对申请文件本身进行修改或对技术方案进行解释说明来克服。鉴于该关键技术手段尚未披露，并不构成现有技术的一部分，申请人可尝试尽快重新提交一份申请文件完整披露技术方案中包含的所有关键技术手段来进行弥补。但需注意，重新提交申请文件之后，现有技术的判断时间界限将后移为新申请的申请日，在旧申请的申请日与新申请的申请日之间是否存在其他可能破坏新申请新颖性和创造性的新增现有技术或者发生过可能披露相关技术方案的行为，应该进行充分调查。如果调查后确实存在，则即便提交了新的申请文件，也可能因为已经被现有技术披露而不具备新颖性或创造性，从而无法获得授权。

【案例拓展】对于涉及基因核苷酸序列和蛋白质氨基酸序列的技术方案，尤其是发明创造的核心技术内容涉及前述序列结构的，通常要求申请文件对基因核苷酸序列或蛋白质氨基酸序列的结构进行完整披露，否则极易造成因关键技术手段未披露而导致的说明书公开不充分缺陷，这样的案件在实际审查过程中常有发生，且一旦发生，能弥补的可能性较低，造成的后果较为严重，属于不必要的损失，应尽量避免。序列结构是基因技术领域实施技术方案时通常需要倚赖的较为特殊的技术手段之一，对于涉及基因核苷酸序列和蛋白质氨基酸序列的申请文件，在正式提交前，应务必核实是否披露了相关序列的结构信息，并正确提交了说明书核苷酸和氨基酸序列表及其计算机可读载体。

【案例 4】说明书中解决技术问题的关键技术手段模糊不清

【案情分析】某案，涉及将一种分子伴侣基因 A 与目的基因 B 进行融合表达，以实现基因 B 的产物的可溶性表达。说明书中记载了基因 A 是以现有技术已公开的序列为模板，设计引物进行扩增得到，说明书中给出了该基因 A 在 GenBank 数据库中的序列登录号。除此之外，说明书中并未记载具体的扩增引物或基因 A 的完整序列。然而，经过核实，说明书中记载的序列登录号所对应的基因与本申请的基因 A 序列名称、核苷酸长度等序列信息均不相符，其并非基因 A，而是功能并不相关的其他基因序列。

【问题分析】该申请要解决的技术问题是实现基因 B 产物的可溶性表达，解决该问题的关键技术手段是将分子伴侣基因 A 与目的基因 B 进行融合表达，可见，基因 A 是实施该技术方案的关键技术手段。然而，一方面，说明书中提供的基因 A 序列登录号存在错误，根据该序列登录号无法从数据库中获得基因 A 的具体序列结构进而以之为基础设计引物扩增得到基因 A；另一方面，说明书中也并未记载基因 A 的完整序列或者记载其来源及扩增的引物序列，本领域技术人员基于说明书记载的内容也无法得到基因 A。由此可见，申请文件中对于基因 A 这一关键技术手段的记载是含糊不清的，以致无法具体实施说明书中记载的技术方案以解决其技术问题，不符合《专利法》第二十六条第三款的规定。

【处理方式】该案原始申请文件所记载的技术方案中部分关键技术手段是含糊不清的，说明书对技术方案的公开“清楚”的程度未达到“可实现”的标准，实质上同样违背了发明创造“以公开换保护”的宗旨，该缺陷同样也无法通过后期对申请文件本身进行修改或对技术方案进行解释说明来克服。后续的弥补性处理方式，可参考本章节【案例3】。

【案例5】说明书中记载的技术手段并不能解决需要解决的技术问题

【案情分析】某案，涉及一种重组白细胞介素-2的制备方法，需要将淡紫拟青霉的基因片段和IL-2的基因片段进行重组表达。其技术方案包括以下步骤：

1）提取人外周血T淋巴细胞总DNA，以第一引物扩增得到片段1，第一引物序列如下：5′-TTCTG……AGATC-3′；5′-CGGAT……GGTCC′；

2）提取淡紫拟青霉总DNA，以第二引物扩增得到片段2，第二引物序列如下：5′-TCTGC……TAGGA-3′；5′-ATCGT……TGAAT-3′；

3）用限制性内切酶Hind III分别酶切所述片段1和片段2，而后通过DNA连接酶将二者连接，即得到片段3；合成如下序列的片段4：5′-CCATG……AT-GCT-3′；用限制性内切酶Ase I分别酶切片段3和片段4，而后通过T4 DNA连接酶将二者连接，即得到重组表达基因。

对于技术方案中的片段1、片段2以及最终制备得到的重组表达基因，说明书中均未记载完整序列。

【问题分析】实施该申请的技术方案需要扩增获得人IL-2基因的片段（片段1）和淡紫拟青霉的基因片段（片段2），将二者连接后进行末端切除改造，制备得到重组表达基因，实现重组IL-2蛋白的异源表达。该申请仅提供了扩增所述片段1、片段2的引物序列，而未提供目的基因的核苷酸序列。通过将申请文件中记载的上述引物对现有技术中的基因序列进行primer-blast比对发现，所述引物并不能匹配现有技术中已公开的任意白介素-2的编码基因以及淡紫拟青霉的DNA片段。按照该申请所记载的技术方案，使用上述引物进行基因扩增，并不能获得人IL-2基因的片段（片段1）和淡紫拟青霉的基因片段（片段2）。并且，实施该技术方案涉及使用Ase Ⅰ酶对目的序列进行酶切，而说明书中记载的引物序列、人工合成的基因片段中，均不存在用来实现酶切的Ase Ⅰ酶的识别位点（ATTAAT），即实施该技术方案并不能实现对目的基因序列的酶切和连接。可见，本领域技术人员根据原始申请文件的记载实施说明书的技术方案，并不能获得该申请所要制备的重组表达基因、载体、菌株。说明书中虽然给出了技术手段，但采用该技术手段并不能解决发明要解决的技术问题，致使所属技术领域的技术人员根据说明书中的记载不能实现该发明。因此，该申请的说明书未对发明作出清楚、完整的说明，致使所属技术领域的技术人员不能实现该发明，不符合《专利法》第二十六条第三款的规定。

【处理方式】该案的原始申请文件技术方案记载的技术手段无法解决发明要解决的技术问题，该说明书对技术方案的公开并未达到“可实现”的程度，与【案例 3】和【案例 4】类似，实质上也违背了发明创造“以公开换保护”的宗旨，同样也无法通过后期对申请文件本身进行修改或对技术方案进行解释说明来克服。

【案例拓展】《专利法》第二十六条第三款规定，说明书应当对发明作出清楚、完整的说明，以所属技术领域的技术人员能够实现为准。在《专利审查指南2010》第二部分第二章第 2.1.1 节，对说明书的内容应当清楚，具体提出了主题明确和表述明确这两个要求，而在主题明确这一要求下，《专利审查指南 2010》指出，说明书应当从现有技术出发，明确地反映出发明想要做什么和如何去做，使所属技术领域的技术人员能够确切地理解该发明要求保护的主题。换句话说，说明书应当写明发明所要解决的技术问题以及解决其技术问题采用的技术方案，并对照现有技术写明发明的有益效果。前述技术问题、技术方案和有益效果应当相互适应，不得出现相互矛盾或不相关联的情形。本案例与【案例 3】和【案例 4】有所不同的是，如果单从说明书文字及其技术含义是否清楚来判断，其已经“清楚”地记载了构成所述技术方案的技术内容，其缺陷产生的原因是因为整体呈现在说明书中的技术方案与其记载的技术问题及该技术方案产生的有益效果是不适应的，从而导致其方案同样存在公开不充分的缺陷。

一份高质量的专利权的产生，要有一个足以清楚、完整反应其技术方案可实现性的说明书作为专利权获得的基础；进一步地，后续才可能为可能发生的技术纠纷和争议提供可靠、扎实的解释和修改空间。部分专利权形成的过程中，申请文件说明书的构成过多侧重于如何描述技术方案本身，而对于技术方案解决的技术问题及其有益效果描述相对简单，有的甚至达不到清楚、准确的程度，这样的说明书构成是不利于高质量专利权的形成的。

此外，此案例与前述【案例 3】和【案例 4】均反映了共性问题，对于基因和蛋白质领域的申请，大部分案件的核心创新点在于对基因和蛋白质本身的开发和利用，说明书充分公开相应技术方案，首先肯定是应尽可能清楚、完整地记载相应基因和蛋白质序列的结构；进一步地，涉及相应核心发明点实际构建和应用所需要使用的载体、重组载体、转化体等相关手段也应清楚表征和记载在说明书中。而对于与目标序列的结构存在对应性的扩增引物、酶切位点等技术特征也应逐一进行核实，避免出现因技术手段不清楚、相互矛盾或与所解决的技术问题不对应而导致的说明书公开充分缺陷。

【案例 6】说明书未给出证实技术方案能够成立的依赖性实验结果

【案情分析】某案，技术方案涉及一种脊柱侧弯检测试剂盒，其包含检测样本中 A 基因、B 基因、C 基因的引物；以及由抑制 A 基因、B 基因、C 基因表达的 siRNA 制备的治疗脊柱侧弯的药物组合物。

说明书实施例记载，利用高通量测序方法对 30 例脊柱侧弯患者的血液样本与 15 例对照样本的基因表达差异进行比较，发现 A 基因、B 基因和 C 基因在脊柱侧弯患者血液样本中表达上调。同时根据 A 基因、B 基因和 C 基因的序列结构制备了能够抑制前述基因表达的 siRNA。

【问题分析】该案说明书中，仅以小样本的患有脊柱侧弯的患者和健康人群为研究对象，证明了 A 基因、B 基因、C 基因三种基因在脊柱侧弯患者生物学样品中表达上调，并制备获得了能够抑制前述基因表达的针对性 siRNA。该申请给出的实验数据实际证实的技术效果如下：①在所研究的群体中，A 基因、B 基因、C 基因的表达水平与脊柱侧弯具有一定程度的相关性；②说明书中设计的 siRNA 能抑制相关基因的表达。而权利要求请求保护的技术方案涉及将检测 A 基因、B 基因、C 基因的引物制备为检测脊柱侧弯的试剂盒产品，以及将抑制 A 基因、B 基因、C 基因表达的 siRNA 分子制备为治疗脊柱侧弯的药物组合物。对于权利要求请求保护的这些技术方案，说明书中虽然提供了部分实验结果，但这些实验结果并不能证明检测 A 基因、B 基因和 C 基因即能够区分患者和健康人群，因为基因表达量在患者和健康人群中的差异仅仅能证明 A 基因、B 基因、C 基因的表达水平与脊柱侧弯具有一定程度的相关性，然而由于疾病的病理和病征之间往往具有错综复杂的关系，在脊柱侧弯发生之前或进展过程中，可能会伴随多种基因的表达异常，通过高通量的 RNA 测序和 qPCR 验证，往往能找出若干在病患和健康者之间具有显著差异表达的基因。而找出差异表达基因仅仅是最初步的研究基础，这些差异表达基因并非都可以作为诊断标志物，故在发现了具有差异表达的基因和确认其可作为疾病的诊断标志物之间，还存在巨大的鸿沟；在没有以未知样品为检测对象，并与标准检测方法相比较以验证所述基因作为疾病诊断标志物的准确性、特异性和灵敏度等的情况下，本领域技术人员并不能认可所述基因可用于制备检测脊柱侧弯的产品。同时，虽然其所开发的 siRNA 能抑制相关基因的表达，但是如前述分析观点所指出的，本申请提供的实验证据仅证明了A基因、B基因、C基因的表达水平与脊柱侧弯具有一定程度的相关性，而抑制相关基因的表达后能否起到治疗脊柱侧弯的作用，并无任何实验数据支撑，发病时基因表达上调并不意味着基因表达恢复正常以后即能缓解和消除病灶，前述基因的表达变化既可能是该疾病发生的原因，也可能是该疾病发生之后所产生的现象，故在没有实验证据支撑的情况下本领域技术人员不能认可针对所述基因的siRNA可用于治疗脊柱侧弯疾病。可见，该申请并没有证明检测所述基因的表达水平就可以检测或诊断脊柱侧弯，更未能证明采用siRNA干扰上述基因的表达后就能够达到治疗脊柱侧弯的效果，说明书中虽给出了具体的技术方案，也给出了一定的实验结果，但所述实验结果并不能证明申请请求保护的、用以解决其声称的技术问题的技术方案能够成立，该申请提供的实验证据没有达到证明技术方案可以实现的程度，导致说明书出现公开不充分的缺陷。

【处理方式】该案的原始申请文件未记载足够的实验证据证实其技术方案能够实现，除非现有技术中存在揭示A基因、B基因和C基因与脊柱侧弯发病直接相关性的证据，否则此类说明书公开不充分的缺陷很难通过修改申请文件或增补实验证据进行克服。但换言之，如果现有技术中已经存在明确揭示A基因、B基因和C基因与脊柱侧弯发病直接相关性的证据，则该案目前的技术方案将有可能因缺乏新颖性或创造性而被驳回。

【案例拓展】基因技术领域属于大化学领域，化学领域是实验科学领域，很多结论或观点都需要通过实验进行验证。基因技术由于其发展的快速性，很多基础规律、原理等尚未被清楚认识和揭示，因而技术可预见性更加低，这一点在基因技术领域的创新者中是有共识的，因而审查实践中所遇到的绝大部分的基因技术领域专利申请都会提供部分的实验结果用以证实其技术方案的可行性，单纯地因完全没有实验结果而导致说明书公开充分缺陷的案件很少，因实验证据与待证事实之间相关性不匹配而造成的说明书公开充分缺陷反而更多，这类案件申请人主观上并无隐瞒实验证据的意图，仅因未对实验证据与待证事实之间的关系进行了解和确认而造成最终无法获得授权，对于创新主体来说是很大的损失。因而，在形成申请文件时，申请人应重点了解拟解决的技术问题的评价方式，尽量有针对性地提供丰富、完备的实验证据以最终获得高质量的专利权。

（二）说明书撰写的其他缺陷

【案例7】引物序列与目的基因不匹配

【案情分析】某案，涉及一种BAC1基因及其在抗旱方面的应用，说明书中记载了以现有技术中公开的玉米 BAC1 基因为参考序列设计引物，以玉米 cDNA 序列为模板扩增得到的基因，并给出了该基因的完整序列。经过核实，说明书记载的 BAC1 基因序列与现有技术中公开的一致，然而说明书中记载的扩增该基因的下游引物序列与该基因序列无法匹配。实审过程中，经过对目的基因和引物序列结构的分析，最终确认造成该缺陷的原因是申请文件文本形成时下游引物序列的 5′和 3′方向颠倒。

【问题分析】虽然该申请说明书中记载的引物序列与目的基因存在不匹配的问题，但根据说明书的记载，所述 BAC1 基因序列在现有技术中已经公开，且说明书中记载的 BAC1 基因序列与现有技术中公开的一致，本领域技术人员根据说明书的记载能够获得该目的基因，并实现该发明技术方案解决拟解决的技术问题，因而说明书中存在的技术方案不清楚问题，并未达到致使说明书技术方案“不能实现”的程度，这种情况下，通常认为说明书对技术方案的公开是清楚、完整、能够实现的。引物不匹配的问题属于通过合理解释能够澄清的缺陷。

【处理方式】该案原始说明书中清楚记载了目的基因的完整序列，由于引物与目的序列之间的互补关系是确定的，因而可以通过目的基因序列获知下游引物的正确结构。同时，由于本领域通用的序列撰写方式是按 5′→3′的方向进行表示，因而通过互补关系及核苷酸排列方式等即可获知该申请中下游引物序列明显是在撰写时将 5′和 3′方向写反而导致的不能正确匹配。这是一种引物序列表征中常见的撰写错误，申请人可以依据上述错误产生原因而对此进行合理解释，并根据原始申请文件的目的序列等信息更正后提交方向正确的下游引物序列从而克服该缺陷。此案例提示申请人，引物序列的核苷酸方向是类似技术方案中容易被忽视的地方，尽管这类错误可能并不一定必然导致说明书公开不充分，但极端情况下，例如说明书中并未公开目的序列信息，现有技术中也无相关证据披露，那引物序列结构的错误仍然有可能使这一不清楚缺陷发展到导致技术方案无法实现的程度。因而，当说明书中涉及引物序列时，务必应当引起重视，核实引物的序列结构及排序方向是否正确，以及引物序列是否能够与目的基因完全匹配，避免因引物错误而导致的缺陷。

【案例 8】核苷酸序列翻译后与氨基酸序列不对应

【案情分析】某案，涉及脂肪酶 A 及其突变体 mut1，该申请以现有技术中已公开的脂肪酶 A 为出发序列进行定向改造，获得了酶活性更好的突变体 mut1。说明书中记载了突变的位点与突变前后的氨基酸，并提供了完整序列，具体如下：原始脂肪酶 A 的氨基酸序列如 SEQ ID NO. 1 所示，编码原始脂肪酶的核苷酸序列如 SEQ ID NO. 2 所示；脂肪酶突变体 mut1 的氨基酸序列如 SEQ ID NO. 3 所示，编码突变体的核苷酸序列如 SEQ ID NO. 4 所示。然而，实审过程中发现，将序列表中 SEQ ID NO. 2 进行翻译后获得的氨基酸序列与 SEQ ID NO. 1 的长度和序列完全不同；将序列表中 SEQ ID NO. 4 进行翻译后获得的氨基酸序列与 SEQ ID NO. 3 的长度和序列也不同。经核实，存在上述矛盾的原因是，申请人在撰写核苷酸序列时误将同期其他类似申请的核苷酸序列撰写为该案的核苷酸序列，申请文件提交前也未进行核对。

【问题分析】该申请要解决的技术问题是提供一种酶活更好的脂肪酶 A 突变体，说明书中清楚记载了发明构思是以现有技术已知的脂肪酶 A 为基础进行特定位点的突变改造，说明书中记载的脂肪酶 A 的氨基酸序列与现有技术中公开的脂肪酶 A 的序列一致，可知其原始脂肪酶 A 的氨基酸序列记载是无误的。并且说明书中明确记载了突变体的突变位点和突变前后的氨基酸，均能够与说明书中记载的突变体氨基酸序列相对应，本领域技术人员基于说明书提供的氨基酸序列能够获得该发明的突变体，并实现该发明的技术效果。因而说明书中存在的矛盾问题并未致该申请出现说明书技术方案不能实现的严重缺陷，核苷酸序列翻译后与氨基酸序列不匹配的问题属于通过合理解释能够澄清的缺陷。

【处理方式】申请人可基于说明书记载的原始脂肪酶 A 的氨基酸序列与现有技术公开的脂肪酶 A 序列相同进行合理解释，澄清原始核苷酸序列的错误为人为撰写失误而造成的，基于现有技术中相关印证信息可以核实氨基酸序列是准确无误的。需要特别注意的是，对于处理方式，由于同一个氨基酸可以由多个不同的密码子进行编码，对于一条确定的氨基酸序列，其可能存在多种核苷酸编码序列，基于说明书记载的氨基酸序列并不能毫无疑义地确定编码该序列的核苷酸序列具体为哪一条，因而此种情况下并不能依据原始申请文件中记载的准确无误的氨基酸序列而重新提交一条申请人认为正确的核苷酸序列，而只能将原始记载的核苷酸序列进行删除，放弃保护该氨基酸的编码序列。

【案例 9】核苷酸序列翻译后与氨基酸序列不对应

【案情分析】某案，涉及一种拟南芥 E3 基因在调控拟南芥表型中的应用。说明书核苷酸和氨基酸序列表记载了该 E3 基因的核苷酸序列如 SEQ ID NO. 1 所示，预测该基因表达的蛋白质的氨基酸序列如 SEQ ID NO. 2 所示；说明书中详细记载了提取拟南芥组织 RNA、设计引物扩增得到该基因，并制备过表达载体的方法步骤，进一步将过表达载体转入拟南芥中进行过表达证实了该基因的技术效果。然而，比对说明书信息发现，将序列表中 SEQ ID NO.1 进行翻译后获得的氨基酸序列与 SEQ ID NO.2 的长度和序列并不相同，而说明书中记载的引物序列与 SEQ ID NO.1 所示的核苷酸序列能够匹配。经核实，存在上述矛盾的原因是申请人在使用软件预测氨基酸序列时操作失误使氨基酸序列缺失了一部分片段。

【问题分析】该申请要解决的技术问题是提供一种拟南芥 E3 基因以及其在调控拟南芥发育方面的应用，其技术问题的解决及技术效果的验证均使用 E3 基因的核苷酸序列进行验证，方案的实施过程并未使用氨基酸序列，可见其关键技术手段在于该基因的序列。说明书中完整披露了拟南芥 E3 基因的制备方法及其序列结构，其中引物序列与目的基因序列匹配，本领域技术人员根据说明书记载的内容能够具体实施该技术方案，获得相应的 E3 基因，并实现该发明的技术效果。因而说明书中存在的不清楚和矛盾问题并未致该申请出现说明书公开不充分的严重缺陷，核苷酸序列翻译后与氨基酸序列不匹配的问题属于通过合理解释能够澄清的缺陷。

【处理方式】申请人可基于说明书记载的基因制备方法及其核苷酸序列针对所编码的蛋白序列进行合理解释，澄清原始氨基酸序列为人为撰写失误而导致缺失部分片段，核苷酸序列是准确无误的。对于处理方式，与【案例 8】不同的是，由于基于说明书记载的准确的核苷酸序列可毫无疑义地确定其翻译得到的氨基酸序列，因而申请人可依据原始申请文件中的核苷酸序列修改其编码的氨基酸序列，并提交修改后的正确版本。

【案例拓展】【案例 8】和【案例 9】提示申请人，当申请文件同时涉及核苷酸序列和氨基酸序列时，应当仔细核对编码序列和被编码序列之间的对应关系，避免因撰写失误导致序列矛盾而影响请求保护的技术方案清楚与否的判断。同时，并非所有的编码序列和/或被编码序列的不对应错误都能够通过修改来克服，如果出现【案例 8】的类似情况，有可能最终无法获得针对基因序列的保护。此外，尽管【案例 8】和【案例 9】均存在序列不对应的缺陷，但其在说明书中对于实际实施技术方案需要的序列结构（如【案例 8】的蛋白质序列和【案例 9】的基因序列）均已经清楚记载，因而已经满足了公开充分的要求，后续申请文件可以以这一清楚的技术方案为基础进行修改、删除等一系列改动，这是比较理想的状况，审查实践中往往还存在更复杂的案情。例如，核苷酸序列与其编码的蛋白质氨基酸序列并不对应，同时依据现有技术无法知晓究竟编码序列正确还是被编码序列正确，此时编码序列和被编码序列不对应的缺陷已经使得实施技术方案的关键技术手段不清楚并足以影响技术方案的实施了，这种缺陷则属于说明书公开不充分的缺陷，通常情况下不能通过修改或说明来克服，会影响申请技术方案的可专利性。可见，编码序列与被编码序列不对应的问题，或轻或重均会影响高质量专利权的形成，申请人在提交申请文件前应当仔细对照核实。

【案例 10】氨基酸序列组成不符合本领域常规认知

【案情分析】某案，涉及将一种分子伴侣基因 A 与目的基因 B 进行融合表达，以实现基因 B 的产物的可溶性表达。说明书中完整记载了基因 A、基因 B 的扩增方法、引物序列，最终构建得到的融合基因的核苷酸序列如 SEQ ID NO. 1 所示，说明书中记载该融合基因表达的蛋白质的氨基酸序列如 SEQ ID NO. 2 所示。然而经比对，SEQ ID NO. 2 所示的氨基酸序列长度与 SEQ ID NO. 1 所示的核苷酸序列长度相同，这与本领域的常规技术认知不符合，通常情况下被编码的蛋白质序列应当是其核苷酸编码序列长度的 1/3 左右。进一步将 SEQ ID NO. 2 所示的三字母表示的氨基酸序列转换以单字母表示后发现，其仅包含 A、T、C 和 G 四种氨基酸，将三字母表示的氨基酸序列以单字母表示后得到的序列与 SEQ ID NO. 1 所示的核苷酸序列完全一致，这有违本领域对于氨基酸序列组成的常规认知，出现该错误的原因是撰写人员在撰写氨基酸序列时错将基因序列的 4 种核苷酸 ATCG 直接对应为单字母缩写为 ATCG 的 4 种氨基酸，而不是通过编码规则翻译为氨基酸序列，导致氨基酸序列的组成出现常识性错误。

【问题分析】该申请要解决的技术问题是实现 B 基因的可溶性表达，解决该技术问题的技术方案是将基因 A 与基因 B 融合表达，说明书实施例中其技术效果均使用融合基因的核苷酸序列进行验证，而并不依赖于氨基酸序列，可见其关键技术手段在于融合基因的构建。说明书中完整披露了融合基因的制备方法及其核苷酸序列结构，制备过程中所使用的引物序列与目的基因序列也能匹配，本领域技术人员根据说明书记载的内容能够具体实施该技术方案，获得相应的融合基因，解决其技术问题并实现该发明的技术效果。因而说明书中记载的氨基酸序列与核苷酸序列之间存在的矛盾问题并未致该申请出现说明书公开不充分的严重缺陷，氨基酸序列存在错误的问题属于通过合理解释能够澄清的缺陷。

【处理方式】申请人可基于说明书记载的融合基因制备方法及其核苷酸序列而进行合理解释，澄清原始氨基酸序列为人为撰写失误而出现常识性错误，核苷酸序列是准确无误的，基于说明书记载的核苷酸序列可毫无疑义地确定其翻译得到的氨基酸序列，因而申请人可对说明书进行修改，提交原始核苷酸序列对应的正确的氨基酸序列。该案例提示申请人，在涉及基因和蛋白质领域的技术方案时，撰写人员需要具备一定的基因工程技术背景知识，避免在撰写技术方案时出现常识性错误而影响技术方案和技术效果的可靠性。

【案例 11】说明书未按要求提交序列表相关部分

【案情分析】某案，涉及克隆得到的基因及其表达的蛋白质，说明书正文中记载基因的核苷酸序列、蛋白质的氨基酸序列，但并未提交单独的说明书核苷酸和氨基酸序列表及其计算机可读载体的副本。

【问题分析】根据《专利法实施细则》第十七条第四款的规定，当发明涉及由 10 个或更多核苷酸组成的核苷酸序列，或由 4 个或更多 L-氨基酸组成的蛋白质或肽的氨基酸序列时，应当递交根据国家知识产权局发布的《核苷酸和/或氨基酸序列表和序列表电子文件标准》撰写的序列表。序列表应作为单独部分来描述并置于说明书的最后。此外，申请人还应当提交记载有核苷酸或氨基酸序列表的计算机可读形式的副本。该申请说明书中涉及核苷酸和氨基酸序列，且显然属于长序列（核苷酸数量超过 10 个，氨基酸数量超过 4 个），应当按照规定提交单独的序列表。

【处理方式】按要求撰写说明书核苷酸和氨基酸序列表及其计算机可读形式的副本，补交即可。

【案例拓展】需要注意的是，该案中说明书内容部分已经记载了基因的核苷酸序列以及蛋白质的氨基酸序列，而补充提交说明书单独的序列表部分以及序列表计算机可读形式的副本，仅仅是对申请文件形式要求的一种补足，其主要考量的是申请文件规范化对后续审查程序的效率助益，申请文件越规范，在实审过程中快速、高效获得专利权的可能性就越大，反之则可能影响专利权获得的速度。此外，需要区分的是，原始申请文件中如果没有记载相关序列的序列结构信息，其属于申请文件的实质性缺陷，属于说明书公开不充分的问题（可参照本章节【案例 3】），是不能通过补交说明书序列表部分和/或序列表计算机可读形式副本来克服相应缺陷的。

三、影响质量的权利要求缺陷

（一）权利要求不符合发明创造的定义

【案例 12】请求保护的主题是 SNP 位点

【案情分析】某案，涉及水稻 OsMPK 基因中的一个 SNP 位点，该位点为 T

时可增强植株的抗病性。该申请基于所述 SNP 位点变异开发了分子标记应用于水稻育种，其权利要求撰写如下：

“水稻 OsMPK 基因中的 SNP 变异位点，其特征在于，位于 SEQ ID NO. 1 所示核苷酸序列的第 200 位，其多态性为 C/T。”

【问题分析】该案目前权利要求实质上请求保护的是一个 SNP 位点。根据本领域的普通技术知识可知，“SNP 位点”是基因组中以天然形态存在的碱基位点，这样的“位点”是一种信息，既不是产品也不是方法，不属于对产品、方法或其改进所提出的新的技术方案。因此，该权利要求不符合《专利法》第二条第二款有关发明的定义，不能被授予专利权。

【处理方式】SNP 位点属于不授权的客体，以该主题为保护对象的权利要求只能删除。申请人可以考虑保护基于 SNP 位点多态性与育种性状之间的关联开发的分子标记及其应用、SNP 位点的检测引物、检测方法等。

【案例拓展】审查实践中发现，与该案类似的情况还包括以“一种 XX 基因的单核苷酸多态性”“一个棉花高强纤维主效 QTL 位点”等为保护主题，而根据本领域技术人员的常识可知，“单核苷酸多态性”是一种基因组中存在的现象，QTL 位点指的是控制数量性状的基因在基因组中的位置信息，这些信息同样既不是一种物质实体，也不是一种方法，不属于对产品、方法或其改进所提出的新的技术方案，这样的主题同样不符合《专利法》第二条第二款有关发明的定义，不能被授予专利权。

【案例 13】请求保护的主题是一种序列

【案情分析】某案，涉及一种新分离得到的纳豆激酶，其氨基酸序列如 SEQ ID NO. 1 所示，权利要求撰写如下：

“一种序列，其特征在于，该序列如 SEQ ID NO. 1 所示。”

【问题分析】该案权利要求的保护主题为“序列”，序列仅仅是对核苷酸或氨基酸一级结构的描述，是一种文字信息，既不是产品也不是方法，不属于对产品、方法或者其改进所提出的新的技术方案。因此，该主题同样不符合《专利法》第二条第二款有关发明的定义，不能被授予专利权。

【处理方式】该申请实际想要保护的主题可能应是氨基酸序列如 SEQ ID NO. 1 所示的纳豆激酶这一产品，申请人可以将权利要求的主题修改为“一种纳豆激酶”，并在特征部分限定“其氨基酸序列如 SEQ ID NO. 1 所示”，从而使保护主题满足专利法对于发明的定义。

【案例拓展】“序列”是基因技术领域对于核苷酸和氨基酸产品的一种普遍

简称，部分申请人在形成申请文件时，容易将领域内常用的一些技术称谓直接使用到申请文件中，忽视了对技术用语语言规范性和实际技术含义的核实，容易产生一些不必要的申请文件缺陷，影响专利申请文本的质量，应当尽量避免。

【案例 14】请求保护的主题是基因图谱

【案情分析】某案，涉及一种利用基因标记座预测水稻产量和选择优良水稻品种的方法。该方法可从不同品种中识别基因标记座，并通过按识别的基因标记座划定基因型的方法为水稻优育工程选出良种。其权利要求撰写如下：

"一种如图 1 所示的水稻产量与 QTL 相关联的基因图谱。"

【问题分析】该权利要求保护的主题是一种"基因图谱"，实质上是一种图片信息，既不是产品也不是方法，不属于对产品、方法或者其改进所提出的新的技术方案。因此，该权利要求不符合《专利法》第二条第二款有关发明的定义，不能被授予专利权。

【处理方式】申请人可以考虑保护基于基因标记开发的分子标记及其应用、基因标记的检测引物、检测方法等。

【案例 15】请求保护的主题是一种构象表位肽

【案情分析】某案，涉及一种构象表位肽，其权利要求撰写如下：

"一种构象表位肽，其由抗原 A 的氨基酸序列上第 2、5、74、123 位的氨基酸构成。"

【问题分析】抗原表位事实上属于一种信息描述，特别是其中的构象表位，其并不能脱离抗原分子的立体构象而独立形成一种结构。该权利要求中描述的不同位点氨基酸无法形成单独分子实体用于刺激生物体产生针对性的抗体，其实质上仍属于一种信息描述，不符合《专利法》第二条第二款对于发明的定义，不能被授予专利权。

【处理方式】构象表位属于不授权的客体，不能予以保护。申请人可以考虑保护基于相应抗原表位信息而开发的特定序列结构的抗体。

从本章节【案例 12】至【案例 15】可以看出，基因技术领域请求保护的主题不符合《专利法》第二条二款的情况，大多数是因为权利要求的主题描述的是基因技术开发过程中发现的信息或客观现象，如果仅仅要求保护信息或客观现象本身，是不符合《专利法》第二条第二款关于发明的定义的。《专利法》能够保护的发明，主题应当是对产品、方法或者其改进所提出的新的技术方案，创新主体首先应确保创新过程中已经开发出基于新的信息或客观现象而产生的产品或方法，进而将其撰写为体现产品和方法属性的主题，才能得到《专利法》的保护。

（二）权利要求属于不授权的客体

【案例16】请求保护的主题属于智力活动的规则和方法

【案情分析】某案，涉及一种蛋白质的设计方法，其权利要求撰写如下：

“一种蛋白质的设计方法，其特征在于：1）定义各项设计参数；2）通过期望的预设效果确定各项设计参数之间的关系；3）通过关系计算获得目标蛋白质。”

【问题分析】该权利要求涉及的是一种蛋白质的设计方法，其中既没有给出具体的氨基酸序列，也没有公开具体使用的技术手段。其本质是一种指导人们进行思维活动的规则和方法，而不是一种利用自然规律和自然力的技术方案。因此，该主题属于《专利法》第二十五条第一款第（二）项所述的智力活动的规则和方法的范围，不能被授予专利权。

【处理方式】该权利要求的主题属于不授权的客体，不能予以保护。申请人可以考虑请求保护特定序列结构的蛋白质。

【案例17】请求保护的主题属于智力活动的规则和方法

【案情分析】某案，涉及一种慢性髓细胞样白血病诊断试剂盒，其权利要求撰写如下：

“1. 一种用于诊断慢性髓细胞样白血病的试剂盒，其特征在于，……。

2. 根据权利要求1所述试剂盒的使用说明。”

【问题分析】该案中，权利要求2请求保护的主题是诊断试剂盒的使用说明，产品说明记载的内容是一种人为的规定，是一种智力活动的规则和方法。这样的保护主题没有采用技术手段或者利用自然规律，也未解决技术问题和产生技术效果，属于《专利法》第二十五条第一款第（二）项所说的智力活动的规则和方法的范围，不能被授予专利权。

【处理方式】使用说明等人为规定，属于不授权的客体，不能予以保护，建议删除相关权利要求。

【案例18】请求保护的主题属于疾病诊断方法

【案情分析】某案，涉及通过基因标志物进行乳腺癌早期筛查及其相关基因诊断产品。权利要求撰写如下：

"1. 一种乳腺癌早期筛查方法，其特征在于，包括从待测个体中采集样品，检测样品中是否存在序列如 SEQ ID NO. 1-2 所示的基因标志物，由此确定该个体发生乳腺癌的风险性。"

【问题分析】权利要求 1 请求保护的技术方案是一种疾病筛查方法，实施该方法需要从有生命的人体中获得离体样品，通过检测离体样品中的基因标志物可以获得同一主体的健康状况，并以此判断该主体患病的风险性，可见该方法属于《专利法》第二十五条第一款第（三）项所述的疾病诊断方法，不能被授予专利权。

【处理方式】疾病诊断方法属于不授权的客体，不能予以保护。且该方法的实施显然需要以人的离体样本为对象，以获得同一主体的健康状况或疾病诊断结果为唯一直接目的，因而不能采用排除式限定进行修改。申请人可以考虑保护用于检测相应基因标志物的检测引物、试剂盒等产品。

【案例拓展】在生物检测领域，由于部分检测方法适用对象的普适性，其实施对象可能包含人和动物。当所述方法适用于人或动物时，如果检测结果与人或动物感染疾病的情况相关，则这样的方法中会包含疾病的诊断方法。然而，这种情况下，疾病的诊断仅仅是特定实施对象下该方法与不授权客体重叠的一种特殊情况，且在具体方案上切割存在一定困难，如果据此而不予授权，有违专利制度鼓励创新的初衷。对于这种情况，审查实践中存在一种处理方式——"排除式修改"。

以某案为例，其原始权利要求请求保护"一种沙门氏菌的分子检测方法"，当所述方法以人体或者动物体的离体样本为检测对象时，通过测定其中的沙门氏菌，可以得到样品中是否含有沙门氏菌的结果，虽然本方法未包括诊断步骤但包括检测步骤，根据本领域技术人员所具备的医学常识，该检测结果可以直接得到人体或者动物体是否受沙门氏菌感染以及相关疾病的诊断信息。即该方法包含以人和动物的离体样本为对象，并获得同一主体疾病诊断结果为直接目的的过程，因此属于疾病的诊断方法，不能被授予专利权。然而该方法除了可以应用于人和动物，还可以应用于多种环境检测，且其技术手段确实存在创新。因而，为了最大限度鼓励该创新主体，又不违反专利法关于不授权客体的相关规定，允许申请人将请求保护的主题修改为"一种非诊断目的的沙门氏菌的分子检测方法"从而克服不授权客体的缺陷。需要注意的是，这样的例外式修改方式要求相对严格，如果相应检测方法仅适用于有生命的人体或动物体，且检测结果仅能判断检测对象是否处于健康状态，而无其他的应用可能性，则这样的排除式修改是不能被允许的。换句话说，如果一个方法，其实施的唯一目的就是以有生命的人体或动物体为实施对象，进行识别、确定或消除病因或病灶的过程，那么这样的修改方式是不能被允许的，因为实际修改可能“排除”掉该申请的全部实际技术贡献。

【案例 19】请求保护的主题属于疾病治疗方法

【案情分析】某案，涉及一种基因载体及治疗视网膜神经节细胞病变的方法，其权利要求撰写如下：

“1. 一种治疗视网膜神经节细胞病变的方法，其特征在于：构建包含序列如 SEQ ID NO. 1 所示基因的重组腺相关病毒载体，将该重组腺相关病毒载体进行视网膜下腔注射或玻璃体腔注射。”

【问题分析】该权利要求请求保护的主题是一种治疗视网膜神经节细胞病变的方法，实施该方法可以使有生命的人体或动物体的视网膜神经节细胞病变得到恢复，其本质上属于《专利法》第二十五条第一款第（三）项所述的疾病治疗方法，不能被授予专利权。

【处理方式】疾病治疗方法属于不授权的客体，不能予以保护。该方法的实施显然需要以有生命的人体或动物体为对象，以恢复或获得其健康为直接目的，属于疾病治疗方法，不能被授予专利权。申请人可以考虑保护用于疾病治疗的重组腺相关病毒载体或其制药用途等。

【案例 20】请求保护的主题属于疾病治疗方法

【案情分析】某案，涉及一种鸭瘟病毒亚单位疫苗及其制备方法和应用，说明书实施例具体记载了动物免疫试验，证实其对鸭瘟病毒具有较好的防护效果。其权利要求撰写如下：

“权利要求 1 或 2 任一项所述的亚单位疫苗在鸭瘟病毒免疫预防中的应用。”

【问题分析】《专利审查指南 2010》第二部分第一章第 4. 3. 2. 1 节规定了治疗方法包括以治疗为目的或者具有治疗性质的各种方法，预防疾病或者免疫的方法视为治疗方法。在基因技术领域，涉及疫苗的发明创造有很多，在撰写权利要求时通常也会延及相应疫苗产品的具体应用，需要申请人注意的是，包括疫苗的免疫方法在内的预防疾病的方法，均属于《专利法》第二十五条第一款第（三）项所述的疾病治疗方法的范畴，不能被授予专利权。

【处理方式】疾病预防方法的实施显然属于以有生命的人体或动物体为对象，以获得健康为直接目的的技术方案，不能被授予专利权。由于其技术方案也不包含其他可实现的实施目的，也不存在可采用排除式限定进行修改的技术基础，只能通过删除或修改为瑞士型权利要求来克服上述缺陷，如撰写为“权利要求 1 或权利要求 2 任一项所述的亚单位疫苗在制备鸭瘟病毒免疫预防药物中的应用”。

【案例 21】请求保护的主题属于动物品种

【案情分析】某案，涉及过表达猪的防御素基因以提高转基因猪的抗病性，其权利要求撰写如下：

“一种转基因猪，其特征在于：其体内过表达序列如 SEQ ID NO. 1 所示的防御素基因。”

【问题分析】该权利要求保护的主题是一种很明确的具体动物种类，属于《专利法》第二十五条第一款第（四）项所述的动物品种的范围，不能被授予专利权。

【处理方式】动物品种属于不授权的客体，不能予以保护，建议删除相关权利要求。申请人可以考虑保护制备相应转基因动物的方法或相应转基因动物的具体应用等技术主题。

【案例拓展】需要注意的是，除具体的动物个体以外，动物的胚胎干细胞及其各个形成和发育阶段，例如生殖细胞、受精卵、胚胎等，基于其均可能最终发育成为动物个体，按照《专利审查指南 2010》的现行相关规定，均属于《专利法》第二十五条第一款第（四）项所述的“动物品种”的范畴，不能被授予专利权。

【案例 22】请求保护的主题属于植物品种

【案情分析】某案，涉及将一种耐盐基因 A 转入作物中制备耐盐性提高的作物，其权利要求撰写如下：

“1. 一种耐盐基因，其核苷酸序列如 SEQ ID NO. 1 所示。

2. 含有权利要求 1 所述耐盐基因的过表达载体。

3. 含有权利要求 2 所述过表达载体的转基因植物。”

【问题分析】权利要求 3 请求保护的主题是一种转基因植物，属于《专利法》第二十五条第一款第（四）项所述的“植物品种”的范畴，不能被授予专利权。

【处理方式】植物品种属于不授权的客体，不能予以保护，建议删除相关主题。申请人可以考虑保护相应转基因植物的制备方法、相应转基因植物的具体应用等方法权利要求，而对于植物品种，可以通过《专利法》以外的其他法律法规，例如《植物新品种保护条例》等进行保护。

【案例拓展】需要注意的是，按照《专利审查指南2010》的规定，可以借助光合作用，以水、二氧化碳和无机盐等无机物合成碳水化合物、蛋白质来维系生存的植物的单个植株及其繁殖材料（如种子等），均属于《专利法》第二十五条第一款第（四）项所述的“植物品种”的范畴，不能被授予专利权。但从本书第一章概述中所描述的基因技术的重点应用领域可以看出，通过基因技术进行植物新品种选育是基因技术在现代农业中一个很重要的应用场景，这其中会产生很多创新技术，而这些创新技术的最直接产品体现就是转基因植物品种以及已经导入了外源目的基因的转基因植物相关繁殖材料（如种子、愈伤组织细胞等）。对于具体的植物品种以及能够生长发育为具体植物品种的植物繁殖材料，我国专利法目前是排除保护的，因而创新主体不能通过获得专利权来保护这部分创新技术载体，只能通过其他的途径寻求保护。我国现行保护制度下，与这些技术载体相关的法律法规有《种子法》《植物新品种保护条例》等。但需注意的是，《植物新品种保护条例》能够给予保护的对象并不覆盖所有的植物种类，如果不在其保护名录中的植物品种是不能获得植物品种权的；新实施的《种子法》，进一步扩大了植物新品种权的保护范围及保护环节，将保护范围由授权品种的繁殖材料延伸到收获材料，将保护环节由生产、繁殖、销售扩展到生产、繁殖和为繁殖而进行处理、许诺销售、销售、进口、出口以及为实施上述行为的储存等，保护强度有所增加。创新主体可以根据不同法律法规的保护对象、保护范围及保护力度，选择合适的方式进行保护，此处不再赘述。

需提醒申请人，如果转基因植物和/或其繁育材料不属于植物品种权的保护名录，无法纳入其现行保护范围，由于植物繁殖材料的可复制性较强，应当对繁殖材料进行妥善保管，参考技术秘密的保护方式，谨慎交换、展出以及销售，以免出现不必要的创新技术泄露。

（三）权利要求不具备实用性

【案例23】请求保护的主题为随机筛选特定突变体的方法

【案情分析】某案，涉及一种脂肪酶突变体基因及其应用。根据说明书记载，其是以野生型脂肪酶基因为基础，进行连续易错PCR，构建突变体文库，从中筛选得到一个酶活性显著提高的突变体基因。其权利要求撰写如下：

“1. 一种脂肪酶突变体基因，其特征在于，核苷酸序列如SEQ ID NO.2所示。

2. 权利要求 1 所述的脂肪酶突变体基因的筛选方法，包括如下步骤：

(1) 根据 SEQ ID NO. 1 所示的脂肪酶基因序列设计扩增引物，以枯草芽孢杆菌基因组 DNA 为模板，扩增得到枯草芽孢杆菌的脂肪酶基因，构建包含脂肪酶基因的表达载体，并进行测序验证；

(2) 以步骤 (1) 中构建得到的含有脂肪酶基因的表达载体为模板，以 SEQ ID NO. 3-4 所示的引物序列进行 3 轮易错 PCR，反应体系如下：……，易错 PCR 产物经纯化后与载体连接，并转化大肠杆菌，获得突变体文库；

(3) 经过脂肪酶筛选培养基筛选，得到权利要求 1 所述的突变体基因。"

【问题分析】权利要求 2 请求保护如权利要求 1 所述的脂肪酶突变体基因的筛选方法。权利要求 1 中的脂肪酶突变体基因是具有特定碱基序列结构的突变体基因。根据权利要求 2 所记载的方法操作步骤以及本领域的普通技术知识，通过易错 PCR 引入的突变是随机突变，由于突变的位点和类型均具有随机性，即便是采用相同的引物、相同的操作步骤，也难以筛选得到与权利要求 1 中所限定的具体序列结构完全相同的突变体基因。因此，权利要求 2 请求保护的制备方法不具有再现性而不能在产业上应用，不符合《专利法》第二十二条第四款关于实用性的规定。

【处理方式】不具备实用性是由技术方案本身所固有的缺陷引起的，这样的缺陷通常很难通过修改技术方案来克服，建议申请人通过删除相关技术方案来克服缺陷。

(四) 权利要求得不到说明书支持

【案例 24】以序列同一性、突变或杂交方式限定生物序列

【案情分析】某案，涉及一种分离的淀粉酶 A，其氨基酸序列如 SEQ ID NO. 2 所示，编码淀粉酶 A 的基因序列如 SEQ ID NO. 1 所示。根据说明书中的记载，申请人从特定微生物中分离得到了淀粉酶 A，对该酶的功能进行了验证，说明书中并未对该酶的序列结构与功能之间的对应关系进行验证，也并未进行任何突变验证。其权利要求撰写如下：

"1. 一种核酸分子，其选自：

(1) 与 SEQ ID NO. 1 具有 90% 以上同源性的核酸分子；

(2) 编码由 SEQ ID NO. 2 经过取代、缺失或添加一个或几个氨基酸所得多肽的核酸分子；

(3) 在严格条件下与 SEQ ID NO. 1 杂交的分子；

上述核酸分子都编码具有淀粉酶 A 活性的多肽。"

【问题分析】该权利要求中的（1）、（2）和（3），分别用序列同源性、取代、缺失或添加或者杂交方式来限定请求保护的核酸分子，该核酸分子与原基因具有一定的序列结构相似性，当然同时也存在一定的序列结构差异。不考虑密码子简并性的影响，核酸序列的变化会导致其所编码氨基酸序列的变化，从而影响所编码的多肽的空间结构和功能。因此，除了 SEQ ID NO. 1 所示的核酸分子本身，是否存在其他用序列同源性，取代、缺失或添加，或者严格条件下杂交方式限定的核酸分子，能够同样编码具有淀粉酶 A 活性的多肽，这需要实验证据加以验证。说明书中并未提供经功能验证的、权利要求请求保护的上述类似核酸分子的实例，也没有公开淀粉酶 A 的功能域氨基酸组成，因此本领域技术人员不能明了除了 SEQ ID NO. 1 之外，是否还有其他核酸分子其编码的氨基酸序列也具有淀粉酶 A 活性。因此，上述权利要求的保护范围没有以说明书为依据，其涵盖了可能不能解决申请需要解决的技术问题的方案，得不到说明书的支持，不符合《专利法》第二十六条第四款的规定。

【处理方式】序列结构的差异，大多数情况下，会导致功能的改变或缺失。因此，对于基因或蛋白质序列来说，要确定除了其本身，是否还存在基于序列结构推测规则而衍生出的其他序列能够具有相同的功能，需要相应实验证据支持。如果说明书中没有列举相应的衍生序列，也未验证其功能，也没有提供现有技术证据证实其推测的结构能够保有原始序列的相同功能，则请求保护基因或蛋白质的衍生序列通常情况下得不到说明书的支持。在这种情况下，建议申请人删除用序列同源性或同一性，取代、缺失或添加，或者杂交方式限定的衍生序列。

【案例 25】用“具有”或“含有”来限定生物序列

【案情分析】某案，涉及一种新分离的抗菌肽，该抗菌肽的氨基酸序列如 SEQ ID NO. 1 所示，长度为 12 个氨基酸，说明书中对该抗菌肽的抑菌效果进行了验证，但并未对其他含有该抗菌肽 12 个氨基酸结构的多肽进行抑菌功能研究，也未进行任何突变序列研究。其权利要求撰写如下：

“1. 一种抗菌肽，其特征在于，其含有 SEQ ID NO. 1 所示的氨基酸序列。”

【问题分析】当用“具有”或“含有”方式限定多肽或者基因的结构（氨基酸或核苷酸序列）时，意味着在所述序列的两端还可以添加任意数量和任意种类的氨基酸或核苷酸残基。作为多肽一级结构的氨基酸序列是多肽空间结构的基础，而空间结构又直接决定其功能。氨基酸序列的微小变化可能会导致空间结构的巨变，进而导致功能发生改变。因此，于本案而言，除了 SEQ ID

NO. 1 所示的抗菌肽本身，在该抗菌肽两端添加任意数量和任意种类的氨基酸之后获得的多肽序列是否仍然具备如 SEQ ID NO. 1 所示的抗菌肽的功能，需要实验证据加以验证。说明书中并未提供含有该抗菌肽 12 个氨基酸但整体长度更长的多肽的实例，本领域技术人员不能确定除 SEQ ID NO. 1 本身之外，在其两端添加任意氨基酸残基而形成的更长的多肽依然能够与 SEQ ID NO. 1 所示的抗菌肽一样具有所述抗菌功能。该权利要求没有以说明书为依据来表述请求保护的范围，其涵盖了可能不能解决申请需要解决的技术问题的方案，得不到说明书的支持，不符合《专利法》第二十六条第四款的规定。

【处理方式】序列结构的差异，会导致功能的改变或缺失。因此，对于一种基因或蛋白质来说，要确定除了其本身之外，是否还存在衍生序列能够具有相同的功能，需要相应证据支持。如果说明书中没有列举相应的衍生序列，则请求保护的基因或蛋白质的权利要求得不到说明书的支持。对于该案，建议申请人将权利要求的保护范围修改到“如 SEQ ID NO. 1 所示的抗菌肽本身”，以匹配其技术贡献。

【案例 26】以 CDR 序列限定的抗体

【案情分析】某案，涉及一种 HER2 抗体，说明书中证明了含有 HCDR1-3 且含有 LCDR1-3 的抗体能够特异性结合 HER2 抗原，说明书中并未验证其他 CDR 结构的抗体是否具有特异性结合 HER2 抗原的活性。其权利要求撰写如下：

“1. 一种 HER2 抗体，其特征在于，包括：重链可变区，其氨基酸序列含有以下的互补决定区：如 SEQ ID NO. 2 所示的 HCDR1、如 SEQ ID NO. 3 所示的 HCDR2 和/或如 SEQ ID NO. 4 所示的 HCDR3；以及轻链可变区，其氨基酸序列含有以下的互补决定区：如 SEQ ID NO. 6 所示的 LCDR1、如 SEQ ID NO. 7 所示的 LCDR2 和/或如 SEQ ID NO. 8 所示的 LCDR3。”

【问题分析】该权利要求中以“和/或”的表述方式限定出多个并列技术方案，包含了轻重链可变区的 CDR 序列可以仅选择其中一个来构成所述抗体。例如，该 HER2 抗体可能在重链变区包含 SEQ ID NO. 2 所示的 HCDR1 以及在轻链可变区仅包含 SEQ ID NO. 6 所示的 LCDR1，其他 CDR 区的序列结构可变。说明书中仅证明了含有 HCDR1-3 且含有 LCDR1-3 的抗体能够特异性结合 HER2 抗原，对于除此之外其他组合形成的并列技术方案则未给出任何实验证据证明其抗原结合功能。抗体作为一种蛋白质，其一级结构的氨基酸序列是其空间结构的基础，而空间结构又决定其功能，氨基酸序列的微小变化可能会导致空间结构的变化，进而导致功能、活性发生改变。因此，在缺乏相关实验证据支持的情况下，本领域技术人员无法预期除上述含有 HCDR1-3 且含有 LCDR1-3 的抗体之外，是否还存在其他组合的抗体（如仅包含其中部分 CDR 区域的抗体）能够实现与上述抗体相同的功能。因此，该权利要求没有以说明书为依据来表述请求保护的范围，其涵盖了可能不能解决其需要解决的技术问题的方案，得不到说明书的支持，不符合《专利法》第二十六条第四款的规定。

【处理方式】对于抗体，目前常见的结构限定方式，通常至少需要按顺序限定来自同一克隆的 6 个 CDR 序列，即用“VHCDR1-3+VLCDR1-3”的形式来限定其结构。对于该案，建议将权利要求的特征部分修改到含有 HCDR1-3 且含有 LCDR1-3 的抗体。

【案例拓展】【案例 25】中不允许使用“含有”“具有”或“包含”等开放式用语限定其序列结构，而【案例 26】中抗体的结构可以使用“含有”“具有”或“包含”等开放式用语限定，同样是对于序列氨基酸组成的限定，前后标准似乎并不统一，然而仔细分析可发现，这两种情况并不矛盾。【案例 25】中，除了该抗菌肽序列本身，申请文件并未提供其他任何衍生序列的具体结构并验证其抗菌功能，现有技术中也无证据表明在该抗菌肽的两端添加任意氨基酸残基，不会影响该序列原有的抗菌功能；同时，由于现有技术中抗菌肽的序列长度、结构等均不尽相同或相似，没有任何结构规律可以参照。因而，除了该序列本身外，其他结构有一定相关性的衍生序列，基本上无法基于现有技术的研究结论而推测其与原始序列是否在功能上可以等同。而【案例 26】属于抗体，现有技术中对于抗体结构及各部分所司功能的研究相对透彻，目前已有的技术共识基本认为：抗体的 6 个 CDR 区基本决定了其是否能够与抗原进行结合，进而实现基本的抗体功能，除了 CDR 区以外的其他结构，尽管也属于抗体必然包含的部分，但其具体序列无须完全限定，因为这些区域的改变通常情况下不太会影响抗体与抗原结合。因而对于抗体来说，在确定了 CDR 区的前提条件下，允许对其他结构部分进行适当改变，本领域技术人员也能预期这些改变对于抗体结合功能的影响是有限的。

因此，与【案例 25】中的抗菌肽有所不同，抗体允许用“含有”“具有”或“包含”等开放式用语来限定抗体的整体结构；而对于 CDR 区本身，通常情况下仍然不允许用开放式用语进行限定，因为在 CDR 序列的两端如果增加不同的氨基酸残基，是有可能影响该抗体的抗原结合力的，不能确保抗体基本功能的实现。因而，如果使用开放式用语限定 CDR 序列本身，通常认为得不到说明书的支持。

【案例 24】至【案例 26】列举了序列结构限定过程中常见的不支持情况，

但并不是使用序列同一性，取代、缺失和添加以及杂交等方式限定序列结构，均会导致得不到说明书支持。如果说明书中提供了足够多的具体衍生序列，并且均验证了其与原始序列具有相同或类似的功能，那么在证据充分的情况下，并不排除以上包含推测序列结构的衍生序列限定方式可以被接受。

以 2016 年中国法院十大知识产权案中“热稳定的葡糖淀粉酶”一案为例，该案涉及一种分离的热稳定葡糖淀粉酶，对于请求保护的酶，该案经过一系列的质证，最终判定“功能+同源性+序列来源”的限定方式能够得到说明书的支持。但由于说明书支持问题除与申请文件本身记载的技术内容相关外，也与现有技术水平存在相关性，因而不能武断地认为该案的序列限定方式一定能够适用于其他的序列。由于该案案情相对复杂，此处不再展开，感兴趣的读者可查询相关判决详细了解。但整体而言，在目前的标准下，基因技术序列相关权利要求支持问题的标准仍然比较严格。基因技术领域属于实验性较强的领域，技术效果的不可预期性较高，对于基因技术相关序列进行描述时，无论采用哪种方式，都应当在说明书中提供尽可能多的实施例以支持相应衍生序列的效果，有助于最终获得匹配技术贡献且尽可能宽的保护范围。

（五）权利要求不清楚

【案例 27】请求保护的主题类型不清楚

【案情分析】某案，涉及一种溶菌酶及其在制备抑菌剂中的应用。其权利要求撰写如下：

“1. 一种溶菌酶及其应用，其特征在于，所述溶菌酶的氨基酸序列如 SEQ ID NO. 1 所示，该溶菌酶可用于制备抑菌剂。”

【问题分析】《专利法》第二十六条第四款规定了权利要求书应当清楚。权利要求要清楚，首先其类型应当清楚，权利要求的主题名称应当能够清楚地表明该权利要求的类型是产品权利要求还是方法权利要求。该权利要求的主题为“一种溶菌酶及其应用”，其中既含有产品“溶菌酶”，又含有方法，即该溶菌酶的“应用”。因而，以目前撰写出的主题来说，该权利要求的类型是不清楚的，本领域技术人员也无法依据该主题来确定其具体的保护范围，该权利要求的撰写不符合《专利法》第二十六条第四款关于“清楚”的规定。

【处理方式】申请人可以将产品和应用作为两个独立的主题分开进行保护，例如，权利要求 1 保护“一种溶菌酶”，权利要求 2 保护“权利要求 1 所述的溶菌酶的应用”。

【案例 28】请求保护的主题类型不清楚

【案情分析】某案，涉及一种 Cas9 蛋白突变体以及使用该突变体进行基因编辑的方法，其权利要求撰写如下：

“1. 一种基于 CRISPR/Cas9 系统的基因编辑技术，其特征在于，用于基因编辑的 Cas9 蛋白为突变体，其氨基酸序列如 SEQ ID NO. 2 所示。”

【问题分析】该权利要求请求保护的主题为“基因编辑技术”，其“技术”一词是模糊不清的，不能明确该权利要求请求保护的是产品还是方法，可以解释为以产品形式提供的“技术”，也可以解释为以方法形式提供的“技术”。因此，以“技术”作为主题会导致权利要求的类型不清楚，也会使得本领域技术人员无法根据该主题确定权利要求的保护范围，不符合《专利法》第二十六条第四款的规定。

【处理方式】申请人可以根据期望请求保护的技术方案，选择将目前的权利要求撰写为产品权利要求或方法权利要求，也可同时以两种主题进行保护，例如，权利要求 1 请求保护“一种 Cas9 蛋白突变体”，权利要求 2 请求保护“利用权利要求 1 所述的 Cas9 蛋白突变体进行基因编辑的方法”等。

【案例拓展】从【案例 27】和【案例 28】所反映的问题可以看出，对于权利要求的主题，首先应当明确其属于产品还是方法，进而再用技术含义清楚的技术术语去描述构成该产品或者方法的技术特征，“XX 产品及其应用”是基因技术领域专利申请文件中权利要求撰写常见的一类错误，其问题明确且简单，应当尽量避免。此外，除了“技术”以外，如“改进”“方案”等类似的表述方式也是模糊不清的，无法清楚表征所述主题是产品还是方法，申请人在撰写权利要求时应当避免采用这一类表述方式。

【案例 29】请求保护的主题使用了技术含义不明的自命名称

【案情分析】某案，涉及一种抗菌肽基因及其重组表达载体。根据说明书的记载，申请人分离得到一种抗菌肽基因，将其命名为 anpB，其核苷酸序列如 SEQ ID NO. 1 所示。实施例中将该基因连接至本领域常用的大肠杆菌表达载体 pET28a，构建得到用于表达该抗菌肽的重组表达载体，申请人将该重组表达载体命名为 pET-anpB。其权利要求撰写如下：

“1. 一种抗菌肽基因 anpB。

2. 一种重组表达载体 pET-anpB。”

【问题分析】权利要求请求保护的抗菌肽基因名称为 anpB，重组载体名称为 pET-anpB，但这两个名称均是申请人自行命名的，在本领域并没有公认或公知的技术含义，本领域技术人员由其名称 anpB 并不能清楚地确定其代表何种特定序列或结构的抗菌肽基因，也不能由表达载体 pET-anpB 的名称清楚地确定该重组表达载体具体有何种的结构或组成。因此，该案的两个权利要求由于主题中均使用了技术含义不明的自命名称，导致技术方案的保护范围无法准确确定，均不符合《专利法》第二十六条第四款关于清楚的规定。

【处理方式】对于基因技术领域创新过程中产生的一系列产品，例如重组核酸分子、新分离的基因或多肽、表达载体等，申请人往往会自行命名，这些自命名通常是为了区分于现有技术中的其他产品或简单体现该产品的产生过程。然而，这样的自命名在本领域通常并没有公知或公认的确切技术含义，并不能清楚表征请求保护的对象。如果申请人希望在权利要求中使用自命名以保留其产品特色，应当同时在权利要求中对该自命名产品或所涉及方法的结构或组成进行清楚地定义。例如，可以对自命名基因的序列结构进行限定，对自命名载体的结构或其制备方法进行限定，以清楚地体现其请求保护的主题。除主题名称以外，如果权利要求技术特征部分也出现了自命名称，可以参照前述处理方式进行修改明确。

【案例 30】权利要求之间缺乏引用基础

【案情分析】某案，技术方案如前述【案例 29】所述，其权利要求撰写如下：

“1. 一种抗菌肽基因 anpB，其核苷酸序列如 SEQ ID NO. 1 所示。

2. 一种重组表达载体，其特征在于，含有所述的抗菌肽基因 anpB。”

【问题分析】权利要求 2 中存在引用式的表述“所述的抗菌肽基因 anpB”，然而并没有清楚指定引用的是哪个权利要求中的抗菌肽基因 anpB，这样的引用式表述是缺乏引用基础的，并不能依据相关引用表述来确定引入该权利要求中予以考量的、在先权利要求的技术方案或技术特征。这样的引用表述导致权利要求保护范围不清楚，不符合《专利法》第二十六条第四款的规定。

【处理方式】申请人可以对权利要求 2 的引用表述进行修改，明确其引用的权利要求，例如修改为“含有权利要求 1 所述的抗菌肽基因 anpB”，将权利要求 1 中对抗菌肽基因 anpB 的序列结构定义引入权利要求 2 中以清楚定义其载体含有的抗菌肽基因；或者，参照【案例 25】的修改方式，也可以删除其中的引用式表述，直接在权利要求 2 中对抗菌肽基因 anpB 的核苷酸序列结构进行限定。

(六) 权利要求不简要

【案例 31】同一序列产品使用重复特征进行限定

【案情分析】某案，涉及一种新分离的β-葡萄糖苷酶突变体，该突变体的氨基酸序列如 SEQ ID NO. 1 所示，编码该突变体的基因的核苷酸序列如 SEQ ID NO. 2 所示。其权利要求撰写如下：

"1. 一种β-葡萄糖苷酶突变体，其特征在于，该突变体的氨基酸序列如 SEQ ID NO. 1 所示。

2. 如权利要求 1 所述的β-葡萄糖苷酶突变体，其特征在于，编码该突变体的核苷酸序列如 SEQ ID NO. 2 所示。"

【问题分析】该案中，权利要求 1 请求保护β-葡萄糖苷酶突变体，已经在特征部分限定了其氨基酸序列。权利要求 2 引用权利要求 1，并进一步对该酶突变体的编码核苷酸序列进行了限定。由于权利要求 2 的主题是仍然是"β-葡萄糖苷酶突变体"，是一种多肽，属于产品权利要求，产品权利要求的保护范围由其结构或组成决定，其引用的权利要求 1 中已经采用氨基酸序列对该突变体的结构进行了限定，在这种限定方式下，其结构已经明确且固定，权利要求 2 特征部分进一步限定的该突变体为"如 SEQ ID NO. 2 所示的核苷酸序列编码"，实际上并没有将所述突变体产品进一步与所引用的权利要求 1 区分开，二者请求保护的均是氨基酸序列如 SEQ ID NO. 1 所示的β-葡萄糖苷酶突变体。也就是说，权利要求 2 与权利要求 1 的保护范围实际上是相同的，权利要求 2 的附加技术特征并没有起到进一步缩小权利要求 1 保护范围的目的，这两个权利要求的存在导致权利要求书整体不简要，不符合《专利法》第二十六条第四款的规定。

【处理方式】权利要求 1 中的β-葡萄糖苷酶突变体结构已经明确，申请人若想请求保护如 SEQ ID NO. 2 所示的该β-葡萄糖苷酶突变体的编码基因，可以单独撰写为一个主题是"基因"的独立权利要求。例如："权利要求 1 所述的β-葡萄糖苷酶突变体的编码基因，其特征在于：所述编码基因的核苷酸序列如 SEQ ID NO. 2 所示。"

【案例 32】同一载体产品使用重复特征进行限定

【案情分析】某案，涉及一种适用于大肠杆菌的无标记基因点突变载体及其构建方法，该载体可以用于在大肠杆菌中进行目的基因的点突变，同时无标记基因残留。说明书中详细记载了该点突变载体的制备方法，并对制备得到的点突变载体进行了测序，其核苷酸序列如 SEQ ID NO. 1 所示。

其权利要求撰写如下：

“1. 一种大肠杆菌无标记基因点突变载体，其特征在于，该载体的核苷酸序列如 SEQ ID NO. 1 所示。

2. 如权利要求 1 所述的大肠杆菌无标记基因点突变载体，其由以下方法制备得到：……。”

【问题分析】权利要求 2 引用权利要求 1，并进一步对载体的制备方法进行了限定。该权利要求的主题是“载体”，属于一种产品权利要求，产品权利要求的保护范围由其结构或组成决定。权利要求 1 中已经采用核苷酸序列对该载体的结构进行了限定，在这种限定方式下，权利要求 1 中的大肠杆菌无标记基因点突变载体的结构已经固定，权利要求 2 中进一步限定的特定制备方法实际上不再影响该载体的具体结构。也就是说，权利要求 2 与权利要求 1 的保护范围实际上是相同的，权利要求 2 的附加技术特征并没有达到进一步缩小权利要求 1 的保护范围的目的，这两个权利要求的存在导致权利要求书整体不简要，不符合《专利法》第二十六条第四款的规定。

【处理方式】权利要求 1 中的大肠杆菌无标记基因点突变载体结构已经明确，申请人若想保护其制备方法，可以单独撰写一个主题名称为“制备方法”的独立权利要求，例如：“如权利要求 1 所述的大肠杆菌无标记基因点突变载体的制备方法，其特征在于，步骤如下：……。”

【案例拓展】从【案例 31】和【案例 32】可以看出，在基因技术领域，由于产品之间的相关性或对应性，存在同一产品可以使用不同的技术特征进行定义的情况。例如，蛋白质既可用编码其氨基酸序列的编码基因进行定义，也可以使用氨基酸序列结构本身进行定义；载体可以使用测定的序列结构进行定义，也可以使用其制备方法进行定义。在形成高质量权利要求时，申请人应当尽量选用清楚、简洁、更贴近期望保护的范围的技术特征来构成技术方案，不应在单个权利要求中过多堆砌涉及重复限定的技术特征，也不宜在权利要求书中使用限定范围相同、仅仅是表述不同的特征来限定相同主题的权利要求，应尽量使权利要求覆盖的保护对象多样化，保护范围层次化，避免简单的特征堆砌和文字“凑数”。

【案例 33】权利要求中含有商业宣传用语

【案情分析】某案，涉及一种诱导大肠杆菌表达可溶性目的多肽的方法。根据说明书的记载，该方法相比于现有技术的大肠杆菌诱导表达方法，能够显著提升目的多肽可溶性表达的产量，表达效率高，适合于大量制备可溶性目的多肽。

其权利要求撰写如下：

“1. 一种新型高效的大肠杆菌诱导表达方法，其特征在于，包括如下步骤：……。”

【问题分析】根据《专利审查指南 2010》第二部分第二章第 3. 2. 3 节的规定，权利要求的表述应当“简要”，除记载技术特征外，不得对原因或者理由作不必要的描述，也不得使用商业性宣传用语。该权利要求中的“新型”“高效”等表述均属于商业性宣传用语，导致权利要求 1 不简要，不符合《专利法》第二十六条第四款的规定。

【处理方式】将商业性宣传用语删除即可。

（七）权利要求技术方案之间不具备单一性

【案例 34】不同来源的同源序列之间

【案情分析】某案，涉及新分离的具有纤维二糖水解酶活性的多肽。根据说明书的记载，申请人从同一微生物物种的不同个体中分离得到了两条具有纤维二糖水解酶活性的多肽，所述多肽的氨基酸序列如 SEQ ID NO. 1 和 SEQ ID NO. 3 所示，两条多肽序列之间具有 95% 的序列一致性。说明书中对这两条多肽的功能均进行了验证，但并未对两条序列之间的共同结构进行功能研究，也未对多肽的结构与功能之间的对应关系进行验证。权利要求请求保护两条多肽、编码多肽的多核苷酸、含有多肽的酶组合物以及多肽的生产方法。

【问题分析】该案的权利要求依据多肽序列的不同可以分为两组发明，分别涉及 SEQ ID NO. 1 或 SEQ ID NO. 3 所示的多肽、编码多肽的多核苷酸、含有多肽的酶组合物以及多肽的生产方法。虽然 SEQ ID NO. 1 和 SEQ ID NO. 3 所示多肽都分离自同一微生物物种，但二者之间并没有相同或相应的结构，且也无证据表明所述功能是该生物物种所特有的。因此，上述两项发明之间不具有相同或相应的特定技术特征，不属于一个总的发明构思，不具备单一性，不符合《专利法》第三十一条第一款的规定。

【处理方式】申请人应当仅保留一组方案，对于另一组方案可另行提交分案申请进行保护。

【案例拓展】对于序列的单一性来说，通常情况下，单个核苷酸或氨基酸相同并不能认定为是相同或相应的特定技术特征，除非有证据表明该单个核苷酸或氨基酸是为相关序列提供共同功能的最小单位结构。

对于基因和蛋白质相关发明创造的诞生过程来说，往往会基于序列设计或常规突变等获得大量的类似序列。通常情况下，出于经济成本的考量，申请人都期望在同一申请文件中将这些类似序列纳入保护，如果这些序列经过确切验证，确实是属于同一个发明构思，例如均具有相同的经验证的基本功能结构，且在基本功能结构之外的其他结构的改变不影响主体功能的实现，则可以视为具备单一性。如果仅仅是具有相同的结构或者相同的功能，未验证共同的结构与共同功能之间的对应性，通常这些序列之间是无法满足单一性要求的。

第二节 微生物技术领域

专利法意义上的微生物包括：细菌、真菌、放线菌、病毒、原生动物、藻类等。由于微生物既不属于动物也不属于植物，因而是可以授予专利权的主题。并且，只有当微生物经过分离成为纯培养物，并且具有特定的工业用途时，微生物本身才是可授权的主题。微生物作为基因技术领域特殊的创新来源及应用对象，其专利权的形成过程中对于信息披露及特定技术术语的使用同样有其特殊性和复杂性。审查实践中观察到的目前该领域特有的高发问题主要有：

（1）微生物的保藏。在微生物领域中，由于文字记载有时很难描述生命实体的具体特征，即使有了这些描述也无法得到微生物本身，所属技术领域的技术人员仍然无法实施该发明。因此，为了满足说明书充分公开的要求，应当按照规定将所涉及的生物材料到国家知识产权局认可的保藏单位进行保藏，并按要求按时提交相应的保藏证明和存活证明。

（2）实用性问题。由于特定的微生物的产生大部分时候是随机的，因而请求保护特定微生物的筛选方法，往往会因为相应方法不具有实用性而不能获得授权。例如：①由自然界筛选特定微生物的方法；②通过物理、化学方法进行人工诱变生产新微生物的方法。

以上问题是长期审查实践中总结出来的微生物领域相对突出的实质性问题。除了前述问题，本节将以具体案例为入口，对微生物领域存在的多种特有问题进行具体分析，同时给出有针对性的处理建议，从而方便创新主体准确、有效地规避和修正，有助于提升该细分领域的专利申请文件的质量，助力高质量专利权的形成和产生。

一、影响质量的申请文件缺陷

（一）发明创造涉嫌妨害公共利益

【案例 35】食品中添加药用功效菌种

【案情分析】某案，涉及一种具有广谱抑菌效果的暹罗芽孢杆菌 XL01 及其应用。说明书中记载该暹罗芽孢杆菌 XL01 具有广谱抑菌活性，能够抑制多种肠道致病菌、食源性病原菌，可用于制备抑制肠道致病菌、食源性病原菌的药物。同时，该申请中还存在另一技术方案，提供一种含有暹罗芽孢杆菌 XL01 的食品或食品添加剂。其权利要求撰写如下：

“一种含有权利要求 1 所述暹罗芽孢杆菌 XL01 的食品或食品添加剂。”

【问题分析】根据说明书的记载，该申请的暹罗芽孢杆菌 XL01 具有广谱抑菌活性，能够抑制多种肠道致病菌、食源性病原菌，可用于制备抑制相应病原菌的药物。可见，该菌株可以作为药物使用。然而说明书和权利要求中均涉及将该菌株制备为食品或食品添加剂的技术方案。根据我国《食品安全法》的规定，食品中不得添加药品，食品和食品添加剂不得涉及疾病预防、治疗功能。该申请的暹罗芽孢杆菌 XL01 具有抑菌功能，可作为药品使用，且并不属于《食品安全法》规定的既是食品又是中药材的物质。因此，申请文件中涉及的在食品中添加该暹罗芽孢杆菌 XL01 的技术方案涉嫌妨害公共利益，不符合《专利法》第五条第一款的规定，不能被授予专利权。

【处理方式】申请文件中涉及以暹罗芽孢杆菌 XL01 制备食品和食品添加剂的技术方案均属于违反《专利法》第五条的规定而不能授权的客体，应当予以删除。申请人可以考虑保护含有暹罗芽孢杆菌 XL01 的药物组合物或者该菌的制药用途。

（二）依赖遗传资源完成的发明创造未按要求披露遗传资源来源

【案例 36】微生物材料遗传资源来源未披露

【案情分析】某案，涉及一种从土壤中分离得到的哈茨木霉菌（*Trichoderma harzianum*）H2。说明书记载该菌具有广谱抑菌作用，能够抑制多种植物病原菌，可用于防治多种植物病害。申请人按照规定对该菌进行了保藏并提供了保藏证明，但未提交遗传资源来源披露登记表，对该菌的直接来源和原始来源进行披露。

【问题分析】根据《专利法实施细则》第二十六条规定：“专利法所称遗传

资源，是指取自人体、动物、植物或者微生物等含有遗传功能单位并具有实际或者潜在价值的材料；专利法所称依赖遗传资源完成的发明创造，是指利用了遗传资源的遗传功能完成的发明创造。就依赖遗传资源完成的发明创造申请专利的，申请人应当在请求书中予以说明，并填写国务院专利行政部门制定的表格。”《专利法》第二十六条第五款规定：“依赖遗传资源完成的发明创造，申请人应当在专利申请文件中说明该遗传资源的直接来源和原始来源；申请人无法说明原始来源的，应当陈述理由。”该申请的菌株哈茨木霉菌（*Trichoderma harzianum*）H2 是具有特定功能的新微生物，该发明涉及 H2 及其具体应用，是在该生物材料基础上完成的，是依赖遗传资源完成的发明创造。申请人没有按照要求提交遗传资源来源披露登记表，对哈茨木霉菌（*Trichoderma harzianum*）H2 的直接来源和原始来源进行披露，不符合《专利法》第二十六条第五款的规定。

【处理方式】补交遗传资源来源披露登记表，披露该菌株的直接来源和原始来源即可。

（三）遗传资源来源披露登记表的填写不符合规定

【案例 37】微生物材料遗传资源来源披露登记表信息披露不足

【案情分析】某案，涉及一株从土壤中分离得到的角毛壳菌（*Chaetomium cupreum*）BY-1 及其应用。说明书记载该菌具有抑制植物病原真菌生长、防治植物真菌病害的功能。申请人提交了该菌株的遗传资源来源披露登记表，但填写不符合规定，未披露菌株的原始来源。

【问题分析】该申请的申请人提交了菌株 BY-1 的遗传资源来源披露登记表，然而表格中并未填写菌株的“原始来源”，该部分内容空白。根据《专利审查指南 2010》第二部分第十章第 9.5.2 节有关披露内容的具体要求规定，该申请提交的遗传来源登记表并未正确披露该微生物材料的原始来源信息，也并未陈述理由，导致申请文件不符合《专利法》第二十六条第五款的规定。

【处理方式】补交遗传资源披露登记表，披露该菌株的直接来源和原始来源即可。

【案例 38】微生物材料遗传资源来源披露登记表信息填写错误

【案情分析】某案，涉及一株禽源贝莱斯芽孢杆菌（*Bacillus velezensis*）BL-1 及其应用。说明书中记载，申请人从某省农业科学院某所肉鸡盲肠内容物中分离获得能够高产纤维素酶的芽孢杆菌 BL-1，经鉴定为贝莱斯芽孢杆菌（*Ba-*

cillus velezensis），并记载了利用该菌株产纤维素酶效果好。

【问题分析】申请人提交了贝莱斯芽孢杆菌（*Bacillus velezensis*）BL-1的遗传资源来源披露登记表。该表格第⑥栏“遗传资源的获取途径”中，第Ⅰ栏“遗传资源取自：”一栏，勾选了“动物”。该勾选方式属于比较常见的对表格拟登记内容的误读，该表格登记的是遗传资源的来源，作为微生物，其遗传功能单位来源于微生物本身，因而其遗传资源应当获取自“微生物”。该表格“遗传资源的获取途径”一栏勾选错误。

【处理方式】申请人应当重新提交填写正确的遗传资源来源披露登记表。

【案例39】微生物材料遗传资源来源披露登记表信息填写相互矛盾

【案情分析】某案，涉及一株枯草芽孢杆菌（*Bacillus subtilis*）ST-1及其应用。说明书中记载，申请人从吉林长白山土壤中分离获得具有促生功能的芽孢杆菌ST-1，经鉴定为枯草芽孢杆菌（*Bacillus subtilis*），并记载了利用该菌株促进长白松生根的效果。

【问题分析】申请人提交了枯草芽孢杆菌（*Bacillus subtilis*）ST-1的遗传资源来源披露登记表，其中“⑥遗传资源的获取途径：Ⅱ获取方式”一栏勾选了“自行采集”，而“⑦直接来源”一栏填写了其获取方式为“非采集方式”，并且没有填写原始来源，也没有填写“无法说明遗传资源原始来源的理由”。首先，根据申请文件中记载内容可知，菌株ST-1是申请人自行采集获得的，那么“⑦直接来源”应当填写具体的“采集方式”及相关采集信息；并且《专利法》第二十六条第五款规定：“依赖遗传资源完成的发明创造，申请人应当在专利申请文件中说明该遗传资源的直接来源和原始来源；申请人无法说明原始来源的，应当陈述理由。”于该申请而言，由于菌株ST-1是申请人自行采集获得的，那么其原始来源应当与直接来源相同。

【处理方式】申请人应当重新提交填写正确的遗传资源来源披露登记表。

二、影响质量的说明书缺陷

（一）生物材料保藏相关问题

【案例40】未披露来源的微生物材料未保藏

【案情分析】某案，涉及构建基因工程盐霉素高产菌株的方法，其原理是将盐霉素合成相关的正效基因进行倍增表达，优化盐霉素合成路径，实现盐霉素的高产。其技术方案是以一株链霉菌A01为出发菌株，扩增该菌株的盐霉素合成相关正向调控基因，分别连接强启动子制备表达载体，并将载体转入链霉菌 A01，得到盐霉素合成基因倍增表达的盐霉素高产菌株。申请文件说明书中并未记载用于扩增盐霉素合成相关正效基因以及后续倍增表达的菌株链霉菌 A01 的来源，也未在申请日前或最迟在申请日到专利行政部门认可的保藏机构对该生物材料进行生物保藏并提交保藏证明和存活证明。同时，现有技术中也并未公开任何链霉菌 A01 菌株的获得途径。

【问题分析】该申请要解决的技术问题是提供一种通过基因工程手段获取盐霉素高产菌株的方法，需要扩增链霉菌 A01 的特定基因并在该菌株中进行超表达以实现盐霉素高产的发明目的，即该技术方案的完成必须使用链霉菌 A01 这一生物材料。然而，由于现有技术中并未公开任何链霉菌 A01 菌株的获得途径，申请文件中也没有记载该生物材料的来源，申请人也没有在申请日前或最迟在申请日到专利行政部门认可的保藏机构对该生物材料进行生物保藏并提交保藏证明和存活证明。

根据《专利审查指南 2010》第二部分第十章第 9.2.1 节的规定，如果申请涉及的完成发明创造必须使用的生物材料是公众不能得到的，而申请人却没有按《专利法实施细则》第二十四条的规定，在申请日前或最迟在申请日到专利行政部门认可的保藏机构对该生物材料进行生物保藏，并在申请时或最迟自申请日起四个月内提交保藏单位出具的保藏证明和存活证明的，则申请将会被以不符合《专利法》第二十六条第三款关于说明书公开充分的规定为由驳回。于该案而言，实施其技术方案必须要使用的链霉菌 A01 属于申请日前公众无法得到生物材料，申请人未按要求对其进行保藏，因而该说明书公开不充分的缺陷实际上属于技术方案的实质缺陷，在申请文件的产生过程中即存在，且保藏行为的缺失并无法进行后续弥补，也无法通过申请文件文本的修改来进行克服。

【处理方式】该案中，申请文件技术方案的实施必须依赖于特定的、公众无法获得的生物材料来实现，未对公众无法获得的特定生物材料进行保藏属于申请文件产生中的实质性缺陷，并无法通过后续行为进行弥补。

【案例 41】特定共生状态中得到的微生物材料未保藏

【案情分析】某案，涉及一种从玉米中分离得到的内生菌洋葱伯克霍尔德氏菌（*Burkholderia cepacia*）Bc-2，说明书中记载了从玉米样本中采集、分离、鉴定得到该菌株的方法，并证实该菌株具有溶磷、解钾、产生长素的功能，说明书中记载了具体的溶磷、解钾、产生长素的效果数据。权利要求请求保护该洋葱伯克霍尔德氏菌（*Burkholderia cepacia*）Bc-2 及其应用。然而，申请人并未对该菌进行保藏并提供相应的保藏和存活证明，说明书和现有技术中也未记载公众能够获得所述生物材料的渠道。

【问题分析】《专利审查指南 2010》第二部分第十章第 9.2.1 节规定："在生物技术这一特定的领域中，有时由于文字记载很难描述生物材料的具体特征，即使有了这些描述也得不到生物材料本身，所述技术领域的技术人员仍然不能实施发明。在这种情况下，为了满足专利法第二十六条第三款的要求，应按规定将所涉及的生物材料到国家知识产权局认可的保藏单位进行保藏。"该发明涉及从玉米中分离筛选出具有溶磷、解钾、产生长素功能的洋葱伯克霍尔德氏菌，并进行开发应用。该申请采取的具体技术方案涉及采集玉米植株样本，从中进行筛选、分离和鉴定得到一株特定的洋葱伯克霍尔德氏菌（*Burkholderia cepacia*）Bc-2。由于自然界玉米植株内共生的菌种存在随机性与偶然性，并非任意玉米植株中均可分离得到洋葱伯克霍尔德氏菌，更为关键的是并非任意一株从玉米中分离得到的洋葱伯克霍尔德氏菌都具有和该发明中分离得到的洋葱伯克霍尔德氏菌菌株 Bc-2 相同或相近的溶磷、解钾、产生长素特性。因而，该发明的技术实施必须依赖于该株具体的洋葱伯克霍尔德氏菌 Bc-2，但本领域技术人员实施该申请文件中记载的菌株获取方法并无法重复获得同样的菌株。同时，该菌株也不属于《专利审查指南 2010》中规定的以下可以不进行保藏的情形：

（1）公众能从国内外商业渠道买到的生物材料，应当在说明书中注明购买的渠道，必要时提供证明；

（2）在各国专利局或国际专利组织承认的用于专利程序的保藏机构保藏的，并且在向我国提交的专利申请的申请日（有优先权的，指优先权日）前已在专利公报中公布或已经授权的生物材料；

（3）专利申请中必须使用的生物材料在申请日（有优先权的，指优先权日）前已在非专利文献中公开的，应在说明书中注明了文献的出处，说明了公众获得该生物材料的途径，并由专利申请人提供了保证从申请日起二十年内向公众发放生物材料的证明。

因而，由于申请人并未按《专利法实施细则》第二十四条的规定对该菌株进行保藏，且未在申请日或者最迟自申请日起四个月内提交保藏单位出具的保藏证明和存活证明，本领域技术人员根据说明书的记载不能获得该生物材料用以实现该发明。因此，该申请的说明书公开不充分，不符合《专利法》第二十六条第三款的规定，所属技术领域的技术人员根据说明书的记载并不能实现该发明。

【处理方式】该案的生物材料未按要求进行保藏，且现有技术中并未披露任何获得该生物材料的途径，此类说明书公开不充分的缺陷无法通过修改进行克服。

【案例拓展】【案例40】和【案例41】提示，对于依赖特定生物材料而实施的技术方案，如果申请文件未提供生物材料的获得来源或提供的来源并无法保证本领域技术人员能够重复获得相应生物材料，那么这样的材料就属于申请日之前公众无法获得的生物材料，为满足《专利法》第二十六条第三款说明书公开充分的规定，申请人应在申请日之前或最迟在申请日当日按照规定将相应生物材料到国务院专利行政部门认可的保藏单位进行保藏。

国务院专利行政部门认可的保藏单位是指《布达佩斯条约》承认的生物材料样品国际保藏单位，其中包括以下三所国内保藏机构：

（1）中国微生物菌种保藏管理委员会普通微生物中心（China General Microbiological Culture Collection Center，CGMCC）

保藏单位名称：中国微生物菌种保藏管理委员会普通微生物中心；

地址：北京市朝阳区北辰西路1号院3号　邮编100101。

（2）中国典型培养物保藏中心（China Center for Type Culture Collection，CCTCC）

保藏单位名称：中国典型培养物保藏中心；

地址：湖北省武汉市武昌区八一路299号武汉大学校内（武汉大学第一附小对面）　邮编430072。

（3）广东省微生物菌种保藏中心（Guangdong Microbial Culture Collection Center，GDMCC）

保藏单位名称：广东省微生物菌种保藏中心；

地址：广东省广州市越秀区先烈中路100号大院实验大楼5楼　邮编510070。

微生物技术领域很多发明创造的产生与很多特殊的生物材料相关，而特殊的生物材料是否属于前述案件中所说的"公众不能得到的生物材料"对于判断申请文件说明书是否公开充分十分关键。《专利法实施细则》第二十四条中所说的"公众不能得到的生物材料"包括：个人或单位拥有的、由非专利程序的保藏机构保藏并对公众不公开发放的生物材料；或者虽然在说明书中描述了制备该生物材料的方法，但是本领域技术人员不能重复该方法而获得所述的生物材料，例如通过不能再现的筛选、突变等手段新创制的微生物菌种。这样的生物材料均要求按照规定进行保藏。需要注意的是，《专利审查指南2010》中对于"公众不能得到的生物材料"的种类，并非穷举，除其列举的生物材料外，因生物材料产生、获取方式的多样性，可能仍然存在被认定为"公众不能得到的生物材料”的情况，创新主体应着重关注材料的独占性、不可重复获得性等特点。

【案例 42】特定环境中分离的微生物材料未保藏

【案情分析】某案，涉及一株枯草芽孢杆菌（*Bacillus subtilis*）AB1，其保藏编号为 CGMCC NO. xxxxx。说明书中记载了从青天葵健康植株根际土壤中采集、分离、鉴定得到该菌株，说明书中记载了该菌株与白芨种子共培养后，可以产生提高种子萌发率、缩短萌发时间等效果。权利要求请求保护该枯草芽孢杆菌（*Bacillus subtilis*）AB1 及其应用。虽然说明书中记载了对该菌株进行了保藏，却未按时提交保藏及存活证明。

【问题分析】该申请涉及从青天葵健康植株根际土壤中分离筛选出具有与白芨种子共培养从而提高种子萌发率、缩短萌发时间等效果的菌株枯草芽孢杆菌（*Bacillus subtilis*）AB1，申请人对该菌株进行了保藏并获得了保藏编号 CGMCC NO. xxxxx。《专利审查指南 2010》第二部分第十章第 9. 2. 1 节规定：“如果申请涉及的完成发明必须使用的生物材料是公众不能得到的，而申请人却没有按专利法实施细则第二十四条的规定进行保藏，或者虽然按规定进行了保藏，但是未在申请日或者最迟自申请日起四个月内提交保藏单位出具的保藏证明和存活证明的，审查员应当以申请不符合专利法第二十六条第三款的规定驳回该申请。”

【处理方式】该申请的生物材料虽然进行了保藏，但是未按照规定按时提交保藏证明，且现有技术中并未披露该生物材料，此类说明书公开不充分的缺陷无法通过修改进行克服。

【案例 43】微生物材料保藏单位不属于《布达佩斯条约》承认的生物材料样品国际保藏单位

【案情分析】某案，涉及菌株 *Paenibacillus glycanilyticus*（CIP107765T）及其在作为微生物促生剂促进夏威夷果生长中的应用。对于菌株 CIP107765T，申请人未在申请日或者申请日起四个月内提交其保藏证明和存活证明。说明书中注明了该菌株 CIP107765T 记载在申请日之前的非专利文献中。

【问题分析】该发明使用特定菌株 CIP107765T 作为微生物促生剂促进夏威夷果生长，发明的技术效果必须依赖于该菌株，因而所述菌株 CIP107765T 为完成该发明所必须依赖的生物材料。所述的生物材料虽然经过保藏，但其保藏单位 CIP 不是《布达佩斯条约》承认的生物材料样品国际保藏单位，因而导致该发明的菌株仍然不能够为公众获得。

【处理方式】上述生物材料虽然没有通过保藏途径满足说明书公开充分的

要求，但由于申请文件中说明了该菌株已经在非专利文献中公开，注明了文献的出处，说明了公众获得该生物材料的途径，因而，只要申请人提供了保证从申请日起二十年内向公众发放生物材料的证明，则前述生物材料则会被认定为公众可以获得，不再属于《专利审查指南2010》中指出的“公众无法获得的生物材料”，从而克服公开充分的缺陷。因此，对于该案，申请人只需要补充提供“保证从申请日起二十年内向公众发放生物材料的证明”即可克服该缺陷。

【案例拓展】生物材料的保藏按照《专利法实施细则》的规定应当在申请日之前或至少申请日当天完成，因而当申请文件被指出可能存在因“生物材料未保藏”而导致的公开不充分缺陷时，通常情况下已经无法通过进行菌种保藏来弥补。《专利审查指南2010》中明确规定了“公众不能获得的生物材料”的判断标准，但同时也明确了生物材料属于“公众可以得到而不要求保藏”的三种情形。当生物材料已经不能通过保藏来克服公开充分的缺陷时，申请人应当积极关注相应生物材料是否属于《专利审查指南2010》中指出的三种“公众可以得到”的情形，并积极提供能够证明生物材料属于这些情形的证明材料，进而克服公开不充分的缺陷。

【案例44】微生物材料保藏信息错误

【案情分析】某案，涉及一种解淀粉芽孢杆菌DCBA1及其胞外多糖的制备方法，说明书中记载，所述解淀粉芽孢杆菌（*Bacillus amyloliquefaciens*）已于2018年4月1日保藏于广东省微生物菌种保藏中心，保藏编号为GDMCC NO. xxxxx。申请日提交的申请文件材料中，生物材料保藏证明中记载的保藏编号为：CGMCC NO. xxxxx。

【问题分析】该申请原始申请文件中记载菌株保藏于“广东省微生物菌种保藏中心”，保藏编号为“GDMCC NO. xxxxx”。然而生物材料保藏证明却显示保藏单位同样是“广东省微生物菌种保藏中心”，保藏编号却为“CGMCC NO. xxxxx”，显然该证明中记载的保藏单位与保藏编号中的保藏单位缩写不匹配。根据原始申请文件的记载可知，保藏证明里保藏编号中的保藏单位缩写填写有误，该缺陷属于可以克服的缺陷。

【处理方式】申请人需要重新提交填写正确保藏编号的生物材料保藏证明。

（二）菌株分类相关特异性序列在说明书中的披露

【案例45】微生物材料分类鉴定相关序列信息的披露

【案情分析】某案，涉及一株路德维希肠杆菌（*Enterobacter ludwigii*）B2及其在促进青稞种子萌发中的应用，其保藏编号为 CGMCC NO. xxxxxx。说明书中记载了该菌株 B2 是从西藏拉萨青稞的根系土壤中分离、筛选获得，并详细记载了经过形态学鉴定、分子生物学鉴定、生理生化特征鉴定，确定其为路德维希肠杆菌（*Enterobacter ludwigii*），并记载了该菌株的 16S rDNA 测序结果如序列表中 SEQ ID NO. 1 所示。然而本申请并未提交说明书核苷酸和氨基酸序列表，说明书中也没有记载具体的 16S rDNA 序列信息。

【问题分析】该申请的目的在于从自然环境中分离、筛选获得一株特定菌株，并证明了其在促进青稞种子萌发中具有优异的应用效果，对于实现技术方案的关键菌株 B2，说明书中明确记载了经过分子生物学鉴定结合形态学鉴定以及生理生化鉴定，从而确定其分类学名称为路德维希肠杆菌（*Enterobacter ludwigii*），并记载了 16S rDNA 测序结果参见说明书核苷酸和氨基酸序列表。其中，在“分子生物学鉴定”部分，详细记载了引物序列、“测序比对结果与现有技术同源性最高的菌株路德维希肠杆菌（*Enterobacter ludwigii*）A1 相似度高达 100%”以及“在 MEGA X 软件中构建系统发育树，得到的系统发育分析结果如图 2 所示”等结论。因此，虽然申请人未提交说明书核苷酸与氨基酸序列表，说明书正文也未记载具体的序列结构，但说明书中实际上已经记载了菌株 B2 的测序结果与现有技术菌株 A1 的比对结果“相似度高达 100%”，可以作为修改依据。

【处理方式】申请人可根据申请文件中记载的比对结果以及现有技术中路德维希肠杆菌的 16S rDNA 信息补充提交相关序列信息，并按照《专利审查指南 2010》中关于序列提交的要求单独提交说明书核苷酸和氨基酸序列表部分及其计算机可读载体。需要注意的是，该案之所以补充提交序列信息能够被认可，主要的依据是其鉴定结果反映与现有特定菌株比对 16S rDNA“相似度高达 100%”，根据该结果可以直接、毫无疑义地确定该案菌株的 16S rDNA 序列。如果相似度不为 100%，与现有技术差异点并不明确的情况下，补充提交序列信息有可能导致申请文件修改超范围。

【案例拓展】菌株的分子生物学鉴定结果是确定菌株分类的重要依据，其 16S rDNA、ITS 信息等有助于将菌株进行准确的分类定位，与现有技术菌种进行客观比较，属于菌株的重要信息。如果申请文件中进行了菌株分子生物学鉴定，应尽可能记载其鉴定结果，并按照《专利审查指南 2010》的规定提交相应鉴定结果相关序列的序列表，从而保证申请文件的完整性。2020 年底，北京知识产权法院审结了首例微生物侵权案件，涉案专利号 201310030601. 2，名称为“纯白色真姬菇菌株”，在该案的确权过程中，ITS 序列的相似度被纳入作为判断同种菌株的标准之一。因而，从提升专利权的质量来说，尽可能在申请文件中补充完整的菌株特征，尤其是能够准确辨别菌株差异的特征，对于申请人来说也是应当的。

三、影响质量的权利要求缺陷

（一）权利要求属于不授权的客体

【案例46】请求保护的主题属于疾病诊断方法

【案情分析】某案，涉及用于检测幽门螺旋杆菌强毒株的分子诊断试剂盒。根据说明书的记载，其是对患者胃窦和胃体活组织中幽门螺杆菌菌株进行PCR检测，从而确定患者是否患有与幽门螺杆菌感染相关的疾病的方法。其权利要求撰写如下：

"一种用于检测幽门螺旋杆菌菌株毒力的方法，其特征在于……。"

【问题分析】根据本申请说明书记载可知，该权利要求请求保护的技术方案是对患者胃窦和胃体活组织中幽门螺杆菌菌株进行PCR检测，从而确定患者是否患有与幽门螺杆菌感染相关的疾病的方法，因而它是以有生命的人体为直接实施对象，用于诊断病因，属于《专利法》第二十五条第一款第（三）项所述的疾病的诊断和治疗方法的范围。

【处理方式】申请人可以将请求保护的主题修改为制备检测幽门螺旋杆菌强毒株的试剂盒的用途。

【案例47】请求保护的主题属于疾病治疗方法

【案情分析】某案，涉及脆弱拟杆菌CR-11在治疗和预防结核病中的应用。其权利要求撰写如下：

"脆弱拟杆菌CR-11在治疗和预防结核分枝杆菌（*Mycobacterium tuberculosis*，M. tb）感染导致的结核病中的应用。"

【问题分析】该申请请求保护的技术方案明确将脆弱拟杆菌CR-11应用于治疗和预防结核分枝杆菌（*Mycobacterium tuberculosis*，M. tb）感染导致的结核病。说明书中记载了制备所述菌株CR-11活菌体，经过灭活菌体、裂解并取培养上清液，然后对结核分枝杆菌感染的小鼠进行灌胃。实验结果显示，灌胃脆弱拟杆菌CR-11组的小鼠结核分枝杆菌载量显著下降，与对照组具有显著性差异，表明脆弱拟杆菌CR-11可以抑制结核分枝杆菌复制，控制结核病的病理病损，改善结核病症状。分析权利要求可知，其是以有生命的人体或者动物体为直接实施对象，进行识别、确定或消除病因或病灶的过程，属于《专利法》第二十五条第一款第（三）项中所说“疾病的诊断和治疗方法”，不能被授予专利权。

【处理方式】申请人可以将请求保护的主题修改为瑞士型权利要求，如“脆弱拟杆菌 CR-11 在制备治疗结核病的药物中的用途”，即可克服。

（二）权利要求不具备新颖性

【案例 48】同种且功能完全相同的菌株

【案情分析】某案，涉及一株大熊猫源融合魏斯氏菌，其分离自大熊猫的粪便，耐酸和胆盐，拮抗沙门氏菌、金黄色葡萄球菌和产肠毒素大肠杆菌等病原菌。其权利要求撰写如下：

“一株大熊猫源融合魏斯氏菌 DXM，所述大熊猫源融合魏斯氏菌的拉丁文为 *Weissella confusa*，保藏编号为 CCTCC NO. Mxxxxxxx。”

现有技术中存在期刊文献，其为本申请发明人在先发表并网络公开的文章，其记载了一株分离自大熊猫粪便的融合魏斯氏菌菌株 X1，命名为 DXM，并具体公开了：菌株 X1（即菌株 DXM）与融合魏斯氏菌菌株 JCMxxxx 高度相似，16S rDNA 序列同源性为 99%；菌株 X1 能够拮抗沙门氏菌、金黄色葡萄球菌和产肠毒素大肠杆菌等病原菌；菌株 DXM 耐受胆盐，耐低 pH。

【问题分析】该期刊文献中的菌株 DXM 为本申请发明人所在课题组分离，其与本申请的菌株均属于融合魏斯氏菌，有着相同的菌株名称，都分离自大熊猫的粪便，都耐酸和耐胆盐，都拮抗相同的病原菌，并且生理生化特征基本相同，因此可以推定，该文献中的融合魏斯氏菌 X1（被命名为 DXM）即为本申请权利要求所限定的融合魏斯氏菌 DXM。同时，由于该期刊文献投稿要求中明确规定：（文章）提交给该期刊意味着手稿中描述的材料，包括所有相关的原始数据，将免费提供给任何希望将它们用于非商业目的的研究人员；通讯作者负有提供材料供重复使用的责任。因而，本领域技术人员可以通过期刊要求的相关途径获得相应菌株，该菌株属于申请日前公众可以获得的生物材料，属于现有技术中公开的一部分，破坏本申请权利要求的新颖性，本申请的相关权利要求不能被授予专利权。

【处理方式】相应菌株已经属于现有技术的一部分，不能被授予专利权，该缺陷不能通过修改申请文件克服。

（三）权利要求不具备创造性

【案例 49】同种且功能相当的菌株

【案情分析】某案，涉及一株麝香霉菌，其可以抑制灰葡萄孢、尖孢镰刀菌、指状青霉菌和终极腐霉，其抑制率分别为 93.2%、73.3%、100% 和 95.1%。其权利要求撰写如下：

“一株麝香霉菌 SXMJ01，其特征在于，保藏编号为 CCTCC NO. Mxxxxxxx。”

现有技术中存在期刊文献，记载了一株麝香霉菌（*Muscodor sp.*）菌株 Z027，可以抑制灰葡萄孢、尖孢镰刀菌、指状青霉菌和终极腐霉，其抑制率分别为 100%、74.5%、100% 和 99.3%。

【案例分析】该权利要求公开的技术方案与该现有技术文献公开的技术方案相比，区别技术特征在于，菌株不同。基于上述区别技术特征可以确定该权利要求 1 相对于现有技术文献实际所解决的技术问题是提供一种替代的麝香霉菌菌株。《专利审查指南 2010》中第二部分第十章 9.4.2.2 中明确规定：“与已知种的分类学特征明显不同的微生物（即新的种）具有创造性。如果发明涉及的微生物的分类学特征与已知种的分类学特征没有实质区别，但是该微生物产生了本领域技术人员预料不到的技术效果，那么该微生物的发明具有创造性。”对于该案，一方面，本申请所述麝香霉菌 SXMJ01 并非新种，且其与现有技术文献中的菌株属于同属同种；另一方面，本申请所述菌株与现有技术文献中的菌株都能抑制相同的病原菌，且其效果基本相当，可见该权利要求的菌株相对于现有技术文献的菌株并未产生预料不到技术效果。因此，该权利要求不具有突出的实质性特点和显著的进步，不符合《专利法》第二十二条第三款关于创造性的规定。

【处理方式】相应菌株相较于现有技术不具有突出的实质性特点和显著的进步，不能被授予专利权，该缺陷不能通过修改申请文件克服。

（四）权利要求不具备实用性

【案例 50】由自然界筛选特定微生物的方法

【案情分析】某案，涉及一种用于去除石斛盆土异味的菌株的制备方法及制备得到的生物菌剂和应用。其权利要求撰写如下：

“一种去除石斛盆土异味的菌株制备方法，其特征在于，包括以下步骤：步骤 1：提取分离，将长势良好的石斛的栽培植料倒入灭过菌的容器，浸提 1~3h，浸提完成后，取浸提液离心提取分离，取上清液 10mL 作为提取分离的菌液保存；步骤 2：利用稀释涂布平板法培养菌液里细菌的单个菌落，黑暗条件下培养；步骤 3：在培养平板上筛选出 10 种单个菌落数较多的细菌种类，并将其扩繁，将筛选出的每种菌分别培养 30d 后得到纯化的菌液；步骤 4：将得到的纯化菌液进行石斛盆土异味去除实验，将每种菌的纯化菌液稀释

200倍，选择植料有腐败气味的石斛，用稀释后的纯化菌液对石斛盆土进行灌盆，每种稀释后的纯化菌液处理5盆，10~13d一次，35d后脱盆观察；步骤5：通过提取分离、筛选、分离、扩繁实验，直至处理的植料无任何异味，筛选出此菌，即为去除石斛盆土异味专用菌株枯草芽孢杆菌（*Bacillus subtilis*）YC-3。”

【问题分析】根据《专利审查指南2010》第二部分第十章第9.4.3.1节的规定，由自然界筛选特定微生物的方法由于受到客观条件的限制，且具有很大随机性，在大多数情况下都是不能重现的，因而一般不具有工业实用性，除非申请人能够给出证据证明这种方法可以重复实施，否则这种方法不能被授予专利权。该案请求保护的技术方案涉及特定菌株枯草芽孢杆菌（*Bacillus subtilis*）YC-3的制备方法，所述的方法依次包括将特定来源的栽培植料样本浸提、离心以获取上清液、稀释涂布平板法培养获得单菌落、选取菌落数多的优势菌落纯化、将纯化菌液稀释后灌盆，最后通过观察盆土的异味去除效果鉴定具有异味消除效果的菌株，进而依据需要将该菌株YC-3制备成微生物菌剂方便应用。由上述步骤可知，该技术方案中包括选择特定来源的样本（“长势良好的石斛的栽培植料”是一个非常笼统的描述，地区不同、环境不同、石斛品种不同的情况下，石斛栽培植料中包含的菌种及菌株并不完全相同，甚至可能完全不同），经过平板划线培养获得单菌落后进一步在特定盆土中试验，以筛选获得效果最优的特定菌株。上述技术方案包含了植料样本、验证异味去除效果所使用的特定盆土等随机因素，由于地理位置的不确定和自然、人为环境的不断变化，加上同一块土壤中特定的微生物存在的偶然性，致使本领域技术人员在实施相应方法后并不可能重复筛选出完全相同的菌株YC-3。因此，该申请请求保护的技术方案无再现性而不能在产业上应用，不具备实用性，不符合《专利法》第二十二条第四款的规定。

【处理方式】如果申请文件的发明点仅在于该偶然获得的菌株，所解决的技术问题、所产生的技术效果等都是围绕该特定的菌株展开，则这样的申请文件中筛选该特定菌株的方法几乎没有修改的空间，因为在随机因素影响下筛选特定菌株的方法是没有实用性的。申请人仅能通过删除菌株的筛选方法来克服实用性的缺陷，除非有明确证据表明该筛选方法可以重复获得同样的菌株，但在目前的技术认知下，这种情况几乎是不可能的。

【案例51】通过进行人工诱变生产新微生物的方法

【案情分析】某案，涉及一种保藏编号为CCTCC NO. Mxxxxxx的枯草芽孢杆菌（*Bacillus subtilis*）M10 及其在产生脂肽 surfactin 中的应用。说明书记载，该菌株通过辐射诱变获得，利用该菌株 M10 发酵后，脂肽 surfactin 产量达到 1.00g/L，相对于出发菌株提高 40%以上，进行传代稳定性试验，菌株传代稳定性好。其权利要求撰写如下：

"一种高产脂肽的枯草芽孢杆菌（*Bacillus subtilis*）M10 的制备方法，其特征在于按照下述步骤进行：（1）出发菌的活化：将 *Bacillus subtilis* CICC1000 于新鲜 LB 固体培养基中划线培养，接单菌落至 LB 液体培养基中培养 10~24h；（2）ARTP 常压室温等离子体诱变：用无菌生理盐水洗涤活化后的菌体后重悬菌体，并适当稀释菌体浓度至 10^6~10^8 个/mL，取 20μL 均匀涂于无菌载片上，置于处理源下 2mm，开始诱变处理；（3）突变菌株后培养和筛选：将诱变后的菌液适当稀释菌体浓度至 10^2~10^4 个/mL，均匀涂布于新鲜 LB 固体培养基（含有羊血）上培养 72h，观察溶血圈大小，溶血圈和菌落直径比值较大的菌株可能为高产脂肽 surfactin 突变株，对初筛菌株在 LB 固体培养基中划线培养并保存后，进行摇瓶发酵复筛验证；（4）高产突变株遗传稳定性的验证：将摇瓶验证获得的高产突变株，连续传代 10 次，发酵测脂肽 surfactin 产量是否稳定。"

【问题分析】根据《专利审查指南 2010》第二部分第十章第 9.4.3.2 节的规定：通过物理、化学方法进行人工诱变生产新微生物的方法主要依赖于微生物在诱变条件下所产生的随机突变，这种突变实际上是 DNA 复制过程中的一个或者几个碱基的变化，然后从中筛选出具有某种特征的菌株。由于碱基变化是随机的，因此即使清楚记载了诱变条件，也很难通过重复诱变条件而得到完全相同的结果。这种方法在绝大多数情况下不符合《专利法》第二十二条第四款的规定，除非申请人能够给出足够的证据证明在一定的诱变条件下经过诱变必然得到具有所需特性的微生物，否则这种类型的方法不能被授予专利权。该申请请求保护的技术方案涉及 ARTP 诱变获得特定菌株的制备方法，所述的方法中关键处理步骤为 ARTP 诱变，本领域技术人员知晓，ARTP 是本领域常用于微生物菌种选育的物理诱变技术，等离子体中的活性粒子作用于微生物，使微生物基因序列及其代谢网络显著变化，最终导致微生物产生突变，因而 ARTP 诱变产生的突变是依赖于随机因素的，重复该诱变方法并不能够保证每次发生的突变相同，进而也不能保证能够重复获得同一菌株。而该案权利要求中限定了诱变筛选的结果需要为特定菌株枯草芽孢杆菌（*Bacillus subtilis*）M10，因而导致权利要求 1 请求保护的技术方案无再现性而不能在产业上应用，所述技术领域技术人员不可能重复该技术方案获得特定菌株 M10。该方案不具备实用性，不符合《专利法》第二十二条第四款的规定。

【处理方式】与【案例50】处理方式相同，该案中也仅能通过删除特定菌株的筛选方法来克服实用性缺陷。

【案例拓展】从【案例50】和【案例51】所反映的情况来看，除了基因工程菌等定向改造的菌株外，只要涉及产生方式受随机因素影响的特定菌株，其筛选方法绝大多数情况下是不具备实用性的。微生物筛选方法的实用性问题受两个因素的影响：一是使出发菌株发生改变的手段，其实施结果是否具有随机性；二是最终筛选结果是否明确必须要产生具有特定性状的产品。如果这两个因素没有满足，则实用性缺陷未必存在。例如，如果使出发菌株发生改变的手段并非诱变而是压力筛选（如以梯度盐溶液添加至微生物不同培养阶段的培养基以增加菌株的耐盐性能），且结果不要求具有特定性状（如仅仅需要获得比出发菌株耐盐性更好的菌株，但未要求具体要好到什么程度），这种情况下，菌株的筛选方法大概率是能够重复再现的，进而也就不存在实用性缺陷。但是，另一方面来说，这样的技术方案由于改变手段是现有技术已知的，该手段所能达到的效果也是可预期的，通常情况下也是没有新颖性或创造性的。也即，如果涉及菌株的筛选方法，除非使菌株产生改变的手段有所创新且效果能够再现，否则通常情况下，形成的方案要么可能存在实用性缺陷，要么可能因为不具备新颖性或创造性而被驳回。

（五）权利要求得不到说明书的支持

【案例52】用ITS序列限定的菌株

【案情分析】某案，涉及一株梳棉状嗜热丝孢菌UV2及其在降解木质素中的应用，申请文件说明书中提供实验证据证明了梳棉状嗜热丝孢菌UV2相比于其他常规的木质素降解菌种以及其他梳棉状嗜热丝孢菌菌株，能够显著强效降解木质素。其权利要求撰写如下：

“一株梳棉状嗜热丝孢菌，其特征在于，其ITS基因序列如SEQ ID NO. 2所示。”

【问题分析】该案请求保护一株菌株，其特征部分利用菌株的ITS基因序列对需要保护的对象进行了限定。本领域技术人员知晓，真菌鉴定的主要依据往往是其形态学性状和生理生化特征，随着分子生物学技术的发展和原核生物分类学的发展，真菌的鉴定也可以结合基因型进行分类研究，基因间隔（internal transcribed spacer，ITS）序列广泛应用于真菌的分类鉴定。即ITS序列仅作为真菌分类鉴定的依据，其并不足以代表某种微生物甚至是某株特定微生物。因此，这种限定方式往往囊括了大量的菌株，甚至包含了不同的菌种，在用以证明本申请切实可行的实施例中仅验证了菌株 UV2 具有木质素强效降解效果的情况下，以 ITS 序列进行限定的保护主题包含了其他梳棉状嗜热丝孢菌株甚至其他菌种，而这样的菌并无法实现与 UV2 同样的木质素降解效果。因此，该权利要求得不到说明书的支持，不符合《专利法》第二十六条第四款的规定。

【处理方式】放弃仅以 ITS 限定菌株的撰写形式，仅能请求保护特定菌株 UV2，并需要按照《专利审查指南 2010》中规定的规范方式限定菌株，如明确的分类名、菌株名称以及保藏编号等。

（六）权利要求不清楚

【案例 53】请求保护的主题类型不清楚

【案情分析】某案，涉及一株赤红球菌 JJ20 及其在降解丙烯酸中的应用，其权利要求撰写如下：

“一种赤红球菌 JJ20 及其在降解丙烯酰胺中的应用。”

【问题分析】《专利审查指南 2010》第二部分第二章第 3.1.1 节规定：“按照性质划分，权利要求有两种基本类型，即物的权利要求和活动的权利要求，或者简单地称为产品权利要求和方法权利要求。”在类型上区分权利要求的目的是确定权利要求的保护范围。第 3.2.2 节规定：“每项权利要求的类型应当清楚。权利要求的主题名称应当能够清楚地表明该权利要求的类型是产品权利要求还是方法权利要求。不允许采用模糊不清的主题名称，例如，‘一种……技术’，或者在一项权利要求的主题名称中既包含有产品又包含有方法，例如‘一种……产品及其制造方法’。”该申请目前权利要求请求保护的主题为菌株 JJ20 及其应用，主题类型是不清楚的，并未清楚地表明该权利要求是产品还是方法权利要求，从而导致权利要求保护范围不清楚，不符合《专利法》第二十六条第四款的规定。

【处理方式】将微生物产品、应用分别撰写为两项独立权利要求即可。

【案例 54】请求保护的主题使用了技术含义不明的自命名称

【案情分析】某案，涉及一株赤红球菌 JJ20 及其在降解丙烯酸中的应用，其权利要求撰写如下：

“一株赤红球菌（*Rhodococcus ruber*）JJ20，其特征在于，能够降解丙烯酸。”

【问题分析】该申请说明书中记载，从山东省某市政污水处理厂污水处理池污泥中筛选获得一株菌株，鉴定为赤红球菌（*Rhodococcus ruber*），命名为

JJ20，并进行保藏，保藏编号为 CCTCC NO. xxxxxx。说明书记载使用该菌株在 16h 内能对初始浓度为 500mg · L^{-1} 的丙烯酸降解率达到 100%，该降解菌的发现对工业废水中丙烯酸的高效净化具有重要意义。然而目前该申请请求保护的权利要求中并未限定保藏编号，JJ20 是申请人对菌株的自定义命名，其并不具有本领域公知的含义，本领域技术人员根据该编号并不能够确定其究竟为哪一具体菌株，因而该权利要求的保护范围是不清楚的，不符合《专利法》第二十六条第四款的规定。

【处理方式】该权利要求的撰写缺陷，是菌株领域常见的不清楚缺陷，本领域技术人员通常会用菌株的自命名来表征请求保护的对象，然而由于绝大多数的菌株自命名并不具有公知的技术含义，因而仅依靠自命名，并无法清楚定义权利要求所保护的对象及其范围；同时，由于语言文字的局限性，菌株本身也是无法通过在说明书中对该命名的菌株进行描述而实现菌株体的清楚定义的。因而，为了避免自命名造成的不清楚缺陷，申请人应当使用菌株的保藏编号限定菌株，即可将权利要求的保护对象定位到保藏菌株，从而克服上述不清楚的缺陷。

【案例 55】菌株中文种属名与拉丁名不一致

【案情分析】某案，涉及一株根际假河杆菌、其培养分离方法及其用途，其权利要求撰写如下：

“一株根际假河杆菌（*Pseudomonas sp.*）B-2，其特征在于，其 16S rDNA 序列如 SEQ ID NO. 1 所示，保藏编号为 CGMCC NO. xxxxxx。”

【问题分析】该申请说明书中记载，申请人从自然环境土样中分离获得菌株 B-2，鉴定为根际假河杆菌（*Pseudomonas sp.*），并进行了保藏，且分子生物学鉴定结果其 16S rDNA 如 SEQ ID NO. 1 所示。然而权利要求 1 中菌株的中文名称“根际假河杆菌”与拉丁文学名“*Pseudomonas sp.*”并不一致，前者为根际假河杆菌，而后者为假单胞菌的属名，括号外的中文分类名称与括号内的拉丁文分类名称不一致导致该权利要求的保护范围不清楚，不符合《专利法》第二十六条第四款的规定。

【处理方式】申请人需要依据说明书中记载的客观鉴定结果（如根据生物学性状、生理生化特征以及分子鉴定结果等）确定菌株的正确分类，修改权利要求书中菌株的中文和拉丁文名称，将二者统一即可。

【案例拓展】该案的情况比较简单，尽管权利要求中使用了不同的中文名称和拉丁属名，但是依据说明书中记载的菌株特征可明确究竟是哪一菌种，只需将中文名称和拉丁属名统一即可。然而，在审查实践中，也出现过中文名称和拉丁学名不对应，说明书中对于菌株鉴定结果的记载以及依据可知的分类信息，并无法确定其菌株种属的情况。这种情况下，如果属于未保藏的菌株，则有可能因为说明书中对于具体菌株信息记载不准确而导致说明书公开不充分，最终无法获得授权。因而，对于微生物类申请，建议尽量在申请文件中记载尽可能多的菌株分类学信息，以便于准确确定保护对象以及将其与现有技术进行准确区分。

（七）权利要求不简要

【案例 56】限定菌株保藏编号后进一步限定其 ITS 序列

【案情分析】某案，涉及一株粪壳菌及其应用，其权利要求撰写如下：

"1. 一种粪壳菌（*Sordaria* sp.）MSDA1，保藏编号为 CGMCC NO. xxxxxx。

2. 如权利要求 1 所述的粪壳菌，其 ITS 基因序列如 SEQ ID NO. 1 所示。"

【问题分析】该案中，权利要求 1 请求保护一株保藏编号为 CGMCC NO. xxxxxx 的粪壳菌 MSDA1，由于已经清楚记载了其保藏编号，菌株 MSDA1 的组成结构已唯一确定。权利要求 2 引用权利要求 1，进一步限定菌株 MSDA1 的 ITS 序列，该附加技术特征实际上是 MSDA1 菌株自身的属性，其并不能够进一步影响 MSDA1 菌株的组成和结构，因而对于其引用的权利要求 1 的粪壳菌 MSDA1 并无实际限定作用。权利要求 2 请求保护的技术方案与权利要求 1 实质相同，均为保藏编号为 CGMCC NO. xxxxxx 的粪壳菌 MSDA1。权利要求 2 的存在导致权利要求书整体不简要，不符合《专利法》第二十六条第四款的规定。

【处理方式】由于菌株本身已经由权利要求 1 所保护，而根据【案例 52】可知，如果仅用 ITS 序列限定菌株，不使用保藏编号，可能导致权利要求得不到说明书支持，因而综合考量该案，删除权利要求 2 以克服不简要缺陷比较合理。

【案例 57】限定菌株保藏编号后进一步限定其分离方法

【案情分析】某案，涉及一株根际假河杆菌、其培养分离方法和在烟草加香中的用途。其权利要求撰写如下：

"1. 一种根际假河杆菌（*Rivibacter soli*）C29，其特征在于，其 16S rDNA 序列如 SEQ ID NO. 1 所示，其保藏编号为 CGMCC NO. xxxxxx。

2. 如权利要求 1 所述的一种根际假河杆菌 C29，其特征在于，所述菌株 C29 的分离方法包括如下步骤：①从自然环境中取土壤样品……②将步骤①分离的微生物制备种子液；③将步骤②制得的待测菌株的种子液接种在筛选培养基中，通过观察发酵液外观和香气变化情况，筛选能产生香气的微生物，即为根际假河杆（*Rivibacter soli*）C29。”

【问题分析】权利要求 1 请求保护一株保藏编号为 CGMCC NO. xxxxxx 的根际假河杆菌 C29。权利要求 2 引用权利要求 1，主题仍然是“根际假河杆菌 C29”。作为产品权利要求，其保护范围由产品的组成、结构决定，权利要求 1 中已经利用保藏编号对菌株进行了限定，其组成和结构即唯一确定，权利要求 2 进一步限定的菌株分离方法特征并非菌株 C29 本身的特征，而是描述菌株的获得过程，其并不能够改变菌株产品的组成和结构，因而权利要求 2 进一步限定的技术特征对于其引用的权利要求 1 的保护范围并无进一步限定作用，权利要求 2 请求保护的技术方案与权利要求 1 实质相同，均为保藏编号为 CGMCC NO. xxxxxx 的根际假河杆菌 C29。权利要求 2 的存在导致权利要求书整体不简要，不符合《专利法》第二十六条第四款的规定。

【处理方式】由于菌株本身已经由权利要求 1 所保护，而仅用筛选或制备方法来限定菌株并不能清楚描述菌株本身，可能导致权利要求产生不清楚的缺陷，因而综合考量该案，删除权利要求 2 以克服不简要缺陷比较合理。

【案例 58】使用不同功能限定组成相同的菌剂

【案情分析】某案，涉及一种餐厨垃圾高温生物降解用的微生物菌剂与应用。其权利要求撰写如下：

“1. 一种餐厨垃圾高温生物降解用的微生物菌剂，其特征在于，所述菌剂由地衣芽孢杆菌（*Bacillus licheniformis*），株号 ZJB12，保藏号为 CCTCC NO. xxxxxx 和苏云金芽孢杆菌（*Bacillus thuringlensis*），株号 ZJB19，保藏号为 CCTCC NO. xxxxxx 所组成。

2. 一种用于地沟油高温降解的微生物菌剂，其特征在于，所述菌剂由保藏号为 CCTCC NO. xxxxxx 的地衣芽孢杆菌 ZJB12 和保藏号为 CCTCC NO. xxxxxx 的苏云金芽孢杆菌 ZJB19 组成。”

【问题分析】该申请的权利要求 1 和权利要求 2 主题中限定了不同功能、用途的微生物菌剂，然而上述两项权利要求的特征部分限定的菌剂组成相同，即实际上权利要求 1 和权利要求 2 的保护范围完全相同，都是“保藏号为 CCTCC NO. xxxxx 的地衣芽孢杆菌 ZJB12 和保藏号为 CCTCC NO. xxxxx 的苏云金芽孢杆菌 ZJB19”，主题中限定了不同的用途，也并未影响菌剂的组成和结构，作为产品权利要求，权利要求 1 和权利要求 2 的保护范围实质相同。两项保护范围相同的权利要求的存在，造成权利要求整体不简要，不符合《专利法》第二十六条第四款的规定。

【处理方式】对于产品权利要求来说，如果权利要求的保护范围相同，只是用语不同，选择其中一种表述方式即可，或者直接撰写为“一种微生物菌剂”。对于相应菌剂可能适用的不同应用领域，可以修改为应用或使用方法，即请求保护相同组成菌剂的不同应用领域或使用方法。

【案例 59】权利要求中含有商业宣传用语

【案情分析】某案，涉及一种高效稳定的纤维素酶产生菌株及其应用。其权利要求撰写如下：

“一株高效稳定的纤维素酶产生菌株，其特征在于，所述菌株为青霉菌（*Peniciilium* sp.）QM1，保藏编号为 CGMCC NO. xxxxxx。”

【问题分析】该案权利要求请求保护一株高效稳定的纤维素酶产生菌株，其中“高效”是对菌株产生纤维素酶的能力的描述，带有商业宣传性质，属于商业性宣传用语。《专利审查指南 2010》第二部分第二章第 3.2.3 节规定：“权利要求的表述应当简要，除记载技术特征外，不得对原因或者理由作不必要的描述，也不得使用商业性宣传用语。”该权利要求中使用的商业性宣传用语“高效”实际上是对菌株性质的描述，属于微生物本身固有属性，该用语本身并未对菌株的组成和结构产生何种实质性限定作用。该商业性宣传用语的使用，导致权利要求不简要，不符合《专利法》第二十六条第四款的规定。

【处理方式】删除该商业性宣传用语即可，并不会影响原技术方案的保护范围。

（八）权利要求技术方案之间不具备单一性

【案例 60】相同来源的不同菌株之间

【案情分析】某案，涉及具有多环芳烃降解功能的菌株及其应用。说明书中记载，从某地焦化厂附近的污泥中分离、筛选获得多株具有较强多环芳烃降解能力的菌株，并验证了各菌株对不同多环芳烃的降解效果。其权利要求撰写如下：

“1. 一株大肠杆菌（*Escherichia coli*）HY1，保藏编号为 CCTCC NO. xxxxxx。

2. 一株铜绿假单胞菌（*Pseudomonas aeruginosa*）PH2，保藏编号为 CGMCC NO. xxxxxx。

3. 一株微杆菌（*Microbacterium* sp.）LX1，保藏编号为 CGMCC NO. xxxxxx。

4. 一株浅黄分枝杆菌（*Mycobacterium gilvum*）W43，保藏号 CGMCC NO.

xxxxxx。”

【问题分析】该案中，多个菌株的相互关联仅仅是来自同样的污染环境，除此之外结构或组成上并无相同或相应的技术特征。该案多项权利要求分别请求保护不同种属的菌株，并分别进行了保藏，上述多个技术方案不包含在技术上相互关联的一个或多个相同或者相应的特定技术特征，并不属于一个总的发明构思，因而不具备单一性，不符合《专利法》第三十一条第一款的规定。

【处理方式】保留其中一个菌株，删除其他不具备单一性的技术方案，可将删除的技术方案另行提交分案申请。

第三节　细胞技术领域

细胞作为基因技术领域众多创新技术的展示和应用载体平台，创新主体对其的保护需求也十分迫切，几乎所有以核苷酸和氨基酸序列作为核心创新点的创新主体都会同时要求保护承载相应核心序列的细胞载体，或经过相应创新技术改构后的细胞产品。了解细胞技术相关产品及其应用等在专利申请形成和专利权获得过程中面临的特殊要求和典型问题，有利于提升高质量专利权获得效率。本节将以相关案例展示这一细分技术领域的部分特殊问题及其处理方式，为创新主体提供参考。

一、影响质量的申请文件缺陷

（一）发明创造属于不授权的客体

【案例 61】人胚胎的工业或商业目的的应用

【案情分析】某案，涉及一种对人胚胎干细胞进行基因编辑的方法。根据说明书的记载，该方法靶向编辑效率高，脱靶突变率低。说明书和权利要求书的技术方案中均包含如下步骤：在不破坏胚胎的情况下，分离得到人胚胎干细胞，然后进行后续操作。

【问题分析】申请文件所涉及的技术方案中含有分离和获取人胚胎干细胞的步骤，且明确记载了人胚胎干细胞是利用人类胚胎分离获取的。该技术方案显然属于人胚胎工业或商业目的的应用，与社会公德相违背，不符合《专利法》第五条第一款的规定，不能被授予专利权。

【处理方式】如果该申请文件中仅有这一项技术方案，且该方案中仅记载了通过人类胚胎分离这一方式来获取人胚胎干细胞，则这一缺陷无法通过删除和修改申请文件中不符合《专利法》第五条的内容来克服；如果申请文件除了这一项技术方案还有其他方案不涉及人胚胎的工业和商业目的的应用，则可以通过将整个申请文件中涉及使用人胚胎的技术方案予以删除来克服前述缺陷。

【案例 62】人胚胎的工业或商业目的的应用

【案情分析】某案，涉及一种干细胞再生表层角膜及其制备方法。说明书和权利要求书中均记载该角膜的制备步骤中包括：取人胚胎角膜上皮，剪碎后用含酶的消化液消化，在……条件下培养制得。

【问题分析】该发明的技术方案在实施过程中使用了“人胚胎角膜上皮”，而“人胚胎角膜上皮”必然是从人胚胎获得的，因此该发明属于人胚胎的工业或商业目的的应用，与社会公德相违背，不符合《专利法》第五条第一款的规定，不能被授予专利权。

【处理方式】该类问题无法通过修改克服，应当将申请文件中涉及使用人胚胎的所有技术方案予以删除。

【案例 63】对人死亡胚胎的进一步利用

【案情分析】某案，涉及一种人神经干细胞的制备方法。说明书和权利要求书中均记载其技术方案人神经干细胞的获得经由如下步骤：取 7 周和 9 周的流产胚胎组织，分离前脑组织，加入缓冲液……

【问题分析】该发明的技术方案包括从“流产胚胎”分离“前脑组织”的步骤。“流产胚胎”属于胚胎的范畴，该发明为了商业目的而对“死亡的胚胎”进行分裂、分割，显然属于人胚胎的工业或商业目的的应用，与社会公德相违背，不符合《专利法》第五条第一款的规定，不能被授予专利权。

【处理方式】该类问题无法通过修改克服，应当将申请文件中涉及使用人胚胎的所有技术方案予以删除。

【案例 64】人类胚胎干细胞的分离、制备方法

【案情分析】某案，涉及一种从人胚胎干细胞诱导分化神经细胞的方法。说明书和权利要求书中记载的步骤均包括：在不破坏胚胎的情况下，分离得到人胚胎干细胞……

【问题分析】申请文件中含有分离和获取人胚胎干细胞的内容，且明确记载了人胚胎干细胞是利用人类胚胎分离获取的，显然属于人胚胎的工业或商业目的的应用，与社会公德相违背，不符合《专利法》第五条第一款的规定，不能被授予专利权。

【处理方式】该类问题无法通过修改克服，应当将申请文件中涉及使用人胚胎的所有技术方案予以删除。

【案例 65】不同来源人胚胎干细胞的应用

【案情分析】某案，涉及一种从人胚胎干细胞诱导分化神经细胞的方法。说明书中记载的步骤包括：将人胚胎干细胞进行分离纯化，获得人胚胎干细胞单体，按（1~5）$\times10^4$ 个/cm^2 的细胞密度接种进行单层贴壁诱导培养。对于人胚胎干细胞的来源，说明书中记载：本发明的人胚胎干细胞可以是成熟且已商业化的人胚胎干细胞，也可以是流产胚胎或不同发育阶段的囊胚分离得到的人胚胎干细胞。实施例中具体使用的是商业化的 H1、H7 和 H9 细胞系。

【问题分析】该申请文件中含有分离和获取人胚胎干细胞的内容，其中部分技术方案明确记载了人胚胎干细胞是利用人类胚胎分离和获取的，显然属于人胚胎的工业或商业目的的应用，与社会公德相违背，不符合《专利法》第五条第一款的规定，不能被授予专利权。

【处理方式】该说明书中对于人胚胎干细胞的来源记载了多个获取方式，申请人应当删除其中涉及从流产胚胎或不同发育阶段的囊胚分离得到人胚胎干细胞的技术方案，可保留使用商业化的人胚胎干细胞的技术方案。

【案例拓展】从【案例 61】至【案例 65】反映的不同情况可知，如果发明仅涉及对已确立的、成熟稳定的商品化人胚胎干细胞系的进一步利用，而无须破坏和使用人胚胎，则应当认为发明不涉及人胚胎工业和商业目的的应用，不违反社会公德。如【案例 65】，其申请文件明确记载了所请求保护的技术方案中使用的人胚胎干细胞系为已经确立的、商品化的人胚胎干细胞系 H1、H7 和 H9，本领域技术人员无须使用或破坏人胚胎来获取胚胎干细胞，虽然这样的细胞系最初来源于人胚胎，但对其原始来源不宜无限溯源，将人胚胎干细胞的适用范围限定至所述已确立的、成熟的、可商购的人胚胎干细胞系，既可以限制人胚胎的滥用，又能够在适当范围内鼓励相关领域的科技创新，符合《专利法》鼓励发明创造的立法宗旨，不违反社会公德。

同时，随着技术的积累，实验研究用基础生物材料的储备也在增多，已确立的、成熟的、可商购的人胚胎干细胞系种类也在日渐丰富中，为应对审查过程中可能产生的针对人胚胎来源的质疑，申请人应有意识地获取、保存相应细胞系的获取途径证据，并在受到质疑时及时提供给审查部门以消除相应疑虑，从而避免专利申请的审查结论和处理时效受到影响。

此外，除了合规的商业化细胞系以外，关于人胚胎干细胞来源，还有以下特殊情况应当注意：

（1）如果申请文件明确记载其人胚胎干细胞是利用未经过体内发育的受精14天以内的人类胚胎分离或者获取的，目前这种来源被视为属于合规情形。

（2）如果申请文件记载的人胚胎干细胞分离或获取方法未明确是否属于前述合规方式，例如未对发育时间进行限定，或未限定是否经过体内发育，则申请文件的内容包含了利用不属于合规方式的其他形式的人类胚胎来获取人胚胎干细胞的情况，同样涉及违反社会公德而不符合《专利法》第五条第一款规定的情形。

（3）如果人胚胎干细胞是从核移植（克隆人）方式产生的人类胚胎分离，鉴于核移植产生的人胚胎（克隆人胚胎）具有发育成人体的潜能，因而参照从受精方式产生的人类胚胎分离干细胞的情况处理。

（4）如果干细胞从重编程或单性生殖技术产生的人类类胚胎分离或获取，由于这类人类类胚胎根据现有技术知识不具备正常发育成人体的潜能，不属于常规意义下所说的人类胚胎，因而不涉及违反社会公德，不适用《专利法》第五条第一款。

除了前述情形外，如果申请文件中仅文字泛泛提及人胚胎干细胞，但不涉及分离或获取人胚胎干细胞的内容，或者仅记载了破坏动物胚胎分离动物胚胎干细胞，同时申请文件仅仅是提及人胚胎干细胞适用于该申请的技术方案，这种情况通常不会被认为违反了社会公德而存在《专利法》第五条第一款列举的缺陷。

【案例 66】改变人生殖系遗传同一性的方法

【案情分析】某案，涉及一种形成嵌合体胚胎的方法，说明书和权利要求书中记载的技术方案均包括如下步骤：取八细胞卵裂期的人胚胎，分离其中的单个细胞，注入大鼠胚胎中……获得嵌合体胚胎。

【问题分析】该发明的产物为人与动物的嵌合体，导致人生殖系的连续性遭到破坏，属于“改变人生殖系遗传同一性的方法”，违反社会公德，不符合《专利法》第五条第一款的规定，不能被授予专利权。

【处理方式】该类问题无法通过修改克服，应当将申请文件中涉及形成嵌合体胚胎的所有技术方案予以删除。

（二）依赖遗传资源完成的发明创造未按要求披露来源

【案例 67】原代分离的细胞株

【案情分析】某案，申请人分离得到一株传代稳定、成瘤性好、迁移能力强的癌细胞株。说明书中对该细胞株的分离方法、功能效果进行了验证，并根据规定进行了保藏，但未提交遗传资源来源披露登记表，对该癌细胞株的直接来源和原始来源进行披露。

【问题分析】由于该申请涉及特定癌细胞株，通常认为癌细胞的特定功能是与其遗传功能单位相关联的，确认和利用该细胞的特定功能，也可以认为是对其遗传功能单位进行了分析和利用。因此，该申请属于依赖遗传资源完成的发明创造，需要披露上述细胞株的遗传资源来源。

【处理方式】申请人应当按照《专利法》第二十六条第五款的规定，提交遗传资源来源披露登记表，并填写该细胞株直接来源和原始来源的具体信息；申请人无法说明原始来源的，应当陈述无法说明原始来源的理由。

【案例 68】通过基因工程手段改造永生化细胞株

【案情分析】某案，涉及一种保藏的永生化犬支气管上皮细胞株。其制备方法包括：获取犬气管组织，分离纯化获得原代犬支气管上皮细胞，构建含端粒酶基因的真核表达载体，转染原代犬支气管上皮细胞后，制备得到永生化的犬支气管上皮细胞株。申请人按照规定对该改造后的永生化细胞株进行了保藏，但申请人并未提交遗传资源来源披露登记表，未对用于改造获得永生化细胞的原代细胞的直接来源和原始来源进行披露。

【问题分析】该申请涉及特定保藏号的永生化细胞株，该细胞株是以原代分离的犬支气管上皮细胞为基础，通过基因工程手段转入端粒酶基因，实现细胞永生化。在这一过程中，该发明实际上对原代犬支气管上皮细胞的遗传功能进行了分析和利用，是依赖遗传资源完成的发明创造，需要披露上述原代犬支气管上皮细胞的遗传资源来源。

【处理方式】申请人应当按照《专利法》第二十六条第五款的规定，提交遗传资源来源披露登记表，并填写原代犬支气管上皮细胞的直接来源和原始来源的具体信息；申请人无法说明原始来源的，应当陈述无法说明原始来源的理由。

二、影响质量的说明书缺陷

该领域影响说明书质量的缺陷中最常见的情形是说明书公开不充分。

【案例 69】特定细胞株未保藏

【案情分析】某案，涉及一株分离得到的小鼠神经干细胞。说明书中详细记载了该神经干细胞的制备方法，包括获取成年小鼠大脑、组织消化、分离纯化、筛选鉴定得到成体神经干细胞，并对其传代稳定性、分化能力进行了检测，证实是一株具有多向分化能力的神经干细胞 BR。权利要求请求保护该分离的小鼠神经干细胞及其应用。然而，申请人并未对该细胞株进行保藏并提供相应保藏和存活证明，说明书和现有技术中也未记载公众能够获得所述细胞株的渠道。

【问题分析】《专利审查指南 2010》第二部分第十章第 9.2.1 节规定："在生物技术这一特定的领域中，有时由于文字记载很难描述生物材料的具体特征，即使有了这些描述也得不到生物材料本身，所属技术领域的技术人员仍然不能实施发明。在这种情况下，为了满足专利法第二十六条第三款的要求，应按规定将所涉及的生物材料到国家知识产权局认可的保藏单位进行保藏。"该发明的目的是利用具有多向分化能力的神经干细胞进一步培养定向分化，其技术效果必须依赖从成年小鼠脑组织中分离的该株特定的小鼠成体神经干细胞 BR，所述细胞株为完成该发明所必须依赖的生物材料。由于该株具有多向分化能力的特定细胞并不能通过常规技术构建而重复获得，说明书及现有技术中也未记载公众能够获得所述细胞株的渠道，因而如果要满足说明书充分公开的要求，应当对该细胞株进行保藏。

【处理方式】该案的生物材料特定细胞株未按要求进行保藏，且现有技术中并未披露该生物材料的来源，此类说明书公开不充分的缺陷无法通过修改进行克服。此案例提示申请人，除了微生物以外，具有特殊功能或效果的细胞株也属于特定的生物材料，如果这样的材料属于"公众无法获得的"，那么为满足《专利法》第二十六条第三款的规定，申请人应按规定将所涉及的生物材料到国务院专利行政部门认可的保藏单位进行保藏。

【案例 70】技术方案的成立依赖实验结果

【案情分析】某案，涉及一种能够连续增殖、具有分化潜能的人成体干细胞。说明书中记载了从成体人组织中分离、制备获得成体干细胞的方法。但说明书中用于其技术方案切实可行的实施例仅仅表明分离、培养获得了成体组织来源的细胞混合物，并未记载对细胞进行鉴别、纯化的步骤，也未对干细胞标志物进行检测，在技术效果方面仅文字提及获得的细胞能够连续增殖、具有分化潜能，并未进行实际验证试验对细胞的增殖能力进行检测，也未对分化能力进行验证。

【问题分析】该发明的目的是获得一种具有增殖和分化潜能的人成体干细胞。但说明书技术方案中制备的是成体干细胞与其他细胞的混合物，并没有记载任何从混合物中鉴别、纯化成体干细胞的步骤，因此说明书中并未清楚记载如何制备得到成体干细胞的方法，也没有披露获得的成体干细胞的具体结构，且也未对干细胞表面标志物进行检测。说明书虽然声称获得的所述成体干细胞能够连续增殖、具有分化潜能，但并未提供足够的实验证据证实该结论，本领域技术人员无法确认本申请制备得到的细胞组合物是成体干细胞，也无法确认通过该申请的方法能够获得所述成体干细胞。由于该技术方案可行与否依赖实验结果加以证实，而申请文件提供的证据没有达到证明技术方案可以实现的程度，说明书没有达到充分公开的要求，不符合《专利法》第二十六条第三款的规定。

【处理方式】该案实现其发明目的的可行性依赖实验证据验证，而申请文件未记载足够的实验证据证实其技术方案能够实现，此类说明书公开不充分的缺陷无法通过修改进行克服。

【案例拓展】需要特别提醒的是，对于新型细胞或组织，尤其要注意说明书中是否公开了至少一种用途。如果本领域技术人员无法根据现有技术推测到所述细胞、组织产品能够实现的用途和/或效果，则说明书中还应记载足以证明发明的技术方案可以实现所述用途和/或效果的定性和/或定量实验数据。

三、影响质量的权利要求缺陷

（一）权利要求属于不授权的客体

【案例71】请求保护的主题属于疾病治疗方法

【案情分析】某案，涉及一种治疗炎症疾病的方法，涉及从动物体中分离白细胞悬液。其权利要求撰写如下：

“1. 一种白细胞组合物，其特征在于，通过以下方法分离得到：……

2. 一种消除炎症的方法，其特征在于，施用权利要求1所述的白细胞组合物。”

【问题分析】该案中，权利要求2的保护主题是一种消除炎症的方法，其本质目的是通过施用权利要求1的白细胞组合物而使有生命的人体或动物体恢复或获得健康或减少痛苦，进而阻断、缓解或消除炎症的过程，属于疾病治疗方法，不能被授予专利权。

【处理方式】疾病治疗方法属于不授权的客体，不能予以保护，且该方法的实施显然只能以有生命的人体或动物体为对象，以恢复或获得健康为直接目的，并不存在其他的应用可能性，因而不能采用排除式限定进行修改。申请人可以考虑修改为制药用途权利要求。

【案例 72】请求保护的主题属于动物品种

【案情分析】某案，涉及一种原代分离的小鼠胚胎干细胞。说明书中对该胚胎干细胞的分化能力进行了验证，证明其具有分化全能性。其权利要求撰写如下：

“1. 一株小鼠胚胎干细胞，其特征在于，分离自小鼠胚胎，所述干细胞的保藏编号为……”

【问题分析】动物胚胎干细胞、动物个体及其各个形成和发育阶段，如生殖细胞、受精卵和胚胎，都属于《专利审查指南 2010》中规定的“动物品种”的范畴，不能被授予专利权。动物的体细胞以及动物组织和器官（除胚胎以外）不属于动物品种。该案中的小鼠胚胎干细胞具有分化全能性，能够分化成长为小鼠，属于《专利法》第二十五条第一款第（四）项所述的动物品种的范围，不能被授予专利权。

【处理方式】动物品种属于不授权的客体，不能予以保护，建议删除相关权利要求。申请人可以考虑保护相关细胞的制备方法、应用等方法权利要求。

【案例 73】请求保护的主题属于植物品种

【案情分析】某案，涉及一种拟南芥愈伤组织的诱导培养方法。说明书实施例中通过对所述愈伤组织进行分化培养，最终形成完整拟南芥植株。其权利要求撰写如下：

“1. 一种拟南芥愈伤组织的诱导培养方法，其特征在于：……

2. 由权利要求 1 所述的诱导培养方法获得的拟南芥愈伤组织。”

【问题分析】植物品种包括处于不同发育阶段的植物体本身，还包括能够作为植物繁殖材料的植物细胞、组织或器官等。特定植物的某种细胞、组织或器官是否属于繁殖材料，应当依据该植物的自然特性以及说明书中对该细胞、组织或器官的具体描述进行判断。根据该说明书的记载，通过对权利要求 2 请求保护的愈伤组织进行分化培养，最终能够发育为完整植物体，因而所述愈伤组织是植物的繁殖材料，属于《专利审查指南 2010》中指出的“植物品种”的范畴，不能被授予专利权。

【处理方式】植物品种属于不授权的客体，不能予以保护，建议删除相关权利要求。申请人可以考虑保护相应细胞的制备方法、应用等方法权利要求。而对于植物品种，可以通过《专利法》以外的其他法律法规进行保护，具体可参见本章【案例 22】。

（二）权利要求不具备实用性

【案例 74】非治疗目的的外科手术方法

【案情分析】某案，涉及一种微器官外植块及其制备方法，说明书中记载所述的微器官外植块可以用于移植给受试者和可以用于分离制备干细胞等。其权利要求撰写如下：

"一种微器官外植块的制备方法，包括如下步骤：从人或动物分离获得皮肤、胰腺、肝脏、肾脏、十二指肠、食管和膀胱等组织或器官，在适宜的培养条件下进行培养获得微器官培养物。"

【问题分析】该案中，制备其微器官培养物，需要从人或动物的活体上通过外科手术的方法获得一部分皮肤组织或器官，再通过培养等过程制备获得微器官外植块，该过程必须以有生命的人或动物为实施对象，通过外科手术方法进行介入性处理，无法在产业上应用，不具备《专利法》第二十二条第四款规定的实用性。

【处理方式】该案的实用性问题无法通过修改克服。

【案例 75】保藏细胞株的分离方法

【案情分析】某案，涉及一种 ABC 基因敲除的细胞株及其构建方法。技术方案为利用 CRISPR 技术对 293T 细胞的 ABC 基因进行敲除，筛选得到了一株基因敲除细胞株，并经过测序证实敲除株的 ABC 基因存在碱基缺失，无法正常表达。申请人按照规定对筛选得到的基因敲除细胞株进行了保藏。其权利要求撰写如下：

"1. 一株 ABC 基因敲除的细胞株，其保藏编号为：……

2. 权利要求 1 所述的细胞株的构建方法，包括如下步骤：

（1）根据 ABC 基因序列设计 sgRNA，构建基因敲除载体，

（2）将构建得到的基因敲除载体转染 293T 细胞，经过筛选阳性克隆和测序鉴定，得到所述的基因敲除细胞株。"

【问题分析】该案中，权利要求 2 请求保护如权利要求 1 中所述的细胞株的构建方法。权利要求 1 中的细胞株以保藏编号限定，根据说明书的记载，该细

胞株是通过 CRISPR 技术对 293T 细胞的 ABC 基因进行敲除并经过筛选得到的具有特定功能的细胞株，且测序证实该细胞株的 ABC 基因具有特定的碱基缺失。根据权利要求 2 的操作步骤以及本领域的普通技术知识，通过 CRISPR 技术对目标基因进行敲除，其实质是在靶标处切断目的基因并引入随机的缺失和/或插入突变。由于插入和/或缺失的碱基类型、数量以及突变位置的随机性，重复基因编辑的过程即便是使用相同的 sgRNA 与相同的操作步骤，也难以筛选得到与权利要求 1 中的特定保藏编号的细胞株具有完全相同的基因序列的细胞株。因此，权利要求 2 请求保护的制备方法不具有再现性而不能在产业上应用，不符合《专利法》第二十二条第四款关于实用性的规定。

【处理方式】不具备实用性是由技术方案本身固有的缺陷引起的，这样的缺陷无法通过修改进行克服，建议申请人删除相应方法。

【案例 76】制备特定杂交瘤细胞株的方法

【案情分析】某案，涉及一种产抗山羊 IL-2 的单克隆抗体的杂交瘤细胞株及其制备方法。说明书对该杂交瘤细胞株产单克隆抗体的效果进行了验证，并检测单克隆抗体的抗体亚型、结合特异性等性质。其权利要求撰写如下：

"1. 一种产抗山羊 IL-2 的单克隆抗体的杂交瘤细胞株，其保藏编号为 CGMCC NO. xxxxxx。

2. 如权利要求 1 所述的产抗山羊 IL-2 的单克隆抗体的杂交瘤细胞株的制备方法，其包括如下步骤：

（1）制备具有免疫原性和反应原性的山羊 IL-2 重组蛋白作为免疫原；

（2）免疫 BALB/c 小鼠；

（3）提取免疫小鼠的脾细胞与 SP2/0 骨髓瘤细胞融合；

（4）通过间接 ELISA 法筛选阳性克隆；

（5）阳性杂交瘤细胞亚克隆化筛选。"

【问题分析】该案中，权利要求 2 请求保护如权利要求 1 所述的产抗山羊 IL-2 的单克隆抗体的杂交瘤细胞株的制备方法。权利要求 1 中的杂交瘤细胞株以保藏编号限定，根据说明书的记载，该杂交瘤细胞株具有对山羊 IL-2 的结合特异性，是一株经过单克隆筛选得到的具有特定结构和功能的杂交瘤细胞株。根据权利要求 2 的操作步骤以及本领域的普通技术知识，制备杂交瘤细胞株需要以目标抗原免疫小鼠制备免疫脾细胞，经过与骨髓瘤细胞融合、克隆化和亚克隆化筛选，最终得到分泌单一抗体的特异杂交瘤细胞。由于免疫过程和筛选过程均具有随机性，不同的杂交瘤细胞分泌的单克隆抗体结合的抗原表位不同，分泌的单克隆抗体的序列结构也不同，即便是采用相同的抗原、相同的操作步骤，也难以筛选得到与权利要求 1 中特定的杂交瘤细胞株具有完全相同的生理生化等特征的杂交瘤细胞株。因此，权利要求 2 请求保护的制备方法不具有再现性而不能在产业上应用，不具备《专利法》第二十二条第四款规定的实用性。

【处理方式】不具备实用性是由技术方案本身固有的缺陷引起的，这样的缺陷无法通过修改进行克服，建议申请人删除相应方法。

（三）权利要求不清楚

【案例 77】请求保护的主题类型不清楚

【案情分析】某案，涉及一种大鼠心肌细胞的制备方法。其权利要求 1 撰写如下：

“一种大鼠心肌细胞及其制备方法，其特征在于，包括如下步骤：……”

【问题分析】根据《专利法》第二十六条第四款的规定，权利要求书应当清楚。首先，权利要求的类型应当清楚，权利要求的主题名称应当能够清楚地表明该权利要求的类型是产品权利要求还是方法权利要求。该权利要求的主题为“一种大鼠心肌细胞及其制备方法”，其中既含有产品大鼠心肌细胞”，又含有该细胞的“制备方法”，请求保护的主题类型是不清楚的，导致该权利要求请求保护的保护范围不清，不符合《专利法》第二十六条第四款的规定。

【处理方式】可以将产品和方法拆分开，使用不同主题的产品和方法权利要求进行保护。例如，权利要求 1 请求保护“一种大鼠心肌细胞的制备方法”，权利要求 2 请求保护“根据权利要求 1 所述的制备方法制备得到的大鼠心肌细胞”。

【案例 78】细胞株的自命名导致不清楚

【案情分析】某案，涉及一种原代分离的人急性 B 淋巴细胞白血病细胞株，申请人将其命名为 B-ALL-01，并按照规定进行了保藏，其保藏编号为：CGMCC NO. xxxxxx。其权利要求撰写如下：

“一种分离的人急性 B 淋巴细胞白血病细胞株，其特征在于，具体为人急性 B 淋巴细胞白血病细胞株 B-ALL-01。”

【问题分析】权利要求请求保护的细胞株名称为 B-ALL-01，但该名称是申请人自行命名的，在本领域并没有公认或公知的技术含义，本领域技术人员由 B-ALL-01 的名称并不能清楚地确定其具体指代何种特定结构和功能的人急性 B

淋巴细胞白血病细胞。因此，该权利要求请求保护的范围不清楚，不符合《专利法》第二十六条第四款的规定。

【处理方式】对于细胞技术领域发明中所制备的一些新产品，例如新分离的原代细胞、通过基因工程手段制备得到的工程细胞等，申请人往往会自行命名，而这样的自命名通常并非在本领域中有公认或公知的技术含义的名称，并不能清楚地表征所请求保护的对象。为了清楚地定义权利要求请求保护的对象，建议申请人可以通过保藏号对细胞进行限定，或者当制备细胞的方法不涉及实用性时，用细胞的制备方法进行限定。在通过保藏号或制备方法等清楚限定请求保护的对象后，对于细胞的自命名，申请人可以自愿选择保留或删除。

（四）权利要求不简要

【案例 79】用结构特征重复限定已经保藏的细胞产品

【案情分析】某案，涉及一种稳定表达人白细胞抗原-G 的 CHO 细胞株。申请人按照规定对该细胞株进行了保藏，其保藏编号为 CCTCC NO. xxxxxx。其权利要求撰写如下：

“1. 一株稳定表达人白细胞抗原-G 的 CHO 细胞株，其保藏编号为 CCTCC NO. xxxxxx。

2. 如权利要求 1 所述的 CHO 细胞株，其特征在于，其基因组内整合有人白细胞抗原-G，所述人白细胞抗原-G 的核苷酸序列如 SEQ ID NO. 1 所示。”

【问题分析】该案中，权利要求 2 引用权利要求 1，并进一步对细胞株的结构进行了限定。权利要求 1 和权利要求 2 的主题是“CHO 细胞株”，属于产品权利要求，产品权利要求的保护范围由其结构或组成决定。权利要求 1 中已经采用保藏编号对细胞株的结构进行了限定，该细胞株的结构和组成已经固定，权利要求 2 特征部分描述的细胞株的基因组特征实际上属于权利要求 1 中限定的细胞株的固有特性，权利要求 2 的特征部分仅仅增加对权利要求 1 细胞株固有特性的描述，并不会对权利要求 1 细胞株的结构和组成构成进一步限定。因此，权利要求 2 与权利要求 1 的保护范围实际上是相同的。二者同时存在导致权利要求书整体不简要，不符合《专利法》第二十六条第四款的规定。

【处理方式】于本案而言，在保藏编号的限定下，权利要求 1 中稳定表达人白细胞抗原-G 的 CHO 细胞株的结构已经明确，申请人无须进一步作结构相关的限定，删除权利要求 2 即可。

【案例 80】用制备方法特征限定已经保藏的细胞产品

【案情分析】某案，涉及一种产抗山羊 IL-2 的单克隆抗体的杂交瘤细胞株及其制备方法。说明书对该杂交瘤细胞株产单克隆抗体的效果进行了验证，并检测了单克隆抗体的抗体亚型、结合特异性等性质。其权利要求撰写如下：

“1. 一种产抗山羊 IL-2 的单克隆抗体的杂交瘤细胞株，其保藏编号为 CGMCC NO. xxxxxx。

2. 如权利要求 1 所述的产抗山羊 IL-2 的单克隆抗体的杂交瘤细胞株，其制备方法如下：

（1）制备具有免疫原性和反应原性的山羊 IL-2 重组蛋白作为免疫原；

（2）免疫 BALB/c 小鼠；

（3）提取免疫小鼠的脾细胞与 SP2/0 骨髓瘤细胞融合；

（4）通过间接 ELISA 法筛选阳性克隆；

（5）阳性杂交瘤细胞亚克隆化筛选。”

【问题分析】该案中，权利要求 2 引用权利要求 1，并使用杂交瘤细胞株的制备方法进一步限定了权利要求 1 请求保护的产品。该案权利要求 1 和权利要求 2 的主题均是“细胞株”，属于产品权利要求，产品权利要求的保护范围由其结构或组成决定。权利要求 1 中已经采用保藏编号对细胞株的结构进行了限定，该细胞株的结构和组成已经固定。权利要求 2 特征部分增加的所述细胞株的制备方法并不能对该杂交瘤细胞株的组成或结构产生进一步限定。因此，权利要求 2 与权利要求 1 的保护范围实际上是相同的。二者同时存在导致权利要求书整体不简要，不符合《专利法》第二十六条第四款的规定。

【处理方式】权利要求 1 中的杂交瘤细胞株的结构已经明确，申请人无须采用制备方法进行限定，建议删除权利要求 2。需要注意的是，若申请人单独撰写一个独立权利要求对权利要求 1 的杂交瘤细胞株的制备方法进行保护，参考【案例 76】的相关情况可知，由于特定杂交瘤细胞筛选的偶然性，这样的制备方法会因为不具备再现性而不能在产业上应用，不具备《专利法》第二十二条第四款规定的实用性。

第三部分

基因技术高质量专利的运用

第七章

基因技术领域高质量专利的运用规划

本书的第二部分介绍了基因技术领域高质量专利的创造，主要涉及专利申请及审查过程中的法律规定、技术交底书和申请文件的形成以及专利权的获得，以帮助创新主体顺利实现将创新成果高质量地转化为专利权的目的。本章将重点介绍基因技术领域高质量专利的运用。

传统的观点认为专利的运用仅体现在获得专利权之后，对授权专利进行管理、运营和开展相关的维权活动。实际上，高质量的专利运用往往是在专利挖掘布局阶段就需要考虑和规划的。专利挖掘布局的基本原则包括“目的性”和“前瞻性”，也就是说专利挖掘布局是一种有目的、有规划的专利申请行为，需要通过规划和设计，实现专利价值的最大化。例如，创新主体如果期望授权专利能够实现与竞争对手的交叉许可，那么在专利挖掘布局阶段，就需要有针对性地开展“包绕竞争对手核心专利”的挖掘手段以及“对抗式”的专利布局方法。又如，创新主体如果期望能为自己的新产品提供专利保护，使得授权专利能够在维权过程中发挥法律价值，在专利布局阶段，就需要采用“保护式”的专利布局，并结合“网状覆盖型的专利组合”布局策略。如果没有在专利挖掘布局阶段提前进行设计和规划，仅仅是随机地、盲目地申请专利，那么将极大地限制专利的高质量运用。特别是对于基因技术领域，其创新成果种类繁多且存在诸多特殊的法律规定，该领域专利的高质量运用更是与前期的高质量专利挖掘布局密不可分。所以本书的第三部分，将结合专利运用过程中的前期规划和授权后的价值实现来系统介绍基因技术领域高质量专利的运用。而本章将结合基因技术领域的特点，从创新成果的可专利化分析、专利运用前的挖掘和布局以及具体的运用规划案例来介绍在该领域如何高质量地完成专利的运用规划。

第一节　基因技术领域创新成果的可专利化分析

要在基因技术领域开展高质量专利的运用规划，首先要从“将科研成果专利化”的角度分析基因技术领域常见的创新成果种类有哪些，其中哪些可以通过专利的形式进行保护，哪些属于不授予专利权的客体。目前部分创新主体正是由于对这方面的知识缺乏了解，导致在创新成果专利运用转化的过程中出现了较多的问题。一方面，部分科研人员对可以通过专利予以保护的主题并不了解，觉得像基因、微生物、细胞等生物材料或生物体不能申请专利，错失了将创新成果专利化的机会。另一方面，也有部分科研人员不对创新成果进行区分，盲目地、广泛地申请专利。导致部分关键技术信息被公开，但是最终又因为不满足专利授权的条件而未能获得专利权的保护，同时也影响这些技术信息通过其他途径（如商业秘密、植物新品种等）获得保护。

基因技术是一项专业性很强的基础技术，加上基因技术所体现出的技术成果是自然生物或生物制品，将会涉及较为复杂的伦理道德、公共秩序等社会问题，因此对基因技术领域部分创新成果的专利保护一直存在一定的争议。在基因技术高质量专利挖掘过程中，如果专利工作人员不熟悉哪些基因技术创新成果可以采用专利的方式进行保护，往往容易导致创新成果的知识产权保护受到损害。因此，从事基因技术领域的专利挖掘人员需要熟悉基因技术领域不同类型的创新成果的知识产权保护策略，综合利用专利、植物新品种、商业秘密等多种方法对创新成果进行全方位的保护。

专利是创新成果最常见也是最重要的保护方式之一，但是并非所有的创新成果都可以通过专利的方式进行保护。而专利保护客体的范围界定，一方面，是基于发明定义，同时考虑了社会公德和伦理道德等社会性因素，以及平衡社会公众利益和专利权人合法权益等方面的综合结果。另一方面，也需要基于国家的经济发展状况以及相关行业的技术发展水平，为实现特定时期的国家利益而进行政策性调整。目前我们国家对于哪些客体可以被授予专利权进行了明确的界定。《专利法》第二条二款从正面对“发明”进行了定义：“发明，是指对产品、方法或者其改进所提出的新的技术方案。”《专利法》第五条和第二十五条又从反面排除了不授予专利权的客体。本书的第二部分从法律规定和申请文件撰写的角度进行了相关内容的介绍，分析的是申请文件形成过程中需要注意的撰写形式问题。本节主要是从专利运用规划的角度出发，面向研发人员和专利挖掘工作者，为他们厘清基因技术领域在研发活动过程中，需要关注的可专利化的创新点。

一、可以进行专利挖掘布局的常见主题有哪些

基因技术是一项基础的生物技术，其应用范围很广，涉及工业、农业、医

药、环保、能源、新材料等各个领域。基于基因技术产生的创新成果种类很多，按照研发活动的开展过程，该领域可以通过专利形式进行保护的主题主要包括以下三类：第一，基因或 DNA 片段本身；第二，与基因技术相关的产品；第三，基因技术所采用的方法或基因技术的应用。

（一）基因或 DNA 片段本身

基因是含有特定生物遗传信息的 DNA（脱氧核糖核酸）分子片段，是控制生物性状的遗传物质的功能和结构单位。在一定条件下生物体能够表达基因携带的遗传信息，产生组成细胞结构和行使多数生命功能的蛋白质。可见无论是基因还是 DNA 片段，其本质都是带有遗传信息的化学物质。关于基因或 DNA 片段本身是否具备可专利性，目前已经有比较统一的观点和认识：人们从自然界中找到的以天然形态存在的基因或 DNA 片段本质上是一种科学发现，对于基因序列的测定仅仅是对客观事物的揭示而非发明，也不能因此而使该基因具有可专利性，因此属于《专利法》第二十五条第一款第（一）项规定的不能授予专利权的客体。但是，如果科研人员开展了更进一步的研究，例如对该基因或 DNA 片段进行了分离、提取和纯化，能确切地表征其碱基序列，并发现了其在产业上的应用价值。上述工作实质上已经改变了该基因或 DNA 片段天然存在的方式和状态，挖掘出了其特有的应用价值，形成了科学发明。那么该基因或 DNA 片段本身以及得到它的方法均属于专利权保护的客体。

基因或 DNA 片段本身，既可以通过限定其碱基序列进行描述，也可以通过限定由所述基因编码产物的氨基酸序列进行描述。例如：

“一种分离的与食管癌相关的基因，其为编码 SEQ ID NO. 2 所示多肽的多核苷酸。”

“一种水稻谷胱甘肽磷脂氢过氧化物酶基因，具有如 SEQ ID NO. 1 所示的核苷酸序列。”

（二）与基因技术相关的产品

与基因技术相关的产品包括基于基因技术获得的产品，以及配合基因技术的实施所需要使用到的产品（包括与基因技术相关的装置）。通过基因技术获得的产品种类很多，比较常见的包括微生物（包括细菌、真菌、病毒、原生动物、藻类等）、酶、单克隆抗体、融合细胞、蛋白质或多肽等。

对于微生物，根据其来源的不同可以通过保藏编号进行描述，也可以通过导入的基因进行描述。例如：

“一种生产3-羟基丁酸和3-羟基己酸单体共聚物的重组菌株，是导入了yafH基因的，具有以脂肪酸为底物合成PHA能力的嗜水气单胞菌。”

通过基因技术获得的病毒。例如：

“一种表达人白细胞介素18的重组腺病毒，其特征在于，该腺病毒的基因组缺失E1区和E3区，且在腺病毒基因组DNA的两端结合有末端肽TP，并且在E1区位置插入了人白细胞介素18表达盒。”

通过基因技术获得的酶。例如：

“一种重组突变葡激酶，其特征在于改变野生型葡激酶二聚体结合面，将野生型葡激酶肽链的Lys109-Gly110-Phe111替换为Arg109-Gly110-Asp111，制备重组突变葡激酶。”

通过基因技术获得的单克隆抗体，可以用结构特征限定，也可以用产生它的杂交瘤来限定。例如：

“一种可特异性结合如SEQ ID NO.1所示戊型肝炎病毒ORF2编码多肽的单克隆抗体，所述单克隆抗体是由杂交瘤细胞系CCTCC-C200116所分泌的抗戊型肝炎病毒单克隆抗体8C11。”

通过基因技术获得的细胞。例如：

“一种改造的细胞，其在基因组中或者基因组外携带多个siRNA和/或miRNA的编码核酸序列……所述编码核酸序列选自：（1）SEQ ID NO.7序列，或者（2）上述序列的互补序列。”

通过基因技术获得的蛋白质或多肽。例如：

“一种天花粉蛋白突变体，是天花粉蛋白的自N端的第55位酪氨酸和自N端的第78位天冬氨酸的两个氨基酸残基中至少一个突变……”

以上列举了以基因技术为手段获得的产品类型，另外基因技术领域的创新成果还包括配合基因技术的实施所需要使用到的产品。

例如PCR扩增方法中所使用的引物：

“一种用于PCR扩增的修饰引物，所述的修饰在于引物对中至少其一为基本引物的3′末端加有一段线性标示序列，该线性标示序列与模板形成错配，但其中至少3′最末端2个连续碱基与模板互补。”

（三）基因技术所采用的方法或基因技术的应用

基因技术的方法发明所涉及的范围很广，也是基因技术专利保护主要客体之一，包括但不限于基因技术方法本身，利用基因技术获得目标细胞、酶、蛋白质、微生物或动植物等生物材料和生物体的方法，与基因技术相关的育种方法，基因检测的方法，利用基因技术制备药物的方法以及与计算机或人工智能等领域交叉的方法。

基因技术方法本身。例如：

“一种应用 CRISPR/Cas9 基因编辑系统进行基因编辑的方法，其特征在于，所述方法基于 T7 RNA 聚合酶和 T7 启动子的高度特异性识别原理，首先构建 T7 启动子-sgRNA……”

与基因技术相关的育种方法。例如：

“一种转基因三系杂交棉的育种方法，其特征在于它的步骤如下：1）采用转基因方法，将异源谷胱甘肽-S-转移酶（Glutathione S-Transferase，GST）基因导入待改良的棉花恢复系中……”

基因检测的方法。例如：

“一种检测环境样品中牛冠状病毒的方法，其特征在于，包括步骤：（a）应用 PEG 沉淀法对标本进行浓缩；（b）抽提样品中的病毒 RNA，用特异性引物在特定的扩增条件下进行荧光 RT-PCR 扩增……”

通过基因技术获得生物材料的方法。例如：

“一种得到及选择表达至少一种异源目的基因的哺乳动物细胞的方法，其特征在于：（i）将哺乳动物细胞集合体以至少一种目的基因及经修饰的新霉素磷酸转移酶基因转染……”

基因技术与计算机技术或人工智能结合的方法。例如：

“一种预测目标 miRNA 的靶基因的方法，包括如下步骤：（1）k-mer 切分物种基因组的序列，得到 k-mer 组合甲；k-mer 切分目标 miRNA，得到 k-mer 组合乙；（2）将 k-mer 组合甲中的各个 k-mer 及在物种基因组中相应的靶基因信息进行存储，获得数据库……”

以上仅以示例的方式列举了部分基因技术领域可专利化的创新成果的种类，还有大量与基因技术相关的方法以及交叉领域的应用，只要其不属于《专利法》排除的不授予专利权的客体，都可以尝试以专利的形式对创新成果予以保护。

二、不授予专利权的客体该如何保护

前文分析了基因技术领域常见的可以专利化的创新成果的种类，同时在该领域也有部分创新成果属于《专利法》中规定的不授予专利权的客体，主要涉及《专利法》第五条和《专利法》第二十五条对不授予专利权的客体进行的规定。以下具体介绍基因技术领域不能授予专利权的客体种类，并进一步分析如何避免产生这样的问题，以及对于这些创新成果还有哪些其他的知识产权保护手段，可以与专利手段一起综合保护基因技术的创新成果。

（一）《专利法》第五条规定的不授予专利权的客体

1. 人类胚胎干细胞

由于技术的局限性，早期获取人类胚胎干细胞只能通过破坏人自身胚胎的方式，导致人类胚胎干细胞的科学研究面临较大的伦理争议。关于申请文件中使用了人类胚胎干细胞的情形，2019 年前未修订的《专利审查指南 2010》第二部分第十章第 9.1.1.1 节规定："人类胚胎干细胞及其制备方法，均属于专利法第五条第一款规定的不能被授予专利权的发明。"第 9.1.1.2 节规定："处于各个形成和发育阶段的人体，包括人的生殖细胞、受精卵、胚胎及个体，均属于专利法第五条第一款规定的不能被授予专利权的发明。"可见在《专利审查指南 2010》修订之前，不管是人类胚胎干细胞本身还是其制备方法，都因违背了《专利法》第五条而不能被授予专利权。

随着科技的不断发展，人类胚胎干细胞领域不断涌现出新技术，体外获取技术已成为目前人类胚胎干细胞的主要获取途径之一，这就避免了从体内获取干细胞的相关伦理争议。尤其是受精 14 天以内的囊胚还没有进行组织分化和神经发育，从体外发育 14 天以内的囊胚获得人类胚胎干细胞不存在违背伦理道德的问题，我国在 2003 年 12 月 24 日由科技部和卫生部颁布的《人类胚胎干细胞研究伦理指导原则》第六条第一款规定："进行人类胚胎干细胞研究，必须遵守以下行为规范：（一）利用体外受精、体细胞核移植、单性复制技术或遗传修饰获得的囊胚，其体外培养期限自受精或核移植开始不得超过 14 天……"由于人类胚胎干细胞具有无限增殖及分化的全能性，在疾病治疗、再生医学等领域都具有广阔的应用前景。因此，随着人类胚胎干细胞和相关临床治疗应用研究的深入，考虑到全社会最大利益的实现，2019 年 11 月 1 日发布了修订后的《专利审查指南 2010》，不再对未经过体内发育的受精 14 天以内的人类胚胎分离或者获取干细胞技术的专利保护以《专利法》第五条为由完全排除。从而实现了对于部分胚胎干细胞研究相关发明给予适当专利保护的目的，解决了之前"一刀切"的弊端。以下列举了几种常见的被允许在申请文件中使用人类胚胎干细胞的情形（非穷举）。

（1）使用来源于成熟且已商业化的人类胚胎干细胞系，例如申请文件中记载了其方法中使用的胚胎干细胞来源于商业化的人胚胎干细胞 H1、H9 细胞系。

（2）使用来源于非商品化的现有已建系的人类胚胎干细胞，例如现有技术公开的其他科研机构已建并使用的人类胚胎干细胞系。

（3）利用的人类胚胎干细胞是通过分离或获取的，但是获取的方法属于合规的情形，即利用未经体内发育的受精 14 天以内的人类胚胎分离或者获取干细胞。

（4）使用通过核移植、重编程或单性生殖技术等非受精方式产生的人类胚胎或类胚胎中分离或获取干细胞。

除上述几种被允许的情形外，对于涉及经过体内发育的或者是受精 14 天以上的人类胚胎中分离或者获取人类胚胎干细胞仍然属于《专利法》第五条规定的不授予专利权的客体。

2. 处于各形成和发育阶段的人体

“处于各形成和发育阶段的人体”违反了伦理道德，所以《专利审查指南2010》第二部分第十章第 9. 1. 1. 1 节规定：“处于各个形成和发育阶段的人体，包括人的生殖细胞、受精卵、胚胎及个体，均属于专利法第五条第一款规定的不能被授予专利权的发明。”即便科研过程本身符合法律、法规的要求，如果创新成果中涉及“处于各个形成和发育阶段的人体”，也是不能通过专利的形式予以保护的。另外，上述规定并不包括“人类胚胎干细胞”，也就是说符合《专利审查指南 2010》规定的人类胚胎干细胞属于可以授予专利权的客体。所以在研发或专利挖掘过程中，要注意避免形成专利的技术方案中包括“处于各形成和发育阶段的人体”，如果研发过程中涉及相关内容，为了创新成果能顺利专利化，应当探索使用其他生物材料（如动物生殖细胞）进行替代的技术方案。

3. 违法获取或利用遗传资源完成的发明创造

《专利审查指南 2010》第二部分第十章第 9. 1. 1. 2 节规定：“违反法律、行政法规的规定获取或者利用遗传资源，并依赖该遗传资源完成的发明创造，属于专利法第五条第二款规定的不能被授予专利权的发明创造。”违反法律、行政法规的规定获取或者利用遗传资源，是指遗传资源的获取或者利用未按照我国有关法律、行政法规的规定事先获得有关行政管理部门的批准或者相关权利人的许可。例如，按照《中华人民共和国畜牧法》和《中华人民共和国畜禽遗传资源进出境和对外合作研究利用审批办法》的规定，向境外输出列入中国畜禽遗传资源保护名录的畜禽遗传资源应当办理相关审批手续，某发明创造的完成依赖于中国向境外出口的列入中国畜禽遗传资源保护名录的某畜禽遗传资源，未办理审批手续的，该发明创造不能被授予专利权。我国现行的涉及遗传资源的获取和利用的法律法规众多，涉及遗传资源保护内容的法律法规包括但不限于：《中华人民共和国畜牧法》《中华人民共和国种子法》《中华人民共和国森林法》《中华人民共和国渔业法》《中华人民共和国专利法》《中华人民共和国中医药法》《中华人民共和国人类遗传资源管理条例》。[1]

（二）《专利法》第二十五条规定的不授予专利权的客体

1. 动、植物品种

《专利法》第二十五条第一款第（四）项规定动物和植物品种不授予专利权；第二款规定动物和植物品种的生产方法可以授予专利权。专利法意义上的动物品种包括各种分类阶元的动物、动物体以及动物体的各个形成和发育阶段，而植物品种则包括各种分类阶元的植物、植物体以及植物体的繁殖材料。《专利审查指南2010》也对动、植物品种进行了明确的范围界定，根据《专利审查指南2010》的规定，动物的胚胎干细胞、动物个体及其各个形成和发育阶段例如生殖细胞、受精卵、胚胎等，属于“动物品种”的范畴，不能被授予专利权。动物的体细胞以及动物组织和器官（除胚胎以外）不符合《专利审查指南2010》第二部分第一章第4.4节所述的“动物”的定义，因此不属于不授予专利权的客体的范畴。可以借助光合作用，以水、二氧化碳和无机盐等无机物合成碳水化合物、蛋白质来维系生存的植物的单个植株及其繁殖材料（如种子等），属于“植物品种”的范畴，不能被授予专利权。可见植物品种包括处于不同发育阶段的植物体本身，还包括能够作为植物繁殖材料的植物细胞、组织或器官等。特定植物的某种细胞、组织或器官是否属于繁殖材料，应当依据该植物的自然特性以及说明书中对该细胞、组织或器官的具体描述进行判断。

对于属于《专利法》规定的“植物品种”范畴内的创新成果，虽然植物品种本身属于不授予专利权的客体，但是还可以通过以下途径对创新成果的知识产权进行综合保护：第一，获得该植物品种的方法属于专利法予以保护的客体范畴，可以尝试通过专利的形式对相关的方法进行保护；第二，获得该植物品种过程中的中间产品，也可以尝试通过专利的形式进行保护，例如制备转基因植物过程中所采用的具有特定功能的基因、包含该基因的载体等；第三，根据《植物新品种保护条例》的规定，植物品种还可以通过植物新品种权的方式进行保护。但是需要注意的是，植物新品种权中对“植物品种”作了涵盖范围较小的解释，是指经过人工培育的或者对发现的野生植物加以开发，具备新颖性、特异性、一致性、稳定性，并有适当的命名的植物新品种。《专利审查指南2010》和《植物新品种保护条例》关于植物品种的不同解释导致了专利权和植

---

[1] 李安．关于完善专利审查中所依据的遗传资源相关规定的思考［J］．中国发明与专利，2020（8）：58-59.

物新品种权之间存在保护空白区。即对于尚不具有一致性和稳定性的“植物品种”主题（例如属于植物繁殖材料的植物细胞、组织或器官），它们既不能获得专利权，同时由于未满足《植物新品种保护条例》关于植物品种的要求，也不能得到植物新品种权的保护。

2. *疾病的诊断和治疗方法*

《专利审查指南2010》规定，疾病的诊断和治疗方法，是指“以有生命的人体或者动物体为直接实施对象，进行识别、确定或消除病因或病灶的过程”，而“疾病的诊断和治疗方法”属于《专利法》第二十五条规定的不授予专利权的客体之一。随着基因技术的快速发展，基因技术在疾病的诊断和治疗过程中也得到了越来越广泛的使用，并且大量基因技术的主要应用场景就是疾病的诊断和治疗。例如在新型冠状病毒的核酸检测中常用的荧光定量RT-PCR的方法，以及在肿瘤免疫治疗中常用的CAR-T疗法，均需要使用基因技术。所以对于基因技术领域中与疾病诊断和治疗相关的创新成果，在专利挖掘布局过程中，尤其要注意创新成果主题的可专利性分析。

在专利挖掘和专利形成阶段，可以从以下几个方面来避免上述问题的出现。

第一，可以尝试通过“瑞士型的用途权利要求”（Swiss-type use claim）的撰写形式来保护相关产品的治疗用途。其一般的表述形式为“物质A在制备治疗疾病B的药物中的应用”。这种方法的局限性在于，要求所期望保护的创新成果本身是可以应用于药物制备阶段的，比如通过基因技术获得的单克隆抗体、蛋白质或微生物等，其创新成果对应的产品是可以制备成药物的。对于那些与药物制备无关的直接应用于疾病治疗的基因技术方法，则难以通过上述的方式进行专利化。

第二，可以尝试通过排除的方式进行保护。对于部分基因技术方法，其除了应用于疾病的诊断和治疗以外，还涵盖了非诊断和治疗方面的用途。在申请形成阶段，可以在说明书中详细记载非诊断和治疗方面的用途，以便为后面的修改留有余地。例如：

“一种非诊断目的检测Ⅱ型草鱼呼肠孤病毒的方法，包含以下步骤：S1：提取待测样品的RNA；S2：以步骤S1的RNA为模板，采用试剂盒进行RT-RPA扩增反应；S3：对RT-RPA扩增产物进行荧光检测判定检测结果；所述试剂盒包含引物和探针；所述引物核苷酸序列为……，所述探针的序列为……。”

该申请在说明书中记载了关于草鱼呼肠孤病毒的检测，可以是对水体环境中的样品进行检测，用来判断养殖水体中是否存在草鱼呼肠孤病毒，其目的并不是用于判断草鱼是否感染草鱼呼肠孤病毒。

第三，也可以保护该方法实施过程中的关键产品。例如上述检测Ⅱ型草鱼呼肠孤病毒的方法，其实施过程中所产生的关键产品包括检测用的试剂盒以及引物探针等，这些产品属于可专利化的创新成果种类。

第二节　基因技术领域高质量专利挖掘

通常专利申请可以形成于不同的人员，最常见最普遍的是技术人员凭借其对技术的认识，主动地提出专利申请。但是这样的形成途径往往凭借的是技术人员的朴素认识，目的性、针对性不强，对创新的保护也往往不够全面和有效。特别是随着知识产权保护重要性的凸显，仅仅是凭借技术人员自发的、随机地提出专利申请，不能及时有效地将创新主体的创新成果转化为有价值的专利权，也不能适应目前知识产权运用的需要，如果不从运用的角度规划创新成果的专利挖掘布局，甚至可能会给创新主体未来的研发活动和市场经营带来未知的法律风险。区别于上述自发的、随机的专利申请和专利形成过程，专利挖掘布局的规划是指有意识地对创新成果进行专利化的剖析和甄选，并结合专利的运用形成专利组合，进而实现创新成果保护、规避法律风险、实现商业利益等目的。简言之，专利挖掘是指根据由特定需求产生的创新点而形成专利和专利组合的过程。

专利布局规划的起点是挖掘，专利挖掘是连接技术创新和专利申请之间的纽带，注重从法律和技术的结合来挖掘可专利的点，并进一步为后续的高质量专利的布局打下基础。根据专利挖掘的定义可知，专利挖掘处于创新主体专利工作流程的前端，对后期的专利布局、管理、运用和保护有着深远的影响，是创新主体开展专利工作的基础。做好专利挖掘，有利于实现法律权利和商业收益最大化、专利侵权风险最小化的目标。目前我国的创新主体在专利挖掘和布局方面还存在较多的问题和不足，主要体现在以下三个方面：第一，重视程度不够。对于大多数创新主体，尤其是绝大多数科研单位来说，其往往更加重视学术研究和文章发表，在专利挖掘和布局方面投入的精力和掌握的经验都比较少。第二，专业人员配备不足。很多创新主体并没有配备专业的专利工作人员，大部分专利挖掘工作是由研发人员兼职开展，或者直接交给专利代理机构来完成，因此难以在内部开展及时有效的专利挖掘工作，直接影响创新主体的专利保护工作，甚至导致大量潜在知识产权的损失。第三，对于创新成果的专利化缺乏了解。很多创新主体的管理者或技术人员对于专利的创造和运用存在误解，他们认为："我们这样的公司不需要专利""我们这样的项目不会产生专利""我的研发工作跟专利申请工作没有关系，专利是发明家的事情"。面对上述问题，一方面是要破除认识的误区，尽可能地挖掘出有价值的技术创新成果，使其获得恰当的专利保护，防止知识产权的流失。另一方面也要了解专利挖掘的专业知识，掌握专利挖掘的技能，培养或配备具备专利挖掘专业能力的人力资源。

基因技术作为一门综合性极强、应用范围极广的基础性生物技术学科，基因技术的具体应用很多，包括基因编辑技术、DNA 重组技术、基因测序技术、克隆技术、转基因技术等。虽然目前关于专利挖掘已经有比较多的研究和较为成熟的专利挖掘方法，但尚没有系统的针对基因技术领域开展专利挖掘的方法研究。基因技术领域的创新活动和创新成果都有鲜明的特点，并且该领域的相关审查规定和审查标准，也随着科学技术的进步和产业的发展在不断修订和调整，使得基因技术领域在专利挖掘方面有着明显区别于其他领域的特点和特殊要求。许多传统的专利挖掘理论，例如 TRIZ 理论、通用工程参数、技术矛盾矩阵等，不能直接套用到基因技术领域的专利挖掘上，而需要结合领域特点进行具体调整。本节将首先介绍专利挖掘的一般方法，再结合基因技术领域的特点，分析在基因技术领域开展专利挖掘工作需要考虑的因素。

一、专利挖掘的常规思路

不同的专利挖掘类型，对应着不同的专利挖掘时机、目的和手段，当然也需要采用不同的专利挖掘思路。对专利挖掘的类型进行划分，可以方便对不同场景下的专利挖掘思路和手段分别进行阐述。

（一）专利挖掘的类型[1]

目前对于专利挖掘类型并没有统一的分类标准，有观点认为可以根据专利挖掘的目的和起因进行分类。根据专利挖掘的目的可以分为成果保护型、包围拦截型和规避设计型；根据专利挖掘的起因可以分为研发项目型、专利改进型和标准制定型。也有观点认为专利挖掘的基础是创新主体的技术创新活动，通过对技术研发过程中创新点的发掘，采用科学的方法进行分析和加工，最后将创新点转化为知识产权（发明专利）。专利挖掘通常要基于一定的"技术资源"，根据依赖的技术资源的不同，也可以将专利挖掘分为以技术研发为基础的

---

[1] 马天旗. 专利挖掘［M］. 2 版. 北京：知识产权出版社，2020：2-9.

专利挖掘和以现有专利为基础的专利挖掘。考虑到基因技术领域的特点，本书采用将二者结合的方式，首先基于专利挖掘的“技术来源”可以将专利挖掘分为两个大类，即以技术研发为基础的专利挖掘和以现有专利为基础的专利挖掘。再结合专利挖掘的目的和起因，可以分为项目成果保护、围绕创新点的专利组合、技术标准构建、完善专利组合、规避现有专利、包绕竞争对手、基于专利分析等。

1. *以技术研发为基础*

对于大多数创新主体来说，研发活动是日常工作、生产的一部分。特别是对于高校和科研院所而言，科研工作是日常工作的核心，因此也就形成了大量的研发项目。目前，我国也一直倡导产业转型，鼓励创新型企业的发展。对于创新型企业而言，技术研发对于企业的发展也是至关重要的。在创新型企业发展壮大的过程中，也会形成大量市场导向的技术研发项目。所以，技术研发项目通常直接体现创新主体的科研智慧成果，也是专利挖掘最直接和最丰富的“技术资源”来源。根据技术研发类型的不同，将以技术研发为基础的专利挖掘进一步细分为基于研发项目的专利挖掘、围绕创新点的专利挖掘、围绕技术标准构建的专利挖掘、基于技术问题的专利挖掘四种。

（1）基于研发项目的专利挖掘

基于研发项目的专利挖掘是指基于具体的技术研发项目或者产品开发项目所进行的专利挖掘。研发项目无疑是创新成果最主要的来源，对于科研院所和大多数创新型企业来说，其专利申请的主要技术来源就是研发项目，可见此类专利挖掘是创新主体专利工作中最基本、最主要的类型。与其他的专利挖掘方法不同，研发项目是一个整体，其中涉及研发活动的各个方面、各个环节。对于一个整体性的研发项目而言，通常要解决一系列的技术问题，采用繁杂的技术手段，所以从研发项目中挖掘专利获得的技术内容也是最丰富的。同时也正是由于研发项目涉及的技术内容繁杂多样，所以更需要专利挖掘人员参与到研发项目中，对研发活动中产生的各种创新成果进行梳理，将专利挖掘与研发项目的各个节点结合起来。这样才能使研发项目的创新成果全面地、系统地完成专利化的转化。

（2）围绕创新点的专利挖掘

围绕创新点的专利挖掘与基于研发项目的专利挖掘类似，都是将技术创新成果申请专利以完成专利化的保护，有效保护创新主体的技术研发成果不被他人抄袭复制。不同之处在于，基于研发项目的专利挖掘关键在于创新主体参与到研发项目的流程和重要节点中，进行类似于“纵向”的梳理，形成全面且系统的成果转化。而围绕创新点的挖掘针对的是某个具体的创新点，基于该创新点进行扩展和发散，是一种类似于“横向”的挖掘扩展。围绕创新点的专利挖掘可根据挖掘的技术对象进一步分为产品保护型、技术储备型两种。前者侧重于增强产品的竞争力、排斥竞争对手，以享受独占市场所带来的利润，关注的是近期的现实的产品保护；后者侧重于抢先申请并占有未来产业和技术发展方向上的专利，关注的是未来长期的技术竞争优势。

（3）围绕技术标准构建的专利挖掘

围绕技术标准构建的专利挖掘是指在制定技术标准过程中，围绕标准中所包含的技术方案、技术功能或需求所进行的专利挖掘。根据专利与技术标准的关系，专利和技术标准之间是可以相互转化的。但围绕技术标准的专利挖掘，主要是指“标准的专利化”，即技术标准向专利转化，用专利来包围标准。

技术标准可以是企业标准、行业标准、国家标准或者国际标准。例如，国家标准《转基因产品检测核酸提取纯化方法》（GB/T 19495. 3—2004）、行业标准《流式细胞仪用单克隆抗体试剂》（YY/T 1184—2010）、农业部标准《转基因植物及其产品检测 大豆定性 PCR 方法》（NY/T 675—2003）、国家标准《甲型流感病毒核酸检测试剂盒（荧光 PCR 法）》（YY/T 1596—2017）。上述标准既涉及基因技术的方法，也涉及基因技术方法中所使用到的各种产品，如试剂盒。企业可以根据标准中的明确的功能或参数要求，构思如何实现这些功能或参数要求的技术方案。

（4）基于技术问题的专利挖掘

基于技术问题的专利挖掘是指为了解决现有技术存在的技术问题、缺陷或者不足所进行的专利挖掘，亦称技术改进型专利挖掘。前文介绍的其他专利挖掘手段主要关注的是技术成果，而基于技术问题的专利挖掘则是问题导向型的。通常分为以下两种情况：第一，所述的技术问题虽然一直存在，但是现有技术中尚没有能解决该技术问题的技术方案，这种情况下围绕解决该技术问题进行研发，有机会产生核心专利或基础专利等高质量的专利；第二，所述的技术问题已经有对应的解决方案，这种情况下可以寻求解决该技术问题的替代方案（问题解决的效果相当，但方案不同）或者优化方案（能更好地解决该技术问题），挖掘的思路包括要素关系改变、要素替代、要素省略等，需要进行充分的发散思考和研究。

2. *以现有专利为基础*

专利挖掘可以围绕技术研发，同时也可以围绕现有专利来进行。众所周知，专利文件本身也是一种技术文件，绝大多数技术都会在专利文件中有所体现。

所以，对专利文件进行深入分析，基本就可以掌握某个领域技术发展的脉络；更重要的是，还可以获知该领域未来技术发展的方向、重点和空白点。这些信息，对于创新主体研发战略的制定具有重要的参考价值。所以，以现有专利为基础的专利挖掘，不仅可以实现专利的产出，还可以实现对某一项技术抢先进行专利布局，再后续跟进研发，体现出专利挖掘对创新主体研发的指导意义。常见的以现有专利为基础的专利挖掘包括完善专利组合、包绕竞争对手核心专利、规避设计、以专利分析为基础进行挖掘四种。

（1）围绕完善专利组合的专利挖掘

专利组合是将有内在联系的多个专利集合成一个群体，能够互相补充和有机结合，发挥整体作用。专利的价值源自专利组合中的集聚效应，即专利组合作为整体的集成价值，而不是各自的价值的叠加。创新主体的专利挖掘工作不仅要对散落在整体技术方案中的各种零星的创新点进行挖掘，也要通过全面充分的挖掘，培育相互支持、相互补充的专利组合。围绕完善专利组合的专利挖掘目的，就是要建立健全创新主体自身的专利组合，确保对技术的全方位的保护，没有明显的漏洞，能够为创新主体的核心技术提供强有力的全方位专利保护。从某种意义上讲，围绕完善专利组合的专利挖掘与规避设计、包绕竞争对手核心专利是相对而成的。当创新主体对于自身的核心技术进行了全方面的专利组合挖掘，那么竞争对手则更加难以实现对其专利组合的规避设计和包绕；反之，当自身的专利组合存在漏洞，各专利之间没有形成紧密的联系，则容易被竞争对手进行规避设计和专利包绕。

在围绕完善专利组合的专利挖掘过程中，对于挖掘确定的需要申请专利的技术创新点，应当区分主次。要分清哪些技术创新点是“核心”，哪些技术创新点是“外围”技术；进而分清核心专利和外围专利。对于外围专利，应当根据核心专利的布局需求，从纵向和横向等多个维度全面综合梳理关联技术点，以进行全方位的保护。

（2）包绕竞争对手核心专利的专利挖掘

包绕竞争对手核心专利的专利挖掘也是创新主体专利挖掘的重要内容之一，特别是对于企业而言该挖掘方法更为常用，往往是企业间进行专利交叉许可的基础。其方法步骤包括识别竞争对手的核心专利以及围绕该核心专利形成的专利组合，分析研判竞争对手核心专利和专利组合存在的漏洞和改进或替代的可能性，从不同的方向进行包围的挖掘，梳理确定不同的包绕方向的创新点，以及形成专利申请。对于创新主体而言，识别竞争对手的核心专利及专利组合是实现对其专利进行包绕的前提。在识破竞争对手的核心专利后，可以采用多种方式对竞争对手的专利进行包绕。通常包括如下的方式：

①通过上游方向的包绕挖掘。一般来说，产业链的上游为整个产业的基础环节，下游产品的技术升级往往受制于上游原材料和基础产品的技术水平。如果竞争对手的核心专利为中下游的产品或技术，那么创新主体可以考虑向该专利技术的上游进行研发和拓展，进入产业链的上游环节和基础环节，进而实现对于竞争对手核心专利的上游包绕。

②通过下游方向的专利包绕。下游包绕，往往针对竞争对手核心专利产品或技术的衍生产品、改进产品和应用场景。比如对于竞争对手核心专利产品的深加工或改性处理，或者该产品的新的用途的开发。希望借此堵住竞争产品的更新迭代和具体的应用，进而增加与竞争对手交叉许可的可能性。

③通过性能优化的方向包绕挖掘。还有一些包绕式专利挖掘是通过性能方面的优化实现的，即对竞争对手的核心专利涉及的技术方案进行改进，以实现在技术发展路线上的前瞻性的包绕堵截。当然，通常情况下，拥有专利的竞争对手本身一般在技术方案的改进上更有先发的优势，一方面，其自身更熟悉自己的技术，通常也针对该技术有更丰厚的技术储备。另一方面，很多专利申请在撰写时，也会故意设计较多的障碍，例如隐藏部分关键技术细节，进而防止被竞争对手轻易地掌握和超越。所以基于性能优化方向的包绕式挖掘往往也具有较高的研发难度，需要掌握好挖掘的时机，必须要在竞争对手布局防御改进专利之前尽早申请专利，如果竞争对手针对核心专利已经有完善的防御型改进专利，往往这种方式就难以成功。

(3) 针对规避设计的专利挖掘

规避设计是以专利侵权的判定原则为依据，通过分析已有专利，使产品的技术方案借鉴现有专利技术，但不落入专利保护范围的研发活动。根据规避设计的技术方案进行的专利挖掘则是针对规避设计的专利挖掘方法。规避设计的专利挖掘与包绕式专利挖掘有相似之处，都是在竞争对手已有专利权的基础上，想办法争夺、架空或绕开对方的核心专利保护范围，所以二者在采用的方法上有类似之处，都需要分析和识别竞争对手的核心专利。不同的是，包绕式专利挖掘并不仅针对竞争对手的核心专利本身，还需要从其上、下游、替代产品、改进产品等各个方面进行“进攻型”的包围。而规避设计更像是“防御型”的专利挖掘，其主要的目的还是规避侵权的风险，所以规避设计主要关注竞争对手的核心专利本身，想办法绕开竞争对手的核心专利。当然在规避设计的过程中，也可能发现能够实现包绕围堵的机会，这种情况下，规避设计的专利挖掘也可能演变为包绕式专利挖掘。

（4）以专利分析为基础的专利挖掘

以专利分析为基础的专利挖掘是相对特殊的专利挖掘类型，以上介绍的专利挖掘类型都聚焦于具体的技术问题或技术方案，依赖具体的创新成果。而依靠专利分析的专利挖掘，通常是指依赖专利分析的结果，了解相关技术领域的专利申请态势、各技术分支的发展状况；发现技术热点和技术空白点，进而指导专利挖掘的方向和思路，寻找专利挖掘的时机和机会。以专利分析为基础的专利挖掘更像是宏观挖掘策略方向上的指导，但具体到某项创新成果或竞争对手的某个核心专利，还是需要通过上述专利挖掘手段来实现。

（二）常规的专利挖掘步骤

专利挖掘在创新主体发展的不同阶段，具有不同的重要作用。在创新主体研发的初期，还处于专利原始积累阶段，专利挖掘基本上是零星产出，缺乏整体性和规划性；在走上正轨的中期，创新主体处于专利快速积累阶段，专利挖掘以制度化和日常化方式运作，需要建立相应制度和规范，专利意识增强，逐步掌握专利挖掘的技巧，并形成相对完整的操作指南和模板；在成熟运营阶段，创新主体一般会处于专利布局性储备时期，专利挖掘主要以项目方式运作，强调专利价值管理，关注专利的商业价值，注重专利挖掘的规划性、全局性、方向性和前瞻性。简言之，对于创新主体来说，在不同的发展阶段做好相应的专利挖掘工作，有利于实现法律权利和商业收益最大化、专利侵权风险最小化的目标。

专利挖掘的最终目的是要形成有价值的专利申请，而一件专利申请通常涵盖要解决的技术问题、解决该技术问题所采用的技术手段，以及采用该技术手段能达到的技术效果。总结起来就是：要干什么？怎么干的？干得怎么样？可见发现和提出技术问题是一项专利申请的起源，所以常规的专利挖掘也是从发现技术问题出发，围绕发现的技术问题寻求解决技术问题的创新技术方案，并验证技术方案的技术效果。由此可见，专利挖掘的一般步骤包括：发现问题—确定现有技术—风险判定—解决问题—技术分析（将项目分级、分细，将创新点补全、挖深）—提炼创新点—确定保护方式（包含类型、范围、保护点、隐藏点）—形成专利申请。

第一步：列出目前现有技术中存在的不足与缺陷，发现技术问题。发现问题不仅是创新主体科技研发的起点，也是专利挖掘工作的起点，是形成发明创造的首要步骤。问题的存在是客观的，但是发现问题的能力却因人而异。尤其是对于问题重要性的判断和评价，直接决定了后期专利挖掘工作的成效。通常而言，创新主体对于面临的核心问题和基础问题进行挖掘，最终形成的专利往往就是该创新主体的核心专利和基础专利。很多时候，问题的发现本身就是一件非常困难的事，当现有技术都没有意识到存在这样的技术问题的时候，哪怕解决问题的手段并不复杂，只要发现和提出这样的技术问题，往往也有形成专利的可能性。因此，发现问题的能力对于专利挖掘是至关重要的。

第二步：挖掘创新点，形成初步的技术方案。在形成发明构思的基础上，为了能够进一步挖掘出专利，需要确定发明构思中的核心部分。也就是在构思中处于决定性地位，对解决问题起到实质性作用的关键技术手段，即创新点。在一个发明构思中可能只存在一个创新点，也有可能存在多个，但不管何种情况，我们都必须通过一定的方式将这些创新点从一个构思中挖掘出来。而且必须做到准确、全面，这是对挖掘创新点工作的基本要求。

准确是指从发明构思中挖掘出创新点，不仅要能使最终的技术方案具有新颖性和创造性，能够获得专利权，而且还要使权利要求具有适当的保护范围。既不因为保护范围过小而使技术贡献未能被完全体现，也不能因为保护范围过大而造成权利不稳定。全面是指对发明构思进行多角度、多层次的理解和把握。通过分解、细化、扩展和延伸等技术分析方法，将发明构思全面立体地展现在技术人员和专利工作人员面前，以达到从一个创新成果中尽可能多地挖掘出创新点的目的。

在形成技术方案之前，还需要对创新成果进行技术分析。在专利挖掘工作中，创新成果可以分为项目整体的创新成果和分散在整个创新成果中的创新点。针对这两类创新成果，可以通过技术分析的方法对其进行全面深入的理解和把握。相应的技术分析也包括两类，一是从研发项目出发，按照研发项目需要达到的技术效果或技术架构进行逐级拆分；二是从特定的技术创新点出发，寻找关联的技术因素，进行横向的扩展和延伸。简言之，对于涉及技术研发项目整体的发明构思，技术分析侧重分解和细化，以达到梳理技术分支，把握技术要素，明确创新节点的目的。对于涉及具有较高质量创新点的技术内容，技术分析侧重扩展和延伸，以达到梳理关键因素，把握技术维度，明确创新节点的目的。❶

第三步：检索现有技术，分析研判风险。在发现问题和形成初步的解决方案之后，要确定相关现有技术，分析现有技术状况。对于现有技术的检索包括专利信息和非专利信息的检索。与其他检索相比，专利挖掘过程中的检索需要

---

❶ 马天旗. 专利挖掘［M］. 2版. 北京：知识产权出版社，2002：29-31.

完成以下工作：一是通过对现有技术的了解，对拟申请专利的技术方案的授权前景进行预判。主要是根据检索结果评估相关技术方案是否具有新颖性、创造性。二是侵权风险的判断，这一工作主要通过对专利文献的检索来体现。创新主体的创新成果，一方面通过专利挖掘形成了准备用于申请专利的技术方案，另一方面也产生了准备在市场中进行销售或应用的相关产品或者方法。技术方案与相应的产品、方法具有很高的相关性，在对技术方案进行检索的同时，就可以获得与相应产品、方法具有一定相似度的专利文献。可以用于判断现有产品、方法是否存在侵权风险，为下一步的规避设计提供参考依据。风险判定主要包括两个方面：一方面是获得授权可能性的判定，另一方面是产品专利侵权的风险判定。对授权可能性的判定，可以明确创新成果的创造性高度，节约不必要的专利申请费用；对专利侵权风险的判定，主要是对照检索中发现的相关专利，与自己的技术方案或产品进行比对分析，预估相关技术方案或产品可能面临的潜在专利风险，并着重从技术上寻找规避替代的解决方案，提前制定风险应对预案。

第四步：形成专利申请。在完成对现有技术检索和风险判定之后，可能需要结合现有技术状况，对已有的技术方案进行一定的调整。如果已有的技术方案的创造性高度不够，可能不能满足授予专利权的条件，那么就需要重新提炼发明点，甚至进行新的研发和改进。如果发现已有的技术方案或产品存在潜在的侵权风险，那么就需要及早寻找技术规避的方案。需要注意的是，发明点的确定和提炼，不是简单确认技术方案是否是“新”的，而是从专利运用、技术占位、市场控制、侵权诉讼举证等方面综合进行考量，其涵盖了技术、市场和法律等多重因素。

在完成了创新点的确定、调整和重新提炼之后，就需要围绕创新点形成专利申请。首先，撰写技术交底书，技术交底书是技术人员与专利工程师沟通的桥梁，一份好的技术交底书应当清楚、完整地记载发明创造的内容。技术交底书的具体内容和注意事项可参见本书第四章的相关内容。其次，需要特别注意的是要选择合适的保护方式，保护方式的选择包括是否申请专利以及申请何种类型的专利。在选择专利保护类型时，可以充分利用发明、实用新型以及外观设计各自的优势，相互配合，达到综合保护的目的。另外，对于专利保护和技术秘密保护之间的权衡，二者并非非此即彼。在满足《专利法》第二十六条第三款的要求的前提下，可以将产生最优效果的技术参数、技术方法等内容作为技术秘密加以保护，这就是专利保护与技术秘密保护的结合。

二、基因技术领域专利挖掘的特点

前文介绍了专利挖掘的类型以及专利挖掘的一般步骤，然而就如我们所了解的那样，不同领域（比如机械领域、IT 领域、化学领域、生物领域等）在技术发展状况、研发内容、研发手段、创新成果种类、专利法的相关规定以及审查标准方面都存在较大的差别。为了能将专利挖掘的思路和方法更好地应用于基因技术领域，首先需要了解基因技术领域专利挖掘的特点。

（一）技术门槛高且处于高速发展中

基因技术是在分子水平上对基因进行操作的复杂技术，其技术门槛高，研发投入大。不仅需要专门的生物仪器设备、实验场地和专业技术人员，还需要投入大量的人力、物力进行大量的实验。以肿瘤的 CAR-T 免疫疗法为例，治疗产品的生产过程对技术和操作环境都有很高的要求，从上游的细胞提取、储存和载体构建，到中游的研发以及产品生产，再到下游的冷链运输和治疗应用都需要专业化的实验室和昂贵的生物设备；而相关产品想要最终上市，还需要经过活性筛选、药效评估、制剂开发、临床实验等多个阶段。其中每一步都经历重重考验，一项研究往往伴随数十年的研发时间、数亿美元的投入。另外，基因技术还处于高速的发展之中，是《知识产权强国建设纲要（2021—2035年）》中提出的新领域新业态之一。与机械、化工领域中包含大量的传统行业不同，基因技术是在分子生物学和分子遗传学综合发展基础上于 20 世纪 70 年代诞生的一门崭新的生物技术科学，该领域整体上处于科学前沿和高速发展之中，大量的创新成果不断诞生。

技术门槛高，技术发展快，决定了该领域的专利挖掘人员难以通过跨领域胜任，该领域的专利挖掘人员通常需要较高专业知识储备，不然无法完成与研发人员的沟通协作，更不可能对创新成果进行全面准确的专利挖掘。

（二）创新成果种类繁多且特点鲜明

基因技术是现代生物学的基础技术之一，与基因技术相关的产业非常广泛，涵盖农业、医药、食品、卫生、材料、能源等方方面面。基因技术产生的创新成果种类也极其丰富，包括基因、微生物、细胞、酶、抗体等各种生物产品，当然也包括各种基因技术所涉及的方法。基因技术的创新成果同时又具有比较鲜明的特点，很多产品都是生物材料或者生物本身，这些创新成果是否可以通过专利进行保护以及如何进行专利化，都与传统行业有着比较大的差别。这就要求该领域的专利挖掘人员熟悉基因技术创新成果的保护特点，综合利用各种手段将创新成果进行专利化。

（三）特殊的相关法律规范和审查标准

正是由于基因技术领域创新成果的特殊性，所以关于基因技术领域的专利审查也有着特殊的规定和要求。本书第三章就对该领域的相关法律规范和审查标准进行了系统的介绍，很多法律规定和审查标准都是该领域所特有的。需要注意的是，该领域的相关法律规范和审查标准，随着相关技术的进步和产业的发展，还在不断发展调整和变化。正如《知识产权强国建设纲要（2021—2035年）》指出，要“加快大数据、人工智能、基因技术等新领域新业态知识产权立法。适应科技进步和经济社会发展形势需要，依法及时推动知识产权法律法规立改废释，适时扩大保护客体范围，提高保护标准”。近年来关于《专利审查指南》的修改也确实有多处涉及该领域。例如，为顺应人类胚胎干细胞技术的快速发展和创新主体对相关技术专利保护的迫切需求，2019 年修改的《专利审查指南 2010》中不再对“未经过体内发育的受精 14 天以内的人类胚胎分离或者获取干细胞技术”的专利保护以《专利法》第五条为由完全排除。

可见，由于基因技术领域的相关法律规范和审查标准存在特殊性，同时还随着技术和产业的发展不断地进行修改和调整，因此对该领域的专利挖掘人员的法律素养提出了较高的要求，不仅要能准确掌握该领域特殊的法律规范和审查标准，还需要经常关注该领域相关法律规范的修改和与之对应的审查标准的变化。

三、基因技术领域专利挖掘的考虑因素

结合基因技术领域专利挖掘的特点，该领域的专利挖掘需要重点考虑以下几个方面的因素。

（一）保护的范围要拓展

基因技术不同于其他领域，其解决问题的技术手段往往比较具体，例如某段具体的基因序列、通过基因技术获得的某个具体的工程菌，很难用部分技术手段的替代、扩展或延伸来进行全面的保护。对于基因技术领域来说，专利挖掘中要注意专利化之后对创新成果的“覆盖性”。“覆盖性”是指专利权的持有者对其相关的研发领域产生的领导作用，下面将以基因序列的发明为例进行介绍。对于基因技术的研究来说，它的重点是基因。在基因技术领域中大多数是

以基因序列为基础进行研发的。基因序列研究的整体步骤如下：首先是目的基因的确定，其次是揭示出相关基因序列和它们的作用，再次是将此基因进行试用，并对其进行更深层次的研究（主要包括把基因序列放到其相应的目标载体中，让其生成转基因的动植物，也可以将此基因序列应用到医学方面的研发等），最后把所研究出来的成果应用在产业实践中。通过上述步骤，我们可以发现如果只是研究基因序列很难在生产实践中直接应用，也不能带来相应经济上的收益。然而，由于该领域的研究前后具有很强的连接性，从最初揭示有关的基因序列、它们的分离和提纯以及对应的应用，到生成转基因的物种、生物药物和相应治疗手段，再到最终的实际生产，这些环节都是相关联的。因此，对作为基础的基因序列进行研究可以得到后续一系列的结果。假设在其基础的环节中可以研究出发明专利，对后续的经济成果就会产生不一样的结果。

（二）综合运用多种保护手段

毫无疑问，专利通常是基因技术领域创新主体保护相关创新成果的首选。然而，由于专利本身的制度设计，使其存在例如必须公开发明创造、具有一定有效期等“先天不足”，因而企业必须考虑在专利以外补充其他的保护方式。在实践当中，很多创新主体对于基因工程的技术与方法的知识产权保护，除了考虑专利保护的手段外，技术秘密的方式也是常用的手段之一。在基因工程的技术与方法中，如果是突破性的技术创新，创新主体通常比较倾向于采用专利保护，获得法定的专有权；如果是改进型的技术创新，创新主体也可能会采用“秘而不宣”的方式，获得事实上的专有权。因为对于基因工程的技术与方法专利而言，如果出现方法专利侵权，权利人想要获得侵权赔偿，必须要确认侵权事实；而对于改进型的方法专利而言，这一点的确认往往有一定难度。

（三）必须了解该领域特殊的相关规定

一个成熟的基因技术领域的创新主体，其日常业务中必然涉及专利申请。了解我国的相关规定，就成为该领域创新主体的必修课。针对基因技术专利的特殊性，在一般规定以外，我国法律作了很多特殊规定。例如，在实际的申请过程中，《专利审查指南 2010》就对涉及基因的专利申请文件的撰写作了特殊规定：“（1）当发明涉及由 10 个或更多核苷酸组成的核苷酸序列，或由 4 个或更多 L-氨基酸组成的蛋白质或肽的氨基酸序列时，应当递交根据国家知识产权局发布的《核苷酸和/或氨基酸序列表和序列表电子文件标准》撰写的序列表。（2）序列表应作为单独部分来描述并置于说明书的最后。此外申请人还应当提交记载有核苷酸或氨基酸序列表的计算机可读形式的副本。”如果申请人提交的计算机可读形式的核苷酸或氨基酸序列表与说明书和权利要求书中书面记载的序列表不一致，则以书面提交的序列表为准。再比如，为了达到“充分公开”的要求，涉及生物材料的发明还需要注意关于生物材料保藏的特殊规定。事先了解这些规定，按照国家知识产权局的要求进行相关申请，才能保证创新主体的申请及时获得审查和通过，减少专利有效期的“缩水”。当然，如果创新主体的规模有限，没有专门的知识产权部门，也可以向专业的代理机构查询相关规定，或者进行委托代理。

第三节　基因技术领域高质量专利布局

专利布局指创新主体根据组织发展战略，综合产业、产品、市场、费用预算和自身竞争优劣势等因素，对研发项目进行全面的专利规划设计的过程，涵盖专利分布策略与方案、补充研发建议、补充或完善技术交底书等方面。[1] 专利布局是一种构建专利组合的顶层规划指导思想，所以往往极大地影响技术的公开、专利的运营、维权活动等一系列专利运用的策略。同时由于技术和市场是动态变化的，创新主体的专利战略也需要随之变化调整。所以专利布局不仅是创新主体实施专利战略的起点，也贯穿于创新主体整个专利战略的实施过程。专利布局不仅是专利运用的前期规划，也随着专利运用需求和策略的调整，进一步体现在专利运用的整个过程之中。

专利布局和专利挖掘通常是一起开展的，二者相辅相成。专利挖掘的工作偏向于将创新成果转化为专利的过程，专利布局则是综合利用专利挖掘的专利成果，同时也结合购买、交叉许可等商业手段，将单件的专利形成专利组合的过程。可以这么理解，如果将专利的规划看作“下棋”，那么通过专利挖掘获得的专利权类似于“棋子”，而专利布局则是在棋盘上排布“棋子”以赢得“棋局”。手上没有棋子，自然不能排兵布阵；但是即便手上棋子很多，如果棋艺不高，当然也难以在棋局中获得优势。二者作为专利运用的前期规划，同样都很重要。部分创新主体容易走入一个误区，那就是盲目地挖掘专利的数量，而缺乏规划和统筹。产生的结果是申请了大量专利，也获得了大量的专利权，但在专利的运用过程中发现真正能派上用场的专利不多。同时，由于缺乏系统

---

❶ 广东省市场监督管理局. 高价值专利培育布局工作指南：DB44/T 2363—2022［S］. 广东省地方标准，2022.

的专利策略，即便是有一定价值的专利也是零散地存在，专利和专利之间缺乏内在联系，不能形成组合优势。基因技术是一项投入大、产出慢的前沿性、基础性技术，如果在技术研发中不注重专利的规划布局，往往难以对自己的创新成果形成很好的保护，更不可能在复杂严峻的专利竞争中取得优势。本节就结合专利布局的常规思路和基因技术领域的特点，介绍在基因技术领域开展专利布局工作需要考虑的因素和常见的专利组合类型。

一、专利布局的常规思路

专利布局是专利战略思想的体现和延伸，是指为达到某种战略目标的有意识、有目的的专利组合过程。专利布局需要考虑产业、市场、技术、法律等诸多因素，同时还要结合技术领域、专利申请地域、申请时间、申请类型和申请数量等多个维度的布局手段进而完成创新主体的专利战略。

（一）专利布局的目的

选择何种形式来进行专利布局，首先要明确专利布局的目的是什么。创新主体专利的功能要能达到维护创新主体在市场中的行动自由、使创新主体免于被诉讼、阻碍竞争对手等。要达到以上目标，专利必须是有效的、高质量的。“有效”是指专利权的稳定性比较高，被无效的风险要低。“高质量”是指专利具有达成运营和维权目标的能力。通常认为布局的专利群组比单一专利具有更高的有效性和价值。整体上而言，根据专利最终的运用情况，可以将专利布局分为保护式布局、对抗式布局和储备式布局。[1]

（1）保护式专利布局，就是为创新主体自身的产品或技术架构完整的专利保护网，包括创新主体围绕产品或技术的结构、原料、零部件、制造工艺、功能、应用等诸多方面进行核心专利的布局规划。创新主体还需要从技术改进方向、主要应用扩展以及配套支撑技术、上下游、产业链以及衔接等方面建立外围专利的保护体系。

（2）对抗式专利布局，就是为了消除竞争对手在产品和技术上对创新主体的威胁而进行的有效的专利布局策略。例如，在竞争对手的专利布局的薄弱环节上或其产品的改进方向上，进行有目的、有计划的专利布局，给竞争对手的有效商业利用设置专利障碍，以这些专利来换取与竞争对手的专利交叉许可。

（3）储备式专利布局，就是为了在未来的产品更新换代、技术升级、产业

---

[1] 马天旗. 专利布局［M］. 2 版. 北京：知识产权出版社，2020：7-18.

变革中继续保持和提升创新主体的市场竞争力或谋求在某些领域取得专利控制地位，甚至以参与下一代行业标准的制定为导向而提前进行的专利布局。

（二）专利布局的常见模式[1]

关于专利布局模式，最常使用的是 Ove Granstrand 教授提出的六个主要的专利布局模式。具体如下：

（1）特定阻却和回避发明式（Ad Hoc Blocking and Inventing Around）：即用较少的资源，如仅用一个或几个专利来阻却某一技术中特定用途的创新发明，达到所谓特定阻却效应的专利布局。

（2）策略式（Strategic Patent Searching）：发展能对后续竞争者造成进入障碍的策略性专利，通常策略性专利有很高的发明成本，对竞争者而言也有较高的发明回避成本。策略性专利一般位于研发成本等高线所形成“山谷”的谷底，而此谷底的研发成本是最低的，但已经被策略性专利所卡住。所以当竞争者想通过此山谷时，谷底已经不能通过，只好从山谷较高处通过，但此时竞争者的回避成本也大幅增加了。

（3）地毯式和淹没式（Blanketing and Flooding）：在无法发展出前述策略式专利时，可采取布建“专利丛林”和“布雷区”，以布雷的概念发展特定技术的专利，以便对竞争者进行阻挡。但为了节约成本，还是应该采取最有效率的做法，如依赖专利分析的方法以形成有效雷区。地毯式和或淹没式策略通常使用在不确定性较高的新技术领域。

（4）围墙式（Fencing）：以一系列与特定技术相关的专利来封锁住对手专利申请的方向，常用在如化学工艺中的可能参数范围、分子的设计、几何形状设计、生产过程压力温度变化等。与地毯式和淹没式策略不同的是，围墙式策略目的在保护自己的核心专利，比较能形成较严密的保护围墙而阻挡其他竞争者的研发方向。

（5）围绕式（Surrounding）：将多个较小的或创新性较低的专利围绕在竞争者的核心专利（如策略性专利）的周边，形成对该专利的包围，如此可能会造成对方在实施此核心专利时的困难度增加；然后以此争取与对方谈判达成交叉许可或策略联盟的目的。另一种常见的可能是大企业以围绕式专利围堵小企业的核心专利，以提高小企业实施专利的成本，以此达成并购小企业的目的。

（6）专利网式（Combination into Patent Networks）：用不同类型的专利建构

---

[1] 黄孝怡．策略性专利布局：从企业专利策略到专利布局［J］．智慧财产权月刊，2021（8）：5-29.

相互关联成网路关系，以增强技术保护和谈判能力。

二、基因技术领域专利布局的特点

基因技术领域由于技术难度本身比较大，研发投入比较高，所以该领域的创新主体以企业和科研院所为主。基于该领域本身的技术发展特点和特殊的法律规定，该领域的专利布局呈现出以下特点。

（一）基础性研究较多

基因技术是生物技术中的基础技术领域之一，很多生物领域的技术革新都依赖于基因技术，因此该领域的技术革新和进步会对许多领域产生影响。并且该领域的基础技术涉及的应用范围也非常广泛，涵盖了国民经济的方方面面。因此，该领域的专利一方面呈现出很多处于萌芽阶段和高速发展的技术领域，比如 CRISPR 基因编辑技术。另一方面，很多基因技术的创新是方法的创新，但是对于方法的专利保护和后期的维权本身就是比较困难的，所以该领域的专利布局，特别是针对核心技术的专利布局，不能仅局限于单一技术方案或单一专利申请，往往需要进行各个维度的扩展，形成保护范围全面的专利组合。

（二）技术难度高，技术交叉多

基因技术领域的专业化程度较高，技术难度也比较大，对从事基因技术领域专利布局的人员要求较高，不仅需要掌握专利方面的知识，同时还需要具备较为扎实的专业基础知识。另外，该领域与其他领域和行业交叉情况较为普遍，所以该领域的创新活动往往会影响行业的中下游产业，以及交叉领域的技术发展和改进。比如转基因技术的发展，就会对农业领域的植物育种产生直接的影响。又如基因检测技术的发展，就与病毒检测、疫苗开发等公共卫生领域关系密切。所以对于该领域的专利布局，要发散专利布局思路，特别是重视围绕基础技术、核心技术的不同应用开展专利布局。

（三）部分保护主题维权取证难

基于前文的介绍可知，基因技术领域的创新成果种类繁多，且部分创新成果在知识产权保护方面有其特殊性。一是许多保护的主题涉及生物材料或生物体本身；二是部分创新成果涉及基因技术本身的方法的改进。这些保护的主题往往在维权取证方面比较困难。例如，对于涉及菌株的专利权，在维权过程中，如何判断被诉的侵权产品是否落入请求保护的菌株的保护范围之内就存在一定的难度和争议。又如，对于基因技术工艺方法的改进，这类专利权在面临专利侵权时的举证也非常困难。上述问题就使得该领域的专利布局过程中需要考虑的因素更为复杂，同时对于创新成果的保护形式和申请文件的撰写提出了更高的要求。以工艺方法改进为例，可以考虑围绕工艺方法中的关键中间产品、关键试剂等也进行专利的布局和保护，以增加维权成功的可能性。

三、基因技术领域常见专利布局类型

对于基因技术领域来说，其专利布局的模式与其他领域专利布局的模式并没有太大的差别。但是由于基因技术领域研发过程和创新成果种类的特殊性，使得基因技术领域的专利组合类型体现出明显的领域特点，基因技术领域不同的研发过程和创新成果分别对应于以下几种不同种类的专利组合类型。

（一）集束型专利组合

集束型专利组合往往是针对同一技术问题或同类技术问题，提出的多种并列的解决方案，某些情况下也可以是基于某一技术方案的基础性专利和对应于各种替代方案的专利形成的组合。例如，对于以某种生物材料为基础，通过突变或基因改造获得的各种改造后的产品，通常情况下适用于集束型专利组合的布局模式。

例如，对于某种野生型的甘露聚糖酶 1，通过基因技术获得改造的甘露聚糖酶 2、甘露聚糖酶 3……甘露聚糖酶 n。上述甘露聚糖酶 1-n 都是用来分解 1，4-β-D-吡喃甘露糖，不同的甘露聚糖酶在稳定性、分解效率、最适温度范围方面有所差异。同时上述甘露聚糖酶都是基于野生型的甘露聚糖酶 1 获得的，并且都是解决相同的技术问题，只是在效果的侧重点方面有所差别。在专利布局过程中，可以将上述专利布局为集束型专利组合。这样可以有效保护核心技术，设置专利屏障，阻碍竞争对手通过改造野生型的甘露聚糖酶 1 获得其他类似的突变酶。又如，对于某种野生型的抗虫基因序列 1，通过基因突变技术，分别获得了多种突变位点产生突变的抗虫基因序列 2、基因序列 3……基因序列 n。与上述甘露聚糖酶的案例类似，这种情况下也可以构建不同突变基因的集束型专利组合，以防止竞争对手在野生型的抗虫基因序列 1 的基础上进行改造，进而对自身的基础专利进行围堵。

（二）链型专利组合

链型专利组合是指专利组合中的各专利之间存在上下游的关系，可以是产业过程中的上下游关系，例如生产→制造→使用→配套产品；也可以是研发项目过程中产生的上下游的创新点，例如基因→载体→重组细胞→重组细胞代谢产物→代谢产物形成的产品。因此可以在研发和生产的各个关键节点上，挖掘并布局专利。前文也多次介绍，基因技术领域很多创新成果属于基础性的技术，在此基础上能够纵向衍生出很多改进的方向和不同的应用场景，所以对于这种研发路线的创新成果，可以采用链型专利组合。创新主体可以通过链型专利组合进行整体的产业布局、整合产业链资源或对研发项目流程的整体进行专利保护。

（三）星系型专利组合

星系型专利组合通常指由某一技术方案的基础性专利结合该技术的不同应用或外围技术形成的专利组合。对于基因技术这种基础性的生物技术而言，其应用领域的广泛性使得在该领域星系型专利组合是比较常见的。特别是对于基因技术在制药方面的应用，涉及新用途的专利在该领域也具有较高的经济价值和市场价值；另外，对于某种药物的核心活性成分，往往也会构造围绕该核心成分的不同制剂类型、生产工艺等外围专利。所以，对于核心基础性产品专利，往往需要构造出不同应用领域和各种外围技术的衍生专利来拓展保护的范围，从而实现对核心专利的全面保护。

第四节　典型案例分析

在本章前面部分介绍了基因技术领域常见的可以通过专利进行保护的创新成果种类以及基因技术领域专利挖掘、布局的方法及特点。本节将结合基因技术领域的创新特点和不同运用阶段的实际需要，通过几个实际案例来介绍基因技术领域专利挖掘布局的典型思路。

本节总共涉及 8 个案例，分别代表了专利运用规划的不同目的以及不同阶段。其中【案例 1】【案例 2】和【案例 3】（对应于第一至第二小节）涉及保护型的专利挖掘布局思路，专利挖掘布局的主要考虑因素是围绕自身创新成果开展的专利保护，以获得相应专利权，形成知识产权壁垒。【案例 4】和【案例 5】（对应于第三至第四小节）涉及对抗型的专利布局，主要是针对竞争对手的已有专利，分析如何通过包绕、规避等专利挖掘布局手段开展专利竞争，为未来的市场竞争储备专利权或获得知识产权筹码。【案例 6】【案例 7】和【案例

8】（对应于第五至第七小节）都是基于企业实际的市场竞争情况，追溯企业的专利布局思路，是将专利规划布局与相应市场和产品结合起来，分析企业如何通过综合的专利布局方式（包括购买、合作研发、交叉许可等）赢得市场上的主动权。

一、专利挖掘布局的主要场景：研发项目

对于创新主体来说，开展研发项目是最重要的创新活动之一。由于在研发项目的开展过程中需要解决大量的技术问题，因此研发项目是创新主体日常活动中创新点密度最高的区域，应作为专利布局的重点对象。对于已经挖掘出来的创新点，如果确认该创新点为具有高质量的基础创新点，则可以利用围绕创新点的专利挖掘手段，进一步将围绕该创新点的衍生创新点挖掘出来，形成星系型专利组合的布局，提升专利保护强度。从研发项目进行专利挖掘布局，是明确自身拥有什么专利、还需要什么专利以及这些专利价值是多少的关键，因此在创新主体的专利布局工作中，基于研发项目和创新点的专利布局是最为主要的场景。

基于创新主体研发项目的专利挖掘布局有以下特点。第一，以研发项目为基础。由于研发项目具有目标性的特点，所以在研发项目立项前首先要明确研发目标，通常可以通过研发项目计划书或者项目申报书来明确研发目标。因此基于研发项目的专利挖掘布局，可以首先从项目计划书或者申报书当中的研发目标和技术要求作为出发点，对于一些概念性和整体性技术进行分解和梳理，形成第一批专利布局清单，根据专利布局清单有针对性地开展挖掘工作。第二，以技术分析为基础。由于创新主体研发项目具有复杂性的特点，那么针对基于研发项目的专利挖掘布局，首先要从研发项目出发进行技术分析，按照研发项目需要达到的目标要求或技术框架进行拆分，梳理出每个创新的技术点。这种拆分侧重分解和细化，以达到梳理技术分支、把握技术要素、明确创新节点的目的。这种拆分可以选择以技术功能组成或者技术架构组成作为出发点，找出实现技术功能和组成研发项目的技术分支部分，分析各技术分支部分，并将其进一步拆分，逐一向下分解成各技术要素。针对各技术要素梳理出创新主体技术研发可能取得的具体的技术创新点，最终以技术创新点为基础单元提炼总结技术方案。从技术功能和技术框架的角度对技术研发项目进行分解和细化，是一种相互补充、相辅相成的关系，具体的实践中可以按照这两种角度分别进行技术分析，将得到的结果进行比较分析。

【案例 1】涉及酶技术的专利布局

酶是生化领域中最重要的有机化学物质之一，在维持人体健康和推动各行业生产发展中都起到了一定的作用，给人们的生活带来了各种便利。酶促反应是指有生物酶参与的化学反应，生物酶具有催化效率高、专一性、反应条件温和的特点。但是酶的稳定性较弱，生物酶作为机体活细胞中的一种蛋白质，容易受到其他因素（温度、pH、盐浓度）的干扰而失去活性。为了提高酶活力和适用环境，可以利用基因工程技术，对酶的结构、功能和性质进行调整和改进，以使相应的酶符合我们的特定需要。国内某大学的研究团队发表了大量涉及酶技术的文章，同时也布局并申请了大量专利，以下通过该案例分析如何基于研究项目进行专利的布局。

1. 根据研究内容分析技术路线

通过该研究团队发表的文章可以知晓，其研究内容之一是利用基因技术对野生型的酶进行改造，进而获得具有目标性质、功能的酶，并进一步将其应用于工业生产之中。上述研究内容通常包括多个研究环节，以该研究团队“外切菊粉酶 InuAMN8 的热盐耐受性研究”的研究课题为例。首先，要明确原始酶的性质、存在的不足以及需要改进的目标。该课题以前期获得的低温耐盐外切菊粉酶 InuAMN8 为研究对象，发现原始的外切菊粉酶 InuAMN8 在低温活性和耐盐性方面还不能满足需求。所以，该研究的目的是采用合理设计的方法得到低温活性提高的 InuAMN8 突变体、热稳定性提高的 InuAMN8 突变体或者低温下 NaCl 稳定性好的突变体，探究外切菊粉酶的哪些区域和位点影响该酶的热盐性，为外切菊粉酶的热盐适应性机理及改造提供基础。其次是具体的研究方法，该研究将 InuAMN8 的 Y115 至 Q131 这一片段序列与 GH32 家族序列进行比对，结合 InuAMN8 的同源性建模，将野生酶 InuAMN8 的 Loop 区进行截短、替换和点突变后测定野生酶及突变酶的热活性、热稳定性以及在 NaCl 中的活性和稳定性。再通过比较野生酶及突变酶的热盐性，探究野生酶 InuAMN8 的 Loop 区进行截短、替换和点突变后对酶的热适应性和盐适应性的影响以及明确哪些区域和位点影响该酶的热盐性。这个过程包括 InuAMN8 基因的突变点序列分析，质粒的提取，目的基因的扩增，重组质粒的构建、转化和鉴定，构建重组菌并诱导表达，野生酶及突变酶的纯化和鉴定，外切菊粉酶 InuAMN8 突变体的热盐性研究。在该项研究中涉及的技术可以拆分，如图 7-1 所示。

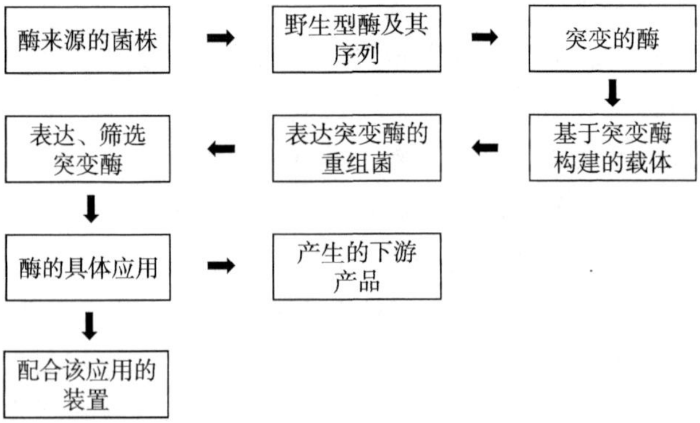

图 7-1　获得 InuAMN8 各种突变酶的技术流程

2. 梳理容易形成高质量专利的创新点

通过上述对研究项目技术流程的分析和拆解，可以梳理出容易形成高质量专利的创新点。

第一，研究项目的直接创新成果。对于该研究项目而言，最直接的创新成果当然是通过对 InuAMN8 基因的突变获得的在耐低温性能和/或耐盐性能方面改善或提高的突变的酶。生物酶属于蛋白质，是发明专利可以予以保护的客体。通常情况下，可以通过限定请求保护的酶的氨基酸序列或编码所述氨基酸序列结构的基因的碱基序列予以保护。该研究项目获得了大量的突变酶，其中部分突变酶相较于野生酶在低温下的活性或耐盐性得到了提高，这些突变酶本身是该研究项目最直接和最重要的创新成果，所以首先应当从这些具备利用价值的突变酶中布局专利。例如，其中的菊粉酶突变体 MutY119H 就对应于申请号为"CN202110041550"的专利申请，其独立权利要求 1 和权利要求 2 就分别请求保护了该突变酶的氨基酸序列和编码该氨基酸序列的基因，具体如下：

"1. 热盐性改变的菊粉酶突变体 MutY119H，其特征在于，该菊粉酶突变体 MutY119H 的氨基酸序列如 SEQ ID NO. 1 所示。

2. 如权利要求 1 所述的菊粉酶突变体 MutY119H 的编码基因 mutY119H。"

第二，突变酶产生过程中的中间产品。根据上述对研究项目技术流程的介绍，在突变酶的产生过程中需要将突变酶的基因提取出来，并与质粒结合形成重组载体，再将重组的载体转化到宿主细胞中形成重组菌，利用重组菌来表达相应的酶。因此，该过程中产生的比较关键的中间产品就包括含有编码突变酶基因的载体和含有突变酶基因的重组菌。它们也是研究项目的重要的创新成果的一部分，并且包含有目的基因的载体和重组菌也都是可以授予专利权的客体，因此也可以根据创新主体的实际需要从突变酶产生过程中的中间产品中布局专利。例如，独立权利要求 4 和权利要求 5 就分别请求保护了含有目的基因的载体和重组菌，具体如下：

“4. 包含如权利要求 2 或 3 所述的编码基因 mutY119H 的重组载体。

5. 包含如权利要求 2 或 3 所述的编码基因 mutY119H 的重组菌。”

第三，获得突变酶的方法或关键步骤。突变酶的获得需要经过多个步骤，包括对野生酶对应基因的分析和功能研究，对野生酶对应基因的突变，突变基因的提取、转化和表达以及酶的提取纯化等。如果上述方法或部分步骤也能够体现出技术贡献，涵盖部分创新成果，也可以考虑从其中布局产生相应的保护方法的专利。例如，权利要求 7～权利要求 9 就对该制备方法的关键步骤进行保护。具体如下：

“7. 根据权利要求 6 所述的制备方法，其特征在于，所述包含 mutY119H 的重组菌株的制备为，将所述重组表达质粒 pEasy-E1-mutY119H 经 DpnI 酶消化，利用 Mut Express© Ⅱ FastMutagenesis Kit 试剂盒将消化产物进行连接，再通过热激方式转化到大肠杆菌 BL21（DE3）中。

8. 根据权利要求 6 所述的制备方法，其特征在于，所述诱导采用 IPTG 进行诱导。

9. 根据权利要求 6 所述的制备方法，其特征在于，所述包含 mutY119H 的重组菌株的表达产物经 Nickel-NTAAgarose 和 0～500mM 的咪唑分别亲和和纯化，获得重组外切菊粉酶突变体 MutY119H。”

第四，突变酶的具体应用。通常情况下，突变酶与野生酶相比具有改善某方面的功能或者是产生新的功能。那么这些改善的功能或新的功能就对应于多种具体的应用。创新主体也可以从突变酶的应用场景中布局需要保护的主题，从而形成专利。独立权利要求 10 就请求保护该突变酶具体的应用，具体如下：

“10. 如权利要求 1 所述的突变体 MutY119H 在食品、酿酒及洗涤中的应用。”

第五，突变酶的上游原材料。

第六，与突变酶具体应用配套的其他产品。

3. 围绕创新点进行专利布局

项目的技术流程总体上是一个纵向的研发流程，在对技术流程的梳理过程中，能在不同的环节布局出多个创新点。具体到某个创新点，还可以进行横向的展开，围绕该创新点从不同的角度和方向布局专利，从而形成针对该创新点完善的专利组合。这种围绕创新点进行的专利布局，往往能更加全面地进行保护，也能最大限度地防止竞争对手通过改进设计、规避设计或包绕方式来对自己的核心创新点进行专利竞争。

以该研究团队在甘露聚糖酶方面的研究为例。甘露聚糖酶是该研究团队研究的众多的酶中的一种，在其最初的研究项目中，分别从鞘氨醇杆菌中提取分离得到了具有低温活性和耐盐性的甘露聚糖酶 ManAjb13 和甘露聚糖酶 ManAGN25。后来又在野生型甘露聚糖酶 ManAjb13 的基础上，通过突变获得了甘露聚糖酶 DeP41P42，与野生甘露聚糖酶 ManAjb13 相比，突变体 DeP41P42 最适温度提高了 10℃，50℃的半衰期提高了 4 倍。另外，甘露聚糖酶的应用包括水解魔芋胶，在该应用过程中，会涉及水解魔芋胶的装置。水解的产物魔芋寡糖又可以进一步在医疗上应用，例如制备伤口愈合剂。

该研究团队在对于甘露聚糖酶的研究过程中，核心的创新成果是从鞘氨醇杆菌中提取分离到了两种具有低温活性和耐盐性的野生型甘露聚糖酶。围绕该创新成果，从酶的突变改造、酶法水解魔芋胶的装置、水解魔芋胶获得的产品及其应用等多个维度，布局并形成了多件专利申请。图 7-2 展示了该研究项目中形成的彼此关联的专利组合，从图中可以看出如何通过围绕创新点进行多个维度的专利布局。

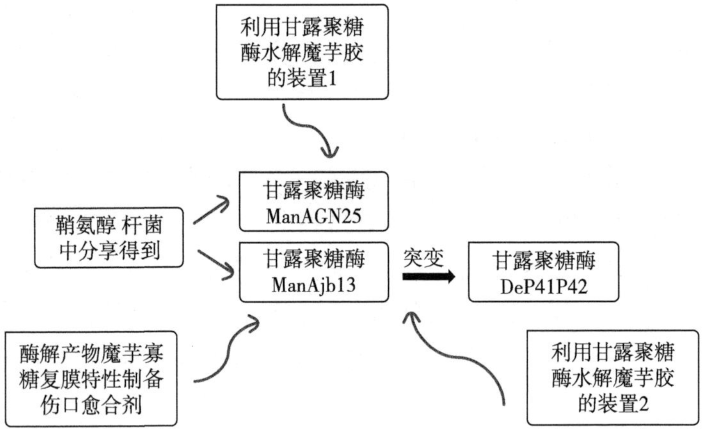

图 7-2 该研究团队涉及甘露聚糖酶的专利组合

二、专利挖掘布局的方向指引：专利分析

在专利布局中，通过对自身的研发项目中的创新点进行梳理，可以有效地将创新成果进行专利转化。除了关注自身的研发项目之外，还需要针对相应的技术领域的专利申请情况进行分析，借助专利分析的结果来选择正确的布局方

向和目标，往往能收到事半功倍的效果。借助专利分析，可以了解技术的发展趋势、技术分支、技术的分布情况以及发现专利空白点。通过对上述信息的了解和分析，有助于掌握布局时机、确定布局方向、启发布局思路、挖掘布局机会、规避侵权风险，进而推进技术成果的高效高质量的专利化。

专利分析的信息或者结果是丰富多样的，包括技术构成分析、技术发展脉络分析、申请态势分析、申请人构成分析、区域分布分析、关键技术和关键申请人的重点分析等常规的专利分析结果，也包括各创新主体之间竞争和合作的分析、侵权风险的分析等针对性的分析结果。上述专利分析信息都可以用于辅助创新主体进行专利布局，其中比较常用的包括重点申请人的专利布局、专利趋势图、核心专利分析等。其中核心专利分析虽然也属于专利分析的范畴，但是在分析出竞争对手核心专利后，往往还需要结合规避设计或包绕方式来进行专利的布局。

结合第二章的介绍可知，目前基因技术整体处于“技术成长期”。该领域的技术不断发展，市场不断扩大，应用场景不断开拓。在宏观政策层面得到了大力的支持，市场总价值不断扩大，研发投入不断增加，技术进步速度明显加快，技术和产品的研发空间较大。所以呈现出的专利状况就是申请量急剧上升，且新技术新发现不断涌现，技术覆盖面越来越广，技术密度越来越大。根据基因技术领域整体所处的技术周期，该领域的专利布局总的策略应该是围绕技术热点大量申请专利，快速形成规模优势，争取交叉许可的机会，降低侵权风险；围绕技术空白点快速布局核心专利和基础专利，快速形成专利组合，建立技术壁垒。以下通过两个案例介绍基因技术的细分领域，如何借助重点申请人专利布局和专利趋势图进行专利布局。

（一）借助重点申请人专利布局进行专利布局

专利布局指某一技术领域中各技术分支的专利申请量情况，通常可以采用气泡图或面积图的表现形式。通过不同技术分支的申请量分布，可以得到某个领域技术发展的整体状况，分析出技术密集区、稀疏区和空白区，辅助专利布局人员发现技术热点、风险点和空白点。

【案例 2】CAR-T 免疫疗法专利布局策略[1]

肿瘤免疫治疗作为肿瘤治疗领域的重要革新，由于其卓越的疗效和创新性，

[1] 改编自：专利审查协作四川中心完成的“肿瘤免疫治疗”课题报告。

被认为是近年来肿瘤治疗领域最成功的方法之一，其中 CAR-T 免疫疗法又是目前研究较多、应用较广的肿瘤免疫治疗手段之一。基于该课题的研究成果，CAR-T 免疫疗法主要有以下四个技术分支：CAR-T 基础技术、CAR-T 优化技术、载体优化技术、联合治疗技术和辅助技术。CAR-T 免疫疗法的重点申请人主要有诺华股份有限公司（以下简称“诺华公司”）和朱诺治疗学有限公司 & 细胞基因公司（以下简称“朱诺公司”），对二者的专利申请布局进行分析，分别得到二者的专利布局图，如图 7-3 所示。

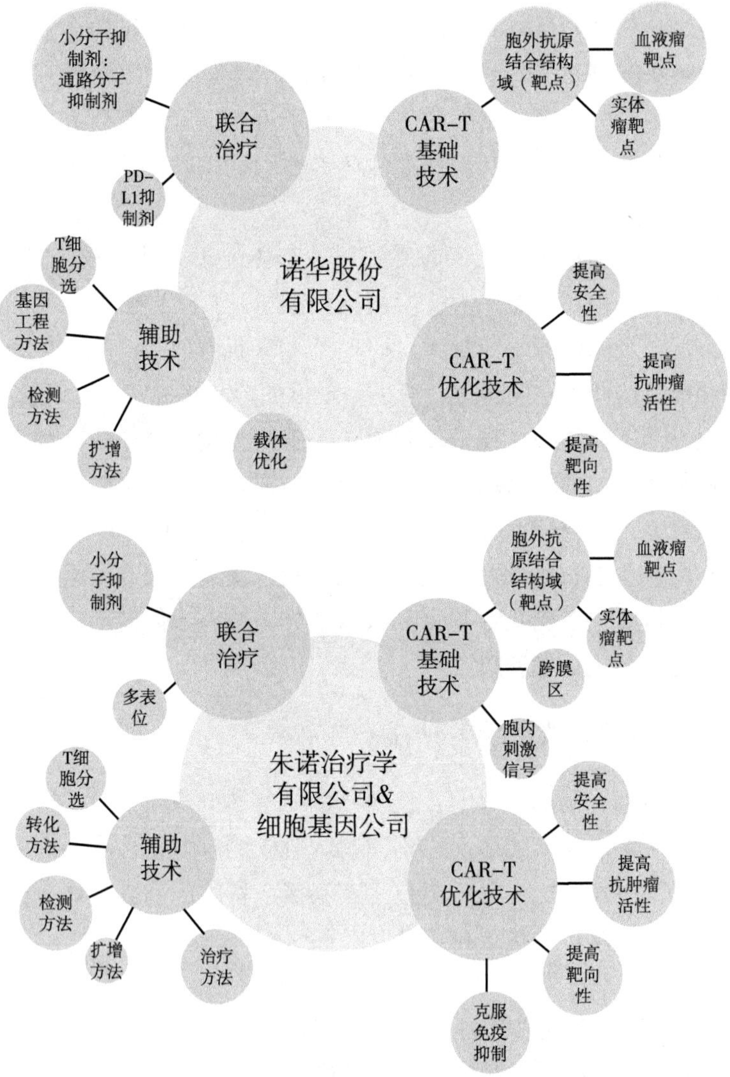

图 7-3　诺华公司和朱诺公司的专利布局

从图 7-3 可以看出，诺华公司和朱诺公司在 CAR-T 基础技术、CAR-T 优化技术、联合治疗以及辅助技术方面均有一定数量的申请，其在 CAR-T 疗法分支中的布局是均衡的。在 CAR-T 基础技术方面，诺华公司的申请仅仅涉及了胞外抗原结合结构域，且多数为血液瘤相关抗原靶点，该公司在这一技术分支的专利布局是有一定局限性的。同样，朱诺公司也更关注血液瘤相关靶点，而关于实体瘤靶点的研究相对较少。结合产业分析可以发现，现阶段 CAR-T 疗法仅在血液瘤中获得了成功，上市的产品也仅涉及血液瘤。从技术角度上，实体瘤中由于肿瘤微环境产生的免疫抑制等原因，其产业化难度要远高于血液瘤。

国内的创新主体在进行专利布局时，可以从以上的专利分析信息得到以下启示：CAR-T 疗法在血液瘤的治疗中取得了优异的效果，但对于实体瘤却一直不能产生预期的疗效。跨国医药巨头往往更关注比较成熟的、商业化前景比较明朗的技术，而避免将大量资源投入风险较大的未知领域，从诺华公司和朱诺公司在 CAR-T 疗法的专利布局就可以看出这一点。目前，CAR-T 疗法治疗血液瘤已是技术密集区，不仅已经存在大量基础专利和核心专利，并且进一步的拓展和应用的衍生专利也已被大量布局。然而，对于治疗实体瘤仍然存在一定的专利空白，而且实体瘤的治疗市场也大于血液瘤。因此，我国创新主体可以着力在 CAR-T 疗法实体瘤靶点方面进行专利布局，避开专利密集区，提前布局专利空白区。

（二）借助专利申请趋势图进行专利布局

专利申请趋势图反映的是专利申请量随时间的变化规律和趋势，可以是某技术领域整体的专利申请趋势，也可以是某个技术分支的专利趋势，还可以将不同的技术分支的专利申请趋势进行比较分析。通过专利申请趋势图，可以将技术分为不同的生命周期，包括技术萌芽期、技术成长期、技术成熟期和技术衰退期。

对于处于技术萌芽期的技术，此时应当将主要精力放在围绕核心技术和核心原理布局开创性的基础专利和核心专利，尽量让自己处于技术首创者的地位。

对于处于技术成长期的技术，应当通过专利分析挖掘技术热点，明确最有潜力的发展方向，结合自身的研发特点在选定的方向上进行专利的重点挖掘和布局。同时还要抢占技术空白点，弥补基础专利和核心专利不足的劣势，建立自己的技术壁垒。

对于处于技术成熟期的技术，此时领域内的专利总量较大，但增速趋于平稳。处于该时期的技术，产生新的基础专利或核心专利的可能性很小，同时由于相关技术的专利覆盖度已经很高，寻找专利空白点的难度也很大。对于该领域的后来者，应当在现有专利的基础上，主要采用规避设计的布局方式，通过对现有技术的改进或细分领域的微创新，积累一定的专利量，在规避侵权风险的基础上增加交叉许可的筹码。

对于处于技术衰退期的技术，新增专利量已经比较少，现有专利特别是大量核心专利和基础专利都已经逐渐失效。此时应当重点关注产业的上下游或相关领域，寻求新的技术方向，在新的技术方向上布局专利。

【案例 3】冠状病毒生物治疗相关专利布局策略❶

冠状病毒严重危害人类健康，生物治疗法因其高效性与特异性正逐渐应用到病毒感染的治疗中。到目前为止，还没有专门用于治疗新型冠状病毒肺炎的化学类特效药物，虽然有部分化学药物显示了一定的有效性，但是现有治疗策略仍然以对症和支持治疗为主。生物疗法特异性和靶向性强，且无化学药物的毒副作用，是一类温和高效的治疗方法，从专利布局的角度来看具有较高的布局价值。

根据该课题对冠状病毒生物治疗相关专利的分析，将相关的生物治疗法分为以疫苗对病毒进行预防、以生物大分子（抗原、抗体、细胞因子等）对病毒感染进行针对性治疗、以核酸干扰的方式从基因层面抑制病毒的感染，以及以免疫细胞进行靶向治疗等方式。

冠状病毒生物治疗法专利在 1998 年以前年申请量均低于 20 项/年，长期处于缓慢发展中。2003 年开始，相关专利的申请量呈现出井喷之势，2004 年申请量更是高达 170 项，这一现象与 2003 年爆发的 SARS-CoV 疫情有很大关联。随后，2005 年和 2006 年的申请量出现了断崖式急剧下降。2012 年，随着 MERS-CoV 在中东国家引发严重疫情，全球又进行了新一轮的专利布局，申请量呈现出小幅上涨态势。根据全球的申请趋势不难看出，冠状病毒生物治疗法相关专利申请量与疫情暴发之间具有密不可分的关系，主要表现为疫情暴发期专利申请量的急速增加和疫情稳定后专利申请量的快速滑落。冠状病毒生物治疗法专利申请量趋势如图 7-4 所示。

---

❶ 改编自：专利审查协作四川中心完成的“冠状病毒生物治疗法专利技术综述”。

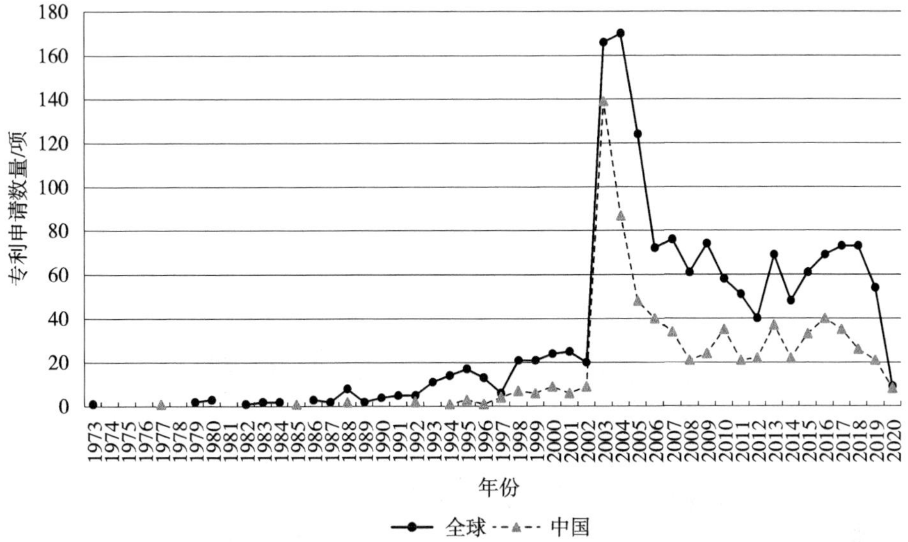

图 7-4　冠状病毒生物治疗法专利申请量趋势

通过对相关专利申请趋势的分析，专利布局人员从中可以获得的信息是：冠状病毒生物治疗技术在2003年以前都属于技术萌芽期，2003年之后迎来了技术暴发式的成长期，目前仍然处于技术成长期内。随着新冠肺炎疫情的发展和持续，可以预见的是未来仍将会涌现一大批国内外创新主体在该领域进行专利布局。由于该领域呈现出明显的短期内申请量暴发的特点，所以创新主体在专利布局时应当注重前瞻性，在总结现有专利的基础上，围绕专利空白点提前进行专利申请，快速形成规模优势。

图 7-5 进一步显示了不同技术分支的专利申请趋势。2003—2005 年，疫苗、生物大分子技术分支的申请热度达到最高，随后也维持着相当高的热度，而基因调控和其他技术分支的专利申请量则较少，且增长也比较缓慢。可见在不同的技术分支，也呈现出不同的技术发展阶段。疫苗技术分支在2000年以前就拥有一定申请量，反映了疫苗技术较为成熟，其专利布局的重点并不是基础技术和理论的专利布局，现有技术和理论结合到新型病毒的应用是创新和专利布局的主要方向。生物大分子分支在2000年之前的申请较少，表明该技术还处于成长期，技术和产品的研发空间较大，甚至可以寻求在专利空白点布局核心专利的机会。疫苗和生物大分子治疗方法虽然是新冠肺炎生物治疗方法的研发热点和重点，但是核酸干扰、细胞治疗、益生菌疗法等生物治疗方法专利密度还很低，虽然可能研发难度较大，但在上述技术分支进行专利挖掘和布局的难度并不大，能够为创新主体的专利竞争和布局提供新思路。

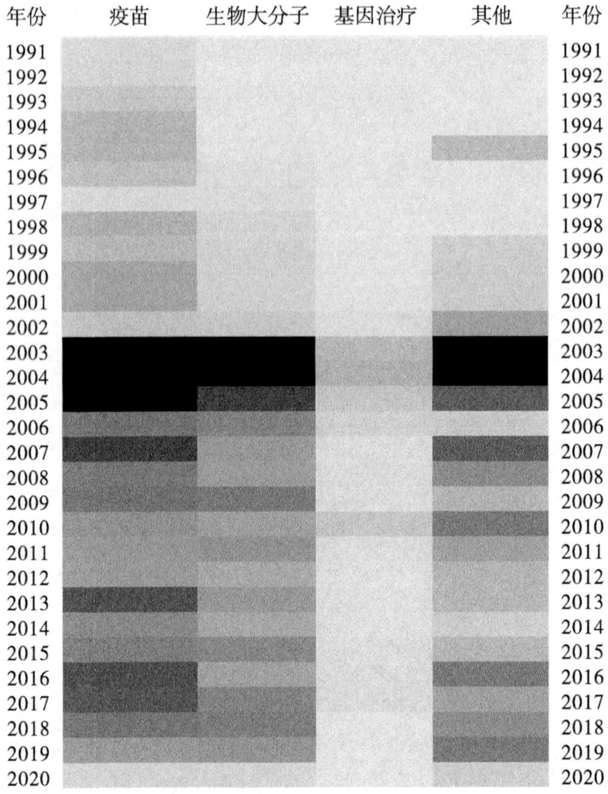

图 7-5　冠状病毒生物治疗法技术分支热力图（1991—2020 年）

三、专利挖掘布局常用招式之“包绕”

近年来随着专利在市场竞争中的地位不断提高，创新主体对竞争对手的专利越来越重视。而核心专利在其专利布局中起到重要作用。对于创新主体来说，从竞争对手众多专利中识别出核心专利是开展专利布局的前提。核心专利是指涉及创新主体的核心产品或核心技术层面的专利。对竞争对手的核心专利可以从与产品对应的维度、技术价值维度、法律价值维度和市场价值维度等进行识别。针对竞争对手的核心专利，创新主体可以采取规避设计或包绕式专利布局方法来应对。其中规避设计的相关内容在下一章节将进行介绍，本节主要介绍包绕式专利布局的思路和策略。

包绕式专利布局的目的是针对竞争对手的核心专利，根据不同场景设计相应的包绕式专利布局策略，以达到将竞争对手的核心专利价值削弱，从而提高自身竞争力的战略目的，增加与对手交叉许可或专利诉讼中的谈判筹码。包绕式专利布局的思路可以从替代手段进行包绕、从拆解的创新点进行包绕、从技术方案改进方向包绕、从不同的应用场景进行包绕。每种模式都有与之对应的专利布局步骤，包绕竞争对手核心专利的一般步骤包括识别竞争对手核心专利、拆解竞争对手核心专利的创新点、分析竞争对手核心专利的保护范围、分析研判自身的技术优势和市场布局需要、根据自身的技术优势采用多方面的包绕布局以及形成专利申请。以下通过张锋团队和杜德纳团队在基因编辑技术领域的专利竞争来说明包绕式专利布局的一般思路。

【案例4】基因编辑技术的专利争夺

基因编辑（gene editing）技术是一种通过插入、缺失或替换等方式对基因组进行定点改造的技术。其中成簇规律间隔短回文重复序列-成簇规律间隔短回文重复序列关联蛋白系统（CRISPR-Cas9技术）是继锌指核酸内切酶和转录激活因子样效应物核酸酶之后的第三代基因定点编辑技术，其作为一项新兴的技术在生物医药领域表现出了巨大的应用潜力。由加利福尼亚州大学伯克利分校的珍妮弗·杜德纳（Jennifer Doudna）和美国麻省理工-哈佛布罗德研究所（Broad Institute）的张锋领导的两个小组，在利用CRISPR-Cas9进行基因编辑的早期发现中发挥了核心作用，杜德纳和张锋团队都分别提交了广泛的涉及CRISPR-Cas9及其用途的专利申请。利用CRISPR-Cas9进行基因编辑的想法首先由杜德纳（Jennifer Doudna）和卡彭蒂耶（Emmanuelle Charpentier）提出，并且他们二人凭借这项技术获得了2020年的诺贝尔化学奖，并在2013年3月15日（优先权日是2012年5月25日）提出了他们的核心专利（US20140068797A1），该专利的中国同族（CN104854241B）已经于2017年7月14日获得授权。该授权的专利共包括57项权利要求，主要包括以下几组主题：

第一组：修饰靶DNA的方法（权利要求1~20）；

第二组：含有Cas9和sgRNA的组合物（权利要求21~38）

第三组：单分子靶向DNA的RNA（即sgRNA）或编码sgRNA的DNA（权利要求39~44）；

第四组：包括第一核苷酸序列（单分子靶向DNA的RNA）和第二核苷酸序列的多核苷酸（编码Cas9的多核苷酸）（权利要求45~53）；

第五组：试剂盒（权利要求54~57）。

分析可知，杜德纳团队的关于CRISPR-Cas9技术的核心专利请求保护的都是CRISPR-Cas9基础技术，涵盖的保护范围也非常宽泛。以其中关于sgRNA的权利要求 39 为例，其授权的权利要求如下：

“39. 一种单分子靶向 DNA 的 RNA，或一种编码所述单分子靶向 DNA 的 RNA 的 DNA 多核苷酸，其中所述单分子靶向 DNA 的 RNA 包含：

（a）DNA 靶向区段，其包含与靶 DNA 中的靶序列互补的核苷酸序列，和

（b）蛋白质结合区段，其与所述 Cas9 多肽相互作用，其中所述蛋白质结合区段包含杂交以形成双链 RNA（dsRNA）双链体的两个互补核苷酸段，其中所述 dsRNA 双链体包含 tracrRNA 和 CRISPRRNA（crRNA）的互补核苷酸，并且其中所述两个互补核苷酸段是通过插入核苷酸共价连接。”

sgRNA 是 CRISPR/Cas9 技术中的必需元件，上述权利要求 39 仅对 sgRNA 进行了结构和功能上的限定，将 sgRNA 限定为 DNA 靶向区段和蛋白质结合区段，但没有限定这两个区段的具体序列，也没有对 DNA 靶向区段的长度、碱基偏向性等作出限定。该权利要求请求保护的是能实现 CRISPR/Cas9 技术的最基础的 sgRNA 结构，之后虽然有大量研究通过优化 sgRNA 来提高基因编辑效率和改善脱靶率，但是这些优化和改进都落入杜德纳团队的专利保护范围内。

杜德纳团队和张锋团队都在围绕 CRISPR-Cas9 技术进行专利布局和争夺。显然，张锋团队在提出利用 CRISPR-Cas9 进行基因编辑的想法方面落后于杜德纳团队，并且其核心专利的申请时间（最早优先权日 2012 年 12 月 12 日，申请日 2013 年 12 月 12 日）也晚于杜德纳团队。张锋团队的研究主要集中在 CRISPR/Cas9 基因编辑技术在动物细胞中的应用，特别是利用 CRISPR-Cas9 进行疾病的治疗。面对杜德纳团队的核心专利布局，张锋团队也结合自身的研究特点和优势，针对性地采用了各种包绕方式进行专利挖掘和布局。图 7-6 简单展示了张锋团队面对竞争对手核心专利采用的专利布局思路。

张锋团队针对 CRISPR 技术申请了 600 多项专利申请，共计 200 多个专利族。其基于自身研究的重点和优势，一方面也在 CRISPR/Cas9 基础专利方面进行了布局，申请了涉及基础的 Cas9 酶以及调控 Cas9 酶的 sgRNA 的专利；另一方面挖掘并布局其他的 CRISPR 基因编辑技术（主要是 CRISPR/Cpf1 系统），还针对 CRISPR/Cas9 技术的优化和改进，并着力布局了 CRISPR/Cas9 在疾病治疗方面的具体应用，从而对杜德纳团队的核心专利进行包绕。

在替代的 CRISPR 基因编辑技术方面，张锋团队不仅在已有的 CRISPR/Cas9 系统的基础上不断进行改进，还发现了新的可用于基因编辑的蛋白 Cpf1，开发了新的基因编辑系统 CRISPR/Cpf1 系统。该基因编辑系统不需要 tracrRNA 的参与，由 crRNA 和 Cpf1 蛋白组合的二元复合体即可实现对靶 DNA 或 RNA 的定点切割，具有广阔的应用前景（例如 AU2017253089A1、CA3026055A1、

EP3445848A1）。CRISPR/Cpf1 系统与 CRISPR/Cas9 基因编辑系统是两种差异较大的基因编辑方式，不落入杜德纳团队的核心专利保护范围内。实现了利用 CRISPR/Cpf1 系统对杜德纳团队的核心专利进行替代技术的包绕，同时不断扩大自己的专利版图。

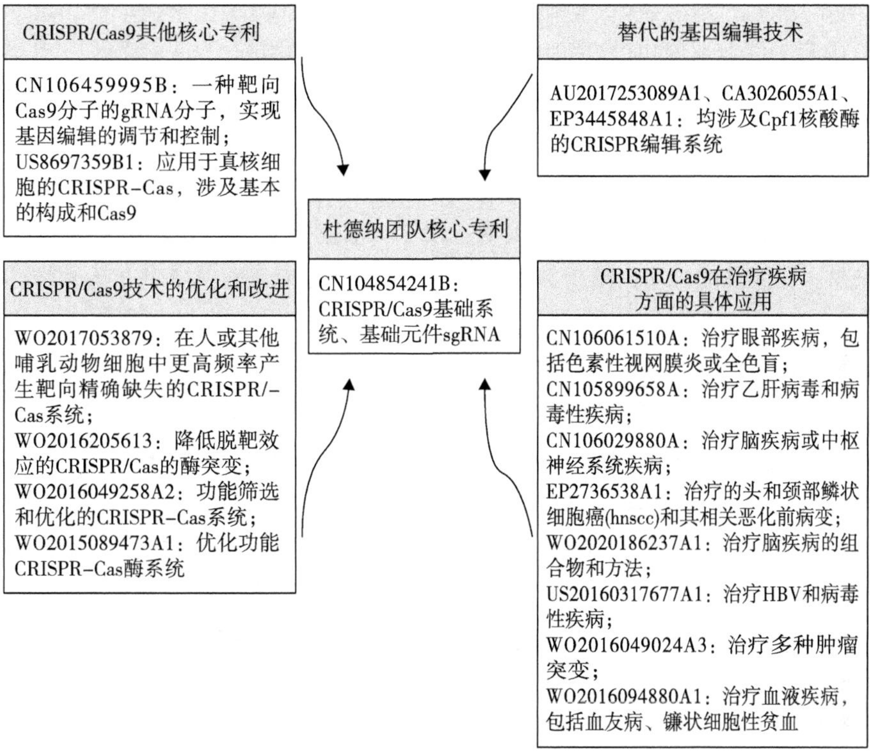
CRISPR/Cas9其他核心专利
CN106459995B：一种靶向Cas9分子的gRNA分子，实现基因编辑的调节和控制；
US8697359B1：应用于真核细胞的CRISPR-Cas，涉及基本的构成和Cas9
替代的基因编辑技术
AU2017253089A1、CA3026055A1、EP3445848A1：均涉及Cpf1核酸酶的CRISPR编辑系统
杜德纳团队核心专利
CN104854241B：CRISPR/Cas9基础系统、基础元件sgRNA
CRISPR/Cas9技术的优化和改进
WO2017053879：在人或其他哺乳动物细胞中更高频率产生靶向精确缺失的CRISPR/-Cas系统；
WO2016205613：降低脱靶效应的CRISPR/Cas的酶突变；
WO2016049258A2：功能筛选和优化的CRISPR-Cas系统；
WO2015089473A1：优化功能CRISPR-Cas酶系统
CRISPR/Cas9在治疗疾病方面的具体应用
CN106061510A：治疗眼部疾病，包括色素性视网膜炎或全色盲；
CN105899658A：治疗乙肝病毒和病毒性疾病；
CN106029880A：治疗脑疾病或中枢神经系统疾病；
EP2736538A1：治疗的头和颈部鳞状细胞癌(hnscc)和其相关恶化前病变；
WO2020186237A1：治疗脑疾病的组合物和方法；
US20160317677A1：治疗HBV和病毒性疾病；
WO2016049024A3：治疗多种肿瘤突变；
WO2016094880A1：治疗血液疾病，包括血友病、镰状细胞性贫血

图 7-6　张锋团队围绕杜德纳团队进行的包绕式专利布局

在 CRISPR/Cas9 治疗疾病的具体应用方面，张锋团队利用自身在动物细胞中研究 CRISPR/Cas9 的技术优势，布局了利用 CRISPR/Cas9 在治疗血红蛋白病、癌症、眼部疾病的相应产品❶。具体而言，在血红蛋白病治疗的 13 件专利申请中，大部分涉及对 β-血红蛋白病的治疗，其余还涉及镰状细胞病的治疗、β-地中海贫血的治疗等；癌症治疗的 7 件专利申请中，4 件是与 Juno 公司共同申请，涉及对用于 CAR-T 免疫疗法的工程化 T 细胞的基因编辑，另外 3 件独立申请也涉及对于 CAR-T 细胞的基因编辑；在 HSV 感染治疗领域，Editas Medi-

❶ 田小藕，等. Editas Medicine 公司基因编辑技术专利分析［J］. 产业科技创新，2019（11）：58-59.

cine 公司早在 2016 年起就开始与 Adverum 公司合作，开发针对眼部 HSV 感染的基因编辑疗法，5 件专利申请中，涉及的编辑位点包括 RS1、RS2、LAT、UL19、UL30、UL48、UL54 等基因；眼部疾病治疗的 4 件专利申请中，2 件涉及 Usher 综合征或色素性视网膜炎的治疗，1 件涉及 Leber 先天性黑蒙症 10（LCA10）的治疗，其核心专利 WO2015138510A1 已在美国、欧洲、丹麦获得授权，还有 1 件涉及原发性开角型青光眼（POAG）的治疗。

张锋团队在面对杜德纳团队的核心专利时，综合采用了从替代手段进行包绕、从拆解创新点进行包绕、从技术方案改进方向包绕、从不同的应用方向上进行包绕等多种包绕式专利布局，形成了全方位的包绕式专利布局。当然杜德纳团队在与张锋团队进行基因编辑的专利竞争过程中，也挖掘并布局了大量专利。本节仅仅是从张锋团队的视角来分析其面对杜德纳团队核心专利时的专利布局思路。

四、专利挖掘布局常用招式之“规避”

规避设计又称回避设计，是指创新主体对涉及侵权风险的产品或产品中的某些特征重新进行研发设计，使其涉及的技术方案与现有专利权中的技术方案呈现出差异化，从而消除侵权风险。简言之，规避设计是一种差异化设计，其核心在于规避专利侵权的风险，属于一种规避现有专利权的研发行为。规避设计的出发点是在法律层面上绕开已有专利权的保护范围，从而避免现有专利所带来的法律风险。事实上，创新主体通过规避设计开展技术研发的过程本身也是技术创新，可能由此产出专利。因而规避设计不仅限于风险防御这一基础作用，还包括通过预防和应对专利侵权，借助科学的专利分析方法了解竞争对手，获得特定领域的专利布局现状，发现专利布局中存在的技术空白点，进而通过针对性的研发突破竞争者的专利壁垒。或者通过专利文献的检索分析，发现竞争对手或者现有技术的技术缺陷，进而明确研发的方向，从而节省大量基础性研发工作。

（一）规避设计的思路

规避设计的目的是绕开已有专利的保护范围。对于发明专利而言，其请求保护的主题分为产品专利和方法专利两大类。针对不同的专利保护主题，规避设计的思路有所不同。对于产品权利要求，可以通过部件（或组分）的替换、改变连接关系、省略部件（或组分）的简化设计以及改变组分配比等方式实现技术方案的差异化，进而完成对产品规避设计的专利挖掘和布局。对于方法权利要求（包括用途权利要求），可以通过调整步骤顺序、简化步骤、改变工艺参数以及改变应用场景等方式实现技术方案的差异化，进而完成对方法规避设计的专利挖掘和布局。以上是规避设计专利布局的一般思路，其中如部件替换和连接关系改变等，主要适用于机械领域的发明创造，在基因技术领域应用得比较少。具体到基因技术领域，主要的保护主题集中在基因或DNA片段本身、基于基因技术获得的产品（如蛋白、重组细胞等）以及基因技术所采用的方法。面对上述主题，同样可以借鉴以上的“一般思路”来开展规避设计专利布局。例如对于基因本身，可以通过对在先专利保护的基因进行改造（如突变或基因编辑）从而获得新的基因，也可以通过对启动子、信号肽等辅助功能的改进来实现更好的技术效果。

（二）规避设计的步骤

1. 确定规避的对象

规避对象的确定通常需要结合创新主体自身的市场和技术定位，如果创新主体处于行业领导者或竞争者的角色，那么规避设计的对象往往是明确的竞争对手，且需要规避的技术方案通常也是比较明确的，这种情况下规避设计相对来说比较容易。同时针对竞争对手的核心专利，不仅可以采取规避设计的专利布局方式，由于自身在行业中的技术积累，还可以结合包绕的方式从多个维度对竞争对手的核心专利进行围堵。如果创新主体在行业中处于追随者的角色，那么其规避设计面对的将是该领域中大量的核心专利和基础专利，这种情况下的规避设计往往没有明确的对象，通常需要借助专利分析来进行规避设计，寻找在先专利中的技术空白点。

除了创新主体自身在行业中所处的地位外，还需要考虑相关技术的生命周期。对于处于萌芽期的技术，专利申请和技术限制都比较少，此时不需要将重点精力放在规避现有专利的设计上，而是应该主要通过研发项目来进行专利的挖掘和布局，结合自身的研发基础，大量进行专利的布局，抢占相关领域的核心专利和基础专利。技术成长期是进行专利规避设计的黄金期，在这个时期虽然已经形成了少量的核心专利和基础专利，但是还没有形成系统的专利组合，技术路线多、技术改进空间大。例如，围绕某个需要解决的技术问题，现有专利虽然有少量的解决方案，但是还处于技术的发展和探索阶段，此时可以尝试多种技术路线实现问题的解决，进而在新的技术方案上构建专利组合以形成专利壁垒。技术成熟期是规避设计的次重要时期，此时相关技术的核心专利和基础专利的布局已经基本完成，且还有大量改进型的专利进行查漏补缺。这个时期的专利密度高、规避难度大、技术改进空间有限，但是仍然有机会通过规避设计产生高质量的专利，从而实现预防和抵御侵权风险的目的。处于衰退期的技术领域，技术上的改进空间已经非常有限，可突破的空白点少，此时规避设计式的专利布局难度很大，且效果并不好。同时，由于技术衰退期经过了较长时间的技术演进，相关技术的核心专利和基础专利的有效期往往已经届满或临近届满，所以也没有必要花费过多的精力在规避设计上。

2. 检索并分析现有专利保护范围

在明确了规避对象后，需要针对规避对象进行专利检索和分析，确定现有专利保护范围是进行规避设计的基础。在检索过程中，需要注意全面性和准确性。全面性是指针对规避对象的检索要覆盖相关技术的所有专利，不能遗漏现有的相关专利，这样会导致规避设计的路线错误，浪费研发资源。准确性是指要对检索到的专利进行分类和区分，通过专利申请的时间和技术路线演进的分析，明确相关技术的核心专利和基础专利。

3. 确定规避方案并进行法律风险评估

在充分检索和了解现有专利的基础上，还需要对待规避的专利文件进行分析。专利文件包括法律信息和技术信息两类。特别是对于基因技术领域而言，其专业性强、技术难度较高，所以专利文件的分析和解读需要具有相关专业技术背景同时又了解相关法律知识的人员来完成。当锁定待规避的专利文件后，要从专利权的时间范围、地域范围、技术范围三个维度来分析专利权的保护范围。在时间维度方面，除了考虑本专利的期限，还应当考虑有无后续的关联申请。特别是涉及生物医药类的专利，往往会通过各种方式（如衍生物的开发、新剂型的开发、新适应证的开发等）来延长核心技术的专利权保护期限，限制竞争对手的仿制。在地域维度方面，需要关注其同族专利的分布情况，通常情况下申请人布局同族专利的国家或地区，往往也是其潜在的目标市场所在地。另外，关注同族专利的不同的法律状态和保护范围的差异，也可以为创新主体的规避方案提供参考。在技术维度方面，应当深入、全面地分析专利文件公开的技术信息，这是实现规避设计的技术基础。对待规避专利的技术分析不能仅局限在授权的权利要求上，还应当涵盖整个申请文件，比如某些申请文件会记载弃用的技术方案，指出其存在的不足。随着技术的发展或者研究侧重点的不同，后续的研发也可能克服弃用技术方案原有的局限和不足，从而从“克服技术偏见”的角度形成新的规避设计。另外，还需要重点关注审查过程中的信息。因为根据禁止反悔原则，申请人在专利审查过程中明确放弃的技术内容不纳入专利权的保护范围。比如，申请人为了克服新创性缺陷或得不到说明书支持的缺陷而进行的权利要求范围的缩限，以及申请人为了克服权利要求不清楚的缺陷而进行的澄清性解释，其中涉及的不要求被保护的技术内容都可能成为规避设计的基础。

4. 通过技术方案的差异化实现规避设计

规避设计的关键是形成与现有专利具有差异化的技术方案，通常需要开展以下三个方面的工作。

第一，明确现有专利权利要求保护范围的空白点，即尚未申请专利的技术方案内容。如果规避设计针对的是某一项专利权涉及的特定的技术方案，那么寻找空白点是比较容易的，通过对现有专利保护范围的解读，排除该项专利的保护范围就是相关技术的专利权空白点。如果规避设计针对的是某个技术领域或者专利组合，这种情况下往往没有特定的规避对象，那么可以借助专利分析来发现空白点。后一种途径需要专利布局人员掌握一定的专利分析技巧，熟悉相应的专利分析工具。

第二，在权利空白点的基础上，创新主体要结合自身的研究基础、现有专利的缺陷和待解决的技术问题、自身的技术优势、产业和技术趋势、市场需求、竞争对手的产品现状等因素，选择一个或多个预测的研究方向进行重点研发，从研发成果中布局差异化的技术方案（即规避设计的技术方案），进行可专利性的分析，初步形成申请专利的技术方案。

第三，将上述规避设计的技术方案与现有的专利进行对比，确定二者之间的区别，从法律层面评估二者的区别是否足以消除等同侵权的风险。如果仍然存在侵权风险，应当反馈给研发人员和专利布局人员，以方便对技术方案进行进一步的改进。

5. 针对核心技术方案进行扩展性专利布局

在获得规避设计的技术方案后，还可以基于该方案相关的研发项目，开展扩展性的专利布局，围绕该专利形成专利组合，以获得更宽的保护范围和更稳定的专利权。同时这种扩展性的专利布局也能够防止其他竞争对手针对自己的专利采取规避设计或包绕的方式开展的专利竞争。具体的扩展布局方式可以参考前文基于研发项目进行专利布局的内容。

下面通过一个具体案例来介绍基因技术领域如何通过规避设计开展专利布局。

【案例 5】国内在 RNA 编辑技术方面的专利突围

1. 案例背景

基于上一节的介绍，目前 CRISPR 基因编辑技术的核心专利和基础专利主要集中在加利福尼亚州大学伯克利分校的杜德纳和美国麻省理工-哈佛布罗德研究所的张锋领导的两个小组，他们也是最先研究 CRISPR 基因编辑技术的科研团队。并且二者的核心专利保护范围大，专利稳定性高。其他创新主体相较于杜德纳和张锋团队而言，在 CRISPR 基因编辑技术的专利占有方面处于相对劣势的地位，在发展和研究 CRISPR 基因编辑技术方面，必然面临较大的侵权风险。特别是国内的 CRISPR 基因编辑技术相较于国外而言，整体上起步更晚且技术积累也相对薄弱，不太适合采用包绕方式来进行专利布局，规避设计是更容易实现的避免侵权风险的专利布局方式。

辉大（上海）生物科技有限公司（以下简称“辉大基因”）与中国科学院脑科学与智能技术卓越创新中心（以下简称“中科院神经所”）在 CRISPR-Cas13 基因编辑技术方面的专利布局策略，在一定程度上规避了张锋团队 CRISPR 基因编辑技术的核心专利。

2. 在先申请技术方案分析

CRISPR 基因编辑技术中应用最广泛的是 CRISPR-Cas9 技术，Cas9 是一类切割双链 DNA 的家族。除了 Cas9 家族外，CRISPR 家族内还有许多其他已知和未知的家族，具体分类如图 7-7 所示❶。

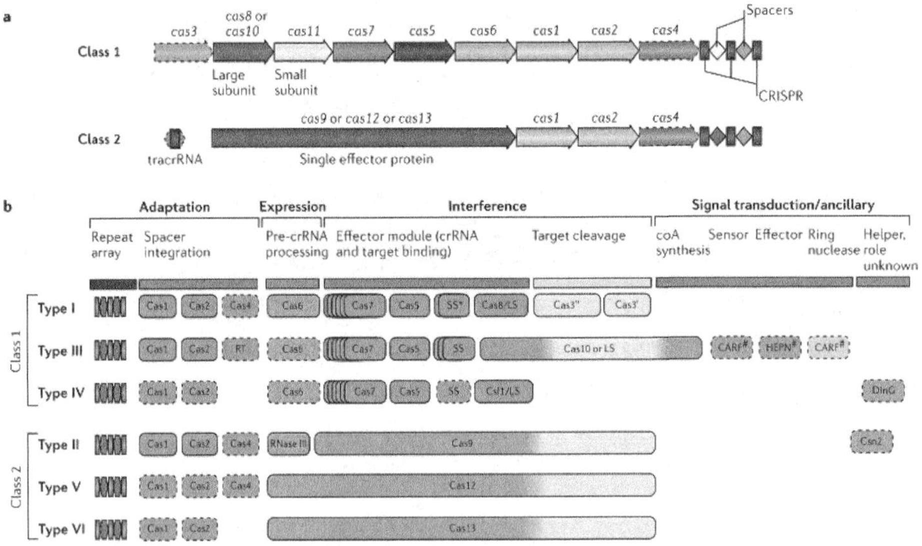

图 7-7　CRISPR-Cas 系统分类

CRISPR 家族中不同的 Cas 酶对应于多种不同的基因编辑技术，例如

❶ Kira S Makarova. Evolutionary classification of CRISPR-Cas systems: a burst of class 2 and derived variants [J]. Nature reviews microbiology, 2020 (18): 67-83.

CRISPR-Cas12（即 CRISPR-cpf1）、CRISPR-Cas14、CRISPR-Cas13 等。张锋团队针对多种基因编辑技术都进行了专利挖掘和布局，图 7-8 简要地展示了张锋团队在 CRISPR-Cas 基因编辑技术方面的专利占有情况。灰色部分表示已经进行了基础专利布局的领域，空白部分表示还未进行专利布局或缺乏基础专利的领域。规避设计的专利布局通常情况下应当在空白部分寻找规避的可能性。

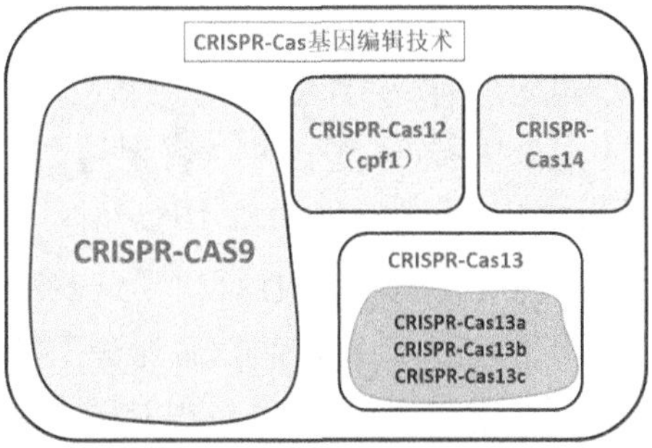

图 7-8　CRISPR-Cas 基因编辑技术的专利布局

以其中的 CRISPR-Cas13 技术进行具体分析，CRISPR-Cas13 系统属于 Type VI 家族，包括 Type A、Type B、Type D、Type X 和 Type Y 等多个家族，具有切割单链 RNA 的能力。与目前最常用的 CRISPR-Cas9 不同，CRISPR-Cas13 系统是一类 RNA 介导的靶向 RNA 切割的系统，它被广泛地应用于 RNA 敲低、RNA 单碱基编辑，以及核酸检测领域。张锋团队在 2018 年申请了多件与 CRISPR-Cas13 基因编辑技术相关的专利，其中公开号为 WO2019060746A1（中国同族公开号为 CN111511388A）的专利是其布局的涉及 CRISPR-Cas13 基因编辑技术的核心专利之一。该专利共有 18 项同族，进入了包括中国在内的十多个国家或地区，请求保护用于靶向和编辑核酸的系统、方法和组合物，特别是非天然存在的或工程化的 RNA 靶向系统，所述系统包含靶向 RNA 的 Cas13 蛋白、至少一种指导分子和至少一种腺苷脱氨酶蛋白或其催化结构域。其主要的权利要求如下：

"1. 一种工程化的非天然存在的系统，所述系统包含无催化活性的 Cas13 效应蛋白（dCas13）或编码所述无催化活性的 Cas13 效应蛋白的核苷酸序列。

2. 如权利要求 1 所述的系统，其中所述 dCas13 蛋白在 C 端、N 端或这两端处被截短。

9. 如权利要求 1 所述的系统，其中所述 dCas13 在所述 Cas13 效应蛋白的 HEPN 结构域处包含 Cas13 效应蛋白的截短形式。

10. 如权利要求 1 所述的系统，其中所述 Cas13 效应蛋白是 Cas13a。

11. 如权利要求 1 所述的系统，其中所述 Cas13 效应蛋白是 Cas13b。

12. 如权利要求 1 所述的系统，其中所述 Cas13 效应蛋白是 Cas13c 或 Cas13d。”

结合说明书的记载，张锋团队的上述专利申请主要涉及 Cas13a、Cas13b、Cas13c 和 Cas13d 这几种酶。

3. 寻找差异化的技术方案

分析现有的涉及基因编辑技术的专利，可以发现：

第一，CRISPR 基因编辑技术的核心专利，特别是 CRISPR-Cas9 的核心专利基本上已经被其他竞争对手抢占。针对目前基因编辑工具还存在一些问题，比如脱靶的问题。现阶段通过各种改造技术也解决了这些突发问题，但是这些研究都是在原有基因编辑技术的基础上发现的，而这些工具都是国外科研团队的发明，我国不拥有核心专利。所以如果仅仅对现有的 CRISPR 基因编辑技术进行优化和改进，不可避免地需要使用其他竞争对手的核心专利涉及的技术，无法完成规避设计。

第二，张锋团队的核心专利在产品的保护范围和应用的场景方面都有局限性，留出了规避的技术空白区。其关于 CRISPR-Cas13 的核心专利并没有涉及所有的 Cas13 家族，多件 CRISPR-Cas13 的专利申请都只涉及了 Cas13a、Cas13b、Cas13c 和 Cas13d 家族。另外其应用范围也存在局限性，张锋团队发现的 RNA 编辑工具主要是用于体外检测，例如可以用于新冠病毒核酸检测的 SHERLOCK（Specific High-Sensitivity Enzymatic Reporter Unlocking）工具。

第三，张锋团队的 CRISPR-Cas13 技术还存在一些技术问题需要解决。张锋团队发现的 RNA 编辑尺寸比较大，所以就体内应用而言，在效率、递送等过程都有比较大的困难。并且为了避免 CRISPR-Cas9 造成 DNA 双链断裂的不良影响，现有技术利用 DNA Base editor 进行改造。经过 DNA Base editor 改造后，虽然基因编辑的效率和安全性都在可接受范围内。但经过改造后的工具太大了，限制了其在体内的应用场景。所以目前的 CRISPR 基因编辑工具都没有解决缩小尺寸以利于 AAV 包装的技术问题。

在分析了现有专利存在的空白点和技术局限性之后，还需要结合自身的研究基础和应用目的，进一步针对现有专利的空白点和技术局限进行规避设计。辉大基因和中科院神经所前期的研究基础还包括关于 AAV 递送载体的研究，但 AVV 载体有一个最大的局限性，它可递送的工具尺寸太小，而基因编辑工具尺寸普遍较大，所以只有少部分的基因编辑工具能够有效地被 AAV 载体递送。目前来看，大家都在极力寻找一些更小的基因编辑工具，以实现其和 AAV 载体的完美结合。所以在规避张锋团队的基因编辑核心专利的布局中，至少可以从以下方面实现差异化的技术方案：

第一，研究除 Cas13a、Cas13b、Cas13c 和 Cas13d 家族以外的其他 Cas13 家族。

第二，针对 AAV 载体递送，研究小尺寸的 CRISPR-Cas13 基因编辑系统。

第三，重点关注 RNA 编辑技术的体内应用。

4. 结合科研成果形成规避设计的技术方案

辉大基因团队在分析竞争对手核心专利和结合自身研究成果的基础上，通过规避设计布局了新的 CRISPR-Cas13 基因编辑系统，成功规避了目前张锋团队和杜德纳团队在基因编辑技术方面的核心专利的保护范围，实现了在基因编辑技术领域的突围。公开号为 CN112410377A 的专利申请是辉大基因关于 CRISPR-Cas13 基因编辑技术的核心专利，其美国同族 US11225659B2 已经于 2022 年 1 月 18 日获得授权。该专利申请涉及新型 CRISPR-Cas13 组合物及它们在靶向核酸中的用途，该系统含有一个靶向 RNA 的新型 Cas13e 或 Cas13f 效应蛋白，以及至少一种靶向核酸组分，例如一个向导 RNA（gRNA）或 crRNA。所述新型 Cas 效应蛋白是已知的 Cas 效应蛋白中最小的一种，大小约为 800 个氨基酸，因此特别适合用于小容量载体（例如 AAV 载体）中进行递送。其主要的权利要求如下：

“1. 簇状规则间隔的短回文重复序列（CRISPR）-Cas 复合体，包括：(1) 一种 RNA 向导序列，它含有能够一个与靶 RNA 杂交的间隔区序列，以及一个与该间隔区序列的同向重复的（DR）序列 3；和，(2) 一种 CRISPR 关联蛋白（Cas），它具有 SEQ ID NO. 1-7 中任何一项的一个氨基酸序列，或一个所述 Cas 的衍生物或功能片段；其中所述 Cas、所述 Cas 的衍生物及功能片段能够 (i) 结合至所述 RNA 向导序列，和 (ii) 靶向所述靶 RNA，条件是当所述复合物包含 SEQ ID NO. 1-7 中任何一项的 Cas 时，所述间隔区序列与一个天然存在的噬菌体核酸不是 100% 互补。”

我们对比了辉大基因团队与张锋团队关于 CRISPR-Cas13 的核心专利在保护范围、技术效果和应用场景方面的主要差异，具体如表 7-1 所示。

表 7-1　辉大基因与张锋团队关于 CRISPR-Cas13 的核心专利对比

项目	张锋团队	辉大基因
效应蛋白	利用 Cas13a、Cas13b、Cas13c 和 Cas13d 效应蛋白	利用 Cas13e 或 Cas13f 效应蛋白
尺寸	Cas13a/b/c/d 蛋白均存在体积较大，难以被包装在单个 AAV 载体中进行体内递送的问题	Cas13e.1 的体积仅有 775aa，Cas13f.1 的体积仅有 790aa，超小的尺寸很好地解决了 Cas13 体内 AAV 递送的瓶颈问题
应用场景	局限于 RNA 敲低、RNA 单碱基编辑、RNA 定点修饰、RNA 活细胞示踪以及核酸检测领域	可应用于体内基因编辑，有望开发多种高效和安全的 RNA 治疗药物

可见辉大基因通过技术空白点的布局，结合自身研究基础对现有技术进行改进，成功研究出新的 CRISPR-Cas13 基因编辑技术，并通过规避设计形成自己的核心专利，一定程度上突破了以张锋团队为代表的国外科研团队拥有的基因编辑核心专利的包围。

五、通过收购实现的专利诉讼逆袭

以上介绍的专利挖掘布局方式的技术方案来源都是基于创新主体自己或与他人合作的创新成果，这些创新成果可以是从研发项目中进行挖掘或基于已有专利的改进。此外，某些情况下创新主体专利布局的技术方案也可以来源于购买其他创新主体的创新成果，以及直接购买其他创新主体的专利申请或专利权。特别是对于企业而言，虽然通过企业自身的研发项目或合作研发项目进行专利挖掘和布局是主要的方式，但是对于直接购买其他创新主体的技术方案以及直接购买其他创新主体的专利申请或授权专利的布局方式也应当引起足够重视。如果能灵活应用，则可以快速提升自身的专利实力和防控专利诉讼风险，从而在专利竞争中获得意想不到的效果。

【案例 6】基因测序的专利争夺战❶

1. 华大智造（MGI Tech Co.，Ltd.）与因美纳（Illumina，Inc.）的专利诉讼纠葛

Illumina 在全球基因测试市场上处于绝对领先的地位，而华大系公司是中国

❶ 黄莺. 复盘：华大与 Illumina［EB/OL］.（2022-5-7）［2022-8-9］. https://view.inews.qq.com/a/20220507A0DI4700.

基因测序市场的龙头，并逐渐扩大了国际市场的占有率。根据 Grand View Research 的 2020 年发布的市场报告，2019 年全球测序行业上游市场规模约为 41.38 亿美元，其中 Illumina 的市场占有率约为 74.1%，相关业务收入为 30.68 亿美元；Thermo Fisher 的市场占有率约为 13.6%，相关业务收入为 5.63 亿美元；其他公司包括华大智造在内，共同占据约 12.3%的市场份额。

自 2019 年以来，Illumina 在美国、欧洲、中国香港等近 20 个国家或地区起诉华大系公司专利或商标侵权（涉及 BGI、华大智造、Complete Genomics，以及上述公司的经销商、客户）。Illumina 于 2019 年开始指控华大基因的 StandardMPS 测序方法侵犯了其美国专利 US7566537 和 US9410200 的专利权。2020 年初又再次提起诉讼，指控华大基因推出的升级版 CoolMPS 试剂侵犯了其美国专利 US7541444 和 US7771973 以及 US10480025 的专利权。美国地方法院随即授予 Illumina 初步禁令，禁止华大基因在美国分销和推广其涉诉测序产品。这一禁令基本上涵盖了华大基因的所有测序仪，包括 DNBSEQ-G400（国内称为 MGISEQ-2000、MGISEQ-T7）、DNBSEQ-G50（国内称为 MGISEQ-200）、BGISEQ-500 和 BGISEQ-50 等，还包括配套使用的样品文库制备试剂盒。[1]

2019 年 5 月，华大智造的美国子公司 Complete Genomics 在美国特拉华州地区法院对 Illumina 公司提起专利诉讼，指控 Illumina 公司侵犯了 Complete Genomics 的双色测序技术专利 US9222132，该专利涉及各种 Illumina 的基因测序仪及相关试剂。2019 年 10 月 2 日 Complete Genomics 在美国联邦北区地方法院对 Illumina 提起专利侵权反诉。声称 Illumina 及其客户正在使用的各种基因测序仪和相关试剂，包括 NovaSeq 6000、HiSeq X Ten、HiSeq 3000 和 HiSeq 4000，侵犯了 Complete Genomics 的美国专利 US9944984。该专利涵盖了 MGI 专有的图案阵列技术（“图案阵列”）。Complete Genomics 寻求损害赔偿和禁令，并要求 Illumina 停止销售侵权产品并提供侵权赔偿。[2] 华大智造的反击正式开启，很快，两家公司的专利战火越烧越大。在美国、德国、比利时、瑞士、英国、瑞典、法国、西班牙、中国香港、丹麦、土耳其、芬兰 12 个国家或地区，涉及的专利侵权、商标侵权和不正当竞争的相关诉讼共计 23 起。具体诉讼情况如表 7-2 所

---

[1] 来源：北京市嘉源律师事务所，关于深圳华大智造科技股份有限公司首次公开发行股票并在科创板上市之补充法律意见书（三）。

[2] MGI Sues Illumina Again for Patent Infringement in the United States [EB/OL]. (2019-10-2) [2022-8-10]. https://www.prnewswire.com/news-releases/mgi-sues-illumina-again-for-patent-infringement-in-the-united-states-300929817.html.

示（仅列举美国的相关诉讼）。[1]

表 7-2　华大系公司与 Illumina 公司在美国的专利诉讼情况

序号	日期	原告	被告	审理法院	案由	进展
1	2019.5.28	CG US	Illumina，Inc.	美国特拉华州地区法院	境外专利侵权纠纷	2022 年 5 月 6 日，美国特拉华州地区法院发布裁决，Illumina 公司的部分 DNA 测序系统的双通道测序部件侵犯了华大智造两项专利，Illumina 需赔偿华大智造 3.338 亿美元。此外，陪审团认为 Illumina 的侵权行为是故意的，因此导致了惩罚性赔偿。同时，裁决显示，华大旗下的支公司 CG 公司销售的测序仪虽然侵犯了 Illumina 公司的三项专利权中的两项，但是陪审团判定这三项专利无效，并驳回了 Illumina 的赔偿请求
2	2019.6.27	Illumina，Inc.，Illumina Cambridge Ltd.	华大基因，BGI Americas Corp，华大智造，美洲智造，CG US	美国加利福尼亚州北部地区法院	境外专利侵权纠纷	2020 年 6 月 13 日美国加利福尼亚州北部地区法院作出临时禁令，禁止被告在美国就临时禁令范围内的被控侵权产品实施销售、制造、许诺销售或使用等行为。美国加利福尼亚州北部地区法院分别于 2020 年 8 月 11 日及 2020 年 9 月 23 日作出令状，缩小临时禁令的范围。被告 CG US 于 2019 年 9 月 30 日提起反诉，主张原告侵犯其专利权

[1] 来源：深圳华大智造科技股份有限公司（MGI Tech Co.，Ltd.），首次公开发行股票并在科创板上市招股说明书。

续表

序号	日期	原告	被告	审理法院	案由	进展
3	2020.2.27	Illumina，Inc.，Illumina Cambridge Ltd.	华大基因，BGI Americas Corp，华大智造，美洲智造，CG US	美国加利福尼亚州北部地区法院	境外专利侵权纠纷	2020年6月13日美国加利福尼亚州北部地区法院作出临时禁令，禁止被告在美国就临时禁令范围内的被控侵权产品实施销售、制造、许诺销售或使用等行为。美国加利福尼亚州北部地区法院分别于2020年8月11日及2020年9月23日作出令状，缩小临时禁令的范围。法院已于2020年11月13日举行听证会
4	2021.1.11	CG US，BGI Americas Corp.，美洲智造	Illumina，Inc.，Illumina Cambridge Ltd.	美国加利福尼亚州北部地区法院	境外反垄断与不正当竞争纠纷	2021年3月8日，被告对原告的起诉状进行回复。经被告申请，法院于2021年3月30日批准本案中止诉讼，直至被告诉原告的专利诉讼案件完结。本案目前处于中止状态

2. Illumina的专利组合[1]

Illumina公司诉华大系公司的侵权专利主要落入以下5个专利族（相同发明方案在不同国家地区公开），包含了测序过程中使用到的一些组分，包括修饰核苷酸、抗坏血酸缓冲剂、荧光染料和聚合酶等。在美国的专利诉讼中主要涉及专利族1，其技术方案主要是“具有特定化学结构的阻断基团”，该基团可用于核糖或脱氧核糖的糖部分羟基，涉及Illumina自己使用的3′-O-叠氮甲基封闭基团及合成叠氮基的化学体系。Illumina专利族如表7-3所示。[2]

[1] 来源：“我是建设者”2022年4月13日公众号文章“测序霸主Illumina和华大的专利大战，到底怎么回事?”。

[2] 来源：北京市嘉源律师事务所，关于深圳华大智造科技股份有限公司首次公开发行股票并在科创板上市之补充法律意见书（三）。

表 7-3 Illumina 诉华大系公司所涉及的专利情况

序号	涉诉专利	优先权	Illumina 要求保护的主要技术方案	对应华大智造被诉侵权技术方案
专利族 1	EP3002289 EP1530578 EP3587433 HK1253509	US10/227131 GB0129012. 1 GB0230037. 4 GB0303924. 5	具有特定化学结构的阻断基团，该基团可以结合或者被去除，以保护或者暴露核苷酸分子的核糖或脱氧核糖部分的羟基	对应测序试剂的特定组分
	US7541444 US7771973	GB0230037. 4 GB0303924. 5		
	US10480025 US7566537 US9410200	GB0129012. 1		
专利族 2	EP1828412 US9303290 US9217178 US9970055	GB0427236. 5 GB0514933. 1	使用抗坏血酸或其盐作为缓冲液的测序方法或者测序试剂	对应测序试剂的特定组分
专利族 3	EP2021415	US60/801270	两种具有特定化学结构的基团，该等基团可作为标记核苷酸的荧光染料	对应制备测序试剂的特定组分的原材料
专利族 4	EP1664287	GB0321306. 3	具有特定氨基酸序列位点突变的 B 型古细菌聚合酶，该聚合酶可以改善取代基团对核苷酸分子的修饰	对应测序试剂的特定组分
专利族 5	JP3187947	US61/438530 US13/273666 US61/431440 US61/438486 US61/431439 US61/431429 US61/431425 US61/438567	测序仪中具有特定结构的液体存储系统	对应测序仪的液体存储装置

在专利族 1 的 5 个美国专利中，专利 US7541444 所声称的权利要求是最广

泛的，并且到2023年6月才到期，还具有较长的专利权有效期限。而其他如专利US7771973将于2022年8月到期（欧洲和中国香港地区的同族专利都要到2023年8月才到期）。不可否认的是，修饰核苷酸包括可逆终止子的开发是推动过去20多年中高通量测序成本大幅降低的关键技术突破之一。它既成就了Illumina在过去十多年的业务快速增长并跃居行业龙头，同时Illumina也验证了可逆终止的合成测序化学体系的有效性，而且能够被持续开发优化以进一步提高通量和准确率❶。

3. 华大智造阶段性胜利的反击武器

Complete Genomics创立于2006年，其与华大智造和Illumina不同的是，它只提供高通量人类基因组测序服务，而不售卖测序仪。2009年Complete Genomics、哈佛医学院和华盛顿大学在*Science*杂志上发表文章，描述了其最新的DNA测序平台，该测序方法采用高密度DNA纳米芯片技术，在芯片上嵌入DNA纳米球，然后用非连续、非连锁联合探针锚定连接（cPAL）技术来读取序列，减少了试剂的消耗和成像的时间。同年，Complete Genomics也申请了涉及基因测序的核心专利，例如US8617811B2（US9222132和US10662473的基础之一）。随即，Illumina和华大智造都表示了收购Complete Genomics的意图。2012年9月Complete Genomics接受了华大智造的收购条件，并在2013年华大智造以1.176亿美元收购了美国基因测序仪公司Complete Genomics，使得双方从之前的合作一下变成了竞争对手。当时，Illumina曾向美国政府建议，阻止华大智造收购Complete Genomics，并开出了比华大智造高出5%的收购价试图阻止这场收购，但后来美国外资审查委员会（CFIUS）却通过了这起收购❷。

华大智造获得3.34亿美元赔偿的两件美国专利US9222132和US10662473正是来自Complete Genomics 2009年申请的上述专利。面对Illumina不断发起的专利诉讼，华大智造子公司Complete Genomics也在2019年5月起诉了Illumina，指控其NovaSeq、NextSeq和MiniSeq平台及相关试剂侵犯了其美国专利US9222132（该专利与Complete Genomics的双色测序技术有关）。美国特拉华州联邦陪审团作出判决，认定Illumina的DNA测序系统侵犯了华大智造子公司Complete Genomics的两项专利，需向其赔偿3.338亿美元。2022年7月15日，华大智造宣布，与Illumina就美国境内的所有未决诉讼达成和解。双方将不再对

❶ 来源：“我是建设者”2022年4月13日公众号文章“测序霸主Illumina和华大的专利大战，到底怎么回事？”。

❷ 杨铁军. 产业专利分析报告（第47册）：基因测序技术［M］. 北京：知识产权出版社，2016：183-184.

加利福尼亚州北部地区法院和特拉华州地区法院的诉讼判决结果提出异议，并且Illumina将向华大智造子公司Complete Genomics支付3.25亿美元的净赔偿费。

4. 华大智造的胜诉经验

此次华大智造面对Illumina取得的阶段性胜利非常关键，一方面，此次胜诉面对的是全球基因检测领域的巨头Illumina公司，在此之前华大智造在面对Illumina的专利竞争中处于相对劣势的一方，通过此次胜诉一定程度上扭转了华大智造的竞争局面；另一方面，此次胜诉是在美国本土取得的，为华大智造铺平进军美国市场之路贡献了力量。分析此次华大智造的胜利，与该企业的专利布局规划是分不开的，也为国内其他的科技型企业提供了很好的经验借鉴。

第一，管理上的重视和规范。华大智造公司面对复杂且严峻的专利竞争，在公司的知识产权管理上进行了规范，制定并实施了《华大智造专利管理办法》《华大智造知识产权奖励办法》等相关管理制度；在日常经营过程中，进一步强化了知识产权的宣传和培训；在产品开发过程中、产品上市前或者投放特定市场前，由知识产权部门进行专利侵权分析，以最大限度降低未来发生专利侵权纠纷的风险。可见，规范的知识产权管理制度是创新主体开展专利布局战略的基础，只重研发而不重知识产权的传统思路将是科创型企业成长中的一大隐患。

第二，锁定区域布局优势，积极布局未来市场。Illumina针对华大系公司的测试业务的侵权诉讼，主要是在中国香港、美国以及欧洲部分国家或地区开展，而在华大智造存在销售业务（包括中国内地）的其他地区无提起类似专利侵权诉讼的权利基础。可见，华大系公司在中国内地专利布局的区域优势还是很明显的。根据华大智造招股说明书中披露的数据，2018—2020年涉诉国家或地区涉诉产品销售收入在华大智造同期营业收入的平均占比不超过6%。华大智造在中国内地的专利布局优势，使其主要销售区的产品不受侵权诉讼的影响，而其在美国积极的并购和布局，又为其布局海外市场提供助力。

第三，提前布局，积极应诉。Illumina对竞争对手发起知识产权诉讼，是其打压竞争对手，维持垄断优势的常规手段。Illumina已针对众多竞争对手发起知识产权诉讼，例如Oxford Nanopore、Ariosa、Premaitha等，华大智造只是Illumina起诉过的众多企业之一。随着华大智造的成长和国际市场的拓展，其与illumina之间的专利竞争和专利诉讼不可避免。中国企业应当适应国际巨头频繁发起的专利诉讼，同时自己也应当提前规划布局，这是中国企业立足国内、走向世界的必经之路。

六、小公司在专利布局中的大能量

随着国家对科技创新的大力支持和鼓励，以及仿制药市场竞争的日趋激烈，加强创新和专利保护并善于利用专利布局对于国内创新型制药企业非常重要。我国的医药产业已经初具规模，且生物制药领域的专利申请量也呈现出高速增长的态势。即使如此，我国在医药专利的创造、运用和保护等方面都存在诸多问题。例如专利数量虽然在快速增长，但是专利质量并不高，缺少核心专利和基础专利。这导致我国的生物医药产业仍处于发展瓶颈期，国际竞争优势并不明显。生物医药行业是知识与技术密集型的高新技术行业，对技术创新和知识产权的布局具有高度依赖性。特别是对于我国中小型的创新企业而言，如何在国外各大制药企业的专利围堵中，通过技术研发和合理的专利布局，开拓自己的一片天地值得大家思考。以下案例，从实践角度分析了对于中小型的创新药企，如何通过核心技术的研发和专利布局，在细分领域占据领先优势，在生物制药领域搅动大局。

【案例 7】小公司的生存之道——伊缪诺金的专利布局❶

抗体偶联药物（antibody-drug conjugate，ADC）是一种有效的肿瘤靶向治疗药物，由偶联细胞毒性物质/效应分子的抗体组成，具有细胞杀伤力的小分子细胞毒性物质和效应分子通过接头（linker）连接，ADC 把单克隆抗体和高效的细胞毒素结合到了一起，利用了抗体靶向和选择性强，以及毒素活性高的优势，同时又消除了抗体疗效偏低和毒素副作用偏大的缺陷，已成为抗肿瘤抗体药物研发的热点。ADC 的思路虽然很早就被提出（1959 年《自然》杂志报道），但在技术上却面临诸多困难和障碍，直到 20 世纪 80 年代，随着基因工程抗体制备技术的成熟，ADC 的开发才逐渐迎来高速的发展，ADC 概念逐渐变为现实，并应用于临床。目前，辉瑞、罗氏、诺华、赛诺菲等国际知名制药企业均已进军 ADC 领域。伊缪诺金公司（IMMUNOGEN INC）成立于 1981 年，相比于上面提及的大型制药企业而言，伊缪诺金从公司规模上属于中小型企业，但伊缪诺金专注于 ADC 药物，特别是美登素类 ADC 药物的研发，同时依靠其掌握的核心专利和密集的星系型专利布局，在整个 ADC 研究领域占据了重要的地位。伊缪诺金在 ADC 领域的专利布局和合作的成功经验值得其他中小型药企借鉴。

---

❶ 杨铁军. 产业专利分析报告（第 36 册）：抗肿瘤药物［M］. 北京：知识产权出版社，2015：432-461.

1. 伊缪诺金围绕核心专利的布局

伊缪诺金之所以能在 ADC 药物领域占有一席之地，很大原因依赖于美登素类细胞毒素偶联抗体技术。在众多的美登素类细胞毒素中，DM1 和 DM4 是伊缪诺金最成功的两个，伊缪诺金牢牢把握住了 DM1 和 DM4 这两个细胞毒素的创新点，围绕其构造核心专利，并围绕核心专利进行布局，实现了小公司撬动大产业的成绩。但是不同时期的伊缪诺金在 DM1 和 DM4 的布局上也明显呈现出一定的差别。

（1）DM1

伊缪诺金关于 DM1 的核心专利是 US5208020，申请日为 1992 年 7 月 13 日，优先权日是 1989 年 10 月 25 日，发明名称是“Cytotoxic agents comprising maytansinoids and their therapeutic use”（包含美坦醇类化合物细胞毒性剂及其治疗应用），该专利保护的是美登素类细胞毒素与抗体的偶联药物，其中就重点包括了 DM1 化合物与抗体的偶联药物的技术方案，伊缪诺金凭借该专利所保护的技术方案开发了自己的靶向性抗体有效载荷平台（TAP 技术），并且实现了针对 TAP 技术的多次技术许可，允许其他公司利用伊缪诺金的上述细胞毒素和 DM1 来筛选其他可供偶联的优良抗体和药物靶点。

下面我们对 DM1 的核心专利（US5208020）及围绕其的布局进行分析。伊缪诺金围绕该核心专利在全球八个国家或地区进行了布局，共涉及 13 件同族专利，具体情况如表 7-4 所示。

表 7-4　伊缪诺金涉及 DM1 的专利布局

序号	公开（公告）号	申请日	国家或地区	被引证次数	当前法律状态
1	US5208020A	1992/7/13	美国	1651	期限届满
2	JP03161490A	1990/10/25	日本	60	期限届满
3	JP3155998B2	1990/10/25	日本	1	期限届满
4	AT143268T	1990/10/23	奥地利	—	期限届满
5	DE69028678D1	1990/10/23	德国	—	期限届满
6	DE69028678T2	1990/10/23	德国	—	期限届满
7	DK425235T3	1990/10/23	丹麦	—	期限届满
8	EP425235A2	1990/10/23	欧洲	214	期限届满
9	EP425235A3	1990/10/23	欧洲	3	期限届满
10	EP425235B1	1990/10/23	欧洲	440	期限届满

续表

序号	公开（公告）号	申请日	国家或地区	被引证次数	当前法律状态
11	ES2091226T3	1990/10/23	西班牙	—	期限届满
12	CA2026147A1	1990/9/25	加拿大	—	期限届满
13	CA2026147C	1990/9/25	加拿大	—	期限届满

US5208020 为伊缪诺金第一项关于 ADC 药物的专利，其请求保护的核心技术是美登素类化合物，如图 7-9 所示。

FIG. 1 PRIOR ART

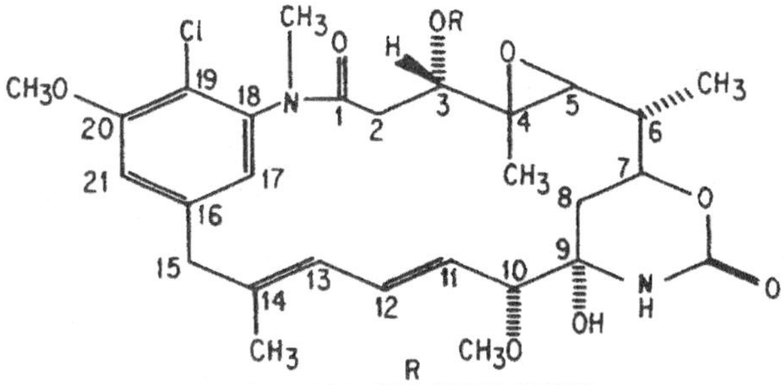

图 7-9　美登素（1a）和美登素醇（1b）化学结构式

从表 7-4 可知，除美国外，伊缪诺金还在日本、奥地利、德国、丹麦、欧洲、西班牙、加拿大递交了同族申请，并且均获得了专利权。其中欧洲、日本、加拿大均给予了较宽的保护范围，涵盖了与细胞结合剂连接的一个或多个美坦醇类化合物。而美国专利在欧洲专利范围的基础上进一步限定了单克隆抗体或其片段通过含有二硫键的连接子与所述美登木素样物质的 C-3、C-14、C-15 或 C-20 位连接，并且其中所述单克隆抗体或其片段对肿瘤细胞抗原是选择性的。

从 DM1 相关专利的引用情况可以看出，上述专利组合截至 2022 年共计被引用 2369 次，其中核心专利 US5208020 被引次数高达 1651 次，欧洲的授权专利 EP425235B1 被引次数也高达 440 次，可见相关专利在 ADC 领域的重要性。

需要注意的是，DM1 相关专利并未在中国进行布局，且涉及 DM1 的基础专利在各个国家和地区的专利权都已经到期。伊缪诺金在获得上述专利权后，并未针对 DM1 的外围专利进行布局，而是积极寻求和国际大型制药企业的合作，例如罗氏在 2000 年取得伊缪诺金的 TAP 技术许可后，就投入大量研发力量，积极进行外围专利的布局。对于中小企业而言，在针对核心专利完成布局后，需要横向和纵向投入大量资源进行研发，才可能形成完善的星系型专利组合。所以，伊缪诺金这种通过技术许可合作，以推进相关核心专利的价值实现的专利布局方式是值得借鉴的。

（2）DM4

MD4 是在 DM1 的基础上进行改进获得的细胞毒素，其在 DM1 的硫原子 α-碳原子上增加了两个甲基取代，从而在形成 ADC 偶联药物时，上述甲基取代能够在偶联物美登素一侧形成空间位阻，该空间位阻使得 DM4 相较于 DM1 体外细胞杀伤力增加了 20~50 倍。

涉及 DM4 的核心专利是 US7276497B2，其申请日为 2004 年 5 月 20 日，优先权日为 2003 年 5 月 20 日，发明名称为“Cytotoxic agents comprising new maytansinoids”（包含新的美登素的细胞毒性剂），目前该专利权仍在有效期内。DM4 由于空间位阻的存在使其活性优于 DM1，未来有望成为替代 DM1 的新型细胞毒素，因此该专利也被认为是伊缪诺金为加强其在美登素类细胞毒素领域的领先地位的又一核心专利，也是伊缪诺金在 ADC 领域开展专利布局的重要一环。

下面我们对 DM4 的核心专利（US7276497B2）及围绕其的布局进行分析。伊缪诺金围绕该核心专利在全球 28 个国家或地区进行了布局，共涉及 93 件同族专利，具体情况如表 7-5 所示（由于数量较大，仅罗列目前仍有效或处于审中的专利，排除失效的专利）。

表 7-5 伊缪诺金涉及 DM4 的专利布局（部分）

序号	公开（公告）号	申请日	国家或地区	被引证次数	当前法律状态
1	US7276497B2	2004/5/20	美国	260	授权
2	US20040235840A1	2004/5/20	美国	102	授权
3	US7473796B2	2007/7/16	美国	40	授权
4	US7851432B2	2007/7/16	美国	38	授权
5	US20070269447A1	2007/7/16	美国	19	授权
6	US20070270585A1	2007/7/16	美国	16	授权
7	US8435528B2	2007/7/16	美国	12	授权
8	JP2007514646A	2004/5/20	日本	9	授权
9	US20070264266A1	2007/7/16	美国	8	授权
10	EP1651162A2	2004/5/20	欧洲	6	授权
11	CN101186613A	2004/5/20	中国	5	授权

续表

序号	公开（公告）号	申请日	国家或地区	被引证次数	当前法律状态
12	US20110158991A1	2011/3/9	美国	5	授权
13	EP3031810A1	2004/5/20	欧洲	2	授权
14	JP5208420B2	2004/5/20	日本	2	授权
15	EP1651162B1	2004/5/20	欧洲	1	授权
16	US8841425B2	2011/3/9	美国	1	授权
17	AU2004240541A1	2004/5/20	澳大利亚	—	授权
18	AU2004240541B2	2004/5/20	澳大利亚	—	授权
19	BRPI0410748A	2004/5/20	巴西	—	授权
20	BRPI0410748B1	2004/5/20	巴西	—	授权
21	BRPI0410748B8	2004/5/20	巴西	—	授权
22	CA2525130A1	2004/5/20	加拿大	—	授权
23	CA2525130C	2004/5/20	加拿大	—	授权
24	CN101186613B	2004/5/20	中国	—	授权
25	EP1651162A4	2004/5/20	欧洲	—	授权
26	EP3031810B1	2004/5/20	欧洲	—	授权
27	EP3524611A1	2004/5/20	欧洲	—	授权
28	EP3524611B1	2004/5/20	欧洲	—	授权
29	EP3851126A1	2004/5/20	欧洲	—	实质审查
30	JP2007514646A5	2004/5/20	日本	—	授权
31	KR101145506B1	2004/5/20	韩国	—	授权
32	KR1020060003120A	2004/5/20	韩国	—	授权
33	MXPA05011811A	2004/5/20	墨西哥	—	授权
34	NZ542695A	2004/5/20	新西兰	—	授权
35	IL171170A	2005/9/29	以色列	—	权利恢复
36	HK1116777A	2008/7/2	中国香港	—	授权
37	IL213876A	2011/6/30	以色列	—	权利恢复
38	IL213876D0	2011/6/30	以色列	—	权利恢复
39	IL223297A	2012/11/27	以色列	—	权利恢复
40	IL223297D0	2012/11/27	以色列	—	权利恢复
41	JP2013082733A	2013/1/4	日本	—	授权
42	JP5563673B2	2013/1/4	日本	—	授权

续表

序号	公开（公告）号	申请日	国家或地区	被引证次数	当前法律状态
43	IL231810A	2014/3/30	以色列	—	权利恢复
44	IL231810D0	2014/3/30	以色列	—	权利恢复
45	IL238894A	2015/5/19	以色列	—	权利恢复
46	IL238894D0	2015/5/19	以色列	—	权利恢复
47	IL241211A	2015/9/6	以色列	—	权利恢复
48	IL241211D0	2015/9/6	以色列	—	权利恢复
49	HK1225022A	2016/11/21	中国香港	—	公开
50	HK40012682A	2016/11/21	中国香港	—	授权

可以看出，相较于 DM1，伊缪诺金明显加强了 DM4 的专利布局。截至目前，可以确定的是伊缪诺金涉及 DM4 的相关专利已经在多达 12 个国家或地区获得了专利权，并且跟 DM1 的核心专利组合目前都处于专利权到期的状态不同，涉及 DM4 的大量专利权目前都处于有效期内。经分析，涉及 DM4 的上述专利权在美国、日本、韩国等都获得了较大的保护范围，基本上是以马库什结构的形式，保护了包括 DM4 在内的支链含有位阻巯基的母核化合物。其中，在美国的专利申请 US20040235840A1 及其授权专利 US7276497B2 的被引用次数最高，共计达到了 362 次，可见其作为 DM4 的基础专利在 ADC 领域的重要性。US7276497B2 在中国的同族 CN1956722A 目前已经被驳回失效，不过其分案申请 CN101186613B 已经于 2014 年 9 月 17 日获得授权，授权的范围为包括 DM4 在内的马库什结构的化合物，结构如下：

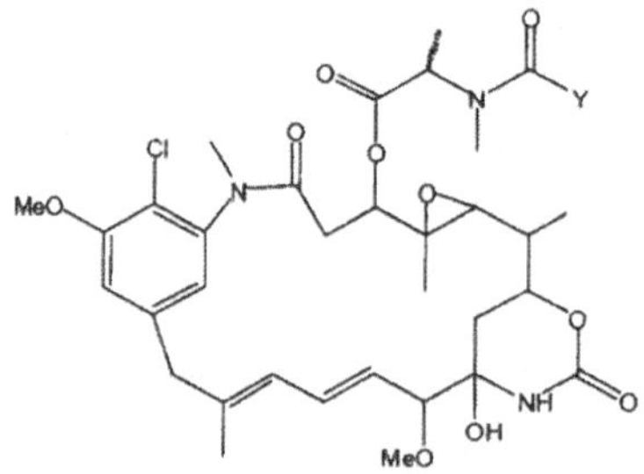

其中：

Y 代表

$(CR_7R_8)_l\ (CR_5R_6)_m\ CR_1R_2SZ$，其中：

a）R_1、R_5、R_6、R_7 和 R_8 是 H；R_2 为甲基，l 是 1，m 是 1，并且 Z 是 H；

b）R_1、R_5、R_6、R_7 和 R_8 是 H；R_2 为甲基，l 是 1，m 是 1，并且 Z 是 SCH_3；

c）R_5、R_6、R_7 和 R_8 是 H；R_1 和 R_2 为甲基，1 是 1，m 是 1，并且 Z 是 H；或

d）R_5、R_6、R_7 和 R_8 是 H；R_1 和 R_2 为甲基，1 是 1，m 是 1，并且 2 是 SCH_3。

2. *伊缪诺金利用核心专利开展商业合作*

对伊缪诺金来说，美登素类细胞毒素是其 TAP 技术的核心部分，在众多的美登素类细胞毒素中，DM1 和 DM4 是其最核心和最成功的两个，也是目前美登素类 ADC 药物中使用最为广泛的两个。依靠 DM1 和 DM4，伊缪诺金完成了与罗氏、拜耳、赛诺菲等公司的合作。2000 年，伊缪诺金将基于 DM1 为基础的 TAP 技术许可给罗氏，罗氏即围绕相关基础专利进行广泛的专利布局，并于 2013 年成功推出用于治疗转移性乳腺癌的 ADC 药物 Kadcyla。另外，伊缪诺金还通过 DM4 的相关技术与赛诺菲达成合作，分别推出了 SAR3419 和 SAR566658。SAR3419 由靶向 CD19 的抗体 huB4 与 DM4 组成，SAR566658 由靶向 CA6 的抗体 huDS6 与 DM4 组成。

3. *伊缪诺金的成功经验*

伊缪诺金作为一个中小型的制药企业，能够在豪强环伺的药物研发领域占有一席之地，引得诸多公司和研发机构与其竞相合作，其成功经验值得我们学习借鉴。

第一，伊缪诺金在 ADC 领域引起轰动的 DM1 专利的优先权是 1989 年，距离该公司成立（1981 年）才短短 8 年时间。此时对于伊缪诺金而言，如果要针对 DM1 进行全面的横向和纵向布局需要耗费大量的资源，因此伊缪诺金也并未仓促地针对 DM1 的外围专利进行布局，而是凭借 DM1 专利积极寻求合作，分别将其 TAP 技术许可给了罗氏、赛诺菲等大型制药企业。借用大型企业的资金和研发实力，快速地完成围绕 DM1 外围技术的专利布局。所以，对于中小型企业而言，在企业创业的初期，可以集中资源在关键技术上进行研发寻求突破，并围绕核心创新成果积极进行专利布局。在获得核心技术后，除了凭借自己的实力完成外围技术的专利布局之外，也可以考虑与领域内的其他大型创新主体进行合作，以快速实现完善的专利布局和技术应用。

第二，伊缪诺金是典型的以技术求生存的生物科技公司，其以技术研发为核心，在关键技术上持续高额地投入，并周密地进行专利布局，严密地控制着整个美登素类 ADC 药物的发展方向。在获得 DM1 核心专利后的十多年里，伊缪诺金并未进一步投入到 DM1 的实际应用和外围专利的布局上，而是始终着力于前沿技术的开发，在 DM1 核心专利到期前，又开发出了细胞毒性更强的 DM4。同时，伊缪诺金通过掌握的核心专利与大型药企广泛地开展合作，使得

其在 ADC 领域始终占有举足轻重的地位。是选择“遍地开花”还是“单刀直入”？对于创新型的中小企业而言，或许可以借鉴类似的专利布局思路。在企业实力尚弱之际，集中力量获得核心专利后，通过技术合作获得资金，并保持对核心技术的研发投入，确保在核心技术上始终处于领先的地位。

七、市场追击战背后的专利布局武器

企业通过专利布局规划，最终目的是要在市场竞争中获得胜利。对于技术密集型行业而言，提前进行专利规划布局的企业往往更容易在市场竞争中占据先机。然而，并非所有的企业都能完美地做好各个细分领域的储备型布局，因为会受到市场变化、政策调整和技术更迭等多种因素影响，需要企业具有非常准确的前瞻性，同时也有一定的偶然性。那么对于在专利规划布局中起步较晚，并已经在市场竞争中处于劣势的企业，是否还有追击逆袭的可能呢？实际上对于有经验的大企业而言，仍然可以通过已有的专利资源以及针对性的专利布局，在一定程度上挽回市场竞争上的颓势。

【案例 8】葛兰素史克的追击❶

宫颈癌是一种主要由 HPV 病毒引起的癌症，也是少数可以通过疫苗进行预防的癌症之一。随着大家对癌症预防的重视，宫颈癌疫苗的市场不断扩大。中国第一款国产的宫颈癌疫苗直到 2020 年才获批上市销售，在此之前，只有两款国外企业研制宫颈癌疫苗上市销售，分别是默沙东的“佳达修”❷和葛兰素史克的“卉妍康”（进入中国内地后的商品名为“希瑞适”）。

佳达修是默沙东研发的重组 HPV 疫苗，主要针对 HPV6、HPV11、HPV16、HPV18 四种类型的病毒。希瑞适是葛兰素史克研发的 HPV 疫苗，主要针对 HPV16、HPV18 两种类型的病毒。佳达修是全球第一款宫颈癌疫苗产品，其于 2006 年就被 FDA 批准正式进入美国市场，并迅速抢占市场，成为该领域绝对的“领头羊”。而卉妍康直到 2009 年才被批准进入美国，不管是专利布局还是市场占有率方面，葛兰素史克在宫颈癌疫苗方面都落后于默沙东。根据 Bloomberg 显示，2020 年佳达修/佳达修 9 合计销售额约 39.38 亿美元。2019 年卉妍康（希瑞适）的销售额仅有 0.64 亿美元，虽然 2020 年有所恢复，但销售额也仅有

---

❶ 杨铁军. 产业专利分析报告（第 36 册）：抗肿瘤药物［M］. 北京：知识产权出版社，2015：578-605.

❷ 佳达修分为四价和九价两种，九价佳达修通常称为佳达修 9，如无特别说明，本文中佳达修指四价佳达修。

1.80 亿美元,[1] 不到佳达修/佳达修 9 的 1/20。但是卉妍康并非一直被佳达修“吊打”，也曾一度发起反击。在 2007—2011 年，卉妍康销售额一路持续增长，不断侵占佳达修的市场份额。在这一时期，甚至一度形成了“双寡头”的局面。默沙东在该领域的专利布局是领先于葛兰素史克的，其在 1995 年和 1996 年就提出了多项宫颈癌疫苗的核心专利申请，这对其他竞争者来说已经形成了一道不可逾越的专利壁垒。但葛兰素史克作为疫苗行业的领先企业，也通过自己的努力在一定时期内实现了追赶。虽然市场销售额与诸多因素相关，本文仅从专利布局的角度分析葛兰素史克的追赶手段。

1. 佳达修的专利布局

默沙东从 1995 年就开始布局宫颈癌疫苗相关专利，其中与上市疫苗佳达修密切相关的是 1995—1996 年提出的四件系列申请，如表 7-6 所示。

表 7-6 默沙东针对佳达修布局的核心专利

序号	公开（公告）号	申请日	技术方案	同族国家/地区（简写）
1	WO9531532A1	1995/5/15	主要涉及 HPV L1、L2 蛋白、衣壳蛋白和 VLP，HPV 型别选自 6、11、16、18、31、33、35、41、45、58；同时还包括纯化蛋白的方法、疫苗、药物组合物、表达系统等	DE，NO，FI，RU，PT，BG，JP，DK，EP，CN，MX，NZ，HU，ES，BR，AT，AU，CZ，WO，SK，PL，RO，CA
2	WO9615247A1	1995/11/13	与序号 1 的专利相似，主要涉及 HPV L1、L2 蛋白、衣壳蛋白和 VLP，HPV 型别选自 6、11、16、18、31、33、35、41、45、58	DE，FI，RU，PT，JP，DK，KR，HR，EP，CN，MX，NZ，UA，HU，ES，BR，AR，AT，AU，CZ，WO，SK，YU
3	WO9629413A2	1996/3/18	主要涉及 HPV18 L1、L2 蛋白和 VLP，还包括疫苗组合物以及药物组合物等延伸内容	DE，NO，IL，PT，JP，DK，KR，EP，CN，MX，NZ，HU，ES，AT，AU，CZ，WO，SK，EA，PL，CA，NL

[1] 东方财富网. 2021 年全球宫颈癌疫苗行业市场现状及发展前景预测 HPV 疫苗市场规模将进一步扩大［EB/OL］.（2021-7-30）［2022-8-10］. https://baijiahao.baidu.com/s?id=1706697596136401567&wfr=spider&for=pc.

续表

序号	公开（公告）号	申请日	技术方案	同族国家/地区（简写）
4	WO9630520A2	1996/3/26	主要涉及 HPV6、11 杂交的 L1 蛋白、衣壳蛋白和 VLP，还包括疫苗组合物以及药物组合物等延伸内容	DE，NO，IL，PT，JP，DK，ZA，KR，EP，CN，NZ，HU，ES，AT，AU，CZ，WO，SK，EA，PL，CA

从表 7-6 可以看出，序号 1~4 的专利均主要保护 HPV L1、L2 蛋白，HPV L1、L2 蛋白是已上市的宫颈癌疫苗佳达修的活性成分，且上述专利也涵盖了佳达修涉及的四种高危病毒型别（6、11、16、18）。默沙东在佳达修上市的十年前就完成了相关产品核心专利在全球多达二十多个国家或地区的专利布局，可以说为后来的竞争者构筑了一道坚实的专利壁垒。

2. 卉妍康的追赶之路

葛兰素史克针对宫颈癌疫苗的专利申请整体晚于默沙东的专利布局，其关于宫颈癌疫苗的重点专利分布如表 7-7 所示。

表 7-7 葛兰素史克关于宫颈癌疫苗的重点专利

序号	公开（公告）号	申请日	技术方案	同族国家/地区（简写）
1	WO9910375A2	1998/8/17	涉及 HPV16、HPV18 的 E6 和 E7 早期蛋白	DE，NO，IL，UY，IN，JP，KR，ZA，EP，CO，NZ，HU，ES，BR，AT，AU，MA，WO，PH，GB，PL，US，CA，TR
2	WO9933868A2	1998/12/18		DE，NO，IL，JP，KR，ZA，EP，NZ，CO，HU，ES，BR，AR，AT，AU，WO，PH，GB，PL，US，CA，TR

续表

序号	公开（公告）号	申请日	技术方案	同族国家/地区（简写）
3	WO0117550A2	2000/9/6	涉及多种病毒抗原的多联疫苗	DE，NO，HK，PT，JP，DK，NZ，HU，BR，WO，GB，GC，US，CA，IL，IN，ZA，KR，EP，MX，MY，ES，AT，AU，CZ，PH，PL，TR
4	WO0117551A2	2000/9/7		DE，NO，HK，TW，PT，JP，DK，NZ，HU，BR，SG，SI，WO，GB，GC，US，CA，IL，IN，KR，ZA，EP，MX，CO，MY，ES，AT，AU，CZ，PH，PL，TR
5	WO0208435A1	2001/7/20	涉及 HPV 早期蛋白在宿主细胞中的密码子优化和高水平表达	DE，NO，IL，HK，PT，IN，JP，DK，KR，EP，CN，MX，NZ，HU，ES，BR，AT，AU，CZ，WO，PL，CA
6	WO02087614A2	2002/4/25	涉及多种病毒抗原的多联疫苗	NO，IL，IN，JP，KR，ZA，EP，CN，MX，NZ，MY，HU，BR，AR，AU，CZ，WO，GB，PL，US，CA
7	WO03078455A2	2003/3/17	涉及多种型别的 HPV L1、L2 蛋白和 VLP	AU，JP，WO，EP，GB，US，CA
8	WO03077942A2	2003/3/17	涉及 HPV 多价疫苗，多种病毒抗原的多联疫苗，L1 和 L2 的晚期蛋白，E1～E7 早期蛋白，疫苗制剂	NO，TW，JP，NZ，UA，BR，OA，WO，GB，EA，US，CA，EC，IL，IN，KR，ZA，IS，EP，CN，MX，MY，AP，AR，AU，PL

续表

序号	公开（公告）号	申请日	技术方案	同族国家/地区（简写）
9	WO2004031222A2	2003/10/1	涉及 HPV 多价疫苗，早期蛋白	NO，RU，TW，IN，JP，KR，ZA，IS，EP，CN，MX，CO，NZ，BR，AR，AU，MA，WO，GB，PL，US，CA
10	WO2004052395A1	2003/12/5	涉及 HPV L2 蛋白和 VLP、E1～E7 的蛋白的组合、疫苗制剂	AU，WO，GB
11	WO2004056389A1	2003/12/18	HPV 多价疫苗、L1 蛋白、疫苗制剂	DE，NO，HK，TW，PT，JP，DK，NZ，BR，OA，MA，WO，EA，CA，EC，IL，KR，IS，EP，CN，MX，MY，AP，AR，AT，AU，PL
12	WO2005123125A1	2005/6/14	主要涉及 HPV 晚期蛋白、HPV 多价疫苗、疫苗制剂等技术内容	NO，IL，RU，TW，PT，JP，KR，DK，LU，HR，EP，CN，MX，ES，BR，AR，AU，SG，MA，PE，WO，PL，CA，NL
13	WO2006114312A2	2006/4/24		AR，NO，AU，SG，JP，WO，EP，CN，MX，EA，CA
14	WO2006114273A2	2006/4/24		NO，UY，JP，EP，CN，MX，BR，AR，AU，SG，WO，EA，CA
15	WO2007068907A2	2006/12/12		NO，HK，TW，PT，JP，DK，HR，NZ，BR，SG，MA，WO，EA，CA，US，IL，KR，EP，CN，MY，ES，CR，AR，AT，AU，PE，PL

续表

序号	公开（公告）号	申请日	技术方案	同族国家/地区（简写）
17	WO2010012780A1	2009/7/29	主要涉及 HPV 晚期蛋白、HPV 多价疫苗、疫苗制剂等技术内容	RS，IL，PT，JP，KR，DK，ZA，HR，EP，CN，DO，MX，CO，NZ，ES，BR，AU，MA，PE，WO，SM，EA，PL，CA
18	WO2010149752A2	2010/6/24		IL，JP，KR，ZA，CL，DO，CN，EP，MX，CO，CR，BR，AU，SG，MA，PE，WO，EA，CA

从葛兰素史克的专利布局来看，其在 1998 年才开始布局涉及 HPV16、HPV18 的 E6 和 E7 早期蛋白，而直到 2003 年才出现与卉妍康相关的核心专利（WO03078455A2）申请，这与默沙东在 1995 年开始布局佳达修核心专利相比，足足晚了 8 年。但从上述专利布局中也可以发现，葛兰素史克在 2005 年之后就申请并布局了大量涉及宫颈癌疫苗制剂的相关专利，以及也重点布局关于多种病毒抗原的多联疫苗，在外围专利布局方面稍微领先于默沙东，从侧面扳回一局。

另一个值得注意的与宫颈癌疫苗密切相关的基础专利是 WO9420137（该专利不是默沙东申请的专利，所以未体现在上述表格中），该专利是罗切斯特大学 1994 年提交的，涉及将来源于 HPV6、HPV11、HPV16、HPV18 的 L1 蛋白在昆虫细胞中表达，自组装形成 VLP，并且诱导产生大量中和抗体。该专利的申请日早于默沙东 1995 年和 1996 年申请的四件核心专利，并且默沙东的宫颈癌产品也会涉及该专利请求保护的技术方案。1995 年，Medimmune 公司获得了上述专利的使用权，而几年后，参与到宫颈癌疫苗竞争的葛兰素史克则从 Medimmune 公司购买获得了该专利的使用权。

3. *卉妍康实现追赶的两张王牌*

葛兰素史克关于卉妍康的专利申请远远晚于默沙东关于佳达修的专利申请，但是其通过外围专利布局、收购核心专利等手段，仍然实现了在 2007—2011 年对佳达修销售额的追赶。在这一时期内，卉妍康面对默沙东的专利壁垒仍然强势突起，其背后专利布局的经验值得我们借鉴。

第一，葛兰素史克作为全球疫苗领域的领先企业，虽然在具体的宫颈癌疫苗产品上布局稍晚于默沙东，但是其早期从罗切斯特大学购买了基础专利WO9420137的使用权，这项技术与默沙东的宫颈癌疫苗的生产密切相关。葛兰素史克通过前期自己的专利储备，在宫颈癌疫苗技术上与默沙东存在一定的互补性，这也促成了其与默沙东之间的交叉许可协议，双方约定分享各自的专利资源，这是突破默沙东核心专利构筑的专利壁垒非常关键的棋子。

第二，通过对葛兰素史克核心专利的分析可知，葛兰素史克从2005年开始围绕HPV多价疫苗的技术主题开展外围的专利布局，全面涉及HPV晚期蛋白、多价疫苗和疫苗制剂等各个方面。得益于其在疫苗领域雄厚的技术积累，就疫苗制剂的专利而言，葛兰素史克的专利数量大幅领先默沙东。所以，葛兰素史克通过后期的外围专利布局，增强了对疫苗产业链下游技术的控制力，在一定程度上扭转了在早期蛋白方面布局落后于默沙东的不利局面。

第八章

基因技术领域高质量专利的价值实现

第一节　培育高质量专利的意义

党的十九大报告指出，我国经济已由高速增长阶段转向高质量发展阶段。而高质量发展对创新提出了从“数量”到“质量”的转变要求。培育高价值专利既是我国经济社会发展的迫切需要，也是实施创新驱动发展的迫切需要，更是建设知识产权强国的迫切需要。致力于培育高价值专利，才能筑牢加快知识产权强国建设的根基，破解发展难题，为经济社会发展和人民生活的改善提供有力支撑。

一、宏观意义

专利权作为一种无形资产，其真正的意义并不在于权利的获得，而在于权利能否得到运用从而实现价值。高质量专利不一定能够成为高价值专利，但高价值专利通常需要建立在高质量的基础上。

2020 年 11 月 30 日，习近平总书记在中央政治局第二十五次集体学习时强调，“当前，我国正在从知识产权引进大国向知识产权创造大国转变，知识产权工作正在从追求数量向提高质量转变”。

进入新发展阶段，推动高质量发展是保持经济持续健康发展的必然要求。《知识产权强国建设纲要（2021—2035 年）》提出，完善以企业为主体、市场为导向的高质量创造机制并建立机理创新发展的知识产权市场运行机制。《中华人民共和国国民经济和社会发展第十四个五年规划和 2035 年远景目标纲要》首次将“每万人口高价值发明专利拥有量”纳入经济社会发展主要指标，并明确到 2025 年达到 12 件的预期目标。推动经济社会高质量发展，离不开高价值专利的支撑。

从价值实现的角度重新审视专利质量，有助于在创造高质量申请时提高站位、丰富视角。

二、专利的价值评价标准

《知识产权强国建设纲要（2021—2035 年）》提出，健全运行高效顺畅、价值充分实现的运用机制。例如，建立知识产权交易价格统计发布机制；深入开展知识产权试点示范工作，推动企业、高校、科研机构健全知识产权管理体系，鼓励高校、科研机构建立专业化知识产权转移转化机构。建立规范有序、充满活力的市场化运营机制。例如，支持开展知识产权资产评估、交易、转化、托管、投融资等增值服务；完善无形资产评估制度，形成激励与监管相协调的管理机制；积极稳妥发展知识产权金融，健全知识产权质押信息平台，鼓励开展各类知识产权混合质押和保险，规范探索知识产权融资模式创新。

可见，知识产权价值实现离不开运用，而高价值专利的有效运用离不开政策的扶持和有效的知识产权价值评估体系。传统的专利价值评估模型有多种，例如常见的LS模型、CHI专利价值评估模型、专利价值分析指标体系等，都可以用于高价值专利的筛选。

从广义上看，在市场占有和维持中、在资本吸引中、在技术交易中起到关键作用的专利都可以被称为高价值专利。例如，在药物研发过程中产生了一大批专利，其中有一些核心专利起到了最为关键的作用，比如化合物专利，因为它保护了产品的核心，这种专利被称为高价值专利。

具象一点，高价值专利通常应具备以下四个主要特征：一是“高”，即技术研发创新难度高；二是“稳”，即专利权利稳定；三是“好”，即专利产品市场前景好；四是“强”，即专利技术竞争力强。[1]

中南大学知识产权研究院执行副院长何炼红认为：专利的价值应当结合特定历史条件来考察，体现为专利的客观属性对市场和社会公众所发生的效应和作用，以及市场和社会公众对它的评价和认可。高价值专利，从广义上说应包含着两个互相联系的方面：一是专利具有“有益性”，其存在对于企业发展乃至一个地区、国家的经济社会发展有重要的作用或战略意义；二是专利具有“有用性”，能带来高价值的增长预期和收益回报。具体而言，高价值专利可以从法律、市场、技术三个维度进行评测。从法律维度来看，高价值专利就是“经得起考验”的高质量专利，专利文件要经得起实质审查、无效宣告请求、侵权诉讼等一系列行政授权确权和民事诉讼程序的检验和推敲。从市场维度来看，高价值专利就是“卖得出价钱”的专利，既可能是现在的市场溢价，也可能是未来的坐地收银，要立足瞬息万变的市场进行动态估值。从技术维度来看，高价值专利就是“占得住关隘”的专利，如果说专利的数量是“跑马圈地”，那么高价值专利就是占住了易守难攻的“关隘”，尽显地利之势，其可能是基

---

[1] 苗文新．高价值专利再多些［EB/OL］．（2017-6-8）［2022-8-10］．https://www.cnipa.gov.cn/art/2017/6/8/art_664_48865.html.

础性的技术入口专利，也可能是承接性的关键节点专利，还可能是前沿性的技术制高点专利❶。

国家知识产权局知识产权发展研究中心原主任韩秀成认为，高价值专利至少应具备以下条件：一是有一个高水平、高技术含量的技术方案或是实用性较强的技术方案；二是由高水平专业人员撰写的高质量专利申请文件，对发明创造作出了充分保护的描述；三是依法严格审查，符合专利的授权条件，权利有较好的稳定性；四是有良好的国内外市场前景，产品市场占有率高，或者有很好的市场控制力，有的可能还没有转化成实实在在的产品，但对于当前或者未来而言能够增强其市场竞争力❷。

也有一种观点认为，从狭义上讲，高价值专利是指具备高经济价值的专利。很多情况下，具有高市场价值或潜在高市场价值的专利之所以没有体现出高经济价值，可能是由于一些客观或主观因素造成的迟滞，比如战略时机上的考虑。因此，从高价值专利的筛选上讲，广义地将高（潜在）市场价值专利和高战略价值专利的并集视为高价值专利是可取的一种方式。高价值专利的价值维度包括技术价值、法律价值、市场价值、战略价值、经济价值❸。

可见，专利价值的实现，需要从专利撰写、布局、审查、市场运营等多方面入手，在权利稳定的前提下尽量取得更大的保护范围以配合其他价值实现手段。高质量的预检索，有助于提升专利申请文件的针对性；提高申请文件撰写质量，有助于取得更大的保护范围；熟悉专利审查、复审、无效制度，有助于在各阶段做好预防性的应对措施、保障权利的稳定；熟悉侵权判定规则，有助于保障确权与维权的顺利进行。

由于高价值专利具有技术、法律、市场、战略、经济等多重属性，高价值专利的准确评估一直存在困难。

2021 年 3 月 29 日，国家知识产权局战略规划司司长葛树介绍，我国明确将以下五种情况的有效发明专利纳入高价值发明专利拥有量统计范围，高价值发明专利第一次有了相对比较明确的官方统计标准：

①战略性新兴产业的发明专利；

②在海外有同族专利权的发明专利；

③维持年限超过 10 年的发明专利；

---

❶ 何炼红：多维度看待高价值专利［EB/OL］.（2017-6-2）［2022-8-10］. https://www.cnipa.gov.cn/art/2017/6/2/art_55_126035.html.

❷ 韩秀成：如何培育高价值专利［EB/OL］.［2017-6-16］［2022-8-10］. https://www.cnipa.gov.cn/art/2017/6/16/art_664_48864.html.

❸ 马天旗. 高价值专利培育与评估［M］. 北京：知识产权出版社，2018：2.

④实现较高质押融资金额的发明专利；

⑤获得国家科学技术奖或中国专利奖的发明专利。

以上五种情况也在2021年9月24日发布的《“十四五”国家知识产权保护和运用规划》中再次得到了确认，具体如表8-1所示。

表8-1　“十四五”时期知识产权发展主要指标

指标	2020年	2025年	累计增加值	属性
1. 每万人口高价值发明专利拥有量（件）	6.3	12.0	5.7	预期性
2. 海外发明专利授权量（万件）	4	9	5	预期性
3. 知识产权质押融资登记金额（亿元）	2180	3200	1020	预期性
4. 知识产权使用费年进出口总额（亿元）	3194.4	3500.0	305.6	预期性
5. 专利密集型产业增加值占GDP比重（%）	11.6	13.0	1.4	预期性
6. 版权产业增加值占GDP比重（%）	7.39	7.50	0.11	预期性
7. 知识产权保护社会满意度（分）	80.05	82.00	1.95	预期性
8. 知识产权民事一审案件服判息诉率（%）	—	85	—	预期性

注：“每万人口高价值发明专利拥有量”是指每万人口本国居民拥有的经国家知识产权局授权的符合下列任一条件的有效发明专利数量：①战略性新兴产业的发明专利；②在海外有同族专利权的发明专利；③维持年限超过10年的发明专利；④实现较高质押融资金额的发明专利；⑤获得国家科学技术奖、中国专利奖的发明专利。

自此，高价值专利有了明确的统计标准，这五项统计标准在一定程度上反应了专利的技术、法律、市场、战略、经济价值。

第二节　基因技术领域高质量专利典型案例分析及借鉴

随着基因技术产业热潮迭起，创新发展分秒必争，与之相伴出现的市场之争也逐渐显现，专利被推到了更为显眼的位置，其价值在技术先进性、市场独占性等方面得以体现。如何准确评估专利的价值并高效地运用它，对于专利权人来说存在各种各样的难题。本节将结合基因技术领域部分案例对高质量专利的典型表现进行分析，为创新主体高效运用专利价值提供借鉴和参考。

一、战略价值实现

（一）整体战略价值

从宏观角度而言，专利的战略价值可以体现在其所处的技术领域上。

为贯彻落实党的十九届五中全会关于发展战略性新兴产业部署要求，加强战略性新兴产业专利分析及动向监测，满足战略性新兴产业专利活动的统计需要，国家知识产权局于2021年2月7日发布了《战略性新兴产业分类与国际专利分类参照关系表（2021）（试行）》，范围包括新一代信息技术产业、高端装备制造产业、新材料产业、生物产业、新能源汽车产业、新能源产业、节能环保产业、数字创意产业、相关服务业九大战略性新兴产业领域以及脑科学、量子信息和区块链等关键核心技术领域，建立与国际专利分类的参照关系。经合并去重，共建立关系1872条，涉及国际专利分类表8个部、89个大类、317个小类、2893个大组、35473个小组。

战略性新兴产业分类与国际专利分类参照关系表的第四部分正是针对生物产业制定，具体如表8-2所示。

表8-2 生物产业的战略性新兴产业

战略性新兴产业分类	战略性新兴产业名称	国际专利分类	关键词概述
4	生物产业		
4.1	生物医药产业	A61K31＊、A61K38＊、A61K39＊、A61K47＊、A61K48＊	生物药品制造；基因工程药物和疫苗制造；药用辅料及包装材料制造；制药专用设备制造；医疗器械研究；疫苗抗原大规模培养、疫苗抗原纯化技术基础研究等医学研究和试验发展；实验室仪器设备、试剂的检测监测服务；生物实验室、制药生产车间的设计服务；动物生物资源收集、保存和利用服务；药物信息等技术推广；针对重大疑难病症的生物治疗服务；基因检测服务
		A61K33＊、C07J＊	化学药品原料药、制剂制造
		A61K9＊、C07K＊	生物药品制造；基因工程药物和疫苗制造

续表

战略性新兴产业分类	战略性新兴产业名称	国际专利分类	关键词概述
4.1	生物医药产业	A61P＊、C07C＊（不含 C07C1＊、C07C2/00、C07C2/30、C07C4/02、C07C4/12、C07C4/22、C07C5/333、C07C6/04、C07C7/13、C07C7/177、C07 C9/10、C07C9/21、C07C9/22、C07C11＊、C07C13/12、C07C13/20、C07C13/50、C07C13/68、C07C15＊、C07C21/14、C07C27 ＊、C07 C29 ＊、C07C31＊、C07C35/28、C07C35/36、C0 7C37/18、C07C37/84、C07C39/23、C07C41/28、C07C41/40、C07C41/44、C07C4 3＊、C07 C45/49、C07C47/02、C07C49/00、C07C49/205、C07C49/258、C07C49/573、C07 C49/713、C07C 51 ＊、C07C55/12、C07C59/00、C07C59/11、C0 7C61/13、C07C63/24、C07C63/38、C07C67＊、C07C69＊、C07C71/00、C07C 203/00、C07C 205/05、C07C209/22、C07C209/44、C07C211＊、C0 7C215＊、C07 C217/14、C07C217/30、C07C217/76、C07C219/08、C07C 219/10、C07C229/68、C07C231＊、C07C233＊、C07C235＊、C07C 237/32、C07C2 45/14、C07C251/20、C07 C251/22、C07C253＊、C07C 255/20、C07C255/55、C07C269/02、C07C271/02、C07C271/68、C07C2 75/06、C07C275/10、C07C3 09＊、C07C311/06、C07C3 11/49、C07C313/28、C07C319 ＊、C07C3 23/41、C07 C333/20、C07C403/16、C07C409/08、C07C409/12）、C07D＊（不含 C07D201 ＊、C07D207/335、C07D 209/76、C07D211 ＊、C07 D213 ＊、C07D215＊、C07D2 23＊、C07D235＊、C07D239＊、C07D243/04、C07D249＊、C07 D2 51/38、C07D255/04、C07D277/84、C07D279/32、C07D293/12、C07D295/037、C07 D295/10、C07 D301＊、C07D307＊、C07D311/26、C07D3 11/68、C07D 313 ＊、C07D317 ＊、C07D319 ＊、C07D329 ＊、C07D333/10、C07D333/78、C07 D341/00、C07D401/00、C07D405＊、C07D413/02、C07D421/14、C07D487＊、C07D495/08）	生物药品制造；基因工程药物和疫苗制造；化学药品原料药、制剂制造；药用辅料及包装材料制造；制药专用设备制造；医疗器械研究；疫苗抗原大规模培养、疫苗抗原纯化技术基础研究等医学研究和试验发展；实验室仪器设备、试剂的检测监测服务；生物实验室、制药生产车间的设计服务；动物生物资源收集、保存和利用服务；药物信息等技术推广；针对重大疑难病症的生物治疗服务；基因检测服务
		C12Q1/68、C12Q1/70	基因检测服务

续表

战略性新兴产业分类	战略性新兴产业名称	国际专利分类	关键词概述
4.2	生物医学工程产业	A61B＊（不含A61B3/13、A61B3/135、A61B5＊、A61B8＊、A61B42＊、A61B46＊、A61B90＊）、A61C8＊、A61C13＊（不含A61C13/03、A61C13/083）、A61D1＊、A61F＊（不含A61F6＊、A61F13＊）、A61F13＊、A61K6＊、A61L＊（不含A61L2/00、A61L2/12、A61L2/14、A61L2/16、A61L2/18、A61L2/20、A61L2/22、A61L2/23、A61L2/232、A61L2/235、A61L2/238、A61L2/24、A61L2/26、A61L9＊、A61L12＊、A61L27＊、A61L28＊、A61L29＊、A61L31＊、A61L101＊）、A61M＊（不含A61M11/04、A61M15/02）、A61N＊、C12Q1/6886、G01N33/48、G01N33/483、G01N33/487、G01N33/49、G01N33/493、G01N33/497、G01N33/50、G01N33/53、G01N33/531、G01N33/532、G01N33/533、G01N33/535、G01N33/536、G01N33/537、G01N33/542、G01N33/543、G01N33/544、G01N33/545、G01N33/547、G01N33/549、G01N33/557、G01N33/558、G01N33/561、G01N33/563、G01N33/564、G01N33/566、G01N33/569、G01N33/571、G01N33/573、G01N33/574、G01N33/576、G01N33/577、G01N33/579、G01N33/58、G01N33/60、G01N33/64、G01N33/66、G01N33/70、G01N33/72、G01N33/74、G01N33/76、G01N33/78、G01N33/80、G01N33/82、G01N33/84、G01N33/86、G01N33/90、G01N33/92、G01N33/94、G01N33/96、G01N33/98、G16B＊	
		A61G＊	生物、医疗健康大数据共享平台、线上线下相结合的智能诊疗生态系统、健康相关的信息系统和云平台、应用人工智能技术的综合生物验证系统；分子生物信息分析处理系统

续表

战略性新兴产业分类	战略性新兴产业名称	国际专利分类	关键词概述
4.2	生物医学工程产业	A61K49＊、A61K50＊、A61K51＊	医用X射线、超声、电气、激光、微波、射频、高频诊断治疗设备等医疗诊断、监护及治疗设备制造；口腔科用、医疗实验室及医用消毒设备和器具制造；医疗、外科及兽医用器械制造；机械治疗及病房护理设备制造
		C12M1＊（不含C12M1/00、C12M1/08、C12M1/09、C12M1/28）、C12M3＊（不含C12M3/06、C12M3/10）	微生物检测分析仪器、诊断和筛查系统、微生物培养仪等医疗诊断、监护及治疗设备制造；分子生物信息分析处理系统；生物大数据共享平台、医疗健康大数据共享平台；利用生物技术及DNA技术开展医疗活动
		G01N33/68	血红蛋白检测、糖化血红蛋白检测分析仪器等医疗诊断、监护及治疗设备制造；健康相关的信息系统和云平台；健康查体中心服务
4.3	生物农业及相关产业	A01H1＊（不含A01H1/00、A01H1/02、A01H1/04、A01H1/06）、A01H3＊、A01N63＊、A01 N65＊、A23K10＊（不含A23K10/12）、A23K20＊、A23L27/21、C05F＊（不含C05F9＊、C05 F11/06）、C12C11/00、C12M1/00、C12N1/14、C12 N9/40、C12N9/42、C12N15/56、C12P19/14、C12Q1/6834、C12Q1/6867、C12Q1/689、C12Q1/6895	
		A01G＊（不含A01G25＊、A01G27＊、A01G33＊）、A01H4＊、C12N5/04	林木育种和育苗；种子种苗培育
		A01K＊（不含A01K11＊、A01K61＊、A01K67＊）	兽用化学药品和疫苗制造
		A01K61＊、A01K67＊、C12N5/07	畜牧良种繁殖；鱼苗及鱼种繁殖

续表

战略性新兴产业分类	战略性新兴产业名称	国际专利分类	关键词概述
4.3	生物农业及相关产业	A23L2 *（不含 A23L2/84）、A23L33/00、C12N1/20	发酵工程
		C05G1 *、C05G3 *	有机肥料及微生物肥料制造
		C12N1/19、C12N1/21	酶工程
		C12N15 *（不含 C12N15/56）	林木育种和育苗；种子种苗培育；畜牧良种繁殖；鱼苗及鱼种繁殖
4.4	生物质能产业	B01J2 *、C10L1 *、C10L5 *（不含 C10L5/44）	生物质液体燃料生产；生物质致密成型燃料加工
		C12P7 *	生物质液体燃料生产；生物质致密成型燃料加工；纤维素乙醇生产、原料纤维素分离技术研发等工程和技术研究和试验发展
		G01N30 *、G01N33 *（不含 G01N33/48、G01N33/483、G01N33/487、G01N33/49、G01N33/493、G01N33/497、G01N33/50、G01N33/53、G01N33/531、G01N33/532、G01N33/533、G01N33/535、G01N33/536、G01N33/537、G01N33/542、G01N33/543、G01N33/544、G01N33/545、G01N33/547、G01N33/549、G01N33/557、G01N33/558、G01N33/561、G01N33/563、G01N33/564、G01N33/566、G01N33/569、G01N33/571、G01N33/573、G01N33/574、G01N33/576、G01N33/577、G01N33/579、G01N33/58、G01N33/60、G01N33/64、G01N33/66、G01N33/68、G01N33/70、G01N33/72、G01N33/74、G01N33/76、G01N33/78、G01N33/80、G01N33/82、G01N33/84、G01N33/86、G01N33/90、G01N33/92、G01N33/94、G01N33/96、G01N33/98）	生物质能工程建设施工、资源评价体系、资源评估服务；纤维素乙醇生产、原料纤维素分离、F-T 合成生物质液体燃料、生物质直接液化、生物质快速裂解工艺、脱酸、酯化、重整工艺技术研发；生物质能产品检测服务、认证服务、工程验收及后评价服务、工程维及优化服务、项目尽职调查及风险评估服务、开发应用设计服务；纤维素乙醇生产、原料纤维素分离、F-T 合成生物质液体燃料、生物质直接液化、生物质快速裂解工艺、脱酸、酯化、重整工艺技术推广

续表

战略性新兴产业分类	战略性新兴产业名称	国际专利分类	关键词概述
4.5	其他生物业	A01G33 * 、A01K11 * 、A21C13 * 、A23B4/12、A23L3/3463、A61B3/13、A61B3/135、A61B90/20、C01B7/16、C07B * 、C07G3 * 、C07G5 * 、C08B13 * 、C08B16 * 、C08B30 * 、C08B31 * 、C08B33 * 、C08B37 * 、C08F251 * 、C08F277 * 、C08L1 * 、C08L3 * 、C08L89 * 、C09F * （不含 C09F3/02、C09F5/02、C09F5/04、C09F5/10）、C11B1 * 、C11B3 * 、C11B5 * 、C11B7 * 、C11B9 * 、C11B11 * 、C11B13 * 、C11B15 * 、C11C1 * （不含 C11C1/00、C11C1/02、C11C1/06、C11C1/08、C11C1/10）、C12N1/12、C12N9 * （不含 C12N9/40、C12N9/42）、C14C1 * 、C22B3/18、C25B13/08、D01C1 * 、D01C3 * 、D01F9/04、D06L4/40、D06M15/13、D06M16 * 、D21H13/32、D21H17/30、G01B9/04、G01N23/2251、G01N23/227、G02B21/00、G21K7/00、H01J37/26、H01J37/27、H01J37/285、H01J37/29	
		A23B7/10、A23F3/08、A23F3/10、A23K10/12、A23L2/84、A23L3/3571、A23L7/104、C12C11 * （不含 C12C11/00）、C12F *	高密度、固体、气体、清洁发酵技术装备等食品、酒、饮料及茶生产专用设备制造
		A23L * （不含 A23L2 * 、A23L3 * 、A23L7/104、A23L27/21、A23L33/00）	虾青素、叶黄素等海洋食品制造
		G06M *	生物特征识别设备，农、林生物技术专用仪器，畜牧业生物技术专用仪器，渔业生物技术专用仪器

战略性新兴产业第四部分涵盖了基因技术领域的所有分类号：A61K38、A61K39、A61K47/42、A61K48、C07K、C12N、C12P、C12Q。具体含义如下：

A 部——人类生活必需

A61 医学或兽医学；卫生学

A61K 医用、牙科用或梳妆用的配制品

A61K38/00 含肽的医药配制品

A61K39/00 含有抗原或抗体的医药配制品

A61K47/00 以所用的非有效成分为特征的医用配制品

A61K47/42 · ·蛋白质；多肽；它们的降解产物；它们的衍生物

A61K48/00 含有插入到活体细胞中的遗传物质以治疗遗传病的医药配制品；基因治疗

C 部——化学；冶金

C07 有机化学

C07K 肽

C12 生物化学；啤酒；烈性酒；果汁酒；醋；微生物学；酶学；突变或遗传工程

C12N 微生物或酶；其组合物；繁殖、保藏或维持微生物；变异或遗传工程；培养基

C12P 发酵或使用酶的方法合成目标化合物或组合物或从外消旋混合物中分离旋光异构体

C12Q 包含酶或微生物的测定或检验方法；其所用的组合物或试纸；这种组合物的制备方法；在微生物学方法或酶学方法中的条件反应控制

按照主分类号对中国发明专利申请量进行统计，可以看出在战略性新兴产业的“生物产业”中，基因技术领域申请始终占据一定的比例，且随着生物产业的蓬勃发展申请量逐年走高，具体如图 8-1 所示。

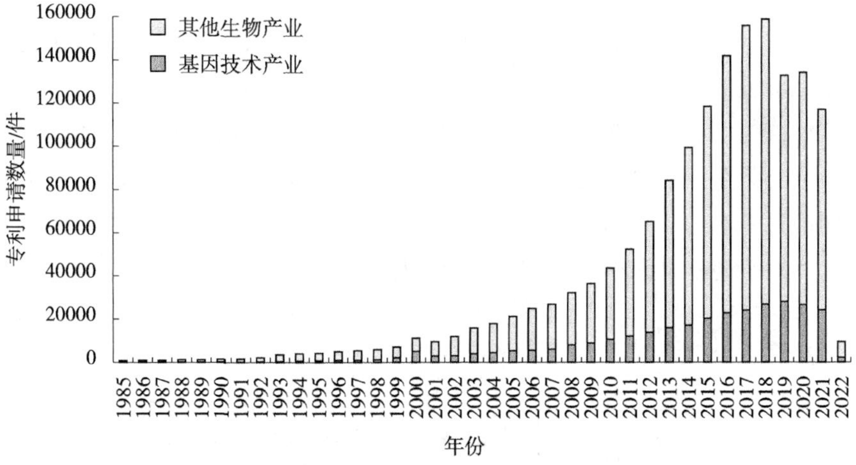

图 8-1　战略性新兴产业中生物产业的专利申请量趋势

（二）个体战略价值

对创新主体而言，专利的战略价值至少体现在保护和防御两方面。保护的意义在于维护专利技术的独占性，防止他人实施专利技术；而防御的意义在于为竞争对手的发展设置障碍，提升企业在行业内的话语权。

完善的专利布局和范围恰当的专利权可以很好地保护专利的独占性。但在专利布局中，专利数量多并不等同于布局完善。过小的保护范围也不利于保护，对手轻易就能够规避。了解侵权判定的原则有利于提升专利撰写质量，在个案的层面和专利组合的层面提升布局的有效性，提升专利的法律价值和战略价值。

专利侵权判定中，全面覆盖原则是最基础的一个原则。《最高人民法院关于审理侵犯专利权纠纷案件应用法律若干问题的解释》第七条规定：“人民法院判定被诉侵权技术方案是否落入专利权的保护范围，应当审查权利人主张的权利要求所记载的全部技术特征。”当被控物或侵权方案与权利要求中记载的全部技术特征不一致，只有部分相同，则不构成侵权。

也就是说，非必要技术特征过多、保护范围过小的专利权非常容易被“绕开”，形成没有实际保护意义的专利权，他人能够轻易享受创新主体所作出的技术贡献。这种情况下，申请专利不但没有给创新主体带来保护，反而因专利申请文件的公开而将创新主体的贡献拱手让人。

关于专利侵权判定的更多内容，参见本节“经济价值实现”中“（四）专利侵权诉讼”。

完善的专利布局不仅可用于保护自己，也可以通过完善的专利链条制约竞争对手的发展，甚至影响竞争对手的战略发展方向，最终为创新主体实现市场独占和经济收益。

因此，为了实现战略价值，完善的专利布局和范围适当且稳定的专利权是专利申请时需要反复思量的。专利导航、专利预警都可以为专利布局提供指引。贡献明确且留有修改余地的申请文件是取得范围适当且稳定的专利权的必要条件，这样的表现，可以视为专利高质量的体现。

二、市场价值实现

专利权具有地域性，其与专利的市场价值密切相关。关于国内市场的布局与考量，已有不少相关研究，本书第七章中也有所涉猎，本小节将补充介绍能够帮助专利更快、更广地实现其市场价值的途径和方式。

(一) 专利的海外布局

创新主体实现价值的市场除国内市场外，也应重视海外市场。即使暂时不发展海外市场，也不代表海外布局没有意义。在实践中，许多企业不重视海外市场的布局，甚至在出口产品前也不进行专利预警分析，导致产品出口后惹上侵权官司，承担巨大的经济损失。对于基因技术来说，其技术的应用在不同的地域间有其普适性，更应该重视相关区域的专利布局。

1. 基因技术领域专利海外布局现状

尽管基因技术领域近二十年国内申请呈井喷式增长，海外同族数量相对于其他领域来说也一直较高，但海外同族申请的数量并未与这种井喷式增长相匹配，相对较比较平缓。基因技术领域申请海外布局趋势如图 8-2 所示。

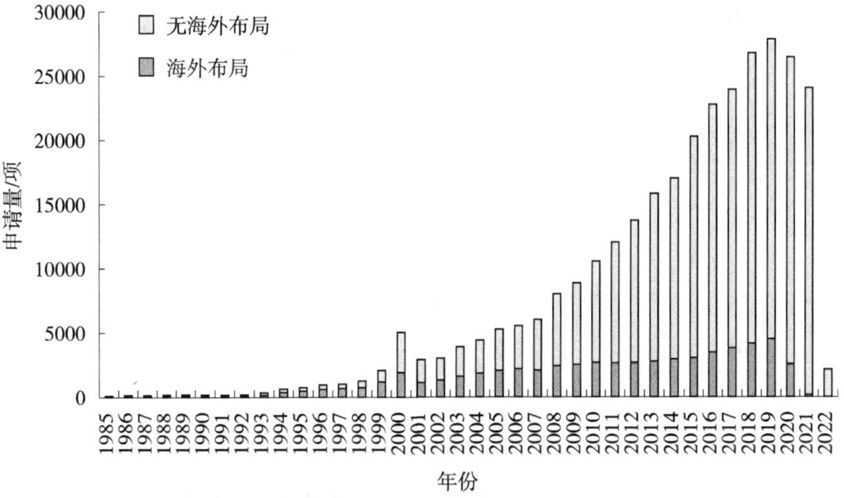

图 8-2　基因技术领域申请海外布局趋势

以 IPC 主分类号为入口统计上述有海外同族布局的专利申请，由图 8-3 可以看出 C12N（微生物或酶；其组合物；繁殖、保藏或维持微生物；变异或遗传工程；培养基）领域申请占据了绝大多数，其次为 C07K（肽）领域和 A61K（医用、牙科用或梳妆用的配制品）领域。

进一步分析上述五个 IPC 主分类号小类中案件的海外同族占比，可以看出 A61K 小类（具体为 A61K38、A61K39、A61K47/28、A61K48）为主分类号的案件海外布局最多，如图 8-4 所示。A61K 分类号代表医用、牙科用或梳妆用的配制品，与其他主分类号相比，A61K 分类下的专利与市售产品关系更为密切。

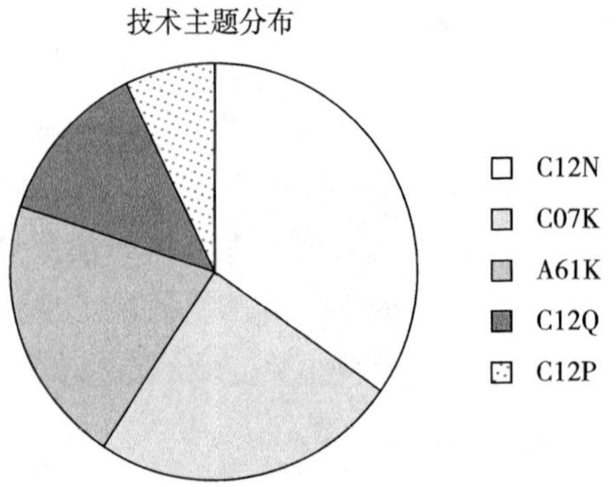

图 8-3 基因技术领域申请海外布局技术主题分布

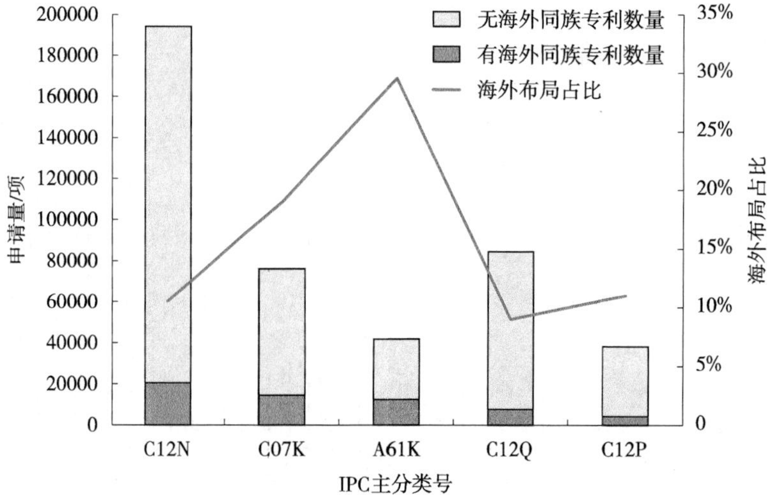

图 8-4 基因技术领域不同技术主题申请海外布局占比

2. *海外布局的途径*

(1) 专利保护遵循的国际保护原则

1) 国民待遇原则。国民待遇原则是众多知识产权公约所确认的首要原则，在《保护工业产权巴黎公约》(以下简称《巴黎公约》) 和《保护文学和艺术作品伯尔尼公约》(以下简称《伯尔尼公约》) 中均有体现，是指在知识产权保护方面，各缔约方 (成员) 之间相互给予平等待遇，使缔约方国民与本国国民享受同等待遇。国民待遇原则意在给予外国人与本国人以同等待遇，解决的是“内外有别”的不平等待遇问题。

具体而言，其包括两方面的内容：①各缔约方依照本国法已经或今后可能给予其本国国民的待遇；②非缔约方的国民如果在缔约方领土内有住所或真实、有效的工商业营业场所的，也享有与缔约方国民同等的待遇。

2）最惠国待遇。最惠国待遇是《TRIPs 协定》独有而其他相关国际公约未涉及的一项原则，是指任何一个国家（不限于缔约方成员）的国民在一个成员方管辖范围内所受到的而其他国家享受不到的待遇（包括任何利益、优惠、特权或豁免），都应当立即和无条件地给予其他成员的国民。最惠国待遇的核心是不应优待某一特定国家的国民而歧视其他国家的国民，是国际贸易组织的根本原则之一，是为保证贸易的公平竞争所必要的，其意在给予其他外国人与特定外国人以同等待遇，解决的是"外外有别"的歧视性待遇问题。

3）最低保护标准原则。最低保护标准是指各缔约方依据本国法对某条约缔约方国民的知识产权保护不能低于该条约规定的最低标准，这些标准包括权利保护对象、权利取得方式、权利内容及限制、权利保护期间等。该原则在《伯尔尼公约》和《TRIPs 协定》中均有体现，是对国民待遇原则的重要补充，旨在避免因制度差异而给国际协调带来不利影响、促使缔约方在知识产权保护水平方面统一标准。

4）公共利益原则。公共利益原则是指知识产权的保护和权利行使，不得违反社会公共利益，应保持公共利益和权利人利益之前的平衡，这一原则既是一国知识产权制度的价值目标，也是知识产权国际保护制度的基本准则。该原则在《巴黎公约》《伯尔尼公约》《TRIPs 协定》《世界知识产权组织版权条约》（WCT）以及《世界知识产权组织表演和录音制品条约》（WPPT）（概称为《互联网公约》）中均有体现。

（2）专利海外布局的申请途径

1）巴黎公约途径。《巴黎公约》于 1883 年 3 月 20 日在巴黎签订，1884 年 7 月 7 日生效，是知识产权领域第一个世界性的多边公约。《巴黎公约》的调整对象即保护范围是工业产权，包括发明专利权、实用新型、工业品外观设计、商标权、服务标记、厂商名称、货物标记或原产地名称以及制止不正当竞争等。《巴黎公约》的基本目的是保证一成员国的工业产权在所有其他成员国都得到保护，该公约与《保护文学和艺术作品伯尔尼公约》一起构成了全世界范围内保护经济"硬实力"和文化"软实力"的两个"基本法"。1985 年 3 月 19 日中国成为该公约成员国，我国政府在加入书中声明：中华人民共和国不受公约第 28 条第 1 款的约束。

2）PCT 途径。专利合作条约（Patent Cooperation Treaty，PCT）是于 1970 年签订的在专利领域进行合作的国际性条约，于 1978 年生效。该条约提供了关于在缔约国申请专利的统一程序。依照专利合作条约提出的专利申请被称为专利国际申请或 PCT 国际申请。自采用《巴黎公约》以来，它被认为是该领域进行国际合作最具有意义的进步标志。但是，它是主要涉及专利申请的提交、检索、审查以及其中包括的技术信息的传播的合作性和合理性的一个条约。PCT 不对“国际专利授权”：授予专利的任务和责任仍然只能由寻求专利保护的各个国家的专利局或行使其职权的机构掌握。

PCT 途径与巴黎公约途径相比较，在人力、时间及成本等方面都有其优势，二者的比较如图 8-5 所示。

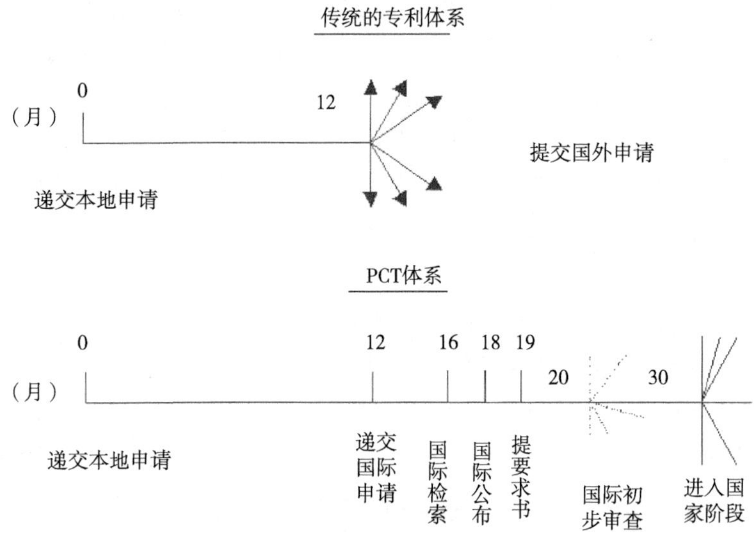

图 8-5　传统的专利体系与 PCT 体系的比较

传统的专利体系：国家申请提出后 12 个月内，按照《巴黎公约》规定，向其他不同国家提出的申请可以要求优先权，由于各个国家有不同的本国专利法，就会产生如下问题（多种形式要求）：

◇ 多种语言

◇ 多次的检索

◇ 多次的公开

◇ 申请的多次审查

◇ 12 个月所要求的翻译费和国家费

PCT 体系：国家申请提出后 12 个月内按照 PCT 规定提交国际申请，要求

《巴黎公约》的优先权，在完成国际阶段程序后，在 30 个月进入国家阶段（一种形式要求）：

◇ 国际检索

◇ 国际公布

◇ 国际初审

◇ 国际申请可按需要进入国家阶段

◇ 可在 30 个月缴纳所要求的翻译费和国家费，而且只有在申请人希望继续时才缴纳❶

更多 PCT 知识与申请流程等信息，详见国家知识产权局官方网站“专题专栏”板块“专利合作条约（PCT）”专题页面。❷

3）向国家直接递交申请。《专利法条约》（Patent Law Treaty，PLT）于 2000 年 6 月在日内瓦通过，2005 年生效，涵盖了美国、英国、日本、俄罗斯、法国、澳大利亚等中国企业的主要目标市场国家。申请人可以向目标国家直接递交申请。《专利法条约》简化了申请程序，《专利合作条约》通过引用的形式包含在了《专利法条约》中。

4）《海牙协定》途径。对于外观设计专利，还可以通过《工业品外观设计国际注册海牙协定》（以下简称《海牙协定》）。

2021 年 6 月 1 日，新修改的《中华人民共和国专利法》正式生效，外观设计的保护期限由 10 年延长至 15 年，消除了加入海牙协定的法律障碍。我国在 2022 年 2 月 5 日已经向世界知识产权组织（WIPO）提交《工业品外观设计国际注册海牙协定》加入书，《海牙协定》已经于 2022 年 5 月 5 日在中国生效。通过《海牙协定》申请人仅需使用一种语言提交一件国际申请，即可在多个司法管辖区寻求外观设计保护，在日后产生变更、续展等需求时，也仅需提交一份请求。

（二）专利权的快速获得

1. 优先审查

国家知识产权局《专利优先审查管理办法》是为了促进产业结构优化升

---

❶ PCT 体系与传统专利体系的比较［EB/OL］.（2013-10-28）［2022-8-20］. https://www.cnipa.gov.cn/art/2013/10/28/art_363_42100.html.

❷ 国家知识产权局. 专利合作条约（PCT）专栏［EB/OL］. https://www.cnipa.gov.cn/col/col45/index.html.

级，推进国家知识产权战略实施和知识产权强国建设，服务创新驱动发展，完善专利审查程序而制定的法规。

优先审查的适用范围包括：①实质审查阶段的发明专利申请；②实用新型和外观设计专利申请；③发明、实用新型和外观设计专利申请的复审；④发明、实用新型和外观设计专利的无效宣告。依据国家知识产权局与其他国家或者地区专利审查机构签订的双边或者多边协议开展优先审查的，按照有关规定处理，不适用本办法。

有下列情形之一的专利申请或者专利复审案件，可以请求优先审查：

①涉及节能环保、新一代信息技术、生物、高端装备制造、新能源、新材料、新能源汽车、智能制造等国家重点发展产业；

②涉及各省级和设区的市级人民政府重点鼓励的产业；

③涉及互联网、大数据、云计算等领域且技术或者产品更新速度快；

④专利申请人或者复审请求人已经做好实施准备或者已经开始实施，或者有证据证明他人正在实施其发明创造；

⑤就相同主题首次在中国提出专利申请又向其他国家或者地区提出申请的该中国首次申请；

⑥其他对国家利益或者公共利益具有重大意义需要优先审查。

基因技术领域案件通常符合第①类情形，部分具有海外布局的申请还符合第⑤类情形，部分省（区、市）也涉及第②类情形。

国家知识产权局同意进行优先审查的发明专利申请，应当自同意之日起，在四十五日内发出第一次审查意见通知书，并在一年内结案；专利复审案件应当自同意之日起，在七个月内结案。对于优先审查的专利申请，申请人应当尽快作出答复或者补正。申请人答复发明专利审查意见通知书的期限为通知书发文日起两个月。

下载《专利申请优先审查请求书》可前往国家知识产权局官方网站“政务服务”板块“专利”栏“表格下载”页面❶。

2. PPH 途径

PPH 也称专利审查高速路，是专利审查机构之间开展的审查结果共享的业务合作，旨在帮助申请人的海外申请早日获得专利权。具体是指当申请人在首次申请受理局（OFF）提交的专利申请中所包含的至少一项或多项权利要求被

---

❶ 国家知识产权局. 优先审查［EB/OL］.［2020-6-5］. https://www.cnipa.gov.cn/art/2020/6/5/art_1557_99790.html.

确定为可授权时，便可以此为基础向后续申请受理局（OSF）提出加快申请请求。关于 PPH 途径的介绍如图 8-6 所示。

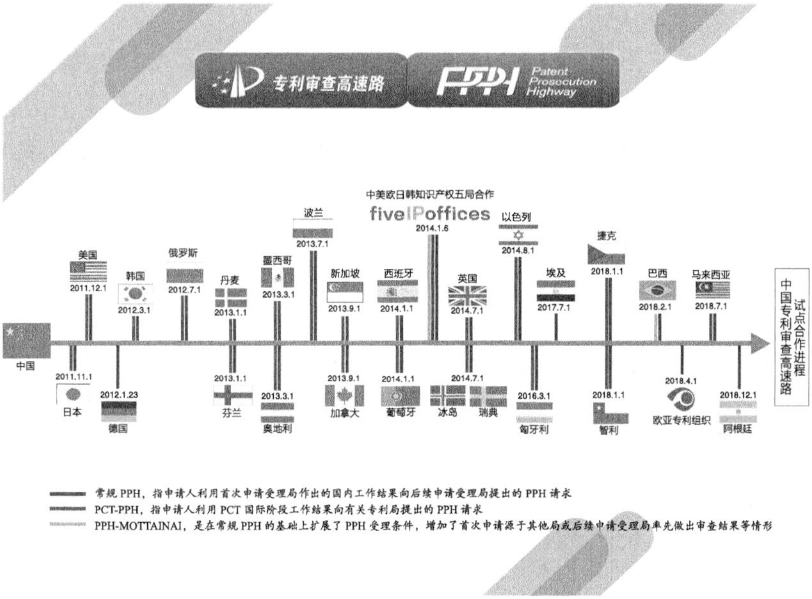

图 8-6　PPH 途径介绍❶

PPH 也分为常规 PPH、PCT-PPH、PPH-MOTTAINAI、五局 PPH 和全球 PPH，简单介绍如下。

常规 PPH 是以专利局所作出的国内工作成果作为 PPH 请求的基础，既针对《巴黎公约》途径也针对 PCT 途径的申请。对于《巴黎公约》途径的申请，当首次申请局认为至少一项权利要求可授权时，申请人可以此为基础向后续申请受理局提出加快审查请求。对于 PCT 途径的申请，当申请分别进入不同国家的国家阶段时，在某国国家阶段的申请得到了具有可专利性的审查意见时，申请人可以根据这一国家与其他国家专利局之间的 PPH 协议，向其他国家请求在该国国家阶段的申请进行加快审查。

PCT-PPH 是指国际检索单位制定的书面意见或国际初审单位制定的初步审查报告认为至少一项权利要求可授权时，可以此为基础，向后续申请受理局提出加快审查请求。

❶ 专利审查高速路（PPH）宣传手册（2018）［EB/OL］．［2018-07-27］．https://www.cnipa.gov.cn/module/download/down.jsp?i_ID=42309&colID=339.

PPH-MOTTAINAI 是日本特许厅启动的试点项目。该模式突破了“首次申请”原则，申请人只要收到任一局的可授权意见，无论该局是否为首次申请局，申请人均可以此为基础，向其他局提出 PPH 请求。日本、美国、英国、加拿大等至少八个国家的知识产权机构参与了该项目。

五局 PPH 是中、美、欧、日、韩参与的 PPH 项目，全球 PPH 则是 19 个国家或地区参与的 PPH 项目。只要申请拥有相同的申请日或优先权日，且协议的任意参与局已作出审查意见，认为该申请的权利要求具有可专利性，申请人即可以此为基础，向其他该协议的参与局提出加快审查请求。

在其他协议认可的参与局已作出审查意见，拟向国家知识产权局提交 PPH 请求时应准备的各局通知书类型，具体如表 8-3 所示。

表 8-3 向国家知识产权局提交 PPH 请求时应附各局通知书一览表❶

	原文或英文译文		中文译文
日本	Decision to Grant a Patent（特许查定）		授权决定
	Notification of Reason for Refusal（拒绝理由）		驳回理由通知书
	Decision of Refusal（拒绝决定）		驳回决定
	Appeal Decision（审判）		申诉决定
美国	Notice of Allowance and Fees Due		授权及缴费通知
	Non-Final Rejection		非最终驳回意见
	Final Rejection		最终驳回意见
德国	Granted Patent Publication		专利授权公告
	Pruefungsbescheide	Communications of the Examiner	审查意见通知书
	Erteilungsbeschluss	Final Decision to Grant a Patent	授予专利权的最终决定
	Granted Patent Application	授权专利申请	

---

❶ 向 CNIPA 提交 PPH 请求时应附各局通知书一览表［EB/OL］.［2018-10-12］. https://www.cnipa.gov.cn/transfer/docs/20181012101740266781.pdf.

续表

	原文或英文译文		中文译文
俄罗斯	Inquiry of the substantive examination		实质审查调查
	Decision to grant a patent of Russian Federation on the invention РЕШЕНИЕ о выдаче патента на изобретение		俄罗斯联邦发明申请的授权决定
	Notification under the results of the test for the patentability of the application		申请可专利性的检验结果通知书
芬兰	Välipäätös		审查意见通知书
	Hyväksyvä välipäätös		认可审查意见通知书
丹麦	Godkendelse	Grant	授权
	Berigtigelse af bilag	Intention to Grant	授权意向
墨西哥	Decision to Grant a Patent		授权决定
	Notification of Reasons for Refusal		驳回理由通知书
	Decision of Refusal		驳回决定
	Appeal Decision		申诉决定
奥地利	Erteilungsbeschluss		授权决定
	Vorbescheid		第一/二/三…次审查意见通知书
韩国	Notice of Grounds for Rejection 의견제출통지서		驳回理由通知书
	Decision of Rejection		驳回决定
	Decision to Grant a Patent 특허결정서		授予专利权决定
波兰			审查报告
			部分驳回专利权的决定
	PATENTU		授予专利权的决定
			上述决定
加拿大	Examiner's Report		审查员报告
	Final Action		最终审查意见通知书
新加坡			审查意见通知书
葡萄牙	Relatório de Pesquisa com Opinião Escrita		附有书面意见的检索报告
	Relatório de Exame		审查报告
	Publicação da Concessão		授权公布

续表

	原文或英文译文	中文译文
西班牙	Resolución de concesión con examen previo de la solicitud de patente	授权专利公告和/或实质审查阶段的授权决定
欧洲专利局	Comunication under Rule 71 (3) EPC Mitteilung nach Regel 71 (3) EPÜ	授予欧洲专利之意向的通知书
	Communication from the Examining Division	审查意见通知书
	Annex to the communication	附加文件
	Search report	检索报告
	Search opinion	检索意见

更多PPH相关信息以及申请指南、有关表格详见国家知识产权局官方网站PPH专题页面❶。

3. 针对特殊申请的加快程序

各个国家都针对特殊的重要申请开辟了加快通道。例如日本、韩国可对正在实施的发明、特定技术领域的发明、与国防相关的发明进行加快审查。美国、韩国等对申请的审查分为三种方式：加快审查、正常审查和延迟审查。申请人可以通过缴纳加快费用的方式而获得加快审查。在美国，申请人还可基于健康或年龄的原因请求加速审查。

4. 通过放弃特定程序而得到的加快审查

部分审批机构允许申请人通过放弃一些答复或修改的权利以缩短审查周期。例如，向欧洲专利局申请时，申请人通过放弃对检索报告的答复、对国际检索报告和书面意见的答复以及放弃对可授权文本的确认，欧洲专利局收到上述放弃声明后，无须等待答复期届满即可直接进行下一步处理。

三、法律价值实现

专利的法律价值通常体现在专利权的稳定性上。

对基因技术领域授权案件的维持年限进行统计可以发现，有海外同族的专利维持年限较高，尤其是维持超过15年的案件中大部分案件均有海外布局。这也体现了海外布局与市场价值的密切关系。

---

❶ 国家知识产权局. 专利审查高速路（PPH）专题页面［EB/OL］. https://www.cnipa.gov.cn/col/col46/index.html.

专利权能够长久维持通常需要建立在专利权稳定的基础上。知名的“自拍装置”专利（ZL201420522729.0）被无效28次仍得以维持，其权利要求1也非常简单：“一种一体式自拍装置，包括伸缩杆及用于夹持拍摄设备的夹持装置，所述夹持装置包括载物台以及设于载物台上方的可拉伸夹紧机构，其特征在于：所述夹持装置一体式转动连接于所述伸缩杆的顶端。”该权利要求清晰地限定出了关键技术特征，没有任何冗余特征，精练、准确地展现了其创新成果，同时具备了很高的法律价值以及经济价值。

随着基因技术领域市场价值的全面展现和不断攀升，创新竞争的激烈化使得无效案件的数量也逐渐增多。无效宣告程序与专利实质审查过程中的绝大部分法条是相同的，但在流程和专利文件的修改上与实质审查存在明显差异。了解无效宣告程序有助于在专利权形成的过程中找准“退路”。

1. 无效宣告程序的相关规定

无效宣告程序是专利公告授权后依当事人请求而启动的、通常为双方当事人参加的程序。

无效宣告请求审查决定分为下列三种类型：

①宣告专利权全部无效；

②宣告专利权部分无效；

③维持专利权有效。

宣告专利权无效包括宣告专利权全部无效和部分无效两种情形。根据《专利法》第四十七条的规定，宣告无效的专利权视为自始即不存在。

无效宣告程序中，专利文件的修改方式较为局限，这也对专利申请的权利要求书撰写提出了较高的要求。

《专利审查指南2010》第四部分第三章第4.6节记载了无效宣告程序中专利文件的修改要求，具体如下：

4.6.1 修改原则

发明或者实用新型专利文件的修改仅限于权利要求书，其原则是：

（1）不得改变原权利要求的主题名称。

（2）与授权的权利要求相比，不得扩大原专利的保护范围。

（3）不得超出原说明书和权利要求书记载的范围。

（4）一般不得增加未包含在授权的权利要求书中的技术特征。

外观设计专利的专利权人不得修改其专利文件。

4.6.2 修改方式

在满足上述修改原则的前提下，修改权利要求书的具体方式一般限于权利要求的删除、技术方案的删除、权利要求的进一步限定、明显错误的修正。

权利要求的删除是指从权利要求书中去掉某项或者某些项权利要求，例如独立权利要求或者从属权利要求。

技术方案的删除是指从同一权利要求中并列的两种以上技术方案中删除一种或者一种以上技术方案。

权利要求的进一步限定是指在权利要求中补入其他权利要求中记载的一个或者多个技术特征，以缩小保护范围。

4.6.3 修改方式的限制

在专利复审委员会作出审查决定之前，专利权人可以删除权利要求或者权利要求中包括的技术方案。

仅在下列三种情形的答复期限内，专利权人可以以删除以外的方式修改权利要求书：

(1) 针对无效宣告请求书。

(2) 针对请求人增加的无效宣告理由或者补充的证据。

(3) 针对专利复审委员会引入的请求人未提及的无效宣告理由或者证据。

此外，在专利侵权行为的认定中的“禁止反悔原则”也适用于无效阶段。申请人无效阶段所作出的意见陈述，有可能会对其专利权保护范围产生一定的限制作用。具体内容参见本节“经济价值实现”部分。

2. 复审无效十大案例中的基因技术相关案件

近年复审无效十大案例中，有三件基因技术领域无效案例，而案例间的不同结局也提示专利权的形成过程对权利稳定性具有决定性影响。

【案例1】2014年“用抗ErbB2抗体治疗”发明专利权无效宣告请求案

案件编号：4W102812

专利权人：基因技术股份有限公司

无效宣告请求人：国内个人

专利号：ZL200610008639.X

发明名称：用抗ErbB2抗体治疗

审查决定号：23948

涉及法条：《专利法》第二十二条第三款

审查结论：全部无效

【案情分析】

涉案专利涉及抗 ErbB2 抗体（即“赫赛汀”）的药物制品及其制备方法，专利号为 ZL200610008639. X。国内某个人于 2014 年 2 月针对该专利向专利局复审和无效审理部（原专利复审委员会）提出了无效宣告请求。复审和无效审理部经审理后，以涉案专利权利要求书不具备创造性为由作出第 23948 号无效决定，宣告涉案专利权全部无效。

涉案专利授权权利要求共 22 项，专利权人对权利要求进行了修改，将权利要求 13 的附加技术特征合并入了权利要求 9 中，修改后的独立权利要求如下：

“1. 一种制品，它包含（1）一个容器，（2）容器内包含与 ErbB2 胞外结构域序列中的表位 4D5 结合的抗 ErbB2 抗体的组合物，（3）容器上的标签或容器附带的标签，该标签表明了所述组合物可用来治疗以 ErbB2 受体过度表达为特征的乳房癌，以及（4）包装插页，该包装插页上有避免使用蒽环类抗生素类化疗剂与所述组合物组合使用的说明。

9. 与 ErbB2 胞外结构域序列中的表位 4D5 结合的抗 ErbB2 抗体与塔克索德的组合在制备治疗人患者中以 ErbB2 过度表达为特征的乳房癌的药物中的用途，其中所述抗体包含在制品的一种容器内，该制品还包含包装插页，该包装插页上有避免蒽环类抗生素化疗剂与所述抗体组合使用的说明。”

涉案专利在撰写上较为特殊，将容器、标签、包装插页纳入了权利要求的保护范围。

合议组认为，根据本申请说明书的记载，“表位 4D5”是指 ErbB2 胞外结构域中与抗体 4D5 结合的区域，“包装插页”是指按照惯例包括在治疗产品市售包装内的说明书，它含有的信息是关于适应证、用途、剂量、给药方式、禁忌证和/或关于使用这些治疗产品的警告。根据本领域技术人员的理解，包装插页上的所述用药禁忌的限定实际上涵盖了该药盒制品不含有且不联合使用蒽环类抗生素类化疗剂的所有情形。无效请求人提交的证据 1 公开了采用包含与表位 4D5 结合的抗 ErbB2 抗体的组合物，而不使用蒽环类抗生素类化疗剂，从而治疗以 ErbB2 受体过度表达为特征的乳房癌的技术方案。将本专利权利要求 1 与证据 1 公开的技术方案相比，二者的区别技术特征仅在于，本专利权利要求 1 的技术方案中将以上药物组合物制成了药盒制品。权利要求 1 实际解决的技术问题是制备一种使用方便的药盒制品。但该区别技术特征属于医药技术领域的常规及手段。本领域技术人员为了制备一种方便使用的药盒制品，很容易想到将证据 1 所述药物组合物放在一个容器中，将所述适应证类型等信息写在标签上，由此制成相应的药盒制品。因此，在证据1的基础上结合本领域的常规技术手段得到权利要求1所要求的保护的技术方案，对本领域的技术人员来说是显而易见的。权利要求1不具备《专利法》第二十二条第三款规定的创造性。

进一步，证据1还公开了将药物组合物用于联合治疗异种移植人类乳腺癌肿瘤的裸鼠，并产生了显著的抗肿瘤效果。权利要求9与证据1的区别技术特征进一步包括了将证据1所述治疗异种移植人类乳腺癌肿瘤的裸鼠的药物组合物用于治疗人患者。针对该特征，证据1明确公开了进行所述动物试验是为了研究人类转移性乳腺癌的治疗方案，因此本领域技术人员完全有动机将证据1所述的药物组合物用于治疗人患者，同时本专利说明书也没有记载所述治疗对象的改变会带来任何预料不到的技术效果。因此，在证据1的基础上结合本领域的常规技术手段得到权利要求9所要求的保护的技术方案，对本领域的技术人员来说是显而易见的。权利要求9不具备《专利法》第二十二条第三款规定的创造性。

【典型意义】

涉案专利所要求保护的“赫赛汀”是第一个分子靶向的抗癌药，对于乳腺癌的治愈率达到95%，全球年销售额超过70亿美元，其专利权人系国际生物医药行业巨头，在中国围绕该抗癌药申请的专利有近40项，涉案专利为其中的核心专利之一。本案明确了医药生物领域中给药特征所限定的产品及相应制药用途权利要求创造性的审查思路和方法，也提示创新主体在专利布局中注意把控核心专利的创造性高度。

【案例2】2015年“核重新编程因子”发明专利权无效宣告请求案

案件编号：4W103375

专利权人：国立大学法人京都大学

无效宣告请求人：刘蕾雅

专利号：ZL200680048227.7

发明名称：核重新编程因子

审查决定号：26398

涉及法条：《专利法》第五条第一款、第二十六条第四款

审查结论：在修改的基础上维持专利权有效

【案情分析】

请求人刘蕾雅就专利权人国立大学法人京都大学的ZL200680048227.7发明专利权提出无效宣告请求，专利复审和无效审理部经审理后作出第26398号无

效决定，认定涉案专利符合《专利法》第五条第一款、第二十六条第四款的规定，在专利权人提交修改后的权利要求书的基础上维持专利权有效。

涉案专利授权权利要求共 14 项，专利权人对权利要求进行了修改。修改后的独立权利要求如下：

“1. 一种体细胞的核重新编程因子，该因子含有下述 3 种基因的各基因的产物：Oct3/4 基因、K1f 家族基因和 Myc 家族基因，其中的 K1f 家族基因是 K1f2 基因或 K1f4 基因中的任意一种基因，Myc 家族基因是从 C-Myc 基因、N-Myc 基因、L-Myc 基因和 T58A 基因中选出的一种基因。

11. 通过体细胞的核重新编程制备诱导式多能性干细胞的方法，其包括在体外使权利要求 3 至权利要求 6 任意一项中记载的核重新编程因子与该体细胞接触的步骤，且该方法不涉及人胚胎的制备和工业或商业目的的应用。”

针对本案，具有典型意义的《专利法》第五条第一款的判断，合议组认为：本发明提供了具有诱导体细胞核重新编程作用的核重新编程因子及通过体细胞的核重新编程制备诱导式多能性干细胞的方法。根据说明书的记载，现有技术中存在由于使用人胚胎而产生的伦理性问题，而利用本发明的方法生产的 iPS 细胞“能够利用它们作为没有排斥反应和伦理性问题的理想的多能性细胞”“使用本发明提供的核重新编程因子，不适用胚和 ES 细胞就可以简便而再现性强地诱导分化细胞核的重新编程，可以建立与 ES 细胞具有同样的分化和多能性和增殖能力的未分化细胞–诱导式多能性干细胞”。可见，本发明的目的之一即为避免从胎儿获取某种细胞而导致的伦理问题。虽然本专利说明书实施例 12 中提到了“胎儿来源的人皮肤成纤维细胞”，但是说明书并未记载任何从胎儿获得人皮肤成纤维细胞的具体内容，而且根据说明书的描述，皮肤成纤维细胞既可以是胎儿来源的，也可以是成体来源的，实施例 14 的结果也显示所鉴定的核重新编程因子不只对胎儿成纤维细胞而且对成熟的成纤维细胞均具有诱导重编程作用，因此实施例 12 中所述的“胎儿来源”的限定应当理解为人皮肤成纤维细胞的来源是胎儿，进行这样的限定的目的在于表明该细胞原始来源于实施例 4、实施例 13 中的原始来源为成体的皮肤成纤维细胞加以区别，而非表明该细胞是从胎儿直接获取的。根据专利权人提供的反证记载，在本专利优先权日之前现有技术中存在可通过商业途径普遍获得的正规途径。因此，所述“胎儿来源的人皮肤成纤维细胞”应理解为通过商业途径普遍获得的正规途径，而非直接从人胚胎获得。本专利权利要求所述的技术方案的实施并没有涉及人胚胎的使用，也不依赖于人胚胎的使用。对于不具有发育全能性的人类细胞而言，如果其获得及制备不涉及任何破坏或使用人胚胎的方法和操作过程，则所述细胞本身及其制备没有涉及人胚胎的工业或商业的应用。本专利中的 iPS 细胞虽然具有分化出多种组织的潜能，但失去了发育成完整个体的能力，本专利的说明书中也没有记载利用 iPS 细胞制备人类胚胎的技术方案。因此，不能仅仅因为发明具有某种潜在应用的可能性而认定其违反社会公德。

【典型意义】

对于涉及既可直接从胎儿获得，也可商购获得的细胞的发明，如果该发明的目的之一即为避免从胎儿获取某种细胞而导致的伦理问题，同时说明书中没有涉及任何对胎儿进行操作的内容，并且本领域技术人员可以确认现有技术中存在可商购获得所述细胞的途径，则应当认为说明书已从整体上排除了直接从人胚胎中获取相应细胞的技术内容，不应当将相关内容解释为直接从胎儿获取。对于不具有发育全能性的人类细胞而言，如果其获得及制备不涉及任何破坏或使用人胚胎的方法和操作过程，则所述细胞本身及其制备没有涉及人胚胎的工业或商业目的的应用，不能因为发明具有某种潜在应用的可能性而认定其违反公众普遍认为是正当的伦理道德和行为准则。

本案说明书清楚地阐述了其要解决的技术问题就是要避免从胎儿获取某种细胞而导致的伦理问题，其实施例也证实了该发明目的，为后续澄清提供了有力支撑。本案对于创新主体的一个重要提示是，申请文件作为承载发明技术和法律双重意义的载体，除了在技术层面描述清楚其实施要点，对于专利的发明目的及可能应用的方面都应当以事实为基础尽可能地详细、充分描述，这些内容尽管可能不影响技术实质，但可以对申请的技术事实进行澄清，以与现有技术或不授权的客体等尽可能区分。

【案例 3】2018 年“具有改变性质的葡糖淀粉酶变体”发明专利权无效宣告请求案

案件编号：4W107233

专利权人：丹尼斯科美国公司

无效宣告请求人：宜昌东阳光药业股份有限公司

专利号：ZL200780037776. 9

发明名称：具有改变性质的葡糖淀粉酶变体

审查决定号：38452

涉及法条：《专利法》第二十二条第三款

审查结论：在修改的基础上维持专利权有效

【案情分析】

请求人宜昌东阳光药业股份有限公司就专利权人丹尼斯科美国公司的ZL200780037776.9发明专利权提出无效宣告请求。本案专利涉及一系列在已知酶的基础上通过基因定点突变技术所获得的糖化酶变体。

本案涉及一种改善亲本葡糖淀粉酶的比活和/或热稳定性的方法，所述方法要求在亲本里氏木霉葡糖淀粉酶中引入I43F/R/D/Y/S取代。无效请求人主张，证据2公开了亲本里氏木霉葡糖淀粉酶序列，其与涉案专利的亲本酶序列完全相同；证据1公开了一类具有改善的热稳定性或活性的黑曲霉葡糖淀粉酶变体；证据4通过序列比对的方法分析了多种来源的葡糖淀粉酶序列，证明了来自里氏木霉和黑曲霉的葡糖淀粉酶具有结构同源性，由此容易想到将两者进行序列比对以获得改构启示。且经序列比对发现，证据1中一个变体的取代位点正好对应于证据2中酶序列的I43位点，由此有动机对该位点进行氨基酸取代。在该案的审理过程中，专利权人提交了分别来源于里氏木霉和黑曲霉的两种葡糖淀粉酶的全序列比对结果以及证据4对应的期刊文章。

涉案专利授权权利要求共2项，专利权人对权利要求进行了修改，删除了权利要求1中的并列技术方案（I43S取代）。修改后的权利要求如下：

“1. 改善亲本葡糖淀粉酶的比活和/或热稳定性的方法，所述亲本葡糖淀粉酶有SEQ ID NO.1、2或3的氨基酸序列组成，其中在所述亲本葡糖淀粉酶中引入I43F/R/D/Y取代。

2. 权利要求1的方法，其中所述亲本葡糖淀粉酶选自从木霉属物种（*Trichoderma spp.*）获得的葡糖淀粉酶。”

就结合动机而言，合议组认为：根据专利权人提交的全序列比对结果可知，来源于里氏木霉和黑曲霉的葡糖淀粉酶序列的同一性仅为44.6%，同时里氏木霉和黑曲霉分属不同的微生物属，由此难以想到将黑曲霉葡糖淀粉酶的改构启示直接应用于里氏木霉葡糖淀粉酶的序列中；而证据4并未考虑全长序列，仅对里氏木霉葡糖淀粉酶部分保守区序列进行了比对分析，且比对区段并不包含I43位点所在的片段，因此就更难想到将上述不同菌属来源的葡糖淀粉酶进行序列比对来获得改构启示。

就改进动机而言，证据1并没有明确指向涉案专利所述的突变位点；相反，其潜在可选的突变位点多达200多个，理论上在每个位点上都可选择与原有残基不同的其他19种氨基酸取代，请求人所提出的与权利要求1的位点相对应的位点也不属于该证据中的优选方案；同时，该证据中采用几种不同方法预测的突变位点差异非常大，显示预测结论存在很大的不确定性。可见，即使能够想到将不同来源的葡糖淀粉酶在结构上进行比较分析，在面对证据1这样近乎天文数字的不确定信息的条件下，也根本无从选择可能改善酶学性能的具体突变。

综合以上两个层次判断，所属领域技术人员由证据1、证据4的预测信息中并不能获得相应的技术启示，即并不会在此基础上形成有目的地将证据1所述特定位点上的氨基酸取代应用于证据2的亲本酶，以改善该酶相应性能的动机，且说明书已经通过实验表明上述特定位点上的氨基酸取代具有改善该酶特性的效果，因此涉案专利相对于所述证据的组合是非显而易见的，具有创造性。

复审及无效审理部成立五人合议组对本案进行了公开审理，作出第38452号无效宣告请求决定，在专利权人于无效宣告请求阶段提交的修改后的权利要求书的基础上，维持专利权有效。

【典型意义】

葡糖淀粉酶（俗称“糖化酶”）是酶制剂中用途最广、消费量最大的一种，其广泛应用于食品、调味品制造加工领域，在现有糖化酶的基础上，采用生物技术对天然酶进行改造以获得性能优异的酶是糖化酶领域的主要研究热点之一。

本案在审理过程中，焦点主要集中于实验数据的真实性和证明力的判断、发明的创造性与说明书记载的实验数据之间的关系、生物序列权利要求保护范围的合理把握等生物技术领域专利审查中备受社会关注的热点和难点问题。

本案阐释了生物技术领域对效果实验数据的一般要求，并且对具有特定突变方式的酶变体的创造性如何评判具有指导作用。

在针对涉及核苷酸或者氨基酸序列的“生物序列类发明”的专利审查实践中，经常出现当事人从通过计算机分析、序列比对等生物信息学手段获取的预测信息中寻找技术启示的情形。例如，当事人声称通过将待研究的序列与具有一定同源性的已知功能序列进行比对，进而分析预测影响其功能的结构区域，就可以获得相应的改构动机或者适用新用途的启示。在技术启示判断的过程中，如何综合考虑预测信息的作用，成为创造性判断的重点和难点。从该案审查过程可以看出，在确定通过序列比对方法获得的预测结果所提供的方向和教导时，应当重点考虑现有技术中用以作为预测基础的序列所采用的方法本身的科学性和可信度、该序列信息与待验证功能的序列之间的相似性、预测的具体结构区域与其功能之间的关系（即构效关系）是否明确这三方面要素。由此给此类案件的审理提供了明确指引。

生物序列类发明的突出特点主要有三点：一是发明的起点往往来自俯拾皆

是的现有技术，或者追根溯源很容易找到现有技术基础，例如采用生物信息学软件确定抗体序列的 CDR 区，以预测新抗体结构时，发明起点就来自已知抗体序列；用软件确定诱导基因沉默所需的小干扰 RNA、基因扩增所需的引物或者基因检测所需的探针时，发明起点来自已知目的基因；用软件确定新的 SNP 分子标记与生物体性状功能的联系时，发明起点来自该 SNP 分子标记所在的基因或者染色体等。二是发明所采用的技术手段通常是记载在生物技术手册中的常规方法，例如该案所用的测序技术、定点突变技术、常规的生物信息学方法以及酶活性测定实验等。三是发明目的以及所希望解决的技术问题通常也跟该领域的普遍追求相一致。这些特点就会导致创造性评判容易出现“事后之明”的问题，即如果在知晓了此类发明的技术方案后，再去考虑基于现有技术进行改进以获得发明的可能性或可行性，可能会造成对发明高度的低估，存在发明创造性评判与生产科研实践相脱离的风险。因此亟须明确和规范此类发明的创造性评判思路。

以利用序列比对方法的预测结果来确定现有技术提供的方向和教导为例，前述“现有技术中用以作为预测基础的序列所采用的方法本身的科学性和可信度”“该序列信息与待验证功能的序列之间的相似性”和“现有技术中的构效关系信息”三方面考量要素集中体现了发明与现有技术之间技术构思的关联性、技术启示的明确性以及技术效果的可预期性。可见，以技术构思的关联性、技术启示的明确性以及技术效果的可预期性为抓手，有针对性地分析所属领域技术人员在未得知发明技术方案的前提下，仅基于现有技术的教导是否有动机改进现有技术以获得发明的技术方案，有助于规范生物序列类发明的创造性评判思路，实现合法性与合理性的有机统一。现实中，尽管生物信息学方法种类繁多、形式各异且正处于快速发展期，但是这类方法“通过运算的方式研究大量生物学数据以获得生物学规律”的共同特点决定了可遵循共同的思路以确定相应的技术启示是否存在，这也正是该案值得业内参考借鉴的价值和意义所在[1]。

四、经济价值实现

（一）专利权质押融资

1. 什么是专利权质押

专利权质押是指为担保债权的实现，由债务人或第三人将其专利权中的财

---

[1] 邹凯，等. 案件八：“具有改变的性质的葡糖淀粉酶变体”发明专利权无效宣告请求案［EB/OL］.（2020-3-26）［2022-8-10］. https://www.cnipa.gov.cn/art/2020/3/26/art_447_43751.html.

产权设定质权，在债务人不履行债务时，债权人有权依法就该出质专利权中财产权的变价款优先受偿的担保方式。专利权质押作为专利权运用的方式之一，是专利权人基于专利权中的财产权，实现资金融通的有效手段。这是一种相对新型的融资方式，区别于传统的以不动产作为抵押物向金融机构申请融资的贷款方式。

专利权质押主要分为三种类型：①单一知识产权质押：知识产权质押作为贷款的唯一担保形式；②知识产权质押加第三方担保（担保公司）：以知识产权质押作为主要担保形式，以第三方连带责任保证（担保公司）保证作为补充组合担保；③质押加其他抵押物（动产、不动产）组合贷：以知识产权作为主要担保方式，以房产、设备等固定资产抵押，或个人连带责任保证等其他担保方式作为补充担保的组合担保形式。

专利质押需要专利权人、专业评估机构以及银行三方配合。常见的评估方法有成本法、收益法和市场法三种。成本法是以获得某项知识产权（无论是通过内部研发还是外部购买或获得使用许可）的成本来评估其价值的方法。采用成本法评估，需要确定知识产权重置成本的构成、数额以及贬值率。收益法是指被评估的知识产权在其剩余生命周期内每年的预期收益（许可费、利润、成本节约）进行折现累计，用这种方法评估该资产在评估基准日的评估价值，它较真实地反映了知识产权获利的目的和获利的大小。市场法是选择近期类似知识产权在市场中的交易条件和价格作为参考，通过比较市场价格进行适当调整，从而确定被评估的知识产权价值。

专利质押融资的难点在于专利价值的评估，评估价值过低专利权人难以获得理想的融资金额，评估价值过高银行又存在风险。为了保障专利权人和银行的共同利益，部分地区也推出了专利权质押保险。通过保险机构的调剂，降低质押融资中的风险，平衡利益。

2. 专利质押登记程序

专利权质押登记是指以专利权出质的，出质人与质权人应当订立书面合同，并向专利局办理专利权质押登记手续，质权自专利权质押登记之日起设立。

《专利权质押登记办法》第十一条规定："专利权质押登记申请经审查合格的，国家知识产权局在专利登记簿上予以登记，并向当事人发送《专利权质押登记通知书》。经审查发现有下列情形之一的，国家知识产权局作出不予登记的决定，并向当事人发送《专利权质押不予登记通知书》：

（一）出质人不是当事人申请质押登记时专利登记簿记载的专利权人的；

（二）专利权已终止或者已被宣告无效的；

（三）专利申请尚未被授予专利权的；

（四）专利权没有按照规定缴纳年费的；

（五）因专利权的归属发生纠纷已请求国家知识产权局中止有关程序，或者人民法院裁定对专利权采取保全措施，专利权的质押手续被暂停办理的；

（六）债务人履行债务的期限超过专利权有效期的；

（七）质押合同不符合本办法第八条规定的；

（八）以共有专利权出质但未取得全体共有人同意且无特别约定的；

（九）专利权已被申请质押登记且处于质押期间的；

（十）请求办理质押登记的同一申请人的实用新型有同样的发明创造已于同日申请发明专利的，但当事人被告知该情况后仍声明同意继续办理专利权质押登记的除外；

（十一）专利权已被启动无效宣告程序的，但当事人被告知该情况后仍声明同意继续办理专利权质押登记的除外；

（十二）其他不符合出质条件的情形。”

完整的《专利权质押登记办法》详见国家知识产权局政策文件公告。[1]

3. 专利权质押案例

【案例4】江苏永刚集团有限公司7件发明专利融资10亿元

专利权人江苏永钢集团有限公司成立于1984年，2020年实现营业收入1010亿元，其首次超千亿元，并缴纳税收17.17亿元，占营业收入的1.7%。江苏永钢集团有限公司拥有国内授权有效专利410件，发明专利113件。2021年，江苏永钢集团有限公司利用表8-4中的7件发明专利，从中国建设银行张家港分行获得10亿元质押融资，其质押专利清单如表8-4所示。

表8-4 江苏永钢集团有限公司质押专利清单

序号	专利号	专利名称
1	ZL201210163385.4	高强度高塑性热处理钢筋及其制备方法
2	ZL201210313586.8	一种600MPa级的热轧带肋钢筋用钢及其冶炼方法
3	ZL201510158493.6	一种带肋钢筋负偏差监测系统及负偏差检测计算方法
4	ZL201811299666.6	一种直接切削用非调质圆钢及其生产方法
5	ZL201911121505.2	一种非调质钢及其制造方法

[1] 国家知识产权局. 国家知识产权局关于《专利权质押登记办法》的公告（第461号）［EB/OL］.（2021-11-16）［2022-8-10］. https://www.cnipa.gov.cn/art/2021/11/16/art_74_171449.html.

续表

序号	专利号	专利名称
6	ZL202011136088.1	一种低铝高钛焊丝钢及其冶炼方法
7	ZL202010360704.5	一种工程机械履带链轨节用细晶钢及其制备方法

【案例5】青岛推广专利权质押保险贷款

针对科技型中小企业融资难的问题，山东青岛市推出了专利权质押保险贷款模式。该模式将银行承担100%贷款风险转变为保险公司、银行和担保公司三方进行风险分担，搭建一个整合资源的平台，实现了多方共赢。

专利权质押保险贷款模式自开展以来，共为212家科技型中小企业发放贷款382笔，共计13.67亿元。以海尔集团商用显示设备小微智能互联平台（以下简称互联平台）保险贷款为例，历经两年多，海尔集团商用显示设备小微智能互联平台终于研发成功了智能课桌，通过招投标，拿到了第一笔订单。但贷款时却遇到了困难。按照银行惯例，企业贷款必须有固定资产作抵押。然而，互联平台这样的科技型中小企业都是轻资产，往往专利技术才是核心竞争力；而风险投资也因周期长、条款苛刻、干涉经营等诸多原因没有达成合作。

一筹莫展之时，经银行介绍，了解到青岛市知识产权事务中心为纾解科技型中小企业融资难题，推出了专利权质押保险贷款模式，符合条件的科技型中小企业可通过专利权等知识产权获得贷款。通过专利机构的专利评价、担保公司的尽职调查、保险公司的保前勘察、商业银行的贷前审查，层层审核，互联平台终获认可，凭借质押核心技术，最终获得200万元贷款。[1] 可见，随着专利权等知识产权的财产权性质被资金平台更多认可，其也将成为一种有力的“资本”，助力企业获得更强、更久的生命力。

【案例6】上海银行推广“专利许可收益权质押融资”新模式

cg环保科技在2006年被上海市知识产权局评为“上海市专利试点企业”，次年获得上海市科技企业联合会颁发的“上海市科技企业创新奖”荣誉称号，拥有有效专利83项，发明专利19项，许多专利成果在其细分领域处于行业金字塔的顶尖地位。即使这样手握核心技术的企业，通过知识产权质押获得融资依然是不容易的。

一方面，知识产权质押直接融资模式估值随意性大、技术更新迭代快，带来减值风险、专利变现风险大，同时交易市场流动性较差；另一方面，因其涉

[1] 王沛. 推广专利权质押保险贷款 破解科技型中小企业融资难［N］. 人民日报，2022-04-01（10）.

及行业专业细节，金融机构专职审批人员在项目审批时常常出现“看不全、看不清、看不透”的问题，无法形成标准化审批流程，且与银行传统信贷业务的风险模型难以完美契合、平衡，故而知识产权直接融资的难度非常大。

上海银行在了解客户诉求后，经过尽调走访，基于上海 cg 环保科技要为 kl 环保设备提供专利许可的交易背景，决定在知识产权质押融资的基础上，基于真实交易背景采用“专利许可收益权质押融资”模式，即上海 cg 环保科技将该交易的未来收款权质押给上海银行，以此获得流动资金补充。

首先，建立科学完整的评价体系，确保专利许可方与被许可方交易背景真实可靠。通过市场内细分行业的横向比较以及未来发展前景的纵向挖掘，确定许可标的在细分行业有独占地位、被许可方经营良好具备偿还能力，并对许可范围、种类、方式、期限、价格以及支付方式、资料交付、验收方式等一系列事项进行明确约定。

其次，由银行对该笔应收款进行质押登记，并将对应的入账账号一同做借方限制，对专利许可费的用途严格监管，逐笔审核客户方资金动账，原则上部分资金应定向用于归还银行贷款。随后，双方在国家知识产权局完成专利许可交易备案登记后，陆续完成专利许可费融资业务，按授信方案将融资款项发放到指定收款账户。

最后，上海银行将密切关注双方是否按约定条款进行合同履约，动态监控该技术在授信期内的技术迭代情况、市场变化等，来确保许可费价值的稳定性，也便于在必要时实现退出或追加融资支持等。

【案例 7】北京柯瑞生物医药技术有限公司“银行+中介”知识产权质押贷款模式

北京柯瑞生物医药技术有限公司（以下简称“柯瑞公司”），是一家以生物医药、预防药物、医学营养品及生物医学护肤品为主要产品的高科技企业。该公司立足科研、追求创新，通过与科研院所、高等院校和医疗机构的密切配合，在生物医药、预防药物及医学营养品领域取得骄人成绩。柯瑞公司自 2003 年起，即为连城资产评估有限公司的客户。

当时，企业刚刚创立，进行大量研发，同时非常重视知识产权的申请及保护，向国内外均申请了专利。企业的专利产品投放市场后，反映良好。但由于资金紧缺，企业难以获得快速发展。作为一家高科技企业，早在 2003 年，柯瑞公司便希望凭借自身拥有的专利技术，获得金融机构的融资。然而，由于当时各商业银行对于知识产权质押贷款均存在着各种疑虑，最终没能成功。柯瑞公司只能依靠自身积累，进行研发及市场开拓。

2006 年 9 月，经过连城公司与交通银行北京分行长达数月的沟通及研究，决定推出“银行+中介”的知识产权质押贷款模式，即凭借中介机构的专业知识及经验，解决银行贷款过程中面临的专业问题。连城公司与交通银行一同联系柯瑞公司，询问是否仍有贷款需求。柯瑞公司的负责人非常欣喜，及时地安排人员介绍情况，并准备相关资料。

各家中介机构及银行的工作人员在听取柯瑞公司的介绍后进行研究，认为该企业符合知识产权质押贷款模式的要求，适宜继续开展调查。连城公司进而核查柯瑞公司提供的专利证书及公司相关资料，同时搜集查阅有关技术及其他资料，并且就银行质押贷款过程中的风险因素详尽地分析，最终出具专利评估报告。交通银行依据连城公司的评估报告，于 2006 年 10 月与柯瑞公司签署借款合同。该笔贷款的发放，标志着“银行+中介”模式的成功运作。❶

（二）专利转让

专利的转让分为专利申请权的转让和专利权的转让两种。

专利申请权，是指依法享有就某项发明创造向国家专利机关提出专利申请的法人、自然人或者其他组织向国家专利机关提出专利申请，并成功受理，但还未到专利授权阶段之时。

专利权，是指依法享有就某项发明创造向国家专利机关提出专利申请的法人、自然人或者其他组织向国家专利机关提出专利申请，并成功受理，且由国务院专利行政部门统一受理和审查完成专利申请，依法授予专利申请人的专利权。

专利申请权的转让发生在授权之前，转让人为申请人。而专利权的转让发生在授权之后，转让人为专利权人。专利申请权转让的是专利申请，是否能够取得专利权，尚存在不确定性。

书面形式和登记及公告是专利申请权转让合同和专利权转让合同生效的法定条件，未签订书面形式或未经国务院专利行政部门登记和公告的转让合同不受法律保护。

《专利法》第十条规定：“专利申请权和专利权可以转让。中国单位或者个人向外国人、外国企业或者外国其他组织转让专利申请权或者专利权的，应当依照有关法律、行政法规的规定办理手续。转让专利申请权或者专利权的，当

---

❶ 刘伍堂. 高新技术企业知识产权质押融资的 6 类案例［EB/OL］.［2022-4-8］. 微信公众号“AaronDing 资产评估”.

事人应当订立书面合同，并向国务院专利行政部门登记，由国务院专利行政部门予以公告。专利申请权或者专利权的转让自登记之日起生效。”

以专利申请权的转让为例，首先应签订转让合同，然后到专利局办理登记手续，并由专利局公告，合同自登记之日起生效。专利申请权转让合同，是指转让方将其发明创造申请专利的权利转让给受让方，而受让方支付约定的价款所订立的合同。专利申请权转让合同的主要条款是：合同名称、发明创造名称、发明创造种类、发明人或者设计人、技术情报和资料清单、专利申请被驳回的责任、价款及其支付方式、违约金损失赔偿额的计算方法、争议的解决办法等。

针对向外国人转让专利申请权或者专利权的，需由国务院对外经济贸易主管部门会同国务院科学技术行政部门批准。具体审批和登记事宜见国家知识产权局公告（第九十四号）：

“《中华人民共和国专利法实施细则》第十四条规定，中国单位或者个人向外国人转让专利申请权或者专利权的，由国务院对外经济贸易主管部门会同国务院科学技术行政部门批准。就如何执行该规定的问题，经与商务部会商，现将按照专利法实施细则第十四条的规定办理向外国人转让专利申请权或者专利权的审批和登记事宜公告如下：

一、若待转让的专利申请权或者专利权涉及禁止类技术，根据《技术进出口管理条例》的规定予以禁止，不得转让；

二、若待转让的专利申请权或者专利权涉及限制类技术，当事人应当按照《技术进出口管理条例》的规定办理技术出口审批手续；获得批准的，当事人凭《技术出口许可证》到我局办理转让登记手续；

三、若待转让的专利申请权或者专利权涉及自由类技术，当事人应当按照《技术出口管理条例》和《技术进出口合同登记管理办法》的规定，办理技术出口登记手续；经登记的，当事人凭国务院商务主管部门或者地方商务主管部门出具的《技术出口合同登记证书》到我局办理转让登记手续。”

（三）专利实施许可

专利实施许可是专利权人及相关权利人运用发明创造，实现专利商业化的重要方式之一。专利实施许可也称专利许可，是指专利技术所有人或其授权人许可他人在一定期限、一定地区、以一定方式实施其所拥有的专利，并向他人收取使用费用。在专利许可中，专利权人为许可方，允许实施的人为被许可方，许可方与被许可方之间应当签订专利实施许可合同。专利实施许可合同，只授权被许可方实施专利技术，并不发生专利所有权的转让。即被许可方无权允许合同规定以外的任何单位或者个人实施该专利。《专利法》第十二条规定："任何单位或者个人实施他人专利的，应当与专利权人订立实施许可合同，向专利权人支付专利使用费。被许可人无权允许合同规定以外的任何单位或者个人实施该专利。"专利实施许可合同备案是指专利局或者专利代办处对当事人已经缔结并生效的专利实施许可合同加以备案，并对外公示的行为。详细的《专利实施许可合同备案办法》详见国家知识产权局专题网页。❶ 专利权质押登记与专利实施许可合同备案办事指南详见国家知识产权局专题网页。❷

按照实施条件分，有普通实施许可、排他实施许可、独占实施许可、分实施许可和交叉实施许可五种。

普通实施许可也称"一般实施许可"或"非独占性许可"，是指许可方许可被许可方在规定范围内使用专利，同时保留自己在该范围内使用该专利以及许可被许可方以外的他人实施该专利的许可方式。其中又存在两种独特的情况：专利开放许可和强制许可。

排他实施许可也称为"独家实施许可"或"部分独占性许可"，是指许可方允许被许可方在预定的范围内独家实施其专利。

独占实施许可也称为"完全独占许可"，是指被许可方在合同约定的时间和地域范围内，独占性拥有许可方专利使用权，排斥包括许可方在内的一切人使用供方技术的一种许可。

分实施许可是指专利实施许可的被许可方依据合同规定，除了取得在规定的范围内使用许可方的专利外，还可以许可第三方部分或全部实施专利。

交叉实施许可也称"相互许可"，即许可方和被许可方互相许可对方实施自己所拥有的专利技术而形成的实施许可。

第十三届全国人大常委会第二十二次会议完成了对《专利法》的修改。为降低交易成本，提高专利转化效率，本次《专利法》修改新增了专利开放许可制度，规定了开放许可声明及其生效的程序要件、被许可人获得开放许可的程序和权利义务以及相应的争议解决路径，以期通过政府公共服务解决专利技术供需双方信息不对称问题。

国家知识产权局条法司司长宋建华表示："目前，我国有相当一部分专利申请授权后并没有得到很好的转化和运用，还处于'沉睡'阶段。促进专利转化

---

❶ 专利实施许可合同备案办法［EB/OL］.（2021-6-27）［2022-8-10］. https://www.cnipa.gov.cn/art/2011/6/27/art_2790_172154.html.

❷ 国家知识产权局. 专利权质押登记与专利实施许可合同备案办事指南［EB/OL］.（2021-6-4）［2022-8-10］. https://www.cnipa.gov.cn/art/2021/6/4/art_1553_159826.html.

和运用，可以充分发挥专利无形资产的作用，实现专利的市场价值，并为实体经济创新发展提供有力支撑。”“开放许可制度是促进专利转化实施的一项重要法律制度，其核心在于鼓励专利权人向社会开放专利权，促进供需对接和专利实施，真正实现专利价值。”

开放许可是指专利权人通过专利授权部门公告作出声明，表明凡是希望实施其专利的人，均可通过支付规定的许可费而获得实施该专利的许可。开放许可属于自愿许可的范畴，但政府可以通过参与其中提供相关服务。

新修改的《专利法》关于专利开放许可的规定包含以下三个条款：

第五十条规定了开放许可的声明与撤回。专利权人自愿以书面方式向国务院专利行政部门声明愿意许可任何单位或者个人实施其专利，并明确许可使用费支付方式、标准的，由国务院专利行政部门予以公告，实行开放许可。

第五十一条规定了专利实施许可的获得、年费减免与许可使用费。开放许可实施期间，对专利权人缴纳专利年费相应给予减免。

第五十二条规定了开放许可纠纷解决的处理。当事人就实施开放许可发生纠纷的，由当事人协商解决；不愿协商或者协商不成的，可以请求国务院专利行政部门进行调解，也可以向人民法院起诉。

专利开放许可声明受理业务办事指南（过渡期适用）详见国家知识产权局专题网页❶。

（四）专利侵权诉讼

专利侵权诉讼是保护知识成果的重要方式。在部分国家的理念中，作为知识产权的专利权属于私权范畴，公权力原则上不予干涉。而我国对专利权的保护，在舶来专利权这一概念时，就形成了有中国特色的“双轨制”保护模式。所谓专利权“双轨制”保护模式，是指专利权受到侵害时，专利权人既可以请求专利管理机关处理，也可以直接向法院起诉，最早在1984年《专利法》第六十条中确立。

《国民经济和社会发展第十四个五年规划和2035年远景目标纲要》《法治政府建设实施纲要（2021—2025年）》指出要充分发挥行政裁决防范化解社会矛盾作用，《关于健全行政裁决制度加强行政裁决工作的意见》明确将“知识产权侵权纠纷和补偿争议”作为行政裁决工作重点，《知识产权强国建设纲要（2021—2035年）》和《“十四五”国家知识产权保护和运用规划》强调要

---

❶ 国家知识产权局. 专利开放许可声明受理业务办事指南（过渡期适用）[EB/OL].（2021-5-31）[2022-8-10]. https://www.cnipa.gov.cn/art/2021/5/31/art_2626_159749.html.

“发挥专利侵权纠纷行政裁决制度作用，加大行政裁决执行力度”，面向专利侵权纠纷行政裁决工作未来15年作出顶层设计和战略部署。国家知识产权局、司法部组织为认真贯彻党中央、国务院决策部署，扎实推进专利侵权纠纷行政裁决工作，启动了多批专利侵权纠纷行政裁决试点工作，取得了良好的效果。

目前，世界各国间基本上形成了一个共识，侵犯专利权的行为，一般包括相同侵权行为和等同侵权行为两种。在判断侵权时，也包括了全面覆盖原则、等同原则和禁止反悔等原则。

1. 相同侵权

相同侵权是指在被控侵权的产品或者方法中，能够找出与权利要求中记载的每一个技术特征相同的对应特征。相同侵权也称字面侵权，其中引入了全面覆盖原则，即全部技术特征覆盖原则——如果被控侵权产品包含了专利权利要求中记载的全部技术特征，则落入专利权的保护范围。相同侵权的判断方法可以借鉴新颖性的判断方法。在实际判断中，通常存在四种情况：

（1）被控侵权的产品或方法所具有的技术特征不多不少，恰好与权利要求中记载的技术特征一一对应。但实践中，这种情况出现的较少。

（2）被控侵权的产品或方法没有包含权利要求中的某一个技术特征，则不属于相同侵权。此时，还不能得出侵权指控不成立的结论，还应继续判断是否构成等同侵权。

（3）如果被控侵权的产品或方法除了包含与权利要求中记载的全部技术特征相同的对应技术特征外，又增加了其他技术特征，则不论增加的技术特征本身或者是与其他技术特征相结合产生何种功能和效果，均应当得出相同侵权成立的结论。判断的逻辑可以归纳为被控侵权行为客体落入权利要求保护范围。此时需要注意的是权利要求的保护范围解读，对于封闭式权利要求而言，被控侵权行为客体如果包含了额外的技术特征，是不构成相同侵权的。

（4）如果权利要求中记载的是上位概念表述的技术特征，此时被控侵权行为人采用的具体实施方式与专利说明书中用于支持权利要求中该上位概念的具体实施方式可能不完全相同。例如，权利要求中记载的某技术特征为“金属”，被控侵权的产品或方法中对应的技术特征为“铁”。依照《专利法》第五十九条的规定，发明或者实用新型专利权的保护范围以其权利要求的内容为准，说明书及附图可以用于解释权利要求的内容。因此，只要被控侵权人采用的具体实施方式落入了权利要求记载的该上位概念的含义范围，则应当得出前者与后者相同，即相同侵权成立的结论。实践中，这种情况较为普遍。

2. 等同侵权

等同侵权中引入了等同原则，其目的是为专利权人提供更为充分的法律保护。《最高人民法院关于审理侵犯专利权纠纷案件应用法律若干问题的解释》对等同原则进行了说明，第七条规定："人民法院判定被诉侵权技术方案是否落入专利权的保护范围，应当审查权利人主张的权利要求所记载的全部技术特征。被诉侵权技术方案包含与权利要求记载的全部技术特征相同或者等同的技术特征的，人民法院应当认定其落入专利权的保护范围；被诉侵权技术方案的技术特征与权利要求记载的全部技术特征相比，缺少权利要求记载的一个以上的技术特征，或者有一个以上技术特征不相同也不等同的，人民法院应当认定其没有落入专利权的保护范围。"《最高人民法院关于审理专利纠纷案件适用法律问题的若干规定》也对等同原则进行了说明，并进一步对等同特征作出了解释，第十三条规定："专利法第五十九条第一款所称的'发明或者实用新型专利权的保护范围以其权利要求的内容为准，说明书及附图可以用于解释权利要求的内容'，是指专利权的保护范围应当以权利要求记载的全部技术特征所确定的范围为准，也包括与该技术特征相等同的特征所确定的范围。"

等同特征是指与所记载的技术特征以基本相同的手段，实现基本相同的功能，达到基本相同的效果，并且本领域普通技术人员在被诉侵权行为发生时无须经过创造性劳动就能够联想到的特征。例如，一项权利要求中记载了"采用螺钉将两块板固定在一起"，如果被控侵权的产品或方法将螺钉替换为了锚钉，且锚钉也是用于固定相同的两块板，则可以认为构成了等同侵权。

在了解了相同侵权和等同侵权后不难认识到确定技术方案中的必要特征和非必要特征的重要性。这对权利要求的撰写提出了较高的要求。尽量减少非必要特征能够在侵权诉讼时占据更加主动。

例如，某具有分散压力结构的枕头的授权独立权利要求中明确记载了枕头包括"正三棱柱的小空心柱""衬布"和"枕套"，如图 8-7 所示。而市售产品大多采用正方形网格、六边形网格、异形网格、贝壳形网格等，试图绕开"正三棱柱的小空心柱"这一特征，如图 8-8 所示。市售产品的网格与权利要求中的"正三棱柱的小空心柱"是否构成等同技术特征尚有可探讨的空间，但市售产品均明显不包括"衬布"和"枕套"，此时市售产品显然无法落入权利要求的保护范围中，专利权人无法通过侵权诉讼来保护自己的劳动成果。我们从该专利的说明书附图中也不难发现，"衬布""枕套"都不属于解决技术问题所必要的特征。

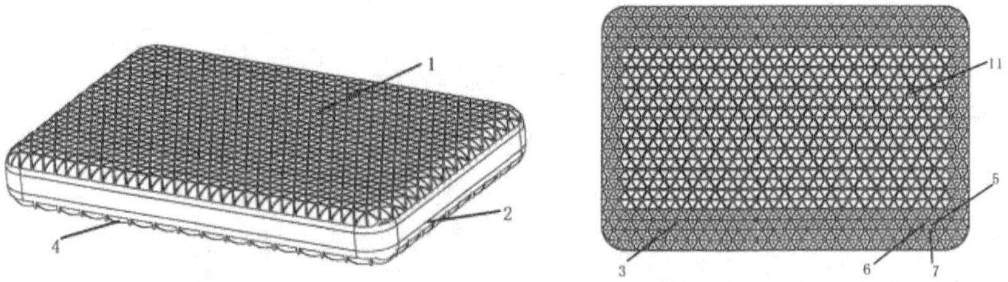

图 8-7　某具有分散压力结构的枕头专利的说明书附图

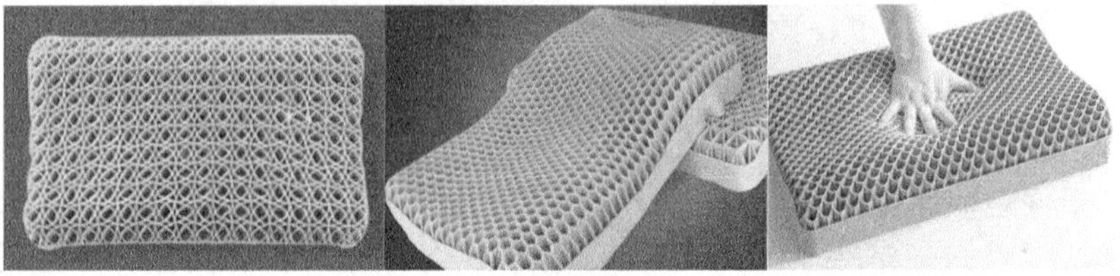

图 8-8　市售枕头

3. 禁止反悔

此外，禁止反悔原则是从专利申请的审批过程中延续到专利侵权判定中的。把握禁止反悔原则在专利审批过程中的适用，能够更好地维护专利权人的利益。

禁止反悔原则是指在专利申请的审批过程中，申请人针对其专利申请作出的修改和针对审查意见通知书作出的意见陈述，有可能会对其专利权保护范围产生一定的限制作用。《最高人民法院关于审批侵犯专利权纠纷案件应用法律若干问题的解释》第六条规定：“专利申请人、专利权人在专利授权或者无效宣告程序中，通过对权利要求、说明书的修改或者意见陈述而放弃的技术方案，权利人在侵犯专利权纠纷案件中又将其纳入专利权保护范围的，人民法院不予支持。”这种限制作用体现在禁止专利权人将其在审批过程中通过修改或者意见陈述所表明的不属于其专利权保护范围内的内容重新囊括到其专利权保护范围之中。在相同侵权中一般无须考虑禁止反悔原则，而在等同侵权的判定中，可以调取审查档案，对权利要求的保护范围进行深入的解读。禁止反悔原则的引入，避免了在某些情况下权利人“两头得利”的状况发生。

(五) 其他专利权金融类型

除上述几种专利权金融类型外，专利权金融形式还包括专利入股、专利信托、专利投资基金、专利保险等。

专利技术入股是指以专利技术成果作为财产作价后，以出资入股的形式与其他形式的财产（如货币、实物、土地使用权等）相结合，按法定程序组建有限责任公司或股份有限公司的一种经营行为。在运用专利进行出资中除了涉及专利本身的特殊性外更多的将涉及《公司法》的领域。

专利信托是专利权人将自己的专利技术的转化工作委托别人（即金融信托投资机构）依照国家有关法律、法规接受专利委托，并着力于将受托项目进行转化的一种信托业务。

无论是技术入股、信托还是投资基金及保险，这些专利金融通常都需要经过评估确认，常见的评估方式包括重置成本法、现行市价法、收益现值法。虽然价值评估的方法有许多，但准确评估专利价值仍然是业界的难题，专利经济价值的实现并不单单依靠专利的技术价值来体现，通常是专利多种价值的综合体现。

五、技术价值实现

（一）概况

在高价值专利的统计标准中，明确纳入了国家科学技术奖与中国专利奖。国家科学技术奖由科学技术部负责评选，而中国专利奖由国家知识产权局负责评选。

国家科学技术奖旨在奖励在科学技术进步活动中作出突出贡献的公民、组织，调动科学技术工作者的积极性和创造性，加速科学技术事业的发展，提高综合国力。共设置了五个奖项：

（1）国家最高科学技术奖；

（2）国家自然科学奖；

（3）国家技术发明奖；

（4）国家科学技术进步奖；

（5）中华人民共和国国际科学技术合作奖。

国家科学技术奖的办理入口、申请条件、联系方式和相关文件可访问科学技术部政务服务平台❶，在服务事项中选择“国家科技奖励”。

中国专利奖于 1989 年设立，旨在引导和推进知识产权工作对创新型国家建设，以及促进经济发展方式转变发挥重要作用；鼓励和表彰专利权人和发明人

❶ 中华人民共和国科学技术部. 政务服务平台［EB/OL］. https://fuwu.most.gov.cn/html/zxbl/.

（设计人）对技术（设计）创新及经济社会发展所做的突出贡献。

中国专利奖共设置中国专利金奖、银奖、优秀奖，中国外观设计金奖、银奖、优秀奖六个奖项。中国专利金奖、银奖、优秀奖从发明专利和实用新型专利中评选产生，中国专利金奖项目不超过 30 项，银奖项目不超过 60 项。中国外观设计金奖、银奖、优秀奖从外观设计专利中评选产生，中国外观设计金奖项目不超过 10 项，银奖项目不超过 15 项。

中国专利奖的申报书、评奖办法、相关信息可访问国家知识产权局中国专利奖专题页面❶。

（二）国家科学技术奖和中国专利奖的比较

国家科学技术奖和中国专利奖对专利的技术价值以及战略价值具有较高的体现。最核心的差异在于，国家科技奖针对的是一项技术，但一项技术可以形成多件专利形成专利布局，而中国专利奖只能针对其中的一项专利。二者有一些相似之处，但也存在较多不同，具体如表 8-5 所示。

表 8-5　国家科学技术奖和中国专利奖差异

序号	主题	国家科技奖	中国专利奖
1	关于时间	每年 11～12 月份启动	每年 3～4 月份启动
2	关于组织单位	科学技术部	国家知识产权局
3	项目选题	以某一项重大科学或技术为主题进行组织和申报的	以授权的专利为主题进行申报的，并且仅针对申报当年的上一年度 12 月 31 日前授权的专利
4	申报单位	申报单位是完成单位，可以是一个或多个	申报单位必须是专利权人，并且相同的专利权人申报专利奖的数量最多为 2 项
5	关于推荐	省级主管部门、院士或国家有关部委、学会等	省级主管部门、院士或国家有关部委等
6	关于申报书的撰写	围绕科技成果来组织和撰写的	申报书内容是围绕申报专利而进行的
7	产业化应用证明	国家科技奖的产业化实施应用是通过完成单位来体现的	专利奖申报中涉及的专利技术的产业化是通过自主实施、转让、许可等方式体现的

❶ 国家知识产权局．中国专利奖［EB/OL］．https://www.cnipa.gov.cn/col/col41/index.html.

续表

序号	主题	国家科技奖	中国专利奖
8	关于第三方评价	国家奖非常看重科技成果评价，并且需要找本领域资深的专家进行评价	不需要科技成果评价或第三方评价
9	关于联合报奖	对于国家科技奖涉及面都比较广泛，联合报奖是大概率事情	专利奖是以专利权人独立报奖，不存在联合申报的概念。专利权人有多个的，是以多个专利权人共同申报的
10	关于答辩	国家科技奖都要参与答辩	不是所有的专利奖项都要参与答辩

具体来说：

（1）项目选题

国家科技奖是以某一项重大科学或技术为主题进行组织和申报的；而中国专利奖是以授权的专利为主题进行申报的。并且仅针对申报当年的上一年度12月31日前授权的专利，可以是发明、实用新型或外观设计，高校（科研院所）的专利以发明专利居多。

（2）申报单位

国家科技奖的申报单位是完成单位，可以是一个或多个，并且对于同一家单位申报国家科技奖的数量没有限制。但是专利奖的申报单位必须是专利权人，并且相同的专利权人申报专利奖的数量最多为2项。

（3）关于推荐

国家科技奖与中国专利奖的推荐环节比较类似。国家科技奖是通过省级主管部门推荐的，基本上都是省级科技奖一等奖以上；中国专利奖是通过省级主管部门推荐的，基本上都是省级专利金奖，每个省份推荐名额有限；而除省级推荐渠道外，国家科技奖与中国专利奖都可以通过院士、国家有关部委等推荐渠道推荐。所以两者在推荐方面有很多相似之处。

（4）关于申报书的撰写

国家科技奖申报书是围绕科技成果来组织和撰写的；而中国专利奖申报书内容是围绕申报专利而进行的，其专利属性之一是法律属性，所以明显不同之处在于专利奖申报书部分内容涉及专利法律，例如专利质量、专利转让、专利许可、专利布局等，这部分涉及专利法律术语，需要特别重视。

（5）产业化应用证明

国家科技奖的产业化实施应用是通过完成单位来体现的；而专利奖申报中

涉及的专利技术的产业化是通过自主实施、转让、许可等方式体现的，部分专利相关的手续（例如转让或许可）需要提前办理，最好是在 12 月 31 日前，因为这是申报书中对申报数据的要求。

（6）关于第三方评价

国家科技奖非常看重科技成果评价，并且需要找本领域资深的专家进行评价；而中国专利奖不同，不需要科技成果评价或第三方评价。

（7）关于联合报奖

对于国家科技奖，由于其涉及面都比较大，是容易发生且允许联合报奖的；而专利奖不同，专利奖是以专利权人独立报奖，不存在联合申报的概念。专利权人有多个的，是以多个专利权人共同申报的。

（8）关于答辩

国家科技奖都要参与答辩；而中国专利奖并不是所有的都要参与答辩环节，只有争夺金奖银奖的专利项目才会参与答辩的。[1]

（三）中国专利奖

国家科技奖突出的是技术，并不与专利直接挂钩，中国专利奖与高质量专利的对照关系显得更清晰明了，此处进行更为详细的介绍。

专利奖的发展经历了 5 个阶段，从 1989 年起每两年评选出 10~15 项专利金奖（发明、实用新型和外观设计集中评选）和优秀奖，到 2009 年起每年评选一届，再到 2010 年起外观设计设立单独奖项（金奖项目不超过 5 项），进一步的在 2012 年专利金奖增加到 20 项，最后在 2018 年又增设了中国专利银奖和中国外观设计银奖。

根据《中国专利奖评选办法》的相关规定，发明专利的评价指标和权重为：

（1）专利质量（25%）。评价：①新颖性、创造性、实用性；②文本质量。

（2）技术先进性（25%）。评价：①原创性及重要性；②相比当前同类技术的优缺点；③专利技术的通用性。

（3）运用及保护措施和成效（35%）。评价：①专利运用及保护措施；②经济效益及市场份额。

（4）社会效益及发展前景（15%）。评价：①社会效益；②行业影响力；③政策适应性。

整理历年获得金银奖的发明专利不难发现，整体分布上基因技术相关案件

---

[1] 专利奖在线平台．一文明晰中国专利奖与国家科技奖异同之处［EB/OL］．［2019-12-8］．微信公众号“科奖在线”．

占比较高，且仍在不断提高，具体情况如表 8-6 所示。

表 8-6　基因技术领域不同技术分支获得中国专利奖数量

主分类号	数量
A61K	20
C07K	16
C12N	32
C12P	14
C12Q	11

而在第 22 届中国专利奖中，30 个金奖项目中涵盖了 3 件基因技术相关项目，其中 2 件 PD-1 抗体相关项目，分别为上海君实生物医药科技股份有限公司、上海君实生物工程有限公司的 ZL201310258289.2“抗 PD-1 抗体及其应用”和信达生物制药（苏州）有限公司的 ZL201680040482.0“PD-1 抗体”以及 1 件中粮集团有限公司、吉林中粮生化有限公司的 ZL201910220358.8“提高玉米浸泡效果的复合菌剂及其应用”。60 个银奖项目中涵盖了 3 件基因技术相关项目，分别为江南大学的 ZL201310036767.5“一种基于手性四面体构象改变对目标 DNA 浓度进行检测的方法”；江苏恒瑞医药股份有限公司、苏州盛迪亚生物医药有限公司、上海恒瑞医药有限公司的 ZL201480011008.6“PD-l 抗体、其抗原结合片段及其医药用途”；广州格拉姆生物科技有限公司的 ZL201810339292.X“杂合抗菌肽 Mel-MytB 及其应用”。占比分别达到了 10% 和 5%。尤其是 PD-1 抗体相关项目，共获得 2 金 1 银的突出表现，在历年的评选中都是不曾出现的。

而在第 23 届中国专利奖中，30 个金奖项目中涵盖了 2 件基因技术相关项目，涉及新冠检测和新冠疫苗，分别为广州达安基因股份有限公司的 ZL202010160162.7“新型冠状病毒 ORF1ab 基因核酸检测试剂盒”和中国人民解放军军事科学院军事医学研究院、康希诺生物股份公司的 ZL202010193587.8“一种以人复制缺陷腺病毒为载体的重组新型冠状病毒疫苗”。60 个银奖项目中涵盖了 2 件基因技术相关项目，分别为荣昌生物制药（烟台）股份有限公司的 ZL201480006648.8“抗 HER2 抗体及其缀合物”和圣湘生物科技股份有限公司的 ZL202010496832.2“检测 SARS-CoV-2 的组合物、试剂盒、方法及其用途”。虽然获奖案件数量稍有减少，但抗体专利仍有不俗表现、新冠相关专利势头强劲，可以预期基因技术领域专利在下一届中国专利奖的评选中，也能交出不错的答卷。第22~23届中国专利奖中基因技术领域获奖专利具体情况如表8-7所示。

表8-7 第22~23届中国专利奖中基因技术领域获奖专利

专利号	专利名称	奖项	申请人	主分类号
ZL201310258289.2	抗PD-1抗体及其应用	第22届中国专利金奖	上海君实生物医药科技股份有限公司、上海君实生物工程有限公司	C07K16/28
ZL201680040482.0	PD-1抗体	第22届中国专利金奖	信达生物制药（苏州）有限公司	C12N15/09
ZL201910220358.8	提高玉米浸泡效果的复合菌剂及其应用	第22届中国专利金奖	中粮集团有限公司、吉林中粮生化有限公司	C12N1/20
ZL202010160162.7	新型冠状病毒ORF1ab基因核酸检测试剂盒	第23届中国专利金奖	广州达安基因股份有限公司	C12Q1/70
ZL202010193587.8	一种以人复制缺陷腺病毒为载体的重组新型冠状病毒疫苗	第23届中国专利金奖	中国人民解放军军事科学院军事医学研究院、康希诺生物股份公司	C12N15/50
ZL201310036767.5	一种基于手性四面体构象改变对目标DNA浓度进行检测的方法	第22届中国专利银奖	江南大学	C12Q1/68
ZL201480011008.6	PD-1抗体、其抗原结合片段及其医药用途	第22届中国专利银奖	江苏恒瑞医药股份有限公司、苏州盛迪亚生物医药有限公司、上海恒瑞医药有限公司	C07K16/28
ZL201810339292.X	杂合抗菌肽Mel-MytB及其应用	第22届中国专利银奖	广州格拉姆生物科技有限公司	C07K14/00
ZL201480006648.8	抗HER2抗体及其缀合物	第23届中国专利银奖	荣昌生物制药（烟台）股份有限公司	C07K16/28
ZL202010496832.2	检测SARS-CoV-2的组合物、试剂盒、方法及其用途	第23届中国专利银奖	圣湘生物科技股份有限公司	C12Q1/70

在价值的实现过程中，即存在偶然性，也存在一定的必然性。为了实现专利的多种价值，从申请前端把握申请质量是必不可少的。专利的价值实现是一个综合而复杂的过程，一个价值的实现往往需要其他价值的辅佐，更需要创新主体与代理机构的深谋远虑，未雨绸缪。